城市湿地遥感监测、模拟预测与可持续评估

蒋卫国　荔　琢　王晓雅　凌子燕　等　著

科　学　出　版　社

北　京

内 容 简 介

本书以银川、常德、海口、常熟、东营、哈尔滨等首批“国际湿地城市”为研究区域，以城市湿地为研究对象，以遥感监测、模拟预测、综合评估等技术手段，开展过去与现状城市湿地遥感监测提取、未来城市湿地空间变化模拟预测、过去与未来城市湿地功能和可持续综合评估，为城市湿地的可持续发展和湿地城市的高质量发展提供智慧服务探索。主要包括以下内容：国际湿地城市发展历程、城市湿地研究背景和可持续性评估现状；城市湿地的遥感提取、变化检测和逐年分类；城市湿地的多情景构建、需求预测与空间模拟；城市湿地的水源涵养、水质净化、碳储量和洪水调蓄等生态系统服务评估；城市湿地的可持续现状评估、未来多情景发展可持续性评估；城市湿地的后评估阶段、可持续发展阶段和远景目标阶段变化模式对比分析；城市湿地的保护修复举措与对策建议、国际湿地城市的可持续发展范式和高质量发展实践研究趋势。

本书可供从事地理学、湿地科学、环境科学、遥感科学与技术、生态学、城市管理等学科科研工作者参考使用，并可作为相关专业师生，特别是研究生的参考用书，对于城市管理、湿地管理、国土空间管理等政府部门技术人员和政府决策者也具有一定的参考价值。

审图号：GS 京(2024)1470 号

图书在版编目(CIP)数据

城市湿地遥感监测、模拟预测与可持续评估 / 蒋卫国等著. -- 北京：科学出版社，2024. 8. -- ISBN 978-7-03-079188-7

Ⅰ. P942. 078

中国国家版本馆 CIP 数据核字第 2024XV2856 号

责任编辑：林　剑 / 责任校对：樊雅琼
责任印制：徐晓晨 / 封面设计：无极书装

科学出版社 出版
北京东黄城根北街 16 号
邮政编码：100717
http://www.sciencep.com
北京市金木堂数码科技有限公司印刷
科学出版社发行　各地新华书店经销
*
2024 年 8 月第 一 版　开本：787×1092　1/16
2025 年 2 月第二次印刷　印张：18 1/2
字数：420 000
定价：188.00 元
（如有印装质量问题，我社负责调换）

序

城市湿地作为城市内部重要的生态系统和自然资源，有着极为重要的生态及社会服务功能。随着人类活动的影响，全球已有50%左右的湿地消失，很多国家均面临湿地退化问题，其中城市化是导致湿地消失或退化的主要原因之一。城市化进程中，人类一方面破坏或侵占原有的自然湿地，另一方面又营造或修建新的人工湿地。如何面向国际前沿、立足中国国情、结合城市湿地实际，开展城市湿地遥感监测、模拟预测与可持续评估，是城市湿地学者的使命与学界的责任。

国际上对“湿地与城市化”问题特别关注，一直在推动国际湿地城市认证评估工作，积极引导城市湿地保护管理。《湿地公约》于2012年提出了“湿地城市”概念，2015年开启国际湿地城市认证与评估，2018年公布全球首批18个国际湿地城市，2022年公布全球第二批25个国际湿地城市。国际湿地城市认证有效期为6年，6年后要进行复审评估，满足湿地城市认证标准将继续保留该称号。对国际湿地城市创建成效与经验总结、现状与未来变化的跟踪监测以及可持续发展范式探索，是《湿地公约》的使命，是国际湿地城市管理部门的责任。

我国对城市湿地保护修复管理特别重视，积极参与国际湿地城市认证申报，2018年我国银川市、常德市、海口市、常熟市、东营市和哈尔滨市6个城市获得首批国际湿地城市认证，2022年我国盘锦市、济宁市、盐城市、合肥市、武汉市、梁平区及南昌市7个城市（市辖区）获得第二批国际湿地城市认证。2022年6月1日《中华人民共和国湿地保护法》施行，明确提出要定期开展全国湿地资源调查评价工作，开展重要湿地动态监测评估预警工作，加强对城市湿地的管理和保护，提升城市湿地生态质量。我国作为拥有国际湿地城市最多的国家，需要总结和推广湿地城市创建经验；各级政府部门切实履行湿地保护职责，需要定期开展城市湿地资源动态监测、评估与预警工作。

该书面向《湿地公约》“国际湿地城市认证”和“联合国2030年可持续发展议程”两个国际战略需求，以银川市、常德市、海口市、常熟市、东营市、哈尔滨市等首批“国际湿地城市”作为研究对象，开展城市湿地遥感监测、模拟预测和可持续评估研究。该书通过理论学术与实践发展相结合、定量研究与定性分析相结合、过去总结与未来趋势相结合、自然资源与人文经济相结合、遥感监测与模拟预测相结合、综合评估与智慧服务相结合，系统研究了6个国际湿地城市2015～2035年可持续发展范式。整体而言，该书具有三个创新之处：

第一，在考虑城市湿地类型复杂与遥感长期监测困难的基础上，以探讨城市精细湿地类型遥感动态监测理论框架为目的，提出了基于“光谱-几何-频率”特征的城市土地与湿地逐级细分方法，提出了基于连续变化检测的城市土地与湿地逐年精细分类方法，实现了从“湿地大类-精细湿地-季节性湿地”逐级细分的遥感提取与2015～2022年逐年动态监测。

第二，在湿地城市土地及精细湿地分类产品的基础上，综合系统理论、土地利用规划理论、人地关系理论，以国内外多目标、多需求、多认知为导向，构建了四种湿地城市未来变化情景，模拟预测了2023～2035年湿地城市土地与湿地空间态势，对比分析不同情景下城市湿地与非湿地的演变轨迹，探究不同情景下城市湿地生态系统服务的变化趋势。

第三，以联合国可持续发展目标为指引，基于可持续发展理论的思想与内涵，构建了城市湿地及其生态系统服务变化的可持续性准则体系，空间识别出不同情景下2015～2035年城市湿地的可持续区与不可持续区，综合梳理了不同情景下6个国际湿地城市的湿地变化模式，提出了和谐发展情景是城市湿地保护与城市经济发展的最佳范式。

该书面向国际前沿，根据国家战略和城市经济发展，从多个学科交叉的视角，对城市湿地遥感监测、模拟预测和综合评估进行了系统探索和一体化研究，具有诸多创新的理论思路和技术方法，是一部难得的技术力作，值得一读。该书系统梳理总结了近几十年来国际与国内的城市湿地保护修复管理现状与举措，又前瞻性预测未来城市湿地空间及其可持续性，还前瞻性指出未来发展趋势和研究方向，是一部难得的前瞻力作，值得再读。该书以银川市、常德市、海口市、常熟市、东营市、哈尔滨市等首批“国际湿地城市”为研究案例，是城市湿地保护管理的优秀典范，为我们展示了丰富而优美的城市湿地面貌，尤其难能可贵，值得再读。

王桥

2024年7月

前　言

在浩瀚的自然画卷中，湿地以其独特的生态功能和不可替代的资源价值，被誉为“地球之肾”和“生命的摇篮”，与森林、海洋并列构成了全球三大生态系统。城市湿地，这一块隐匿于钢筋森林中的绿色瑰宝，以其“城市之肺”的美誉，为都市生活注入了一股清新的生命力。城市湿地是指位于城市内部、城市周边或城市沿海，具有湿地生态系统特征的自然或人工、永久或暂时的静止或流动水体、半咸水或咸水的沼泽地、泥炭地或水域地带，包括滨海城市低潮时水深不超过6m的水域。城市湿地或藏匿于城市的心脏地带，或环绕于城市边缘，甚至延伸至沿海的水域，默默地守卫着城市的生态平衡。无论是自然的恩赐还是人工的创造，湿地都是城市生态系统中不可或缺的组成部分，也是美丽中国建设的重要象征。

城市湿地的保护与合理利用，对于城市乃至人类的可持续发展都具有不可估量的重要性。2018年第22个世界湿地日所强调的“湿地——城镇可持续发展的未来”，2024年第28个世界湿地日所提出的“湿地与人类福祉”，都凸显了湿地与人类命运的密切关系。每年的2月2日，世界湿地日都会以不同的主题提醒我们，湿地的保护、修复与管理，是维系湿地生态平衡、实现湿地可持续发展的关键。

本书的形成是一段充满探索的历程，也是对多年研究成果的梳理与总结。自2002年笔者踏入湿地研究领域，就有幸参与了原国家环境保护总局重大科研项目“中国中东部地区生态环境现状调查”，在项目成果凝练的过程中，撰写了《东北地区湿地资源动态分析报告》，也形成了《基于RS和GIS的湿地生态系统健康评价》硕士毕业论文。自此，湿地研究的种子在心中悄然生根发芽。2008年笔者再次与城市湿地结缘，参加了北京市科委重点项目“北京湿地资源综合评价与功能分区”，并参与撰写了《基于多源信息的北京城市湿地价值评价与功能分区》一书，进一步认识到城市湿地研究的深远意义。自此，我开始深思城市湿地研究的深度与广度，期望在城市湿地研究领域，收获更加丰硕的成果。在对城市湿地自由探索的渴望驱动下，笔者于2014年申请了国家自然科学基金面上项目“城市湿地空间退化模拟及风险防范研究”，并获得立项资助，开启了对城市湿地遥感监测与模拟评估研究篇章。

近年来，湿地研究越来越得到政府和学术界的关注与青睐。在推进城市湿地研究的同时，笔者有幸与国内湿地遥感领域同仁一道，于2019至2023年间，共同发起并组织了五届“中国湿地遥感大会”，并特别设立了“城市湿地与生态遥感分会”。2024年，依托国际数字地球学会中国国家委员会，成立了数字湿地专业委员会，这标志着湿地研究的影响力迈上了新的台阶。这些平台的建立，不仅为湿地研究提供了交流思想、分享成果的空间，更为湿地保护与合理利用的实践探索提供了强有力的支持。依托这些平台，2021 年和 2023 年，笔者成功发起并组织召开了两次“国际湿地城市可持续发展专题论坛”，并分享了《国际湿地城市可持续发展的机遇、挑战与应用》等研究报告，开始逐步探索国际湿地城市遥感监测与模拟评估研究，这些不仅拓宽了我们的视野，更为湿地的保护与可持续发展提供了新的视角和思路。

城市湿地遥感与湿地城市评估是团队自设科研项目和研究生论文一体化耦合探索。随着研究的深入以及全球对湿地城市的日益重视，2021 年 6 月团队师生达成共识，要面向“国际湿地城市”和“联合国 2030 年可持续发展议程”两个国际战略需求，以银川、常德、海口、常熟、东营、哈尔滨等首批“国际湿地城市”作为研究对象，开展城市湿地遥感监测、模拟预测和可持续性评估研究。通过两年多的不懈努力，我们在深入研讨、反复推敲和有序推进中，完成预设项目大半任务，并取得了令人鼓舞的成果。然而，城市湿地的研究之路，依旧漫长而充满未知，许多探索仍在进行中，等待着我们去发现、去解答。

经过多年的研究和探索，笔者在湿地研究，尤其是城市湿地研究领域积累了一些成果，形成了一些独特的思考。为了分享这些成果，我们以团队自设科研项目报告、研究生毕业论文以及国内外相关刊物发表论文为基础，经过精心梳理和凝练，最终汇聚成了本书。我们希望通过这本书，能够为城市湿地的科学研究、管理和政策制定提供有益的参考和启示，共同推动城市湿地研究和实践的发展。

本书由蒋卫国拟定大纲，全书共分 9 章，各章具体写作分工为：前言由蒋卫国、凌子燕撰写；第 1 章由蒋卫国、荔琢、王晓雅、凌子燕撰写；第 2 章 ~ 第 4 章由王晓雅、蒋卫国撰写；第 5 章 ~ 第 8 章由荔琢、蒋卫国撰写；第 9 章由蒋卫国、凌子燕、张泽、王晓雅、荔琢、邓雅文撰写。全书由蒋卫国、荔琢、王晓雅、凌子燕负责设计、统稿、校稿。

在进行城市湿地研究探索过程中，以及在撰写本书主要内容的过程中，得到了北京师范大学众多杰出学者和专家的悉心指导和无私帮助。在此，谨向北京师范大学的李京教授和陈云浩教授，生态环境部土壤与农业农村生态环境监管技术中心的王文杰研究员，南京师范大学的谢志仁教授，中国环境监测总站的罗海江研究员，生态环境部卫星环境应用中心的侯鹏研究员，广州大学的吴志峰教授，中国科学院地理科学与资源研究所的朱晓华研究员和何书金研究员，中国地图出版社左伟编审等专家表达最诚挚感谢。同时也要感谢“中国湿地遥感大会”和“城市湿地与生态遥感分会”的组委会专家们。

本书的出版得到了国家自然科学基金联合基金重点支持项目（U21A2022）、国家自然科学基金面上项目（42071393 和 41571077）、国家重点研发计划课题（2020YFC1807403）和团队自主项目（EHRS20210101）的资助，这些支持为我们的研究提供了坚实的基础和宝贵的资源。

在写作过程中，我们广泛参考了国内外众多优秀专著、研究生论文和相关文献资料，对所有作者的智慧成果，我们表示深深的敬意和感激。尽管我们努力列出所有参考资料并标明出处，但疏漏在所难免。本书经过多次修订，但仍存在诸多不足之处，真诚地希望同行专家和广大读者能够提出宝贵的意见和建议。由于笔者水平有限，对于城市湿地遥感监测、模拟预测和可持续性评估等方面理解还有待进一步深入，恳请各位读者朋友不吝赐教，批评指正。

愿本书成为连接知识与实践、过去与未来的桥梁，为城市湿地的保护和可持续发展贡献绵薄之力。

蒋卫国

2024 年 7 月 8 日

于北京师范大学

目　　录

第 1 章　城市湿地与国际湿地城市

本章从城市湿地的定义与退化保护现状出发，引出国际湿地城市的发展历程与认证流程，重点介绍了首批国际湿地城市的基本情况和创建国际湿地城市的经验。从城市湿地遥感提取、遥感动态监测、遥感变化过程、变化模拟预测、生态系统服务评估、可持续性评估等多角度梳理了当前国内外的研究现状，总结研究中存在不足与可能问题，引出后续章节的研究。

1.1　城市湿地定义与保护

1.1.1　城市湿地的定义

城市湿地是城市内部重要的生态系统之一，也因其处在如此复杂的环境中而具有特殊的作用和意义。与自然湿地不同，城市湿地除了供给、调节、支持服务外，还提供了十分宝贵的教育、休闲、娱乐等社会文化服务，它也成为了城市可持续发展进程中最宝贵的战略资源之一。近些年来，城市湿地的研究得到越来越多的学者关注，特别是在城市湿地的定义中展开了许多探讨。很多研究者对城市湿地的定义是从其分布范围确定的，如孙广友等（2004）认为分布于城市（镇）范围内的湿地为城市湿地，王建华和吕宪国（2007）认为城市湿地是指城区范围内的海岸与河口、河岸、浅水湖沼、水源保护区、自然和人工池塘及污水厂等具有水陆过渡性质的生态系统。汤坚等（2011）、李春华等（2012）、刘令聪等（2013）、宁中华等（2015）、谭铁刚（2016）对于城市湿地的定义均是在框定城市范围的基础上下定义。王海霞等（2006）、吴丰林等（2007）、温亚利等（2008）、张慧等（2016）、董鸣（2018）等对于城市湿地的定义则考虑了与城市有相互作用的部分。其中，温亚利等（2008）对于城市湿地的定义充分考虑了湿地的自然属性、功能属性及城市发展对湿地的功能需求，具体定义是：分布在城市范围内的、符合《湿地公约》① 中湿地类型的、有助于城市可持续发展目标实现的、属于城市生态系统组成部分的天然、近天然、人工水陆过渡生态系统。由此可以发现目前关于城市湿地的定义大都以城市范围作为界定。本书以中国首批国际湿地城市为研究区，参照《湿地公约》中湿地定义，将城市湿地定义为位于湿地城市范围内的湿地，包含城市内部、城市周边或城市沿海，具有湿地生态系统特征的自然或人工、永久或暂时静止或流动水体、半咸水或咸水的沼泽地、泥炭地或水域地带，包括滨海城市低潮时水深不超过 6m 的水域。

---

① 《关于特别是作为水禽栖息地的国际重要湿地公约》简称《湿地公约》，又称《拉姆萨公约》。

1.1.2 城市湿地退化的现状与影响

随着城市化的发展，城市或城郊湿地逐渐引起人们的关注（Zedler and Leach，1998）。城市湿地作为城市内部重要的生态系统之一，有着多样的生态及社会服务功能。然而，随着人类活动越来越频繁，全球估计已有50%左右的湿地消失，很多国家均面临着湿地退化的问题（Mao et al.，2018），其中城市化是导致湿地消失或退化的主要原因之一（Kent and Mast，2005；Renzetti and Dupont，2017；Mahdianpari et al.，2021）。城市环境的人类活动频繁、城市土地扩张明显，因此城市湿地更容易遭受侵占、破坏及影响。Mao 等（2018）指出中国在 1990 ~ 2010 年期间有 $2883km^2$ 的湿地由于城市扩张而损失。Mahdianpari 等（2021）、Renzetti 和 Dupont（2017）及 Hettiarachchi 等（2015）均指出城市湿地的退化问题仍然很严峻。城市湿地的退化可能导致生物多样性及栖息地的丧失，供水及水资源减少，洪水、内涝和碳排放的风险增加，并且限制热量吸收与当地气候调节的能力。由此发现，城市湿地退化将会造成更加深远的影响，城市湿地的保护修复迫在眉睫。

1.1.3 城市湿地的保护修复

城市湿地作为城市中重要的生态系统类型，与人类社会有着紧密的联系，城市湿地具有独特的生态系统服务，且生物多样性丰富，对水资源和农业发展均有影响和贡献（崔保山和杨志峰，2006）。中国大约在 2000 年左右开始关注城市湿地问题。2004 年，孙广友等（2004）提出中国应建立城市湿地学并开展城市湿地研究；2012 年，陈云浩等（2012）系统全面开展了北京城市湿地资源价值综合评价和功能分区研究。在湿地保护受到重视的同时，国内外开展了一系列针对城市湿地的保护措施。国际上，《湿地公约》在 2008 年开始重点关注城市与湿地的问题，并在 2017 年提出国际湿地城市认证的活动以激励全球重视城市湿地、提高公民保护城市湿地的意识。2018 年更是将湿地日主题定义为“湿地——城镇可持续发展的未来”。联合国可持续发展目标 SDG 6. 6 与 SDG 15. 1 均提到要注重湿地保护。除此之外，国际上的湿地公益组织有 100 多家，一直致力于人类自然生态保护，如湿地国际联盟（WIUN）、联合国可持续发展目标（SDGs）等提到的湿地内容均表明湿地对人类社会的发展十分重要，需要我们重点关注。与此同时，中国也实施了多种措施开展城市湿地保护，如 2016 年国务院办公厅印发了《湿地保护修复制度方案》，2022 年颁布施行了《中华人民共和国湿地保护法》等相关政策法规。2021 年中共中央办公厅、国务院办公厅印发的《关于深化生态保护补偿制度改革的意见》中也重点强调了加强水生生物资源养护、完善湿地生态保护补偿机制。中国第三次全国国土调查首次将湿地纳入一级地类调查类别，并在实践上建立湿地保护区、开展湿地修复工程等，总体形成了“国家战略部署—法律政策建立—工程规划实施”具有中国特色的湿地保护修复经验（蒋卫国等，2023）。

1.2 国际湿地城市背景与发展

1.2.1 国际湿地城市的发展历程

国际湿地城市是在城市与湿地关系问题逐渐突出，人们逐步认识到城市湿地重要性的背景下由《湿地公约》提出的。2008 年《湿地公约》第十届缔约方大会重点关注了“湿地与城市化”的问题，这也是城市湿地首次正式被承认为拉姆萨公约讨论的关注点之一（王会等，2017）。2012 年，《湿地公约》第十一届缔约方大会通过的《城市和城郊湿地可持续规划与管理原则》决议中首次提出“湿地城市”概念（张曼胤等，2017）。2015 年，《湿地公约》第十二届缔约方大会上通过了针对湿地城市认证体系的决议并明确了国际湿地城市认证的相关准则与程序（马梓文和张明祥，2015）。2017 年，《湿地公约》常务委员会第 53 次会议为国际湿地城市认证做准备，并启动了全球范围的国际湿地城市认证工作，正式由《湿地公约》秘书处向缔约国发送了关于征求“国际湿地城市认证”申请的外交函。经各国政府申请，《湿地公约》常务委员会批准，2018 年，《湿地公约》第十三届缔约方大会上公布了全球首批 18 个国际湿地城市。2022 年，《湿地公约》常务委员会第 59 次会议公布了全球第二批 25 个国际湿地城市。国际湿地城市的发展是人们对于城市湿地重视与关注的重要体现，也是未来可持续发展重点关注的内容之一（图 1-1）。

图 1-1 国际湿地城市的发展历程

1.2.2 国际湿地城市的认证流程

国际湿地城市的认证程序包括国内与国际两个程序：国内首先需要申请城市提交提名表到各国政府的湿地公约机构进行初步审查；之后由各国政府将提名表提交到《湿地公约》秘书处，再转交《湿地公约》独立咨询委员会对申请城市进行审查确定认证城市名单，最后经《湿地公约》常务委员会审查并确定最终名单进行公布。获得认证的城市有 6 年有效期，期满后经独立咨询委员会审核符合标准则仍保留城市认证。

《湿地公约》第十二次缔约方大会发布的第Ⅻ. 10 号决议及 2017 年发布的《湿地城市

认证提名表》提出了6条准则及2条补充准则对湿地城市的认证准则进行了详细的说明（王会等，2017）。

《湿地公约》在推进国际湿地城市认证工作中，中国政府给予了大力支持。国际湿地城市的认证工作启动后，原国家林业局随即发布了《国际湿地城市认证提名暂行办法》，并基于《湿地公约》的准则提出了6条申请国际湿地城市需要满足的条件。在暂行办法基础上中国的6个城市提交了提名表并获得了国际湿地城市的认证证书。2020年国家林业和草原局对暂行办法进一步完善细化，其中申请条件由6条提升为8条，并依据实际情况对一些条件进行调整。在暂行办法中要求申请城市的湿地率在10%以上，考虑到城市特征的不同，完善后的提名办法将申请城市的湿地率做了限定，要求滨海城市湿地率在10%以上，内陆平原城市湿地率在7%以上，内陆山区城市湿地率在4%以上，并增加了3年内湿地面积不减少的条件，还增加了一条否定性要求，即近三年内申请城市内重要湿地未从事开（围）垦、填埋、排干、擅自改变用途及永久性截断水源等活动，其他湿地未发生重大案件和破坏行为。该否定性条件进一步明确了减少湿地破坏对于湿地保护的重要性。此外，为了更好地开展国际湿地城市认证工作，国家林业和草原局制定了详细的国际湿地城市认证提名指标，主要包括5种类15种指标。中国的国际湿地城市申请指标与《湿地公约》的第Ⅻ.10号决议准则基本对应。其中，第一类资源本底的指标与准则一对应；第二类湿地破坏的指标及第三类保护管理条件中的湿地保护率、湿地专门保护机构、湿地保护法则或章程等指标与准则二对应；第四类所依托重要湿地的管理中的指标与准则三对应；第三类保护管理条件中的湿地保护规划、高质量发展综合绩效评价指标与准则四对应；第五类科普宣教与志愿者制度中的指标与准则五对应；第三类保护管理条件中的协调机制指标与准则六对应；第三类保护管理条件中的水资源管理指标与湿地利用指标分别对应补充准则一与准则二（图1-2）。其中，资源本底、保护管理条件、科普宣传与志愿者制度、所依托重要湿地的管理4种指标类型均有详细的评分规则，作为否定指标的湿地破坏则是明确规定重要湿地有重大破坏情形可一票否决，这与提名办法中新增的否定要求相对应。

通过国际湿地城市认证程序，全球目前已有国际湿地城市43个，涉及17个国家，大部分城市分布在亚欧大陆。中国是目前拥有国际湿地城市最多的国家，共有13个城市，充分说明中国对城市湿地的重视。2018年首批18个国际湿地城市中，中国有银川市、常德市、海口市、常熟市、东营市和哈尔滨市6个城市获此殊荣，2022年第二批25个国际湿地城市，中国有盘锦市、济宁市、盐城市、合肥市、武汉市、重庆梁平区及南昌市7个城市获此殊荣。

1.2.3 中国首批国际湿地城市概况

2018年，《湿地公约》公布了第一批湿地城市名单，共18个城市获此殊荣，有6个城市来自中国，分别为宁夏回族自治区银川市、湖南省常德市、海南省海口市、江苏省常熟市、山东省东营市和黑龙江省哈尔滨市。本研究选取6个中国首批湿地城市为研究区，其中银川市为西部黄河河流湿地城市，常德市为湖泊湿地城市，海口市为海洋湿地城市，

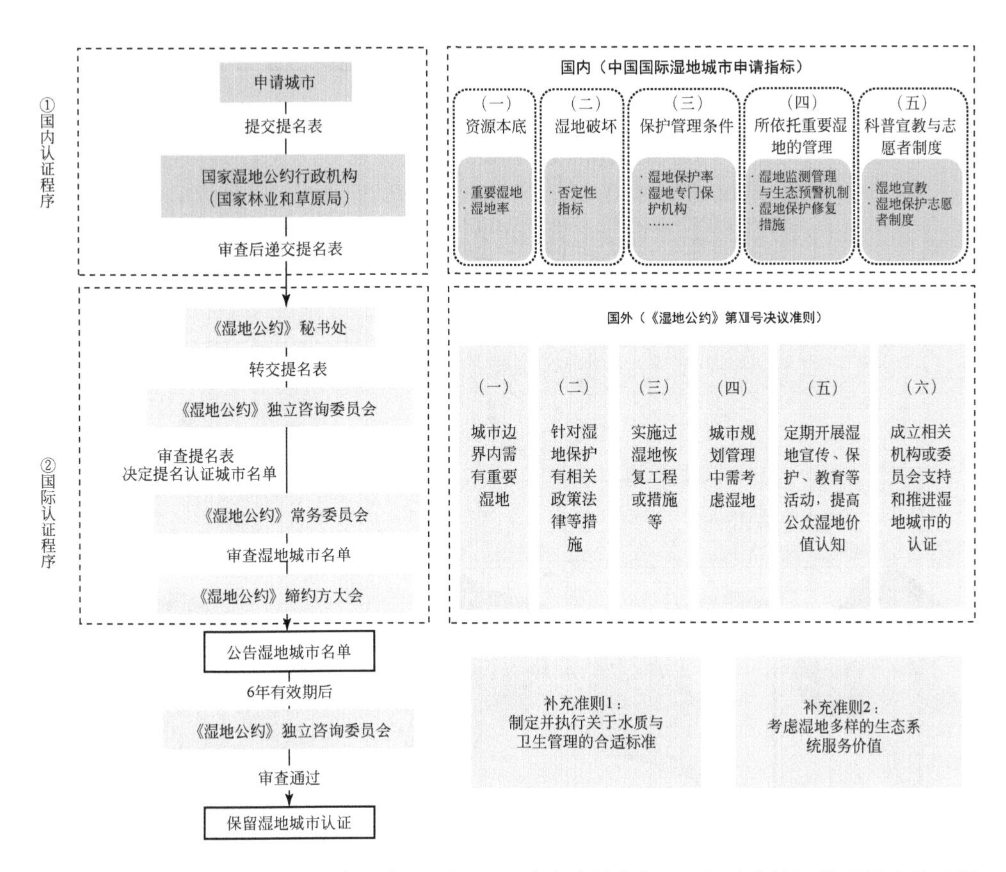

图 1-2　国际湿地城市认证程序及中国国际湿地城市申请指标、《湿地公约》第Ⅻ号决议准则

常熟市为江南水乡湿地城市，东营市为沼泽湿地城市，哈尔滨市为东北高寒湿地城市（图1-3，表 1-1）。为保证沿海湿地提取的完整性，将水深小于 25m 的区域作为滨海延伸区包含于研究范围内（Mao et al.，2020），其中滨海延伸区内仅水深小于6m 的区域属于浅海水域，包含在湿地内。

表 1-1　中国首批湿地城市

城市	说明
银川	属于西北干旱地区，黄河途经的城市
常德	属于洞庭湖流域，以河流、湖泊湿地为特色
海口	属于热带沿海地区，以滨海湿地为特色
常熟	属于江苏省苏州市的县级市，以江南水乡湿地为特色
东营	属于黄河入海口区域，以河口及滨海湿地为特色
哈尔滨	属于中国东北地区，以高寒沼泽和河流湿地为特色

（1）银川市

银川市是宁夏回族自治区的首府，地处宁夏平原中部，地理范围为北纬 37°29′~38°52′、东经 105°48′~106°52′，总面积为 9025.38km^2，北濒石嘴山市，东邻吴忠市与内蒙古自治

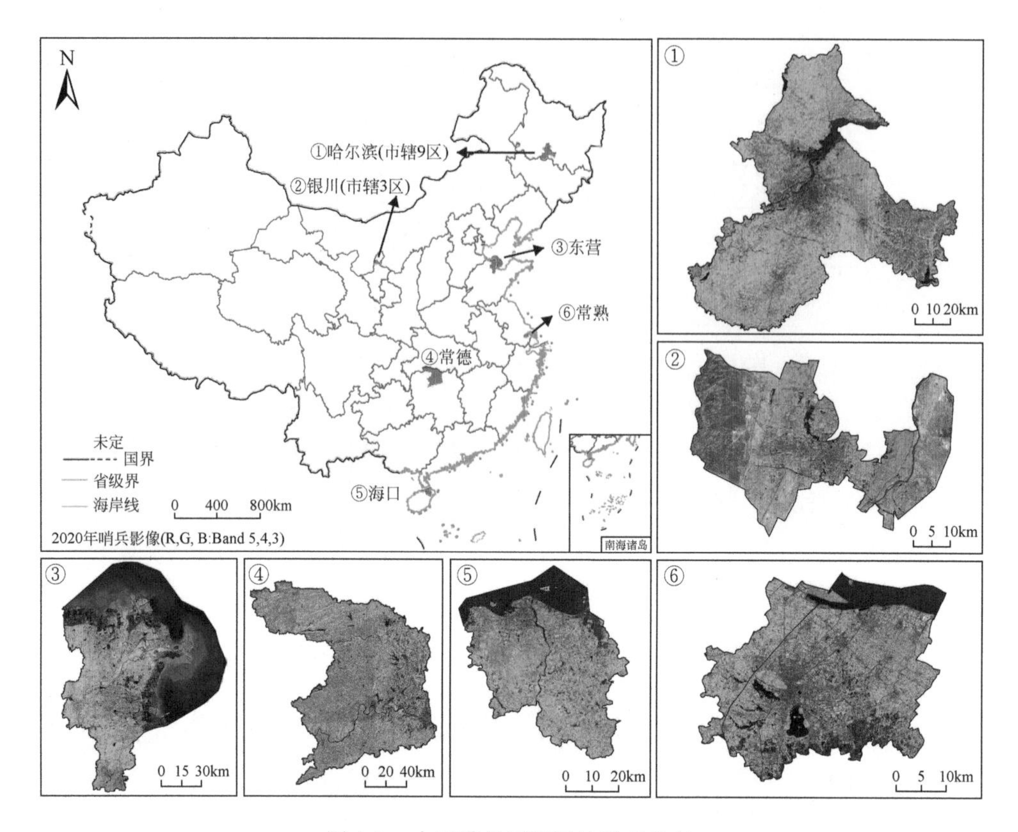

图 1-3 中国首批国际湿地城市分布

注：根据 6 个城市申报国际湿地城市时提交的文本和区域范围图，银川市（西夏区、金凤区和兴庆区）和哈尔滨市（呼兰区、松北区、道外区、道里区、南岗区、香坊区、平房区、双城区及阿城区）以市辖区为准，并以银川市和哈尔滨市统称，因此银川市和哈尔滨市的地图绘制也仅限于市辖区；其他城市均为全市行政管辖范围；全书以下同此

区，南接吴忠市，西连内蒙古自治区阿拉善盟。银川市下辖 3 个市辖区、2 个县及 1 个代管县级市。由于银川市在申请湿地城市时仅选取了市辖内的三个区，即西夏区、金凤区和兴庆区，因此本研究只将此三个区作为研究区域①，总面积为 1801.41km^2。

银川市地貌以山地和平原为主，呈现西高东低的地势分布，西部的贺兰山更是重要的生态屏障。受到黄河流域的影响，市域内湖泊湿地众多，水源充足，水质良好，有“塞上湖城”的美称。另外，银川市气候属温带大陆性气候，年均温度为 8.50℃，年均降水量在 200.00mm 左右（图 1-4）。本研究涉及的三个区中，西夏区位于银川市的西部，金凤区位于中部，兴庆区则位于东部，这里是银川市行政、科技、文化、旅游和经济的中心。2020 年，三个区域全年 GDP 为 1177.60 亿元，人均 GDP 为 6.19 万元。根据第七次全国人口普查数据显示，截至 2020 年底三区总人口为 1 901 793 人。

根据资料显示，银川市湿地面积为 531.00km^2，市区湿地率为 10.65%，湿地保护率为 78.5%，这里也是鸟类重要的迁徙路线和繁殖地（图 1-5）。近些年，银川市实施了多

① 本研究只以西夏区、金凤区及兴庆区为研究区域，故银川市地图也只绘制此 3 区，并以银川市统称。

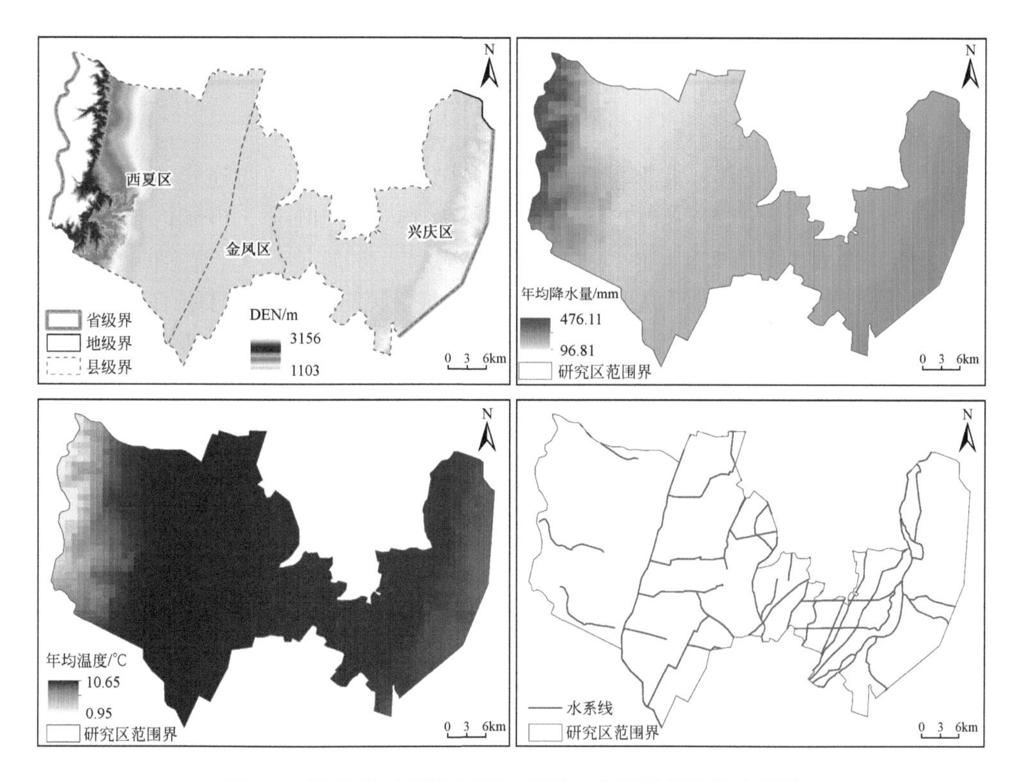

图 1-4 银川市（市辖 3 区）地形、水系与气候基本概况

a.银川市区湿地美景

b.银川市湿地美景

c.鸣翠湖国家湿地公园

d.阅海国家湿地公园

图 1-5 银川市城市湿地风景图（来源《湿地公约》官方网站和银川市人民政府网）

项工程与项目，保护和恢复湿地面积 50km² 左右，拥有 5 处国家级湿地公园（鸣翠湖、阅海、黄沙古渡、宝湖、鹤泉湖）、1 处国家级湿地公园试点（黄河外滩）。

（2）常德市

常德市位于湖南省北部，北濒湖北，东邻益阳，南接怀化，西连张家界，地处北纬 28°24′～30°07′、东经 110°29′～112°18′，总面积为 18 165.88km²。市域内包含 2 个市辖区、1 个县级市及 6 个县。

常德市三面环山，东部为平原地区，地势由西向东倾斜。区域处于长江中游的洞庭湖水系，沅江与澧水从中流过，水资源极其丰富。常德市属中亚热带向北亚热带过渡的湿润季风气候，降水较多，暴雨时有发生，年均气温 17.30℃，年均降水量 1381.40mm，为全国平均降水量的 2 倍左右（图 1-6）。常德市是长江经济带的关键节点，也是长江中游城市

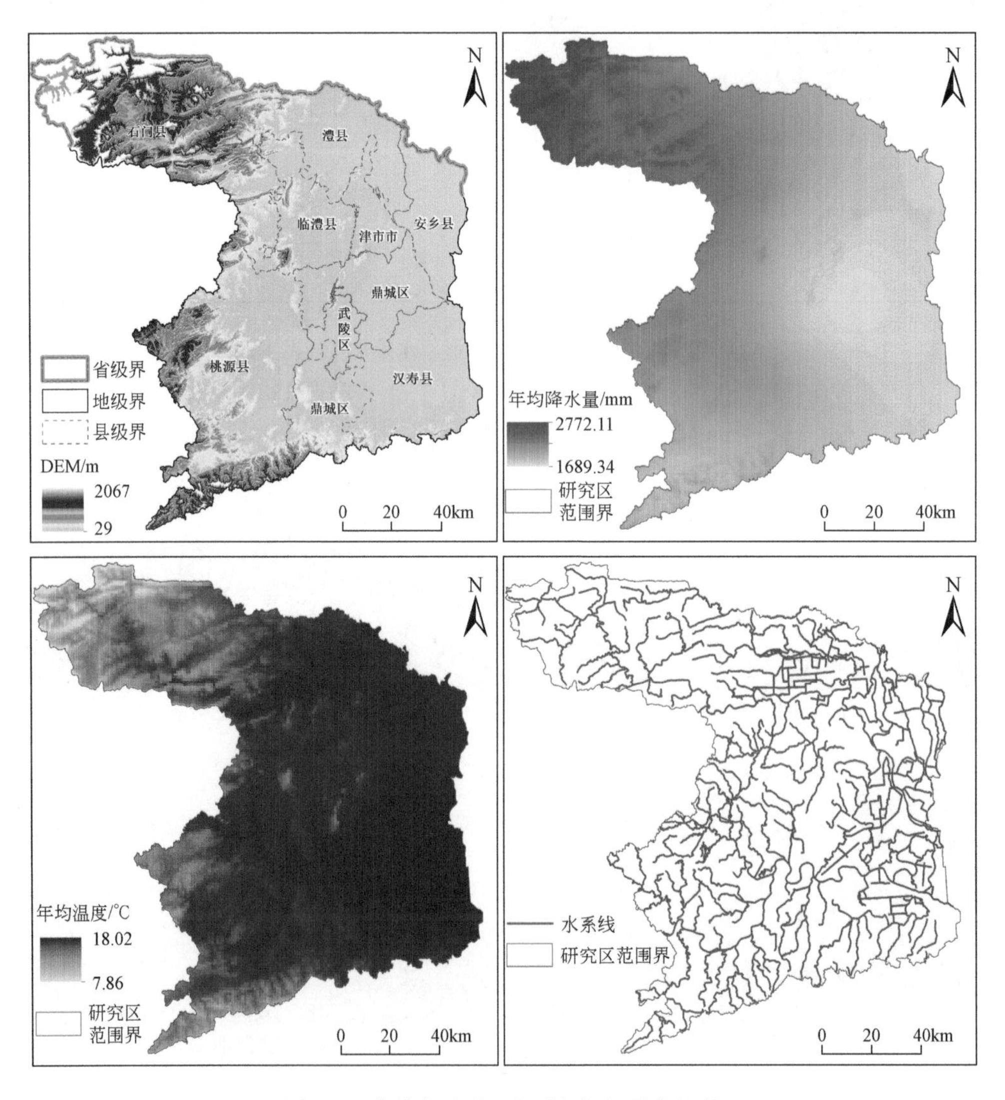

图 1-6　常德市地形、水系与气候基本概况

群、环洞庭湖生态经济区的重要城市。2020 年，常德市全年 GDP 为 3749. 10 亿元，人均 GDP 为 7. 05 万元。根据第七次全国人口普查数据显示，截至 2020 年底常德市人口为 5 279 102 人。

根据资料显示，常德市各类湿地总面积达 1908. 90km²，被保护湿地面积为 1367. 90km²，湿地保护率达到 71. 66%。近年来，常德市不断加强湿地修复工程建设，整治工业污染，推动建成多个国家湿地公园（图 1-7）。当前，常德市拥有国家级湿地公园 8 个——湖南澧州涔槐国家湿地公园、湖南桃源沅水国家湿地公园、湖南石门仙阳湖国家湿地公园、湖南临澧道水河国家湿地公园、湖南毛里湖国家湿地公园、湖南鼎城鸟儿洲国家湿地公园、湖南汉寿息风湖国家湿地公园、湖南书院洲国家湿地公园；国家级自然保护区 3 个——壶瓶山国家自然保护区、乌云界国家级自然保护区和西洞庭湖国家级自然保护区；1 处国际重要湿地——西洞庭湖国际重要湿地；省级及地方湿地保护区 3 个——花岩溪湿地保护区、澧水河口湿地保护区及北民湖湿地保护区。

a.常德市湿地美景

b.西洞庭湖国际重要湿地

c.鸟儿洲国家湿地公园

d.西洞庭湖保护区

图 1-7　研究区（常德市）城市湿地风景图（来源《湿地公约》官方网站和常德市人民政府网）

（3）海口市

海口市位于海南省北部，地处北纬 19°32′～20°05′、东经 110°07′～110°42′，东邻文昌、南接安定，西连澄迈，北濒琼州海峡。市域内包含 4 个区，土地面积为 2296. 82km²，海域面积为 791. 00km²。因海口市海域面积过大，不适宜完全放入本研究的后续研究中，因此仅将滨海水深小于 25m 的区域包含在研究范围内，总面积为 2745. 47km²。

海口市地势平坦，呈现出南高北低的特点，地貌以平原为主。区域内水资源十分丰富，海南岛最长的河流南渡江从市区中部穿过，另有主要河流 43 条，如海甸溪、横沟河、潭览河等。海口市地处低纬度热带北缘，属热带海洋性季风气候，全年气候温和，年平均气温23.80℃，年均降水量为1664.00mm（图1-8）。海南省是我国最大的经济特区，而海口市作为海南省省会，更是海南省政治、经济、文化和科技的中心。2020年，海口市全年GDP为1791.58亿元，人均GDP为6.33万元。根据第七次全国人口普查数据显示，截至2020年底海口市人口为2 873 358人。

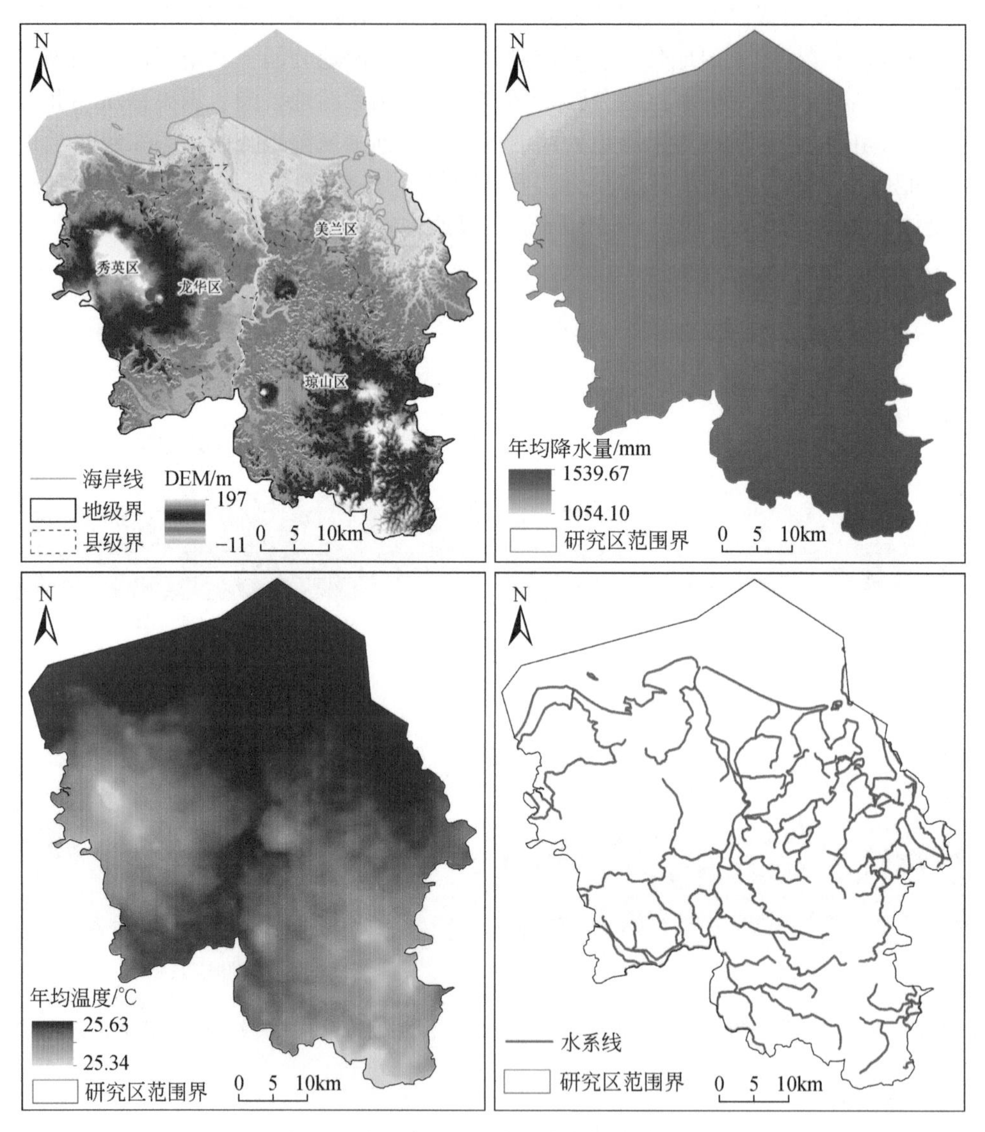

图1-8 海口市地形、水系与气候基本概况

官方统计数据显示，海口市现有湿地290.93km²，包含滨海湿地、河流湿地等多种类型，湿地率达到12.71%。多年来，海口市创新性地建立了“湿地+”的保护修复模式，展开了多种多样的拯救、保护湿地的工程与措施（图1-9）。当前，市域内拥有多个重要湿地公园与保护区，其中1个国家级自然保护区为东寨港国家级自然保护区，

4 个国家级湿地公园分别为海南海口五源河国家湿地公园、海南海口美舍河国家湿地公园、海南海口响水河国家湿地公园、海南海口三江红树林国家湿地公园，3 个省级湿地公园分别为海口三十六曲溪省级湿地公园、海口潭丰洋省级湿地公园、海口铁炉溪省级湿地公园。

a.海口市湿地美景

b.海口湾美景

c.海口市东寨港国家级自然保护区

d.海口美舍河国家湿地公园

图 1-9 海口市城市湿地风景图（来源海口市人民政府网）

（4）常熟市

常熟市位于江苏省东南部，属苏州市管辖的县级市，地处北纬 31°31′~31°50′、东经 120°33′~121°03′，北濒长江，东邻太仓，南接昆山与苏州，西连江阴与无锡。常熟市下辖 8 个镇、6 个街道，总面积为 1276.32km^2。

常熟市地势大致为西北高东南低，80% 以上的土地为平原，海拔大多在 3~7m。区域位于太湖流域下游，水网交错，湖荡较多，主要河流有望虞河、常浒河、张家港等。常熟市地处温带，属于中纬度亚热带季风气候区，气候温和、雨量充足，年平均气温约为 15.4℃（图 1-10）。常熟市周围环绕着上海、苏州、无锡等多个高度城市化地区，在《全国县域经济综合竞争力 100 强》排名第四，拥有国家历史文化名城、中国优秀旅游城市、国际花园城市等多个称号。2020 年，常熟市全年 GDP 为 2365.43 亿元，人均 GDP 为 14.13 万元，已达到中等发达国家水平。根据第七次全国人口普查数据显示，截至 2020 年底常熟市人口为 1 677 050 人。

根据官方数据显示，目前常熟市湿地面积为 299.22km^2，自然湿地保护率达 65.40%，建成了以国家湿地公园—省级湿地公园—湿地保护小区—市级重要湿地—湿地乡村为架构的五级湿地保护管理体系。常熟市有 1 个国家级湿地公园——江苏沙家浜国家湿地公园，

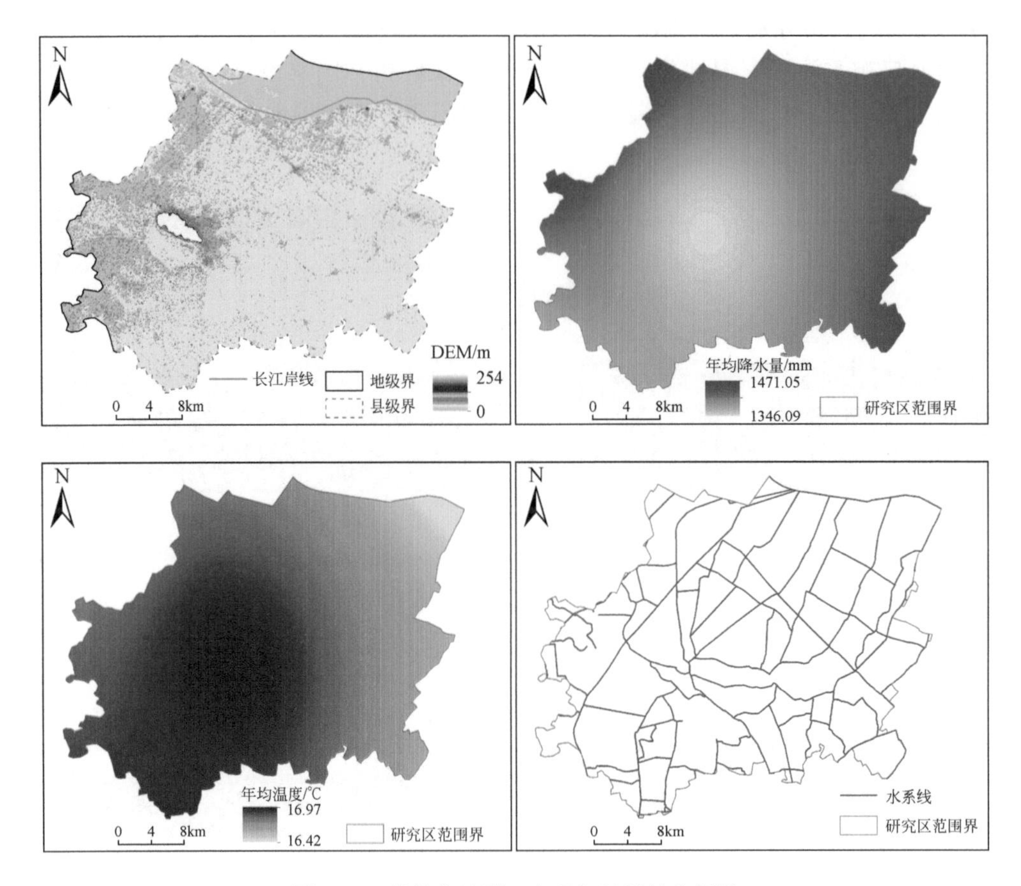

图 1-10　常熟市地形、水系与气候基本概况

一个国家级城市湿地公园——尚湖国家城市湿地公园，2 个省级湿地公园——江苏常熟泥仓溇省级湿地公园和江苏常熟南湖省级湿地公园（图 1-11）。2016 年，第十届国际湿地大会在常熟市召开，会议上宣布了《常熟宣言》，呼吁各国政府及人民要保护湿地、爱护湿地。

a.常熟市湿地美景

b.泥仓溇省级湿地公园

c.尚湖国家城市湿地公园

d.沙家浜国家湿地公园

图 1-11　常熟市城市湿地美景图（来源常熟新闻网）

（5）东营市

东营市位于山东省北部的黄河三角洲地区，地理范围处于北纬 36°55′～38°10′、东经 118°07′～119°10′，东、北濒渤海，南接淄博与潍坊，西连滨州。区域内包含 5 个县区、25 个乡镇、15 个街道，总面积为 8257.00km^2。与海口市一样，本研究中也将东营市周边海域水深小于 25m 的区域均包含在研究范围内，因此总面积达 11 890.90km^2。

东营市地形以平原为主，呈现出西南高东北低的地势，而黄河也是自西南向东北贯穿全市，并流入进渤海。市域内除黄河外，还拥有海河流域水系和淮河流域水系，河网繁杂，水资源极为丰富，且湿地类型多样。东营市处于中纬度地带，属暖温带大陆性季风气候，四季分明，年均气温为 12.00℃，年均降水量为 600.00mm（图 1-12）。东营市是黄河三角洲高效生态经济区的核心城市，是连接京津冀、胶东半岛的枢纽，还是我国重要的石油基地。2020 年，东营市全年 GDP 为 2981.19 亿元，人均 GDP 为 13.39 万元。根据第七次全国人口普查数据显示，截至 2020 年底东营市人口为 2193518 人。

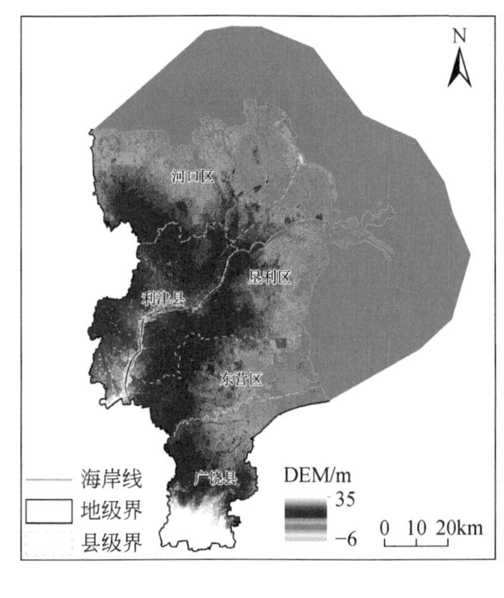

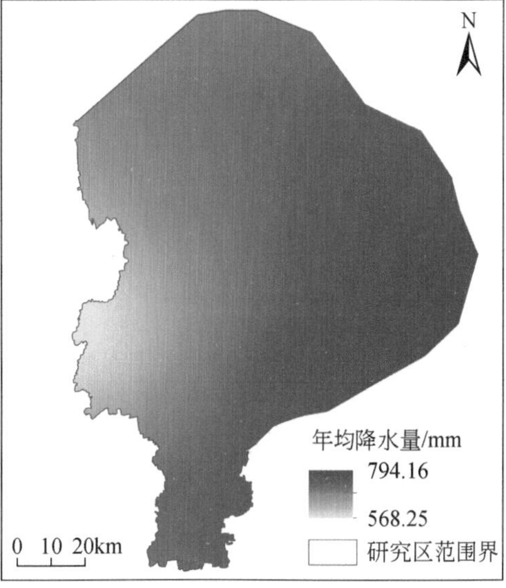

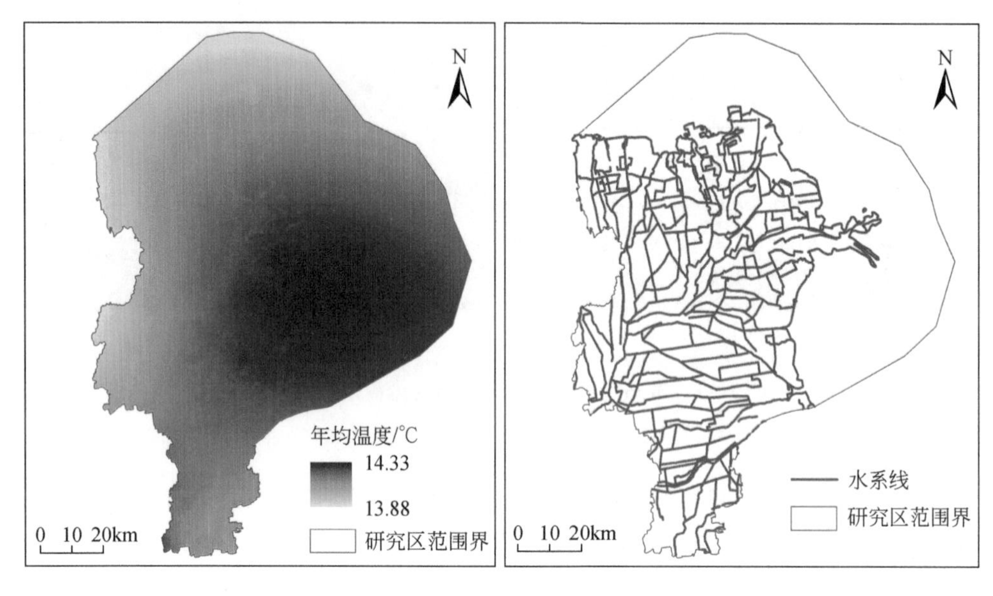

图 1-12 东营市地形、水系与气候基本概况

根据统计数据显示，东营市内拥有近海与海岸湿地、河流湿地、沼泽湿地等多种湿地类型，总面积为4580.00km²，湿地率为41.58%（图1-13）。多年来，东营市采取多种措

a.东营市湿地美景

b.东营市湿地风光

c.黄河三角洲国家级自然保护区

d.明月湖国家城市湿地公园

图 1-13 东营市城市湿地美景图

施、工程、政策来保护、恢复湿地，取得了非常显著的效果，尤其是国际重要湿地——黄河三角洲国家级自然保护区的建立与持续性保护，对于我国其他湿地保护区与湿地公园的管理与健康发展具有重要意义。此外。东营市还拥有 4 个国家级湿地公园，分别为明月湖国家城市湿地公园、山东垦利天宁湖国家湿地公园、山东东营龙悦湖国家湿地公园和广利河森林湿地公园。

（6）哈尔滨市

哈尔滨市位于我国东北地区，是黑龙江省的省会，地理范围为北纬 44°04′～46°40′、东经 125°42′～130°10′，总面积为 53 100.00km²，北濒伊春与佳木斯，东邻牡丹江与七台河，南接吉林省，西连绥化与大庆。哈尔滨市下辖 9 个市辖区、7 个县及 2 个代管县级市。哈尔滨市在申请湿地城市时仅包含 9 个市辖区，即呼兰区、松北区、道外区、道里区、南岗区、香坊区、平房区、双城区和阿城区，因此本研究将此 9 个区设置为研究区①，总面积为 10 174.47km²。

哈尔滨市市辖区地势呈现出东高西低的特点，大部分区域属于平原，东侧为山地和丘陵。区域内农田面积十分广阔，且大部分为富含营养的黑土地。哈尔滨市水资源十分丰富，河流纵横，其中牡丹江的干流横穿市域的中部地区。哈尔滨市属于温带大陆性季风气候，四季分明，冬长夏短，年均气温为 5.60℃，年均降水量为 423.00mm（图 1-14）。哈尔滨市是黑龙江省的经济、文化、政治的中心，融合了中外文化，是我国非常著名的历史文化名城、哈长城市群的核心城市，也是“中蒙俄经济走廊”的枢纽城市。2020 年，哈尔滨市辖区全年 GDP 为 3972.33 亿元，人均 GDP 为 7.18 万元。根据第七次全国人口普查数据显示，截至 2020 年底 9 个区总人口为 6 976 136 人。

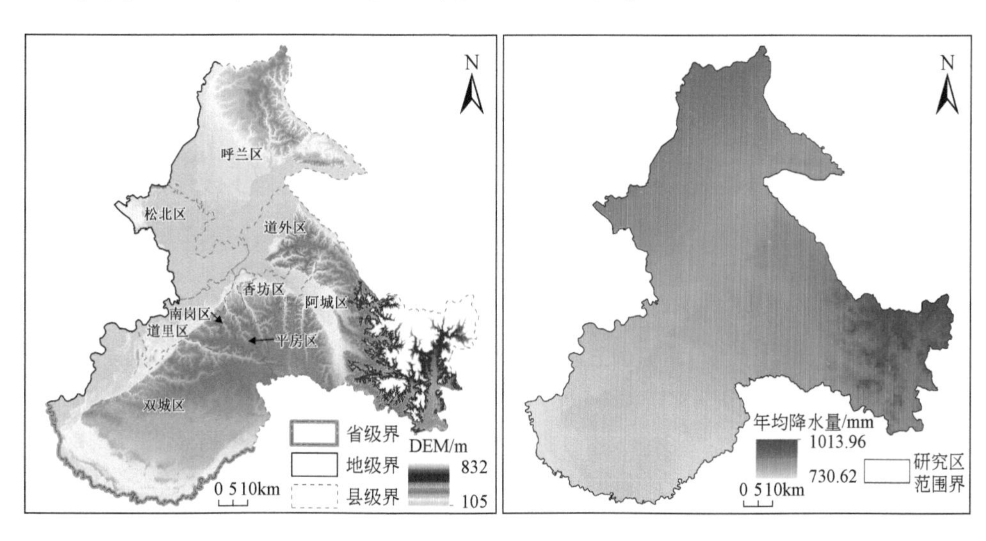

① 本研究只以 9 个市辖区为研究区，故哈尔滨市地图也只绘制此 9 区，并以哈尔滨市统称。

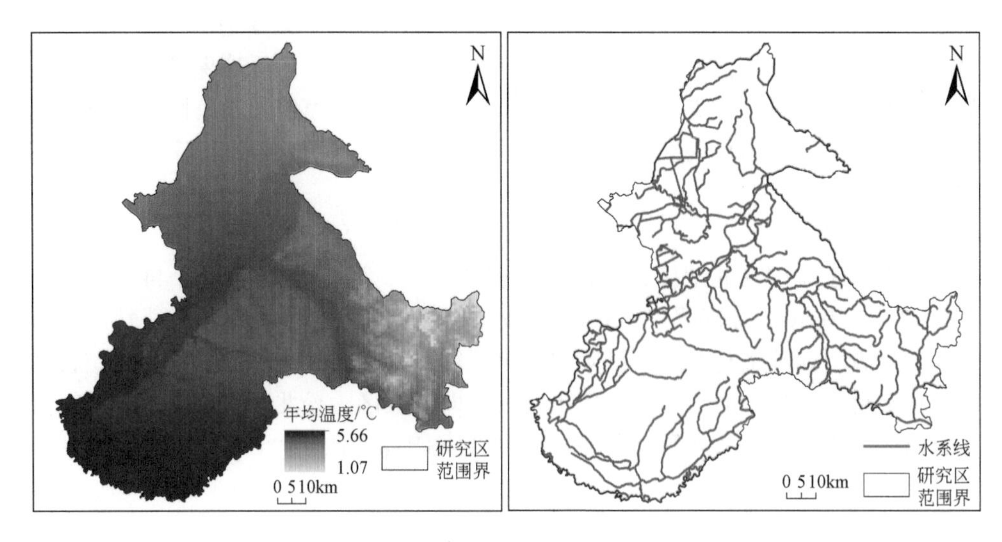

图 1-14　哈尔滨市（市辖 9 区）地形、水系与气候基本概况

官方资料显示，哈尔滨市拥有各类湿地 1987. 00km²，基于"以江为纲、以水定城"的理念，大力建设湿地公园、加大湿地破坏行为的打击力度、多种措施保护恢复湿地资源，成效十分显著（图 1-15）。当前哈尔滨市区拥有国家级湿地公园 7 个：黑龙江哈尔滨太阳岛国家湿地公园、哈尔滨市呼兰河口国家湿地公园、黑龙江哈尔滨阿什河国家湿地公

a.哈尔滨市湿地美景

b.太阳岛国家湿地公园

c.呼兰河口国家湿地公园

d.白渔泡国家湿地公园

图 1-15　哈尔滨市城市湿地美景图（图片来源哈尔滨市人民政府网）

园、黑龙江哈尔滨阿勒锦岛国家湿地公园、黑龙江白渔泡国家湿地公园、黑龙江哈尔滨松北国家湿地公园及群力国家城市湿地公园。

1.2.4 中国现有国际湿地城市的创建经验

中国作为拥有国际湿地城市最多的国家，自 2018 年起已有 13 个城市获得国际湿地城市的称号。这些城市在申报和创建过程中积累了丰富的经验，可供其他城市参考借鉴。本研究总结出以下 5 方面经验：①当地湿地资源丰富。中国现有国际湿地城市的湿地资源丰富、特色突出。内陆城市大都有重要的河、湖存在，如银川市有中国第二大河黄河流经，哈尔滨市有第四大河松花江流经，武汉市有第一大河长江流经，南昌市有长江主要支流赣江流经且位于鄱阳湖流域，合肥市位于中国第四大淡水湖巢湖边，常德市位于洞庭湖流域。滨海城市由于靠近海洋其湿地资源更为丰富多样，如海口市、东营市、盐城市、盘锦市。②当地政府重视并积极推进国际湿地城市创建。例如，海口市由市长领导湿地保护修复工作，并制定实施多项湿地保护修复方案及工作；济宁市将国际湿地城市创建工作写入政府工作报告；常熟市成立多部门负责湿地相关工作并将湿地保护管理经费纳入财政预算；南昌市的国际湿地城市创建工作由市委、市政府主要领导负责；合肥市出台多个针对湿地及生态的规划；武汉市将推进国际湿地城市创建工作写入“十四五”规划等。③注重湿地的保护、管理、建设、恢复。对于国际重要湿地、国家湿地公园、国家级自然保护区、省级湿地公园等重要湿地加强保护与管理。例如，海口市针对市内的重要湿地采用“湿地保护+”的系列模式开展湿地保护与管理；南昌市发布《南昌市湿地保护管理办法》强调重要湿地保护，并设立保护界标；合肥市在创建国际湿地城市时，针对巢湖从规划编制到工程实施建设环巢湖十大湿地，支持合肥市创建国际湿地城市；常熟市针对乡村湿地易受农村生活污水、养殖等影响，开展了一系列农村生活污水处理及湿地净化工程，实现乡村湿地的恢复性保护。④强化湿地保护理念，确保从当地政府到普通民众对湿地的重要性和保护湿地意识普遍提升。例如，海口市为相关领导、从业管理人员组织培训，从理论上提高对湿地保护的认知；组织多种多样的湿地宣教活动，积极与社区、学校、相关单位、湿地公园等建立联系，提高公众的湿地保护意识。济宁市专门发布《湿地保护志愿服务管理办法》，建立湿地志愿者制度组织，并开展湿地保护志愿服务，是创建国际湿地城市的特色之一。⑤突出特色湿地建设。对于没有重要河、湖为依托的城市，如何利用好城市特色非常重要。例如，重庆市梁平区以小微湿地为切入点，综合利用了境内水系、湖库、沟塘渠堰井泉溪分布的特点，创建了一个独特的国际湿地城市；济宁市在湿地修复中考虑了采煤塌陷地的修复建设，将煤炭发展导致的生态损失转化为益处，为了类似城市的可持续发展提供了思路；常熟市在国际湿地城市创建中突出了乡村湿地的修复治理，实现城区与周边郊区有机结合（图 1-16）。可以发现，小微湿地这个特色的湿地网络组分在国际湿地城市中起到了关键作用。目前，国际上对小微湿地越来越重视，2018 年中国提交的《小微湿地保护管理》草案在《湿地公约》大会通过，将小微湿地作为未来全球湿地管理中的重要内容（崔丽娟等，2021）。在国际湿地城市创建中，如何利用好像小微湿地这样的特色是一个重要经验。

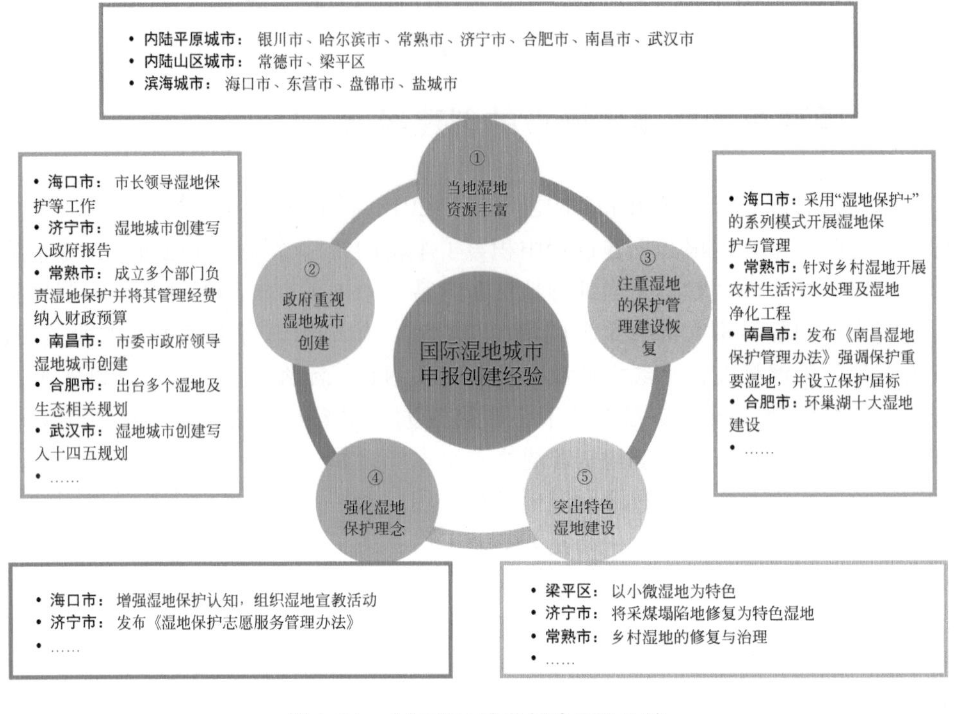

图 1-16　中国湿地城市创建经验总结

在已有国际湿地城市创建的基础和经验上，众多城市也开展了国际湿地城市创建的准备工作。苏州市发布了申报国际湿地城市工作方案，强调保护管理、和谐共生，并统计整理苏州现有湿地资源，推进《苏州市国际湿地城市总体规划》的编制与《湿地保护法》的实施为国际湿地城市认证做准备。温州市印发了《温州市创建国际湿地城市实施方案》，并分目标实现国家、省级重要湿地的建设以支持其成为国际湿地城市。长沙市分析了其创建国际湿地城市的可行性并从湿地资源、管理、生态效益、合作交流等多个角度提出建议，为长沙市国际湿地城市创建提供建议策略。特色城市湿地——西溪湿地所在的杭州市，也于 2022 年成立创建国际湿地城市工作领导小组并出台相应的工作方案。这些城市虽处于创建中，其实施方案也是宝贵的经验与参考。

本研究的研究区为 2018 年公布的第一批湿地城市，根据《湿地公约》要求，6 年后要进行复审，如仍满足湿地城市认证标准，才能继续保留该称号。近几年，6 个城市针对区域内湿地的现状与问题，颁布了多项保护文件；并开展修复工程：①常熟市聚焦小微湿地的保护修复，并率先建成了县级湿地生态监测中心。2022 年，“常熟城市发展与湿地保护创新模式”获得了“保尔森可持续发展奖”自然守护类别唯一年度大奖。②海口市创新性地建立了“湿地+”的保护修复模式，包含湿地+水体治理模式、湿地+水利工程+海岸带保护模式、湿地+土地整治模式及湿地+退塘还林（湿）模式，保护修复成效尤为显著。不仅如此，海口市先后发布了《海口市湿地保护修复总体规划（2017—2025）》《关于加强湿地保护管理的决定》等多份文件，不断完善湿地管理制度。③东营市持续推进全域范围内的湿地保护修复工作，陆续发布了《东营市湿地保护条例》《东营市湿地城市建设条例》《东营市海岸带保护条例》等生态保护法规，并构建起自然保护区–湿地公园–海洋特别保护区–湿地保护小区等多种形式的湿地保护体系，形成了良好的效果。④银川市加大了湖泊湿地的保护与恢复力度，先后颁布了《银川市湖泊湿地保护办法》《银川市水资源管理条例》《关于加强鸣翠湖等 31 处湖泊湿地保护的决定》等法规，构建最严格的水资源管理制度，有效保护了湿地资源。⑤哈尔滨市基于“一江居中、两岸繁荣”的发展定位，扎实推进湿地保护与恢复工作，并编制了《哈尔滨湿地保护中长期规划（2019—2035）》《哈尔滨市湿地保护办法》《哈尔滨市湿地生态资源保护修复工作方案》等文件，确立了每年 6 月为“哈尔滨湿地节”，保护湿地的理念深入人心，城市生态环境持续改善。⑥常德市探索建立了全域湿地保护管理体系，编制了《常德市湿地保护专项规划》《常德市西洞庭湖国际重要湿地保护条例》等法规文件，采取多项措施遏制湿地退化、巩固保护成效（表 1-2）。

表 1-2　6 个城市湿地保护区建设、政策及恢复工程情况

城市	保护区建设	保护政策	恢复工程
银川	6 个国家级湿地公园	2019 年印发《银川市湿地保护修复制度工作方案》 2021 年印发《银川市 2021 年国土绿化及草原、湿地生态修复工作方案》 2023 年印发《银川市美丽河湖建设实施方案（2023—2025）》 2022 年实施《宁夏回族自治区建设黄河流域生态保护和高质量发展先行区促进条例》	银川市滨河水体净化湿地扩整连通工程、银川市犀牛湖水生态治理工程等
常德	8 个国家级湿地公园、2 个国家级自然保护区、1 个国际重要湿地、3 个省级及地方湿地保护区	2019 年发布《常德市西洞庭湖国际重要湿地保护条例》	西洞庭湖国际重要湿地生态修复工程、杨家河洲湿地修复工程、涔槐国家级湿地公园生态保护修复工程、津市市西毛里湖人工湿地水毁修复工程、临澧县复船湿地保护与生态修复工程等
海口	4 个国家级湿地公园、1 个国家级自然保护区、3 个省级湿地公园	2018 年通过《海口市湿地保护若干规定》	海南东寨港（三江湾）生态修复项目、美舍河水体治理及生态修复示范工程、南渡江河口右岸生态修复项目等
常熟	1 个国家级湿地公园、1 个国家级城市湿地公园、2 个省级湿地公园	2017 年批复《常熟市湿地保护规划（2017—2030）》 2017 年发布《《常熟市湿地保护管理办法》 2014 年出台《常熟市重要生态湿地保护考核办法（试行）》	尚湖退田还湖工程，沙家浜、昆承湖、南湖等重大湿地生态修复工程，乡村小微湿地修复工作等
东营	4 个国家级湿地公园、1 个国际重要湿地	2020 年发布《东营市湿地保护条例》 2022 年批复《东营市湿地保护规划》	山东黄河三角洲国家级自然保护区湿地保护修复工程、东津湿地风景区建设项目、黄河刁口河故道生态修复与保护及水资源综合利用项目等

续表

城市	保护区建设	保护政策	恢复工程
哈尔滨	7个国家级湿地公园、1个省级湿地公园、2个省级自然保护区	2018年发布《哈尔滨市湿地保护办法》2018年印发《哈尔滨市湿地保护修复工作实施方案》	百里生态长廊滩岛生态修复工程、滨江湿地旅游风景区建设、哈东沿江湿地自然保护区湿地恢复与保护工程等

1.3 城市湿地与国际湿地城市的研究现状

1.3.1 城市湿地遥感提取研究现状

1.3.1.1 湿地分类体系现状

湿地分类是目前湿地研究领域的最复杂的问题之一，由于湿地类型的复杂多样，目前还没有统一的分类规范和标准（崔丽娟等，2007；Myers et al.，2013）。最早的湿地分类起始于欧美对沼泽泥炭地的分类，后期逐渐将水体、水生生物、植被等概括到湿地类型中（Keiper et al.，2002）。美国的“39号通报”中的湿地分类就是以沼泽、水体、植被为基础确定的分类体系（Shaw and Fredine，1956）。随着湿地研究的深入，不同的研究者会依据研究区域与关注点的不同设置不同的湿地分类体系（甄佳宁，2016；许盼盼，2018；Li et al.，2018；Brinkmann et al.，2020；Xu et al.，2020）。娄艺涵等（2021）、Mahdianpari等（2020）、Yang等（2021a）及Mintah等（2021）在开展城市湿地的研究中采用了不同的湿地分类方式。可以发现湿地的分类体系不统一，分类标准、分类类型各有特色，这对于湿地的统一管理与研究有一定的影响。《湿地公约》定义的湿地分类体系是目前认可度较高的一种分类体系，其湿地分类体系主要分为海洋/海岸湿地、内陆湿地和人工湿地3大类，其中海洋/海岸湿地又分为12种，内陆湿地分为20种，人工湿地分为10种。我国于2009年发布的《湿地分类》（GB/T 24708—2009），主要是以《湿地公约》分类体系为基础形成的，将湿地类型分为自然湿地与人工湿地两大类，其中自然湿地又划分为近海与海岸湿地、河流湿地、湖泊湿地、沼泽湿地4大类型。《湿地公约》的分类体系与我国湿地分类标准较为一致，是目前应用最广，得到研究者普遍认可的分类体系。这种系统的分类体系涵盖范围广、内容全，然而，基于遥感的角度进行湿地分类时，《湿地公约》中的一些分类体系则无法识别，如地下输出系统、内陆岩溶洞穴水系等。由此可以发现，目前的湿地分类体系不统一，本研究致力于在《湿地公约》的分类基础上形成一套适用于遥感数据的城市湿地类型精细分类体系，既能全面反映城市湿地的特征同时兼顾遥感数据的可支持性。

1.3.1.2 基于遥感的湿地数据集现状

随着遥感数据的广泛使用，与湿地相关数据集也越来越多，为人们开展湿地的相关研究起到很大的助力。目前已有的全球或国家级的湿地数据集主要分为三种类型（表1-3）：①单一湿地类型的数据集，包括水体（Pekel et al.，2016；Pickens et al.，2020）、湖泊（Messager et al.，2016）、河流、水库（Lehner et al.，2011）、滩涂（Murray et al.，2019）、红树林（Bunting et al.，2018；Thomas et al.，2017）、泥炭地（Xu et al.，2018）、盐沼（Mcowen et al.，2017）等不同的类型，其中水体数据集相对较多且时序较长。②含湿地类别的土地覆盖数据集，全球或国家级的土地覆盖数据目前有很多，其中有一些数据集会包括湿地类型，如Chen等（2015）、Zhang等（2021a）的全球30m土地覆盖数据，Gong等（2019）生成的全球10m土地覆盖数据；虽然这些数据集对湿地这一自然类别进行提取，但很少提取到湿地的子类。同时，我们发现，由于大尺度范围的数据生产本身存在着巨大的困难，像湿地这种较难识别的地物类型其精度都不会太高。Zhang等（2021a）对比了GLC_FCS30-2015、FROM_ GLC-2015和GlobeLand30-2010三种全球土地覆盖数据产品不同地物类型的用户精度与生产者精度，发现湿地的用户精度都低于50%，生产者精度低于70%。Yang等（2017）对比了7套全球土地覆盖产品在中国的准确性，发现对于局部地区精度差异较大。③详细湿地分类数据集，目前这种类型的湿地数据集相对较少。例如，Matthews和Fung（1987）、Aselmann和Crutzen（1989）提取了全球范围的湿地结果，湿地类别为4～5类，但为20世纪的数据集。Mao等（2020）提取的中国湿地数据集包含14类湿地类别，分辨率为30m，是目前分辨率较高、湿地类别较为详细的一套数据集。除此之外，一些季节性的湿地对于当地的生态环境、气候调节也有很大的影响，传统湿地数据集的地物类型很难覆盖季节性湿地（Amler et al.，2015），因此非常有必要开展类型与空间均精细化的城市湿地识别工作。可以发现，现有的详细湿地数据集较少，土地覆盖数据中的湿地类别单一且精度较低，难以支撑城市湿地的全面细致监测研究。

表1-3　全球或国家尺度的湿地相关数据集

数据产品		数据类型	时间	空间分辨率
1. 单一湿地类型数据集	JRC-GSW	水体	1984～2020年	30m
	Global Surface Water Dynamic	水体	1999～2020年	30m
	HydroLAKES	湖泊、水库	—	矢量数据
	Global Intertide Change	滩涂	1984～2016年	30m
	GRanD	大坝、水库	—	矢量数据
	GMW	红树林	1996年，2007～2010年，2015年，2016年	30m
	PEATMAP	泥炭地（内陆沼泽）	1990～2013年	矢量数据
	Global Saltmarsh	盐沼（滨海草本沼泽）	—	矢量数据
	GRWL	河流	—	30m

续表

数据产品		数据类型	时间	空间分辨率
2. 含湿地类别的土地覆盖数据集	ESA-WorldCover10	永久水体、草本沼泽、红树林	2020 年	10m
	Dynamic World（DW10）	永久性水体、洪泛植被	2015～2022 年	10m
	GlobalLand 30	湿地、水体	2000 年，2010 年，2020 年	30m
	GLC_FCS30	湿地、水体	2015 年，2020 年	30m
	FROM_GLC	湿地、水体	2015 年	30m
	FROM_GLC10	湿地、水体	2017 年	10m
	MCD12Q1	湿地、水体	2001～2019 年	500m
	CCI-LC	湿地、水体	2000 年，2005 年，2010 年	300m
	CNLUCC（中国）	水域、沼泽地	1980～2020 年	1km/100m/30m
3. 详细湿地类别数据集	GLWD	湖泊、湿地	—	矢量数据
	Global database of wetlands	4 类湿地	1987 年	1°
	Global database of wetlands	5 类湿地	1989 年	2.5°×5°
	CAS_Wetlands	14 类湿地	2015 年	30m

1.3.1.3 基于遥感的湿地提取方法研究现状

随着遥感技术的发展与遥感数据的广泛应用，基于遥感的湿地提取方法也越来越多样化，目前主要包括5 种分类方法（表1-4）：①人工目视解译。目视解译是最传统的湿地分类方法，将预处理后的遥感数据通过人工目视判断湿地类别，这种方法简单，精度高，但耗时耗力不适用于较大范围、长时间的湿地监测工作（曾辉等，2010；Niu et al.，2012；Hu et al.，2020a）。②监督分类。该方法是目前应用较为广泛的湿地分类方法之一，主要是通过构建样本再经过分类器训练得到最终的湿地分类结果，这种方法的运行效率较高、分类精度较好，但对于样本依赖较大。常用的分类器包括随机森林（Jia et al.，2020）、支持向量机（Rapinel et al.，2019）、最大似然（Weise et al.，2020）、人工神经网络（Kesikoglu et al.，2019）等，不同的分类器对于不同的地物类别有着不同的适用性。例如，Talukdar 等（2020）对比了 6 种不同的分类器，发现随机森林对于土地覆盖的分类精度最高；Rapinel 等（2019）对于漫滩草地进行分类时发现支持向量机要高于随机森林。综合对比不同分类器从而选择精度最好的分类器也是目前使用监督分类开展地物提取的方式之一（Cao et al.，2018）。除此之外，利用深度学习开展湿地分类的研究也越来越多，Liu 和 Abd-Elrahman（2018）利用深度卷积网络开展湿地分类。③基于知识的分类方法。该方法一般指基于某些特征或规律构建专家知识库，在此基础上进行湿地分类（王红娟等2008；Li et al.，2019；Ji et al.，2015）。该方法的机理明晰，运算效率较高，但在分类之前需要足够的知识用于构建规则知识库，过程复杂且普适性相对较差。例如，Mao 等（2020）基于知识构建分层决策的规则进行中国湿地的提取。④基于智能算法的分类方法。这种方法是基于湿地类型的遥感光谱特性或生态水文特征，构建湿地信息识别的数学模型，一般情况基于优化算法进行模型求解以实现湿地类别提取（Jia et al.，2018；Ludwig et al.，2019；Li et al.，2015）。该方法无需样本和阈值，能够自动实现湿地信息提取，但算法复杂、运行时间较长且算法普适性较差。⑤综合多方法的分类方法。这种方法主要是考虑到湿地类别的复杂性，单一方法并不能准确地提取细致湿地类别，因此综合多种方法进行湿地分类。如 Li 等（2019）结合专家知识、决策树、阈值技术、无监督分类和后处理的混合方法进行杭州湾的湿地分类。这种方法对于湿地的精细提取有很大帮助，然而由于需要考虑多种方法会增加分类的过程及难度，如陈炜等（2017）利用基于先验知识的对象系统筛选、基于森林数据的同位像元提取、基于最佳阈值的极大似然掩膜等多种方法进行湿地精细化提取。由此可以发现，为适应湿地多样性的特征，综合多方法是湿地精细分类较为适用的方法之一，但目前基于遥感的城市湿地精细分类方法的理论与研究体系并不完善。

表 1-4　湿地分类方法介绍及优缺点对比

研究方法	方法描述	优点	缺点
目视解译	通过人工目视判断湿地类别	简单有效，分类精度高	费时费力，生产成本高
监督分类	基于样本训练分类器实现湿地分类	运行效率高、分类精度好	需人工生产样本点
基于知识的分类	基于专家知识构建规则知识库	机理明晰、运算效率高	构建过程复杂、普适性差
基于智能算法的分类	基于某些特征构建湿地分类数学模型	无需样本和阈值，自动分类	算法复杂、普适性较差
多方法综合分类	考虑多种方法开展湿地分类	对精细湿地提取有益	多种方法增加分类过程与难度

综合以上城市湿地遥感提取的研究现状可以发现，基于遥感的城市湿地精细化提取目前仍然存在很多挑战与问题，如湿地的分类体系不统一，现有的湿地数据集分类类别不细致、分类精度不高，无法满足城市湿地细致认知的需求，精细湿地分类方法体系不完善，等等。这些问题与挑战是本研究拟解决的重要问题之一。

1.3.2　城市湿地遥感动态监测研究现状

1.3.2.1　湿地变化检测研究现状

变化检测的本质是着力于解决是否发生变化（确定发生时间与地点）、发生什么样的变化及探究变化过程与变化趋势（周启鸣，2011；王庆，2019）。而动态监测目的同样是为了实现这个目的，因此更合适的变化检测方法对于湿地动态监测至关重要。地物变化检测已经有 60 多年的历史，在不断地发展过程中形成了一系列的变化检测方法：①基于像元的变化检测方法，主要包括图像差值、图像比值、植被指数比值等代数运算方法（张晓东等，2015）；②变换类方法，主要包括主成分分析、缨帽变换等（朱凌等，2020）；③基于机器学习的监督与非监督检测法及分类后比较法进行检测判断（沙林伟，2019）；④考虑面向对象的变化检测方法，是在图像分割的基础上考虑光谱、纹理等特征将像素转变为对象，从而开展变化检测（王超等，2018；Bontemps et al.，2018；Liu et al.，2021a；袁敏等，2015）。

对于湿地变化检测研究主要分为两种情况（表1-5）：①分类后的变化检测。这是目前关于湿地变化检测应用最广的一种方式，主要是对不同时期的湿地进行提取，在得到分类结果的基础上分析不同湿地类型之间的变化情况。在这里，一般分为单一湿地类别的变化检测与多湿地类别的变化检测。例如，刘凯等（2019）提取了越南玉显县1993～2017年的红树林湿地并分析其动态变化情况。Deng等（2017）提取了武汉城市圈1987～2015年逐年湖泊湿地并分析其变化情况。牛振国等（2012）生成了1978年、1990年、2000年和2008年四期包含12类的中国湿地分布数据，并分析湿地的变化情况。Yang等（2020a）通过提取洞庭湖地区1978～2018年4种湿地类型分析其变化过程。单一类型的湿地提取较为容易但变化检测中只能分析一种类型的变化情况，无法反映湿地内部复杂的变化情况。多类型的湿地提取有较大难度，尤其对于精细化湿地分类，由此通过分类后进行湿地变化检测有一定的难度和局限性。②基于指数的变化检测。这种方法是直接在遥感影像的基础上通过计算的指数进行变化检测，无须进行湿地分类。目前基于指数开展湿地的变化检测方法主要分为单一指数与多指数组合。例如，Zhang等（2021b）利用NDVI指数检测洞庭湖湿地植被的季节变化与突变情况。Eid等（2020）利用SAVI和NDWI对埃及Wadi El-Rayan湖的动态变化过程进行检测。李晓东等（2021）基于MNDWI、NDVI和NDBI等指数在计算变异率的基础上识别东北地区典型湿地的变化范围与程度。由此可以发现单一指数的湿地变化检测较难反映湿地各个类型的变化情况，而多指数组合的变化检测可以较好地反映不同类型的湿地特征，然而如何将多指数更好地组合起来用于湿地的变化检测也是目前的难点之一。湿地的变化检测也包含其他形式（Jin et al.，2017；Nielsen et al.，2008），但这里不作为重点关注。而具体的湿地变化检测方法也将在传统地物变化检测方法基础上展开。

表1-5　湿地变化检测研究总结

湿地变化检测	类型	优缺点
分类后的变化检测	单一湿地类别	湿地类别提取容易，湿地内容变化情况无法反映
	多湿地类别	提取难度增加，内部变化情况清晰
基于指数的变化检测	单指数	避免分类，较难全面反映湿地情况
	多指数	避免分类，可反映多种湿地特征，组合方式为难点

1.3.2.2　湿地动态监测方法研究现状

湿地动态监测的核心就是可以较为及时地获取数据，因此湿地数据更新将是湿地动态监测需要解决的核心问题。空间数据的更新在20世纪90年代就开始受到人们的关注，然而大部分研究集中在矢量数据（黄文嘉，2011）。由于人们对实时、长时序地表覆盖数据的需求，基于遥感数据的地表覆盖更新研究是目前遥感影像数据产品更新研究较为广泛的研究内容之一（Bontemps et al.，2011），如MODIS土地覆盖产品、CCI-LC产品、

Globeland30 产品、美国的 NLCD 产品等会定期生产土地覆盖产品。由于湿地类型的复杂性原因，目前很少有研究专门针对城市湿地的数据更新开展研究。但湿地作为地表覆盖的一种类型，可以在地表覆盖更新研究的基础上开展进一步的湿地更新，为湿地的动态监测提供基础数据，为城市的湿地管理与保护提供支持。目前关于地表类型动态监测的方法主要分为两种方式（表 1-6）：①逐年分类方法，即采用相同的分类方法对不同年份的数据分别进行分类，从而得到更新的数据产品。例如，李玉等（2021）用支持向量机提取抚顺矿区 1989 ~ 2019 年共 6 期的土地利用进行分析。这种分类方法每一期产品的分类均需要重新获得样本点，工作量较大，且由于分类误差的存在可能导致前后两期产品出现不一致的情况。②变化检测方法，该方法是基于已有的土地覆盖产品，通过变化检测识别土地覆盖类型的变化区与不变区，针对变化区的数据分类实现数据更新（陈军等，2014）。例如，Jin 等（2013）通过综合变化检测的方法实现国家级土地覆盖产品的更新；Wessels 等（2016）通过加权多元变化检测方法识别变化区并结合随机森林分类的方法实现土地覆盖产品的快速更新。基于变化检测的遥感数据更新方法的核心是考虑了光谱具有泛化或扩展的能力，一般认为通过某种方式得到的样本数据可以应用于其他时间或者地区（Gray and Song，2013；Zhang et al.，2018；Laborte et al.，2010；Knorn et al.，2009）。这种方法主要思路是对于不变的地区可依据已有的土地覆盖产品的类型确定样本，从而实现对新数据进行分类更新。基于这样的原理，Zhu 和 Woodcock（2014）提出了连续变化检测分类（CCDC）方法，并在土地覆盖的数据更新上开展了较多的应用。该方法可以有效避免分类结果不一致的情况，且可以减轻样本数据构建的工作量。

表 1-6　地表类型动态监测方法总结

动态监测方法	说明	优缺点
逐年分类法	采用相同的分类方法对不同年份的数据分别进行分类，以实现动态监测目的	不需变化检测；每年数据的分类过程需要重复操作，工作量大，前后期分类存在不一致情况
变化检测法	在基准期产品上，通过变化检测识别的变化区或不变区，开展变化更新	有效避免分类不一致，可减轻样本构建或重复分类等工作量；基准期产品的分类误差会传递

综合以上变化检测及湿地动态监测方法的研究现状可以发现，基于遥感的动态监测工作同样存在很多问题与挑战，不同的变化检测及动态监测的方法各有优劣。传统逐年分类的动态监测方法耗时长、工作量大，基于变化检测的思路可以很好地解决这个问题，然而目前并没有研究针对城市湿地开展基于变化检测的精细湿地动态监测工作，这也是本研究拟解决的关键问题之一。

1.3.3　城市湿地遥感变化过程研究现状

对于传统地表类型的变化过程可以考虑年内变化过程与年际变化过程。年内变化过程一般是指季节变化或物候变化过程，尤其是植被，季节特征比较明显，年内变化特征突出。年际变化过程是从年际角度反映变化情况，有些需要经过较长时间的分析才能反映出来变化情况，并且需要基于特定的指数或特征量才能反映地表的变化情况，一般是定量遥感重点关注的内容，有些则有明显的类型变化，如地物类型完全转化为另一种类型的情况，例如森林火灾发生后，不透水面的建设等。

湿地作为地表的一种覆盖情况，其变化过程不外乎以下两种情况：①年内的季节变化过程，一般包含植被及水体。由于植被本身存在物候特征，所以草本沼泽、木本沼泽等湿地类型会有明显的物候变化特征，尤其在高纬度地区；水体则由于水文周期的变化情况会出现明显的季节特征。例如，Bian 等（2017）通过构建高时空分辨率的植被覆盖度指数表征高山湿地的季节特征；Dronova 等（2015）通过动态覆盖类型表征季节性洪水湿地的变化情况；Alonso 等（2020）利用干湿地状态分类器和连续湿地动态标识符绘制了湿地水周期图，对于分析湿地的周期变化有重要意义。地表物候特征的研究已经是一个比较广泛的研究内容，目前较多集中在农业方面（Bolton et al.，2020）。②年际变化过程，包括长时序监测与类型变化两个方面。长时序监测多通过一种或几种类型的变化进行监测，如 Han 等（2015）探究了鄱阳湖冬季湿地水、沙地、滩地、植被四种类型 40 年的变化情况，贾明明（2014）对中国 1973～2013 年的红树林进行了动态监测。此外，长时序监测也有通过某种指标反映湿地长时序特征。类型变化方面主要监测湿地发生变化的情况，一般指地表覆盖类型发生完全变化的情况，如湿地转变为耕地、城镇用地或耕地恢复为湿地等。目前，关于湿地类型转变的情况大都通过土地覆盖转移矩阵的方式进行变化分析。例如，Chen 和 Liu（2015）利用转移矩阵分析中国北方黄旗海湖流域的湿地变化；Goldberg 等（2020）通过分析土地覆盖的转变过程来探究红树林退化的原因；吕金霞等（2018）通过转移矩阵分析京津冀的湿地变化情况。由此可以发现，关于湿地的变化过程的研究大都集中在某种单一形式的变化分析，如湿地类型的转换或表征湿地特征的指标。现有研究对于湿地的详细变化过程分析仍然存在不足，具体的变化模式需要进一步探究（Mao et al.，2021）。由于湿地内部既包含水体又包含植被，复杂多样，单一形式的变化过程研究并不能很好地反映湿地内部的退化或恢复特征。如何综合湿地类型与表征湿地要素的指标分析城市湿地的变化过程是本研究拟解决的关键问题之一，结合湿地城市的创建过程探究中国首批湿地城市的湿地变化模式是本研究核心目标之一。尤其针对湿地城市，其具有独特的湿地特征，然而目前对于这些城市的湿地分布与变化特征，以及这些城市对于湿地保护与恢复的手段及措施的了解仍然有限。因此，非常有必要总结这些湿地城市的湿地分布、类型与要素变化及保护恢复的模式，了解这些城市的湿地变化特征与分布规律。

1.3.4 城市湿地变化模拟预测研究现状

本研究虽主要探究的是城市湿地变化模拟预测，但由于涉及非湿地类型，其本质上还是土地利用变化的模拟预测，因此这里主要梳理土地利用变化模拟预测的研究进展。土地利用变化是人类活动对生态系统造成的最直接的影响，这些变化影响着人类的经济收益和社会财富，也直接或间接地导致了气候变暖、环境退化、生物多样性降低等一系列难以解决的问题（Yu et al.，2022）。为了更好地解决人与土地、环境、社会之间的矛盾，各国政府及科研部门开始关注到土地变化科学，因而厘清历史时期土地变化规律、内在机理及影响因素，探究未来土地发展、驱动机制及可持续性，成为了研究的热点问题（Rong et al.，

2022；唐华俊等，2009）。

在实际研究中，受到自然和人文等多类因素的影响，土地利用变化的过程与机理十分复杂，构建土地利用演变模型开展土地利用变化的预测与模拟是其中一项十分重要的研究课题，这对于区域规划与优化配置、保护和改善自然生态环境具有指导意义（Xu et al., 2015）。通过梳理当前研究进展，土地利用变化模拟预测模型可归纳为以下三类（表 1-7）（刘甲红，2017）：①数量预测模型。即从数量上预测和估算未来城市内各种土地利用类型的面积变化，这类模型通常为数学模型，常用模型包含 Logistic 回归模型、马尔科夫（Markov）模型、系统动力学（System Dynamics，SD）模型、人工神经网络（Artificial Neural Network，ANN）模型、多目标规划（Multi- Objective Programming，MOP）模型等。Logistic 回归模型主要采用极大似然法估计原理，通过线性模型得到土地类型与各驱动因素之间的相关性，进而计算土地类型出现的概率，被广泛应用于城市增长的模拟与预测（Wang et al., 2021a）。Markov 模型可以清晰地定量化表示土地类型之间的转移情况，并以此推算未来土地的变动程度（Palmate et al., 2017）。SD 模型从动力学角度系统地构建土地类型转移与驱动因素之间的关系，常用于解决非线性系统问题（张晓荣等，2020）。ANN 模型具有强大的处理非线性的能力，被广泛用于模式信息处理、最优化问题计算等方面，在模拟土地需求量上也具有独特的优势（王磊等，2012）。而相较于其他模型，

表 1-7　土地利用变化模拟预测模型总结

类型	模型	优点	缺点
数量预测模型	Logistic 回归模型	综合探究驱动因子对土地利用变化的影响	驱动因子的确定受人为主观因素的影响
	Markov 模型	通过对历史数据的学习，定量化表达土地利用类型之间的转移情况	无法预测驱动因素对土地利用产生的影响
	SD 模型	能够系统地探究区域内驱动因素与土地利用变化之间的非线性动态关系	驱动因子的确定受人为主观因素的影响
	ANN 模型	可以较好地处理非线性的复杂关系，且不需要人为定义参数	在全局模拟中的效果可能略显不佳
	MOP 模型	包含决策变量、目标函数、约束条件三个部分，综合的开展土地模拟和优化	约束条件需要人为主观确定
空间模拟预测模型	CA 模型	可以更好地反映土地利用变化过程中的反馈机制	缺少人文因素及整体环境的影响
	MAS 模型	可以综合地探究“人类-环境”之间的相关关系	模型中的决策与规则较为复杂，很难全面地定义多智能体及其行为
	CLUE-S 模型	综合多种驱动因素，实现空间多尺度及不同情景变化的研究	在探究土地利用类型变化的复杂性特征上略显不足
	PLUS 模型	能够更好地挖掘土地利用变化的原因，并模拟精细的斑块级土地利用变化	在空间模拟预测中可能会出现不合理结果
	FLUS 模型	更有效地解决了土地利用类型之间的竞争关系，模型使用十分便捷	土地类型的模拟预测数量有一定的限制

MOP 模型是一种自上而下的方法，更适用于解决复杂土地系统中多目标冲突的问题，更符合本研究的需要（龚健，2004）。②空间模拟模型。空间模拟预测模型相比于数量预测模型具有空间模拟的优势，常用的模型包括元胞自动机（Cellular Automata，CA）模型、多智能体系统（Multi-Agent System，MAS）模型、CLUE-S（Conversion of Land Use and its Effects at Small Region Extent）模型等。MAS 模型是通过微观智能体之间及其与地理空间环境相互作用，模拟土地利用变化过程中复杂的空间决策行为与人文因素（Ralha et al.，2013）。CLUE-S 模型基于不同情景的土地需求量，设置转移规则、限制区域及驱动因素，在空间上模拟预测土地利用变化（Peng et al.，2021）。CA 模型通过局部简单的邻域规则改变元胞状态，从而产生宏观的土地利用变化结果，该模型在地理时空模拟上独特的优势，被广泛用于城市土地模拟预测（Wang et al.，2021a）。CA 模型在应用过程中被不断地改进，比如引入 ANN 改进为 FLUS 模型（Liu et al.，2017），引入用地扩张分析策略改进为 PLUS 模型。③耦合模拟模型。由于单一模型难以满足实际土地利用的复杂变化，多模型的综合应用是土地模拟预测的必然趋势。数量预测模型通过研究引起土地变化的影响因素来估算未来面积需求，空间模拟预测模型则主要分析城市土地变化和生态环境的空间关系，二者相互作用、相互联系，越来越多的学者构建了如 Markov-CA 模型（Zou et al.，2019）、SD-CA 模型（Yang et al.，2020b）、随机森林-CLUE-S 模型（Peng et al.，2021）、长短时记忆方法-CA 模型等耦合模型（Liu et al.，2021b）。耦合模拟模型已成为土地模拟的热点问题，但如何根据不同的目标，模拟湿地精细类型的复杂变化仍需探究。

城市是土地利用变化模拟预测研究应用最为广泛的区域，直接受到人类活动改造与建设，当前全球约超过 55% 的人口生活于此，并且预计到 2050 年将超过 68%（陈利顶等，2013）。然而，随着城市的不断发展，土地资源的不合理配置和非理性扩张对城市内部及周边的自然环境和生态系统造成了巨大的影响，出现了资源短缺、灾害频发、社会矛盾增多等问题（陈逸敏和黎夏，2020）。因此，如何合理利用和规划城市土地、实现城市可持续发展已成为亟待解决的重要问题。

为了了解城市未来不同的发展状态，近些年的研究逐渐开始设置各类情景，不同情景的约束条件会影响到土地模拟预测的数量和空间位置（刘明皓等，2014）。例如，Domingo 等（2021）人设置了可持续发展、常态化发展、强劲发展和无限制发展四种情景，模拟城市未来的扩张，在可持续发展情景下会设置较低的城镇用地面积需求，并增强生态保护意识。Liang 等（2021a）人设置经济效益最大化、生态价值最大化、生态容量最大化及三种情景同时最大化的可持续发展情景，研究武汉市土地扩张的驱动因素。除此以外，还有生态安全情景（Yang et al.，2020c）、规划干预情景（Zhou et al.，2020）、协调平衡发展情景（Li et al.，2021）等，这些情景更好地考量了经济提升和生态保护的协同性，为城市合理利用土地资源提供参考。

本书的研究对象为湿地城市，然而这一称号并不是永久性的，每隔六年的复审使得对于湿地城市展开未来模拟预测研究十分重要。目前，这类研究总体上还较为欠缺，有一些研究设置专门的情境来实现对湿地或相关资源的模拟。例如，Zhang 等（2021b）的土地模拟预测研究中设立了水资源保护情景，该情景下充分考量了湖泊湿地的发展，为区域未来规划与保护提供依据。因此，立足于湿地城市，选取更合适的湿地变化模拟预测模型，以及构建更贴合城市发展目标的情景开展未来湿地变化模拟预测是本研究拟解决的关键问题之一。

1.3.5 城市湿地生态系统服务评估研究现状

生态系统服务是近些年来土地、生态、环境等多个学科与领域中非常前沿的研究热点，对于生态系统服务的评估与量化是制定区域生态环境管理政策的重要基础。湿地作为地球三大生态系统之一，在调节、供给、支持、文化等服务中都提供了大量的价值与资源。城市湿地作为湿地生态系统中一种特殊的存在，也为城市提供了一些特有的生态系统服务。关于城市湿地提供哪些具体的生态系统服务，也有多个研究做过整理与归类。在城市湿地的生态系统服务中，更多的研究人员习惯将其分类为供给服务、调节服务、支持服务、灾害防控和文化服务五个部分（图 1-17）（王建华和吕宪国，2007）。第一，城市湿地能够提供的一些产品与资源，如水、有机质，甚至还包含一些食物、药材等，当然湿地中囊括的河流、湖泊、河渠等类型还可以增加水运交通。第二，城市湿地在城市生态环境的调节中提供了多种多样的服务，如水源涵养、气候调节等，这些服务可以有效缓解水资源短缺及城市热岛效应。第三，城市湿地可以保护生物多样性并且防止水土流失。湿地因其独特的生态环境，成为了许多动植物的栖息地。尤其是在城市中，城市湿地的物种多样性远高于其他区域。第四，城市湿地非常重要的功能之一便是灾害防控，尤其是蓄洪防旱，可以减少洪水对区域造成的伤害。第五，相比于其他区域的湿地，城市湿地提供的文化服务是不可替代的，旅游休闲、美学景观、文化遗产、教育科研等都为人们带来了精神上的愉悦与享受（郭镕之等，2022）。

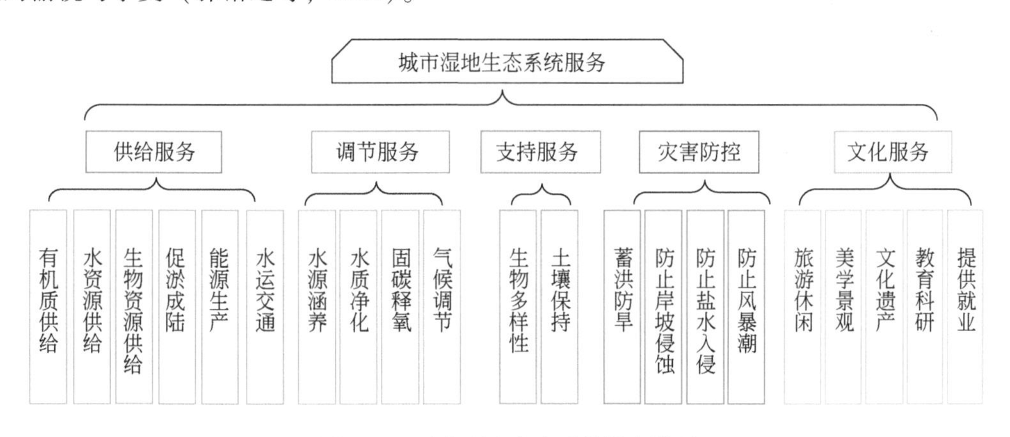

图 1-17 城市湿地生态系统服务类别

当前，关于湿地/城市湿地生态系统服务评估的方法大致可以分为四种，即能值分析法、实地调查法、价值量评价法及物质量评价法（周李磊，2020）。

1）能值分析法通过计算生态系统中物质和能量的流动，并最终统一转化为太阳能值来比较研究，但其中的参数较为复杂（Liu et al.，2021c）。例如，杨青和刘耕源（2018）使用该方法，评估了珠江三角洲城市群中非货币量的湿地生态系统服务价值。Santos 等

(2020) 使用能值分析法探究了巴西热带湿地牧场的生态系统服务，还有 Zhan 等 (2019)、Xiao 等 (2023) 和 Liu 等 (2021c) 用该方法分别评估了崇明岛、辽宁省还有全球海岸带湿地的生态系统服务价值。

2) 实地调查法主要是通过野外调研、实地采样、问卷等方法探究湿地的生态系统服务。寇欣 (2022) 利用野外采样与室内实验等方法，探究了湖滨湿地的物种与功能多样性。苏泳松 (2022) 通过对广州海珠国家湿地公园中水样的采集，探究区域内湿地水体氮素的变化特征以及其中的净化效益。Johansson 等 (2019) 通过构建多层次系统调查，评估了参与者对湿地区域的环境感知、情感体验与恢复潜力。Guo 等 (2023) 通过对网站照片的研究，了解了杭州市西溪湿地中文化服务的时空特征。然而，该方法更加适用于小型湿地区，对于研究城市中湿地整体的服务与变化是十分困难的。

3) 价值量评价法是目前应用最为广泛的一种方法，它可以直接计算人们从湿地生态系统中获得的货币价值 (Wang et al., 2021b)。自 1997 年 Costanza 等 (1997) 评估出了全球的生态系统服务价值后，相关的研究便不断涌出。国内研究中应用最为广泛的是由谢高地等 (2003; 2015) 通过不断修正后建立的中国陆地生态系统单位面积服务价值表。Zhu 等 (2023) 利用该价值表，探究第二批湿地城市——南昌市湿地生态系统服务价值的变化。荔琢等 (2019) 基于当量因子表，计算了京津冀城市群湿地的生态系统服务价值，并得出了区域内的主导功能。此外，Yang 等 (2022) 对全球的人工不透水面与湿地开展了分析，结果发现 2001 ~ 2018 年间全球 80% 的湿地因人工不透水面的扩张而受损，并导致全球生态系统服务价值损失 34.60 亿美元。除了价值当量法以外，还有多种价值的评估方法，如市场价值法、影子工程法、利益转移法、旅行成本法等。Lin 等 (2019) 使用市场价值法、影子工程法等方法探究了杭州湾湿地的生态系统服务价值，并发现河流和湖泊的价值更高。Li 等 (2014) 使用利益转移、碳税、旅行成本等方法计算了长江中下游湿地的生态系统服务价值，并表明未来湿地的管理和保护应优先考虑其调节与支持服务。然而，该方法虽简单有效，但容易受到经济水平与区域发展的影响。

4) 物质量评价法则是通过生态系统服务评估模型来模拟其内在的过程与机理，能够更加客观地、定量化地反映实际生态系统的变化过程 (赵景柱等, 2000; 荔琢等, 2023)。当前可用于评估生态系统服务的模型有 InVEST (Integrated valuation of ecosystem services and tradeoffs) 模型、ARIES (Artificial Intelligence for Ecosystem Services) 模型、SWAT (Soil and Water Assessment Tool) 模型、Water World 模型等 (Langan et al., 2018)。其中，InVEST 模型是目前使用较为广泛的一种综合生态评估模型，它可以评估不同情景下的多种生态系统服务，如产水量、水质净化、土壤保持、碳储量、生境质量等 (Wang et al., 2022a)。Xiang 等 (2020) 使用 InVEST 模型评估了三江平原地区湿地的生境质量和碳储量，分析了中国实施国家湿地保护计划前后湿地生态系统服务的变化。Hu 等 (2020b) 基于 InVEST 模型探究了杨树生态退耕工程实施前后洞庭湖湿地水源涵养的变化。Zhang 等 (2023) 通过 CLUE-S 模型对北部湾和粤港澳两个城市群进行未来的土地利用变化模拟，并利用 InVEST 模型得到了过去到未来 45 年间湿地碳储量的分布与变化。以上文献更多的是研究湿地中较为核心的生态系统服务，但对于城市湿地特有服务的评估较为缺乏。潘明欣等 (2022) 耦合 InVEST 模型和当量因子法核算了杭州市西溪湿地中固碳、产水量、土壤保持、水质净化、生境质量与文化服务的动态变化。该研究将文化服务耦合其中，但其使用的是价值量评估法。梁芳源等（2023）评估了第二批湿地城市中武汉市的湿地生态系统服务，并包含了洪水调蓄与景观文化。通过上述文献梳理可以了解到，当前对于城市湿地生态系统服务的研究仍存在许多不足，甚至更多的研究没有真正关注到城市湿地，而且对于未来的评估研究更是少见。因此，本研究以湿地城市为研究区，拟探究城市湿地更加核心的生态系统服务，并开展未来的模拟与评估。

1.3.6 城市湿地可持续性评估研究现状

可持续发展的概念在 20 世纪 80 年代提出，从 1980 年起可持续发展经历了三个阶段（图 1-18）：①可持续发展概念和计划提出阶段。工业革命以来，人类社会迅猛发展，对自然资源无节制地侵占与利用已造成了不可挽回的后果（Turner et al., 2007）。气候变化、能源短缺、环境污染、生物多样性丧失等问题的出现，迫使人们开始思考如何实现社会、经济、环境的协调发展，可持续发展的思想就此产生（牛文元，2014）。1987 年，世界环境与发展委员会在《我们共同的未来》中首次对可持续发展理念提出了较为系统的定义与目标要求，它被定义为“既满足当代人需求，又不损害后代人满足需求的能力”，至此全球发展迈入新阶段（傅伯杰，2020）。1992 年，联合国环境与发展大会围绕可持续发展颁布了《21 世纪议程》《联合国气候变化框架公约》《联合国生物多样性公约》等多个文件，并成立了可持续发展委员会（Bettencourt and Kaur, 2011）。②千年发展目标阶段。在可持续发展概念与理念提出的基础上，189 个国家在 2000 年的联合国首脑会议上签署了《联合国千年宣言》，并提出联合国千年发展目标（MDGs）。MDGs 包含了 8 个总目标和 21 个具体目标，涉及消除贫困、性别平等、教育、健康等诸多内容，为人类社会的发展提供了新的方向与期待（Li et al., 2023）。2013 年，提出的《新型全球合作关系：通过可持续发展消除贫困并推动经济转型》和《人人过上有尊严的生活：加快实现千年发展目标并推进 2015 年后联合国发展议程》为 2015 年后的可持续发展提供了基础与支持。③可持续发展目标阶段。由于人口激增、生态退化、极端天气等问题愈发严重，MDGs 的目标与指标远不够实现《联合国千年宣言》中的承诺（Campbell, 2017）。2015 年，联合国大会上确定了 SDGs（联合国可持续发展目标）代替 MDGs，成为未来发展的重要方向（Jacob, 2017）。SDGs 包含 17 个总目标和 169 个具体指标，涉及健康、能源、气候、工作等多个领域，旨在 2030 年全面实现社会、经济、环境的协调发展（Basheer et al., 2022）。2023 年可持续发展目标峰会的目标是创造一个更绿色、更安全、更公平的未来。相较于 MDGs，SDGs 更加注重环境的治理，将其与社会、经济置于同等地位，表明环境在实现可持续发展中的重要地位（荔琢，2024）。

SDGs 是目前解决全球性问题的有效途径，其核心内涵是平衡社会、经济与环境之间的关系，如何合理推动 SDGs 实现是可持续发展的重点，其中城市可持续发展尤为关键。城市可持续发展中环境相关问题一直是关键中的关键，而湿地城市的湿地资源丰富、湿地环境优美的特色极大地解决了可持续发展中环境尺度的难题。湿地城市的发展与可持续发展目标的设置同样密切相关，SDG11 明确提出要实现可持续的城市和社区，这直接对接城

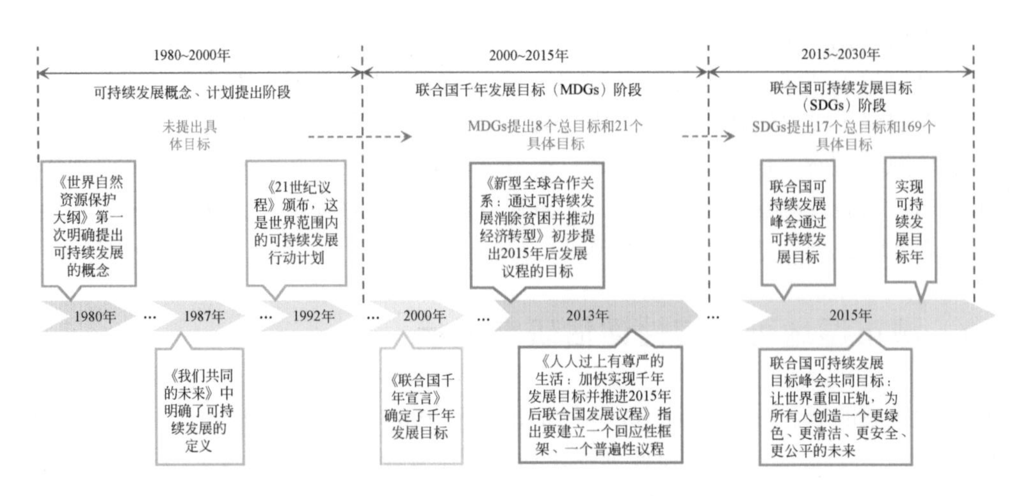

图 1-18　可持续发展历程

市发展的问题，同时与之相关的 SDG3、SDG5、SDG14、SDG15、SDG12、SDG8 等与城市的环境、经济、社会均有直接联系，而其他目标的实现也对城市可持续发展有一定影响。SDGs 实现过程中考虑的三个主要尺度也反映了其与实现全球可持续发展的密切性（图 1-19）：①指标尺度实现了“3 个维度—17 个点目标—169 个具体目标—232 个监测指标”由总到分、层层细化的目标设定；②空间尺度建议从“全球—区域—国家—城市”角度逐一推进可持续发展目标实现；③时间尺度上以 2015 ~ 2030 年综合评估为最终目标，同时实施逐年及每 5 年的阶段评估，推动 SDGs 高效实现。每个尺度不同维度的设置最终落在具体指标、城市等具体范畴，可以发现实现城市可持续发展是实现全球可持续发展的

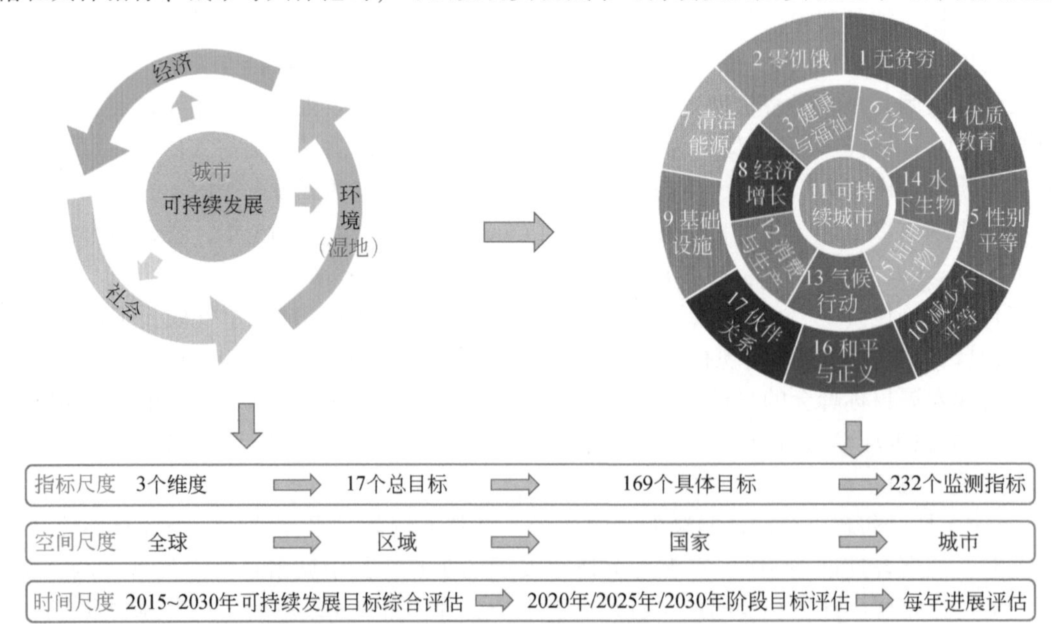

图 1-19　联合国可持续发展目标（SDGs）的内涵

基础与基本实践。这也进一步说明湿地城市的可持续发展研究不仅对 SDGs 环境维度问题解决有益，也是 SDGs 实现的重要实践。

自“可持续发展”理论提出后，人们在可持续性的研究中不断探索与深入，许多思想、理论、方法在此背景下应运而生（Candelaria et al.，2023）。有关可持续性研究的根本目的在于“可以帮助决策者和实施者决定他们应该采取和不应该采取什么行动，以推动社会更加可持续”，它不是静态的，而是长久且复杂多变的过程（Eslami et al.，2023）。

可持续性研究中最普遍的方法之一是基于指标的可持续性评估，且随着 SDGs 框架的提出出现了更全面、更科学的指标体系（Watróbski et al.，2022；Huang，2023）。“状态–压力–响应”（PSR）模型是较早应用的一种模型框架，它由经济合作与发展组织和联合国环境规划署共同发展起来，可用于解决复杂的生态系统评价问题。当然，也有许多研究人员将该框架与可持续理论结合，并开展了水资源可持续性评价、土地利用可持续水平测度、湿地生态系统健康评价等研究（蒋卫国，2003；吴海萍和刘彦花，2018；Wang et al.，2019）。而后，PSR 也逐渐被扩展，形成了“驱动力–压力–状态–影响–响应”（DPSIR）框架，也有研究将其应用至北京市可持续发展评价中（黄志烨等，2016）。此外，大多学者认为可持续发展的三大基本要素应该是环境保护、经济发展和社会公平，即 Economy、Equity、Ecology 的“3E”原则（Moussiopoulos et al.，2010），从这三方面选取指标来构建可持续性评估框架也是十分可行的（Shi et al.，2018）。而且，随着制度、复原力等要素的引入，该框架也在不断优化（Degert et al.，2016；Mallick et al.，2021）。SDGs 包含了 17 个总目标和 169 个具体指标，基本涵盖了当前亟须解决的众多可持续发展问题，然而其中的部分指标很难开展定量化评估。2020 年，Xu 等（2020）计算了其中的 119 项指标，评估了中国可持续发展目标的进展，该成果发表于 *Nature*，是 SDGs 研究中重要的进展之一。

除指标评估外，还有基于货币化理论估值和具体生物物理量指标衡量等方法。基于货币化理论估值的研究思想是 1995 年世界银行提出的，它认为以“国家财富”或“国家人均资本”为依据可以度量可持续性。比较常见的指标包括绿色净国内生产总值（绿色 GDP）、可持续经济福利指数（ISEW）、真实发展指数（GPI）等（徐中民等，2000；叶成虎，1997）。在基于具体生物物理量指标衡量的方法中，应用最为广泛的是“生态足迹”，这是一种从生态环境角度来衡量可持续性的方法（Mathis and William，1998），它能够定量地测度人类活动对生态系统产生的压力和影响程度，为城市和区域的未来发展提供新的思路与方向（郭秀锐等，2003；郭慧文和严力蛟，2016）。

在当前可持续性研究中，生态环境的可持续性是最为核心的，如何在社会经济的正常发展中确保生态土地不减少并持续供应生态系统服务是最为关键的问题。当前的可持续性研究多从指标层面上开展，然而从土地角度开展可持续性研究同样是十分必要的，尤其是空间上的评估与识别。本研究的研究区聚焦于湿地城市，评估城市发展中湿地的可持续性，特别是识别出城市湿地及其生态系统服务变化中形成的可持续区与不可持续区，对于湿地未来的针对性恢复将具有重要意义（张中华等，2019）。

第2章　城市湿地的遥感提取

城市湿地所处环境复杂多样，湿地类型的提取难度较大，以遥感数据为基础针对城市湿地开展分类目前仍然需要深入探究。为了基于遥感手段获得湿地类型更精细、空间分辨率更高的城市湿地数据，本研究在考虑了湿地类型的多样性及遥感数据的可操作性的基础上，构建了一个基于“光谱–几何–频率”特征的城市湿地逐级细分方法（图2-1）。本章以2020年的Sentinel-1/2遥感数据为基础，对中国首批6个湿地城市的湿地进行逐级提取，系统地介绍基于“光谱–几何–频率”特征的城市湿地逐级细分方法，实现10m精细湿地遥感提取。

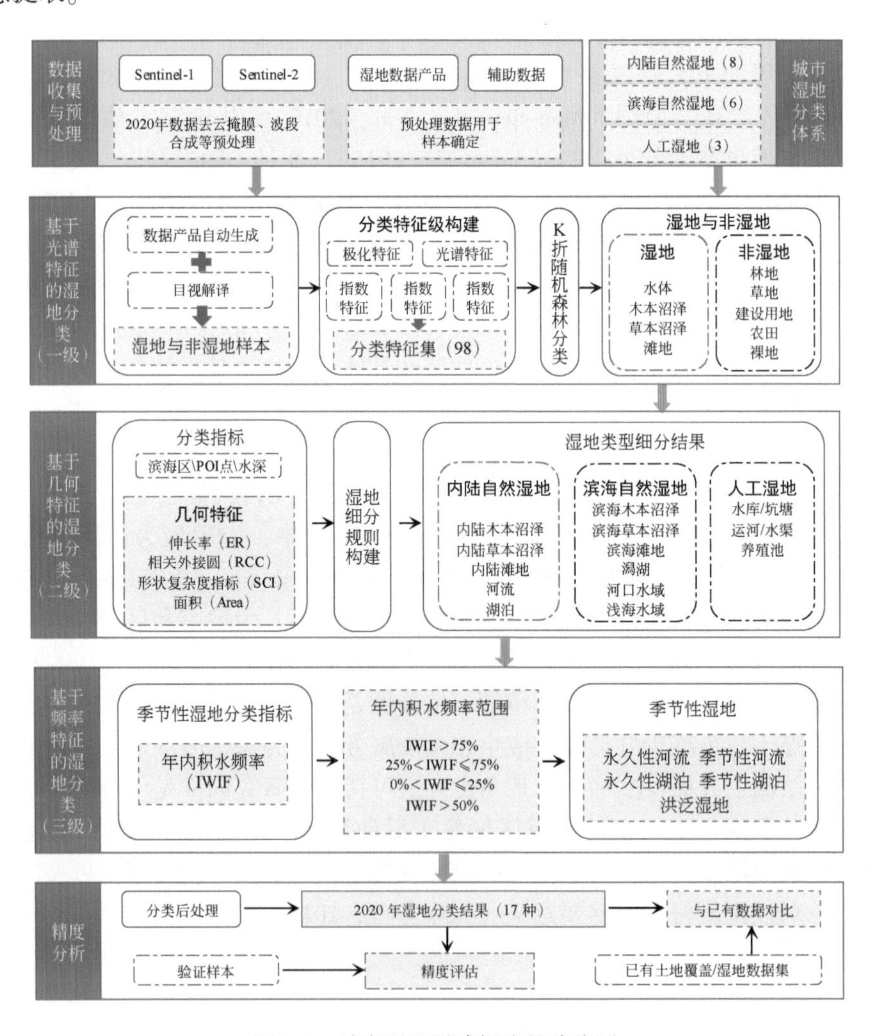

图2-1　城市湿地遥感提取的路线图

2.1 城市湿地遥感提取数据及分类体系

2.1.1 城市湿地遥感提取数据

城市湿地遥感提取使用到的数据主要包括遥感数据、湿地相关数据产品、其他辅助数据 3 大类共 25 种数据。每个数据类型的具体名称、时间、数据来源及主要用途如表 2-1 所示。遥感数据以 Sentinel-1/2 为主，主要用于城市湿地的提取。湿地相关数据产品主要用于辅助制作样本数据及精度分析时的数据对比。其他辅助数据用于辅助湿地提取。

表 2-1 研究数据表

<table>
<tr><th>类别</th><th>数据名称</th><th>时间</th><th>来源</th><th>用途</th></tr>
<tr><td rowspan="2">遥感数据</td><td>Sentinel-1</td><td>2020 年</td><td>GEE 平台</td><td>2020 年城市湿地提取的极化特征</td></tr>
<tr><td>Sentinel-2</td><td>2022 年</td><td>GEE 平台</td><td>2020 年城市湿地提取的光谱、指数、纹理特征</td></tr>
<tr><td rowspan="16">湿地相关数据产品</td><td>JRC Global Surface Water</td><td>1980～2021 年</td><td>GEE 平台</td><td>确定水体样本</td></tr>
<tr><td>HydroLAKES</td><td>—</td><td>Messager et al., 2016</td><td>确定湖泊和水库样本</td></tr>
<tr><td>Global River Widths from Landsat</td><td>—</td><td>Allen and Pavelsky et al., 2018</td><td>确定河流样本</td></tr>
<tr><td>Global Intertidal Change</td><td>2015 年</td><td>Murray et al., 2019</td><td>确定滩涂样本</td></tr>
<tr><td>Global Saltmarsh</td><td>2015 年</td><td>Mcowen et al., 2017</td><td>确定草本沼泽样本</td></tr>
<tr><td>Mangrove map of China 2018</td><td>2015 年</td><td>Zhang et al., 2021b</td><td>确定滨海木本沼泽样本</td></tr>
<tr><td>水库 POI 点</td><td>—</td><td>高德地图</td><td rowspan="2">确定水库样本及城市湿地细分中识别水库类别</td></tr>
<tr><td>Tidal Wetlands in East Asia</td><td>2020 年</td><td>Zhang et al., 2022a</td></tr>
<tr><td>Mangroves of coastal China in 2020</td><td>2020 年</td><td>http://gre. geodata. cn</td><td>确定滨海木本沼泽、草本沼泽和滩涂样本</td></tr>
<tr><td rowspan="2">China's surface water bodies, Large Dams, Reservoirs, and Lakes</td><td rowspan="2">—</td><td rowspan="2">Wang et al., 2022b</td><td>确定滨海木本沼泽样本</td></tr>
<tr><td>确定水库与湖泊样本</td></tr>
<tr><td>ESA WorldCover</td><td>2020 年</td><td>GEE 平台</td><td rowspan="5">确定城市湿地与非湿地类型的样本</td></tr>
<tr><td>Dynamic World</td><td>2015～2022 年</td><td>GEE 平台</td></tr>
<tr><td>GlobeLand 30</td><td>2020 年</td><td>http://www. globallandcover. com/home. htmlhtype=data</td></tr>
<tr><td>Global Land Cover with Fine Classification System at 30 m</td><td>2015 年/2020 年</td><td>Zhang et al., 2021a</td></tr>
<tr><td>Finer Resolution Observation and Monitoring-Global Land Cover</td><td>2015 年</td><td>http://data. ess. tsinghua. edu. cn/fromglc2015_v1. html</td></tr>
</table>

续表

类别	数据名称	时间	来源	用途
其他辅助数据	全球海岸线矢量数据	—	https://www.soest.hawaii.edu/pwessel/gshhg/	区分滨海与内陆湿地
	全球海深数据	—	GEE 平台	确定浅海水域
	中国行政区划数据	—	国家基础地理信息中心	确定研究区
	中国水系数据集	—	国家基础地理信息中心	确定区分线型水体与非线型水体的阈值

"—" 表示该数据没有确切的时间

2.1.1.1 遥感数据

遥感数据主要使用了 Sentinel-1/2，用于城市湿地的提取及相关城市湿地要素指标的获取。Sentinel-1/2 的波段及分辨率如表 2-2 所示。城市湿地遥感提取以 2020 年的 Sentinel-1/2 数据为主，基于 GEE 平台开展城市湿地提取工作。

Sentinel-1 是由 A/B 两颗极轨卫星组成的主动微波遥感卫星，传感器为 SAR，搭载 C 波段，空间分辨率为 10m，对湿地的敏感性很好，且与光学影像结合进行城市湿地分类的精度高于单独的光学影像（Mahdianpari et al., 2019）。其包含了 4 个波段，研究仅选择了 VV 与 VH 波段。

表 2-2　Sentinel-1/2 遥感影像波段信息

波段	Sentinel-2		Sentinel-1	
	中心波长/nm	分辨率/m	波段	分辨率/m
Band 1 Aerosols	443	60	HH	10
Band 2 Blue	490	10	HV	10
Band 3 Green	560	10	VV	10
Band 4 Red	665	10	VH	10
Band 5 Red Edge 1	705	20		
Band 6 Red Edge 2	740	20		
Band 7 Red Edge 3	783	20		
Band 8 NIR	842	10		
Band 8A Red Edge 4	865	20		
Band 9 Water vapor	940	60		
Band 10 Cirrus	1375	60		
Band 11 SWIR1	1610	20		
Band 12 SWIR2	2190	20		

Sentinel-2 同样是由 A/B 两颗卫星组成，Sentinel-2A 与 Sentinel-2B 可以提供时间分辨率为 2～5 天的遥感影像。Sentinel-2 图像包含了 13 个光谱波段，其中 10m 的有 4 个波段，

20m 的有 6 个波段，60m 的有 3 个波段。我们选择了空间分辨为 10m 和 20m 的 10 个光谱带进行城市湿地分类。为了减少云和阴影的影响，仅使用了云百分比小于 20% 的图像（Jia et al., 2020）。本研究中选择了 Blue、Green、Red、NIR、SWIR1、SWIR2 及 4 个红边波段用于城市湿地提取。

2.1.1.2 湿地相关数据产品

湿地相关的数据产品主要用于相关样本的制作及精度分析中的数据对比。本研究收集到的湿地相关产品主要包含两大类：一类是湿地类型的数据，主要有包含水体、河流、湖泊、水库、沼泽、红树林、滩地等单一或多种湿地类型的数据集；另外一类是包含湿地类型的土地覆盖数据集，这类数据除了可以为湿地样本制作与精度分析提供支持还可以用于其他非湿地的土地覆盖类型样本的确定。其中，ESA-WorldCover10（ESA_WC10）与 Dynamic World（DW10）是两套全球尺度 10m 空间分辨率的土地覆盖产品数据，对于本研究的城市湿地与非湿地样本确定起到关键性作用。这两套数据详细介绍见表 2-3。

表 2-3 湿地相关数据

数据产品		湿地类型	时间	空间分辨率	数据来源及参考
1. 湿地数据集	JRC Global Surface Water（JRC_GSW）	水体	1980～2020 年	30 m	Pekel et al., 2016
	HydroLAKES	湖泊、水库	—	1 : 100 000～1 : 250 000	Massager et al., 2016
	Global River Widths from Landsat（GRWL）	河流	—	30m	Allen and Pavelsky et al., 2018
	Global Intertidal Change	滩涂	2015 年	30m	Murray et al., 2019
	Global Saltmarsh	盐沼	2015 年	1 : 10 000～1 : 4 000 000	Mcowen et al., 2017
	Mangrove map of China 2018（MC2018）	红树林（木本沼泽）	2018 年	2m	Zhang et al., 2021b
	水库 POI 点数据	水库	—	—	基于 EasyPoit 工具从高德地图下载
	Tidal Wetlands in East Asia（TWEA）	红树林（木本沼泽）、盐沼、滩涂	2020 年	10m	Zhang et al., 2022a
	Mangroves of coastal China in 2020（MC2020）	红树林（木本沼泽）	2020 年	30m	国家地球系统科学数据中心（http://gre.geodata.cn）
	China's surface water bodies, Large Dams, Reservoirs, and Lakes dataset（China-LDRL）	湖泊、水库	—	30m	Wang et al., 2022

续表

数据产品		湿地类型	时间	空间分辨率	数据来源及参考
2. 包含湿地类型的土地覆盖数据集	ESA WorldCover (ESA_WC10)	水体、草本沼泽、红树林（木本沼泽）	2020 年	10m	https：//viewer. esa-world-cover. org/worldcover
	Dynamic World (DW10)	水体、洪水植被	2015 ~ 2022 年	10m	Brown et al.，2022
	GlobeLand 30	湿地（沼泽）、水体	2020 年	30m	http://www. globallandcover. com/home. htmlhtype = data (Chen et al.,2015)
	Global Land Cover with Fine Classification System at 30m (GLC_FCS30)	湿地（沼泽）、水体	2015 年，2020 年	30m	Zhang et al.，2021a
	Finer Resolution Observation and Monitoring- Global Land Cover (FROM_GLC30)	湿地（沼泽）、水体	2015 年	30m	http://data. ess. tsinghua. edu. cn/fromglc 2015_v1. html
	CLUD2020	沼泽地、河渠、湖泊、水库坑塘、滩地、滩涂	2020 年	30m	中国环境检测总站生态遥感解译获取

“—”表示该数据没有确切的时间与空间分辨率

ESA-WorldCover10（ESA_WC10）是欧洲航天局联合多家机构基于 Sentinel-1/2 遥感数据生产的 2020 年全球 10m 分辨率的土地覆盖数据产品。这套数据包含了 11 类土地覆盖，分别是林地、灌丛、草地、耕地、建设用地、裸地/稀疏植被、冰雪、永久性水体、草本沼泽、红树林、苔藓地衣。相比于传统的全球土地覆盖数据集，ESA_WC10 是目前湿地类别最为丰富的全球土地覆盖数据产品。该数据产品的总体精度为 74%，但作为 10m 分辨率的产品，其更好地展示了地物的细节，尤其对于湿地类别的区分有非常好的应用价值。该产品也是本研究中样本数据生产的主要数据来源。

Dynamic World（DW10）数据产品是由谷歌公司开发的基于 Sentinel-2 得到的近实时全球土地覆盖产品。这套数据的空间分辨率为 10m，时间分辨率与 Sentinel-2 一致，可达到 5 ~ 6 天。产品共包含 9 类地物类型，分别是水体、林地、草地、洪泛植被、耕地、灌丛、建设用地、裸地及冰雪。本研究基于 GEE 平台合成年尺度的土地覆盖数据应用于样本制作与精度验证等工作。

2.1.1.3 其他辅助数据

在城市湿地分类的过程中，需要相关的辅助数据开展湿地提取。本研究收集了世界矢量海岸线数据（GSHHG-WVS）和全球海深数据（Global Relief Model ETOPO1，ETOPO1），其中 GSHHG-WVS 主要用于区分滨海城市湿地与内陆城市湿地，ETOPO1 主要用于确定浅海水域。GSHHG-WVS 数据来源于 https://www. soest. hawaii. edu/pwessel/gshhg/。ETOPO1 数据可通过 GEE 平台下载对应区域的海深数据。中国行政区划图主要用于确定 6 个城市研究区，中国水系矢量图主要用于确定线型水体与非线型水体的区分阈值，数据来源于国家基础地理信息数据中心。

2.1.2 城市湿地分类体系

本研究以《湿地公约》的湿地分类体系为基准，同时参考《湿地分类》（GB/T 24708—2009），以及 Mao 等（2020）、彭凯锋（2022）和 Wang 等（2022c）研究的分类体系，在保证遥感可以识别的基础上确定了城市湿地分类体系（表 2-4）。其中共包含 17 种湿地类型，5 种非湿地类型，湿地主要分为内陆自然湿地、滨海自然湿地和人工湿地三大类型。其中，内陆自然湿地分为 8 种，包含 3 种季节性湿地；滨海自然湿地分为 6 种；人工湿地分为 3 种。

表 2-4 城市湿地分类体系

编码	一级	二级	描述	Sentinel-2 影像示例	Landsat-8 影像示例	Google Earth 影像示例	地物类型示例
11	内陆自然湿地	内陆木本沼泽	以木本植被为主的内陆自然沼泽，包括森林沼泽与灌丛沼泽				
12		内陆草本沼泽	以草本植被为主的内陆自然沼泽，包括沼泽地草甸、泥炭地等				
131		永久性河流	内陆地区的流动水体，呈线性分布，常年被水体淹没				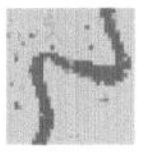
132		季节性河流	内陆地区的流动水体，呈线性分布，季节性有水体淹没			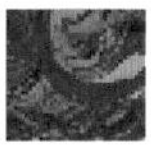	
141		永久性湖泊	内陆地区的自然汇水区，一般呈面状分布，常年被水体淹没				
142		季节性湖泊	内陆地区的自然汇水区，一般呈面状分布，季节性有水体淹没				
15		内陆滩地	植被覆盖度低于 10%，指河流和湖泊周围漫滩、河流冲积扇、藓类湿地等				
16		洪泛湿地	洪水泛滥的河滩、河谷或者季节性泛滥的草地，以及常年或季节性被水浸润的内陆三角洲				

续表

编码	一级	二级	描述	Sentinel-2影像示例	Landsat-8影像示例	Google Earth影像示例	地物类型示例
21	滨海自然湿地	滨海木本沼泽	以木本植被为主的滨海自然湿地，包括滨海森林沼泽、滨海灌木沼泽、红树林等				
22		滨海草本沼泽	以草本植被为主的滨海自然沼泽	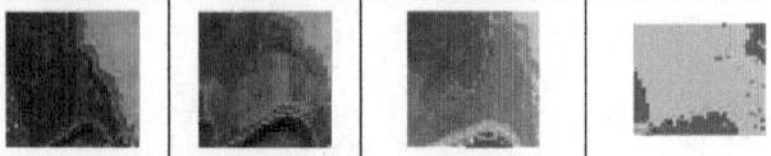			
23		滨海滩涂	潮间带区域的植被覆盖度低于10%的区域，包括沙滩、岸岩等	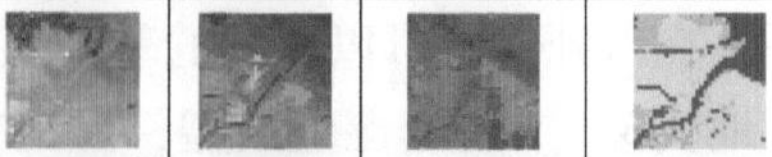			
24		潟湖	由岛屿或礁石包围的滨海浅水水体，但至少有一个出水口与滨海区相连	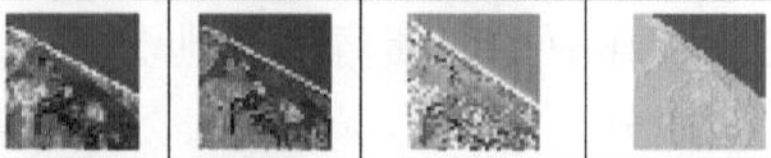			
25		河口水域	由内陆边界流向滨海水域的自然河流水体	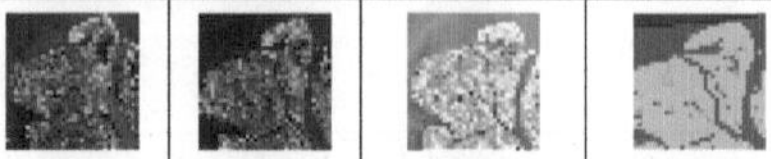			
26		浅海水域	在退潮时深度小于6m的永久性浅海水域，包括海湾和海峡	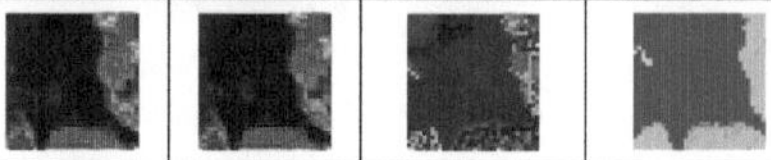			
31	人工湿地	水库/坑塘	有人工修筑边界的汇水区，常有大坝分布	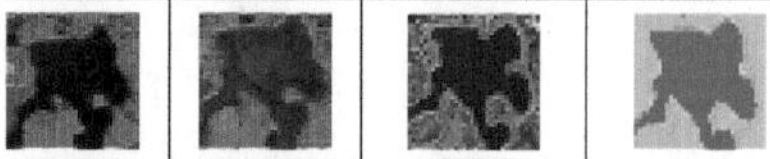			
32		运河/水渠	有明显大坝或堤岸的流动水体，呈线性分布	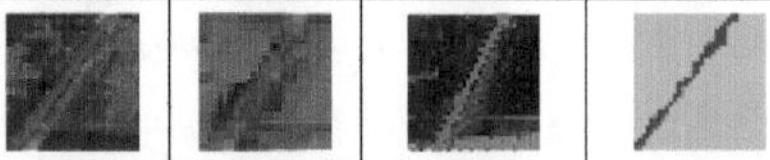			
33		养殖池	有规则形状的小斑块水体，用于水产养殖，大多位于河流或滨海区附近	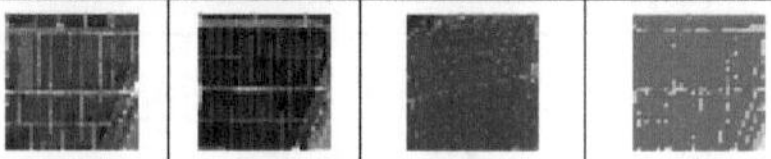			
40	非湿地	林地	包括森林与灌木等的天然木本植物植被覆盖区	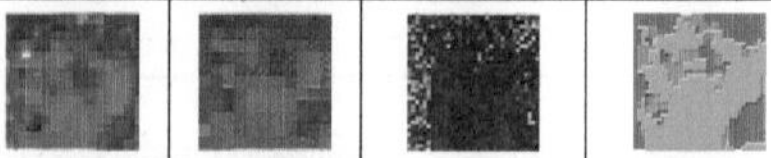			
50		草地	天然草本植被覆盖，且盖度大于10%的土地，以及城市人工草地等	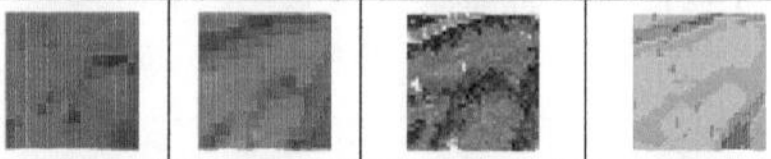			
60		建设用地	由人工建造活动形成的地表，包括城镇等各类居民地、工矿、交通设施等	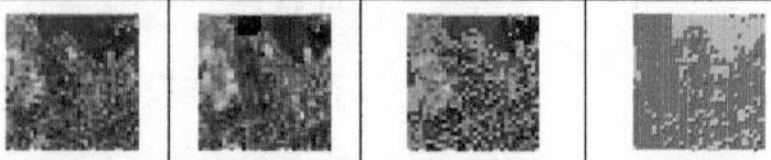			
70		耕地	种植农作物的土地，包括水田与旱地	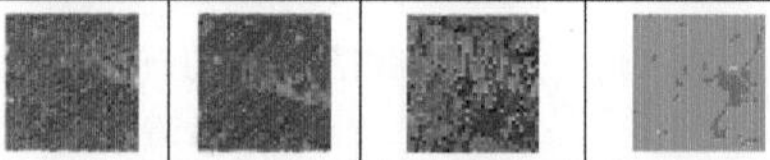			
80		裸地	植被覆盖度低于10%的自然土地，包括荒漠、沙地、砾石地、裸岩、盐碱地等	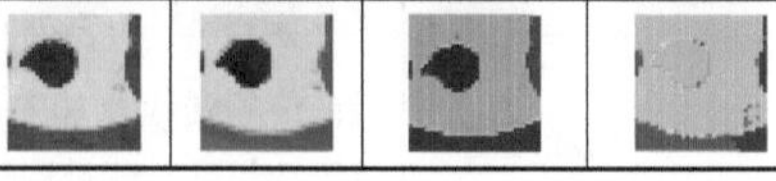			

2.2 城市湿地遥感提取理论与方法

城市湿地遥感提取理论框架主要分为三部分：第一，基于光谱特征进行湿地分类，构建湿地样本，采用K折随机森林得到包含4种湿地类别和5种非湿地类别的分类结果。这一步的湿地分类充分考虑了遥感数据的光谱特征，可以提取包含水体、草本沼泽、木本沼泽、滩地等类型的湿地。第二，基于几何特征进行湿地细分，这里重点针对上一步得到的 4 种湿地类型，通过分类指标构建湿地细分规则而得到包含 5 种内陆自然湿地、6 种滨海自然湿地与 3 种人工湿地的湿地类型细分结果。这一步分类考虑了光谱特征无法识别的类别，因而进一步通过几何特征细分。第三，基于频率特征的季节性湿地分类，由于滨海湿地受潮汐影响较大，因此本研究重点考虑内陆湿地的季节性特征，通过计算年内积水频率设置不同的积水频率范围得到包含 5 种类型的季节性湿地类别。以“光谱-几何-频率”特征的城市湿地逐级细分理论框架为基础，得到了 2020 年中国首批 6 个湿地城市包含 17 种湿地类别的 10m 湿地分类结果。下文将分别介绍基于光谱特征的城市湿地分类方法、基于几何特征的城市湿地分类方法与基于频率特征的城市湿地分类方法。

2.2.1 基于光谱特征的城市湿地分类方法

基于光谱特征的城市湿地分类方法是以传统的监督分类为基础，包括样本构建、特征集构建、K 折随机森林分类三个核心内容。由于本研究以湿地城市为例，在进行初步城市湿地分类时考虑了 5 种非湿地类型。因此，可以得到包含 4 种湿地类型（水体、木本沼泽、草本沼泽和滩地）及 5 种非湿地类型（林地、草地、建设用地、耕地及裸地）的地表分类结果。此外，由于研究的主要目的是提取城市湿地类型，分类过程涉及样本与特征集的构建均最大化地考虑湿地特征。

2.2.1.1 城市湿地分类样本构建

样本构建是城市湿地分类的重要步骤，由于湿地本身的复杂性，导致样本的生产过程存在着很多的困难。本研究中的样本将考虑城市湿地与非湿地样本，分别采用不同的方式进行生产，其中湿地样本考虑水体湿地与非水体湿地两种情况。对于水体湿地样本，利用 JRC-GSW 数据得到研究区 1980 ~ 2020 年的积水频率（WIF），将积水频率大于 80% 的地区定义为永久性水体，由此得到水体的样本数据（图 2-2）。为了得到水库、湖泊、河流、养殖池等水体湿地类型的样本数据，选择在永久性水体区域内基于 Google Earth 及 Sentinel-2 影像通过目视解译的方式确定样本数据。对于非水体湿地样本，选择 5% <WIF< 40% 的区域作为潜在湿地区，在此基础上结合 Collect Earth 工具与 Google Earth 影像、Sentinel-2 影像得到木本沼泽、草本沼泽及滩地的样本数据。彭凯锋等（2024）详细介绍了如何基于 Collect Earth 工具，通过 NDVI 的变化特征及影像的纹理特征确定木本沼泽与草本沼泽的样本。除此之外我们也收集了多套湿地数据集由此辅助确定非水体湿地的样本。基于 Mao 等（2020）的研究，将滨海延伸区（水深小于 25m）和海岸线向内陆 15km 缓冲区作为滨海区，以此来区分内陆与滨海湿地类型的样本。对于非湿地样本，主要通过已有的土地覆盖数据产品获取。由于不同城市的土地覆盖分布类型有差异，为了保证样本的准确性，对于分布范围较大的土地覆盖类型，我们综合了 ESA_WC10、GlobeLand 30、GLC_FCS30、FROM_GLC30 和 DW10 五套数据产品通过叠置的方式确定土地覆盖类型相对稳定的区域，由此确定相应类型的非湿地样本；对于分布范围较小的类型，我们以 ESA_

WC10 和 DW10 两套 10m 分辨率的数据产品为基础，并综合目视检验的方式确定样本。每类数据通过样本构建，得到 6 个湿地城市 2020 年的训练样本（表 2-5，图 2-3）。

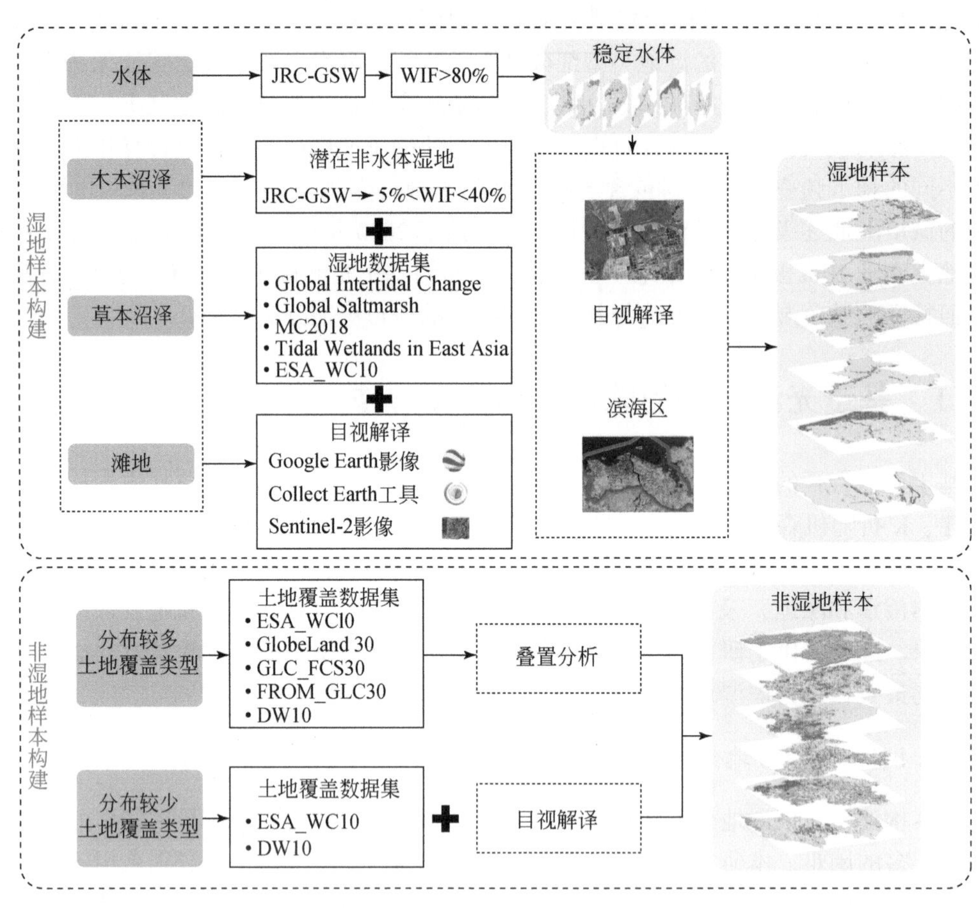

图 2-2　样本构建流程

表 2-5　中国首批湿地城市不同类型 2020 年的训练样本数量

湿地与非湿地类型	银川	常德	海口	东营	哈尔滨	常熟
水体	900	1979	2473	2100	965	2049
木本沼泽	—	—	650	—	—	—
草本沼泽	115	1196	317	554	240	277
滩地	102	343	269	810	112	110
林地	152	9218	1961	155	474	275
草地	300	160	241	107	220	116
建设用地	253	541	500	1433	495	799
耕地	499	4792	1178	1509	494	1130
裸地	107	76	200	494	139	286
样本总量	2428	18305	7789	7162	3139	5042

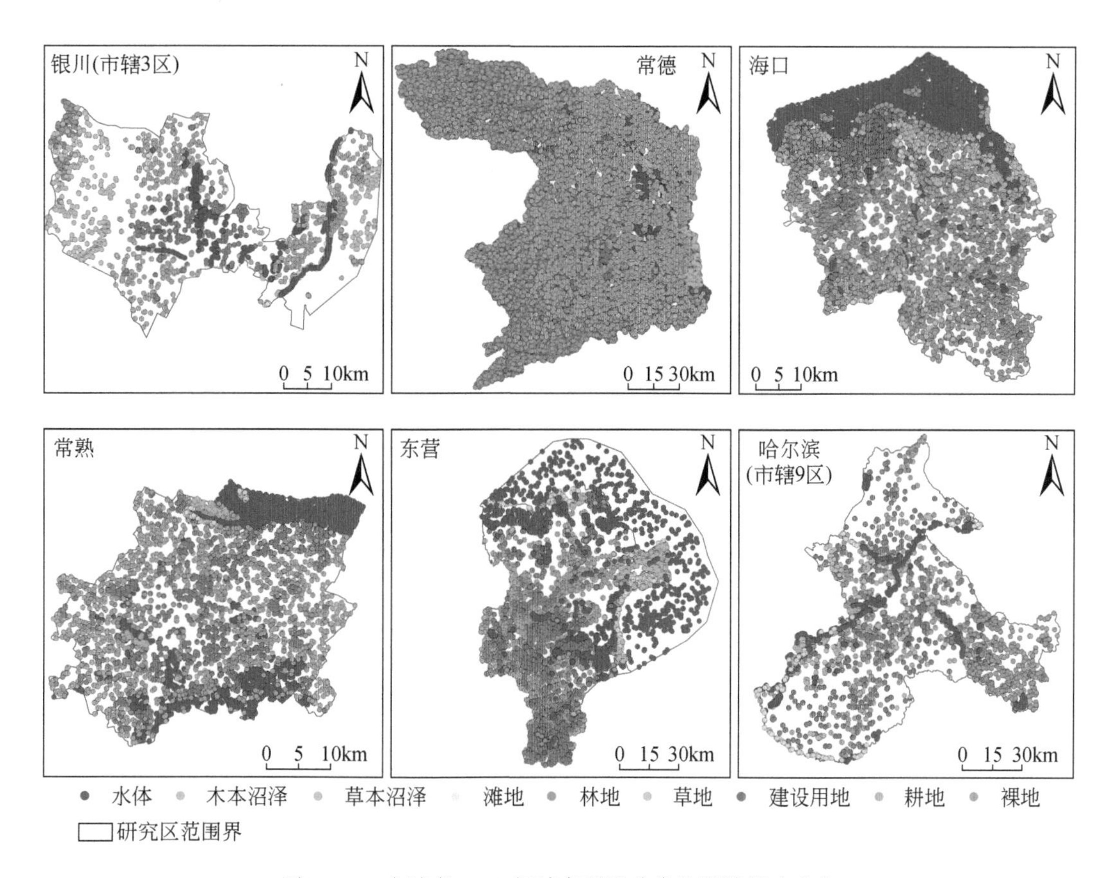

图 2-3　6 个城市 2020 年城市湿地分类的训练样本分布

2.2.1.2　分类特征集构建

特征集的构建在监督分类中对分类结果有重要的影响。本研究为了体现湿地的复杂特征，共选择了极化特征、光谱特征、指数特征、纹理特征和地形特征这五大特征类别构成分类特征集，其中极化特征包含 2 个特征、光谱特征包含 20 个特征、指数特征包含 65 个特征、纹理特征包含 8 个特征、地形特征包含 3 个特征，共 98 个特征（表 2-6，图 2-4）。下文将详细介绍每个特征的合成方式。所有特征通过重采样的方式将分辨率统一为 10m，使得最终的分类结果为 10m。

表 2-6　湿地分类的特征集

类别	特征
极化特征	Sentinel-1 的 VV、VH 波段的中值影像
光谱特征	Sentinel-2 的 Blue、Green、Red、Red Edge1、Red Edge2、Red Edge3、NIR、Red Edge4、SWIR1、SWIR2 波段对应的最湿影像（qualityMosaic）与最绿影像（qualityMosaic）
指数特征	NDVI、EVI、NDWI、MNDWI、AWEI 的 10%、20%、30、40%、50%、60%、70%、80%、90% 的百分位数、中值、最大值、最小值、标准差影像特征

续表

类别	特征
纹理特征	灰度共生矩阵（GLCM）：逆差距、相异度、对比度、熵值、角二阶矩、总数平均和、方差、相关度
地形特征	高程、坡度、坡向

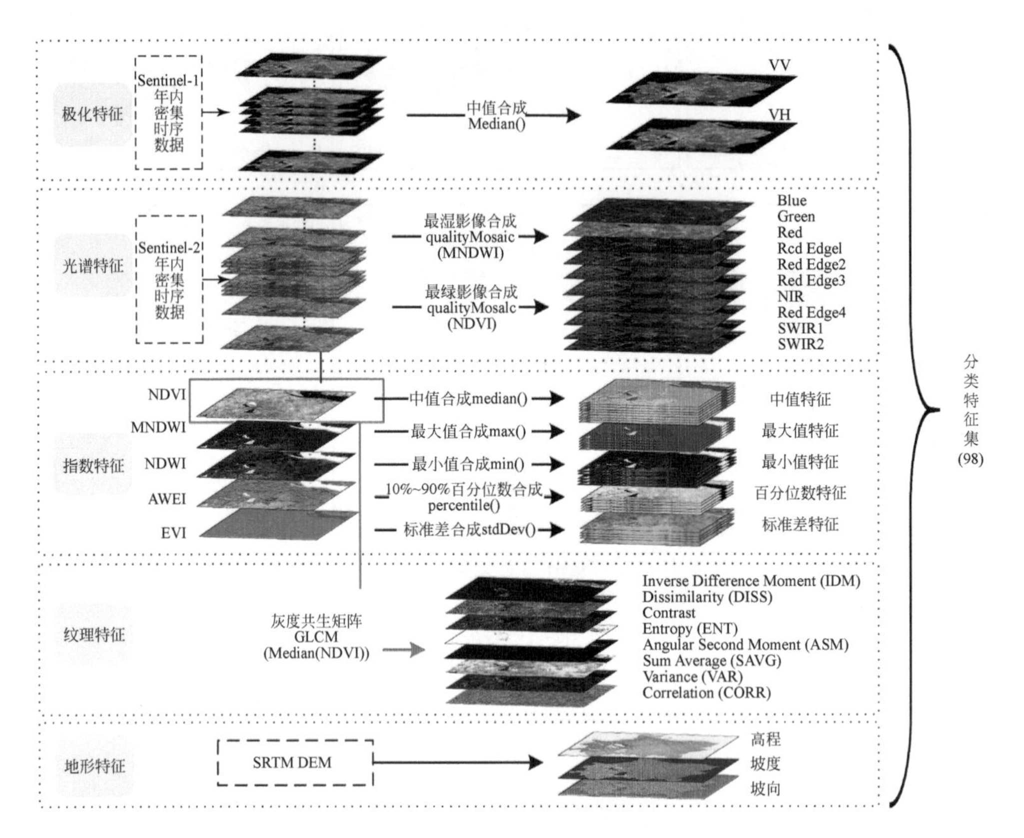

图 2-4　分类特征集合成示意图

1）极化特征主要包含 Sentinel-1 的 VV、VH 波段，并将其聚合为中值影像作为输入特征。Sentinel-1 作为主动微波遥感卫星，其传感器 SAR 对湿地较为敏感，与光谱数据结合可以提高湿地的提取结果（Mahdianpari et al., 2019）。VV 表示单同极化，VH 表示双频交叉极化。

2）光谱特征主要包含最湿与最绿影像合成的 Sentinel-2 的 Blue、Green、Red、Red Edge1、Red Edge2、Red Edge3、NIR、Red Edge4、SWIR1、SWIR2 波段。最湿影像表示水体淹没最大范围的状态，通过合成一年中最大 MNDWI（Modified Normal Difference Water Index，改进的归一化水体指数）得到；最绿影像表征植被生长最旺盛的状态，通过合成一年中最大 NDVI（Normalized Difference Vegetation Index，归一化植被指数）得到，在 GEE 中可以通过 qualityMosaic 函数实现。最湿影像的合成需要逐像元统计 MNDWI 最大值，记录最大值对应的时间，将该时间对应的光谱像元值作为像元的最湿光谱值（Jia et al., 2018）。其表达式如下（彭凯锋，2022）：

$$\mathrm{Image}_{\mathrm{wettest}} = \mathrm{Image}(i,j,t) \mid \mathrm{MNDWI}_{\max}(i,j,t) \tag{2-1}$$

$$\mathrm{MNDWI}_{\max}(i,j,t) = \mathrm{MAX}\{\mathrm{MNDWI}(i,j,t_1), \cdots, \mathrm{MNDWI}(i,j,t_n)\} \tag{2-2}$$

式中，i、j 分别为像元行、列号；t 表示 MNDWI 最大时对应的时间；n 表示总的影像数量；$\mathrm{MNDWI}_{\max}$（i，j，t）为时序 MNDWI 的最大值；MNDWI（i，j，t_1），…，MNDWI（i，j，t_n）表示 MNDWI 时序影像。

最绿影像的合成需要逐像元统计某个时序 NDVI 的最大值，记录最大值对应的时间，将该时间对应的光谱像元值作为像元的最绿光谱值。其表达式如下：

$$\mathrm{Image}_{\mathrm{greenest}} = \mathrm{Image}(i,j,t) \mid \mathrm{NDVI}_{\max}(i,j,t) \tag{2-3}$$

$$\mathrm{NDVI}_{\max}(i,j,t) = \mathrm{MAX}\{\mathrm{NDVI}(i,j,t_1), \cdots, \mathrm{NDVI}(i,j,t_n)\} \tag{2-4}$$

式中，i、j 分别为像元行、列号；t 表示 NDVI 最大时对应的时间；n 表示总的影像数量；Image 表示多光谱影像的像元值；$\mathrm{NDVI}_{\max}$(i，j，t)为时序 NDVI 的最大值；NDVI(i，j，t_1)，…，NDVI(i，j，t_n)表时序 NDVI 影像。

3)指数特征主要包括 5 个指数，分别是归一化植被指数(NDVI)(Tucker，1979)、增强植被指数(Enhanced Vegetation Index，EVI)(Huete et al.，2002)、归一化水体指数(Normalzed Difference Water Index，NDWI)(Mcfeeters，1996)、改进的归一化水体指数(MNDWI)(徐涵秋，2005)、自动水体提取指数(Automated Water Extraction Index，AWEI)(Feyisa et al.，2014)。不同指数均合成了不同的百分位数、中值、最大值、最小值、标准差等不同的影像特征。其中，每一个百分位数特征的计算需要将单个像元的光谱指数时间序列值按照从小到大顺序进行排列，在排序后的数值直方图上确定每个百分位数对应的像元值。百分位数特征可以使用 GEE 平台的 percentile( )函数计算，其计算公式如下(Xie et al.，2020)：

$$\mathrm{SI}_{\mathrm{percentile}}(x) = \mathrm{SI}_{\mathrm{ascending}}\left(\frac{x}{100} \times N\right) \tag{2-5}$$

式中，$\mathrm{SI}_{\mathrm{ascending}}$表示重排列后的光谱波段或指数直方图；$N$ 为影像数目；x 表示百分位数。

一些研究发现百分位数影像对于水动力相关的表征似乎优于百分位数区间均值的合成影像（Potapov et al.，2012；Hansen et al.，2013；Donchyts et al.，2016）。然而选择哪些百分位数影像对于包含湿地类型的土地覆盖提取仍然有待探究。因此，本研究设置了不同百分位数组合方式，以常熟市 2020 年的土地覆盖提取为例，探究了最优的百分位数影像组合方式。通过对比不同百分位数影像组合方式得到的分类结果的总体精度（OA）与 Kappa 系数发现，考虑了百分位数影像可以明显提高分类精度，但并不是分位数越密集提取精度越好（表 2-7）。我们发现当百分位数为 10%、20%、30%、40%、50%、60%、70%、80%、90% 的影像作为输入特征时，OA 与 Kappa 最高，此时的分类精度最好，之后越增加分位数反而会降低分类精度。因此，选择了 10%、20%、30%、40%、50%、60%、70%、80%、90% 对应的影像作为百分位数特征。

指数特征中的中值、最大值、最小值、标准差影像则是分别计算对应的统计特征，其计算表达式如下：

$$\mathrm{SI}_{\mathrm{statistical}} = \mathrm{MAX}, \mathrm{MIN}, \mathrm{stdDev}, \mathrm{Median}\{\mathrm{SI}(i,j,t_1), \cdots, \mathrm{SI}(i,j,t_n)\} \tag{2-6}$$

式中，{SI（i，j，t_1），…，SI（i，j，t_n）表示光谱波段或指数的时间序列；MAX、MIN、 stdDev、Median 分别表示光谱指数时间序列的最大值、最小值、标准差、中值。

4）纹理特征通过计算灰度共生矩阵（GLCM）得到，其中逆差距（Inverse Difference Moment，IDM）、相异度（Dissimilarity，DISS）、对比度（Contrast）、熵值（Entropy，ENT）、角二阶矩（Angular Second Moment，ASM）、总数平均和（Sum Average，SAVG）、方差（Variance，VAR）、相关度（Correlation，CORR）等特征基于 NDVI 中值影像计算生产并将其作为特征。

5）地形特征则是基于 SRTM DEM 数据计算高程、坡度和坡向，并将其作为分类特征。

表 2-7　不同百分位数影像的组合方式及对应 OA 与 Kappa 系数

百分位数影像组合	OA	Kappa
不考虑百分位数影像特征	89.31%	0.87
考虑 10% 与 90% 百分位数影像特征	89.52%	0.87
考虑 25% 与 75% 百分位数影像特征	90.15%	0.88
考虑 10%、50% 与 90% 百分位数影像特征	90.04%	0.88
考虑 25%、50% 与 75% 百分位数影像特征	90.04%	0.88
考虑 10%、25%、75% 与 90% 百分位数影像特征	90.15%	0.88
考虑 10%、25%、50%、75% 与 90% 百分位数影像特征	90.57%	0.88
考虑 20%、40%、60% 与 80% 百分位数影像特征	90.67%	0.88
考虑 10%、20%、30%、40%、50%、60%、70%、80% 与 90% 百分位数影像特征	91.40%	0.89
考虑 5% ~95%（以 5% 为间隔）百分位数影像特征	90.99%	0.89
考虑 2% ~98%（以 2% 为间隔）百分位数影像特征	89.52%	0.87

2.2.1.3　K 折随机森林分类

随机森林是目前使用较为广泛的一种机器学习方法，是一种启用式的算法，可以很好地解决多重共线性，避免由于特征冗余而导致的精度下降，并且它没有独立性和正态分布的假设（Schulz et al.，2021；Peng et al.，2021）。随机森林是由大量的个体决策树组成的，每棵树都由一个从带有替换的训练集中抽取的数据样本（bootstrap）组成（蒋梓杰，2021）。其基本思想就是从原始训练样本中随机抽取一定数量的样本，对每棵树进行独立训练，由此每棵树均可以得到预测结果，最终通过表决投票的方式得出最终的结果（Persson et al.，2018）。对于随机森林分类器，我们将树的数量设置为 100（nTree = 100），并将每棵树中的特征数量拆分为特征总数的平方根（mTry = 11）。K 折随机森林分类（K-flod Random Forest Classification）则是将训练样本分为 k 份，基于 k 折交叉验证的思想，每次选取一定比例的样本进行训练，一共进行 k 次训练，从而选择 k 次分类结果中出现次数最多的类型作为最终结果，由此来保证结果的稳定（图 2-5）(Calderón-Loor et al., 2021)。考虑到湿地城市中拥有复杂的湿地类型及 GEE 平台的内存与运算时间，本研究采用 10 折（$k=10$）随机森林方法进行土地覆盖分类。因此本研究将样本分为 10 份，每次选取 8 份（即 80%）的样本进行随机森林模型训练，一共开展了 10 次模型训练，最终将得到 10 个分类结果。在此基础上，逐像元对 10 次分类结果进行取众数的操作，由此可以得到最终的分类结果。在分类过程中，使用 GEE 平台构建特征集并完成土地覆盖分类，最终得到 6 个城市的土地覆盖分类结果。

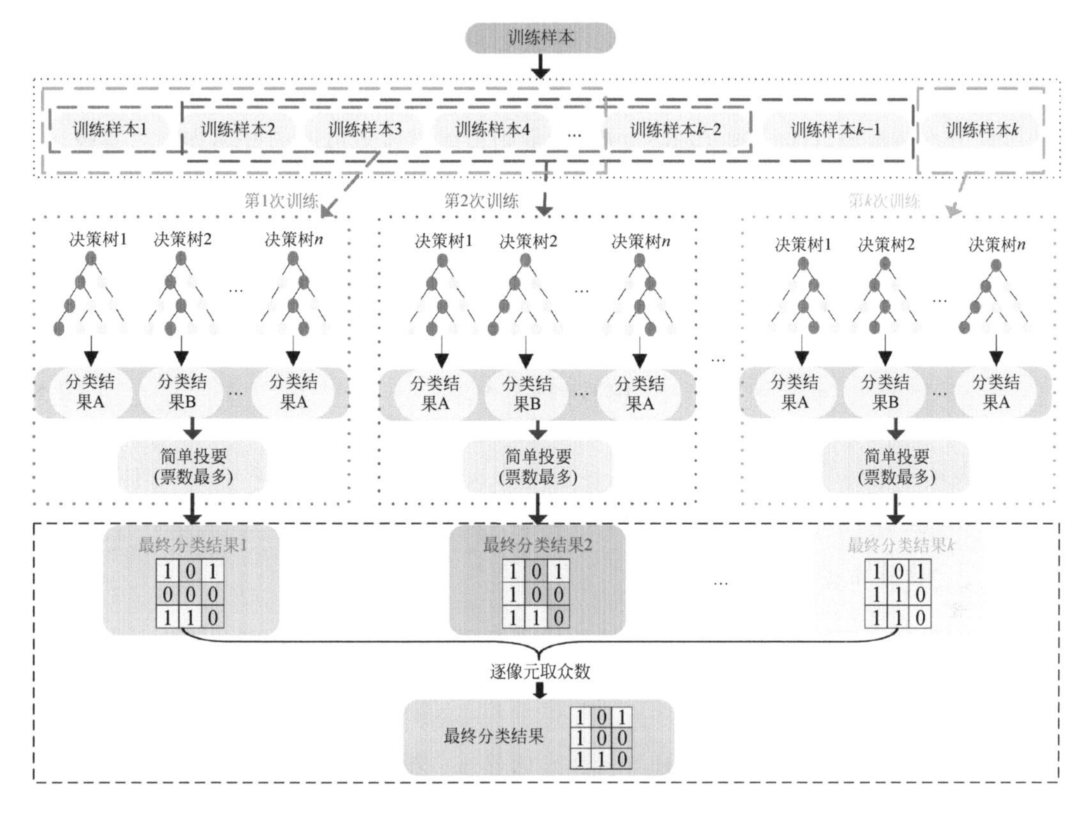

图 2-5　K 折随机森林基本思路图

2.2.2　基于几何特征的城市湿地分类方法

在得到每个城市的 4 种湿地分类结果后，本研究将通过构建知识规则对城市湿地类型进行细分。本节的核心内容包括两部分：选择合适的湿地类型细分指标及湿地分类规则构建。这里主要针对水体、草本沼泽、木本沼泽和滩地 4 种湿地类型进行进一步细分。其中，水体通过几何特征细分为河流、湖泊、养殖池等类型，草本沼泽、木本沼泽和滩地则基于湿地是否位于滨海区分为滨海湿地与内陆湿地。

2.2.2.1 分类指标

城市湿地类型细分的指标主要考虑了地理位置与几何形状等特征。地理位置主要是确定内陆与滨海区域，因此我们定义了滨海区用于确定滨海湿地。本研究将海岸线向内15km的缓冲区域及滨海延伸区（即沿海水深小于25m的区域）作为滨海区。以此来区分滨海湿地与内陆湿地。其中，海岸线采用世界矢量海岸线数据（GSHHG-WVS）确定了海口与东营的海岸线；采用全球海深数据（Global Relief Model ETOPO1，ETOPO1）可以得到海口与东营沿海地区水深小于25m的区域，由此确定滨海延伸区。

几何特征选择伸长率（Elongation Ratio，ER）、相关外接圆（Related Circumscribing Circle，RCC）、形状复杂度指标（Shape Complexity Index，SCI）及面积（Area）从几何形状角度区分水体湿地。伸长率（ER）可以衡量用直线描述多边形的好坏程度，其范围在0~1，当ER越接近1表示该多边形越趋于线形。相关外接圆（RCC）可以表征多边形是否接近圆形的指标，其范围在0~1，当RCC越接近0，表示多边形越接近圆形。形状复杂度指标（SCI）用于衡量多边形的复杂程度，当该多边形不包含凹陷或洞时SCI为0，当凹陷或洞越多，SCI值越大。

$$\mathrm{ER}=1-S/L \tag{2-7}$$

$$\mathrm{RCC}=1-A/\mathrm{AC} \tag{2-8}$$

$$\mathrm{SCI}=1-A/\mathrm{Ah} \tag{2-9}$$

式中，S表示多边形的短轴长度；L表示多边形的长轴长度；A表示该多边形的面积；AC表示该多边形最小外接圆的面积；Ah表示包含该多边形的凸包面积。

2.2.2.2 城市湿地分类规则构建

在现有专家知识或先验经验的基础上制定一系列的规则用于识别某些类别是对湿地类型进行细分的方法之一。因此我们构建了针对水体、草本沼泽、木本沼泽与滩地的湿地类型细分规则（表2-8）。

针对木本沼泽、草本沼泽与滩地三种非水体湿地，我们的研究仅基于是否位于滨海区将其划分为内陆湿地（内陆木本沼泽、内陆草本沼泽与内陆滩地）与滨海湿地（滨海木本沼泽、滨海草本沼泽与滨海滩涂）。

表2-8　城市湿地类型的细分规则

湿地类别	湿地细分规则
滨海/内陆木本沼泽	位于滨海区的木本沼泽/位于非滨海区的木本沼泽
滨海/内陆草本沼泽	位于滨海区的草本沼泽/位于非滨海区的草本沼泽
滨海滩涂/内陆滩地	位于滨海区的滩地/位于非滨海区的滩地
浅海水域	水深小于6m的滨海区水体（基于ETOPO1的全球水深数据）
水库	高德地图水库POI点与大坝位置识别水库
线型水体	ER>0.45 & RCC>0.74 & SCI>10

续表

湿地类别	湿地细分规则
运河/水渠	($1hm^2$<Area≤$5hm^2$ &SCI>10) 或者 (Area≥$5hm^2$ &SCI>20) &ER>0.6 & RCC>0.8
河流	未分类的线型水体且位于非滨海区
河口水域	未分类的线型水体且位于滨海区
非线型水体	ER≤0.45 & RCC≤0.74 & SCI≤10
养殖池	($1hm^2$<Area<$5hm^2$ & SCI>10) 或者 (Area≥$5hm^2$ & SCI>20)
潟湖	未分类的非线型水体，面积大于 $8hm^2$ 且位于滨海区与海洋相连
湖泊	非分类非线型水体且面积大于 $8hm^2$
坑塘	非分类非线型水体且面积小于等于 $8hm^2$

针对水体湿地，考虑到其用途、形状及特征的差异，我们将采用不同的方式确定具体的类型。首先是浅海水域的识别。浅海水域是指沿海地区水深小于 6m 的滨海区，我们基于 ETOPO1 的全球水深数据确定了两个滨海城市海口与东营滨海区域水深小于 6m 的范围，由此识别出两个城市的浅海水域类型。其次是水库类型的识别，水库是指人工修建成的汇水区或有大坝，从形状上其与湖泊等类型较为相似，因此较难通过形状指标区分。因此我们从谷歌地图获取了水库的 POI 数据点及 Wang 等（2022d）的大坝数据点，以此来识别水库类型。最后是剩余的水体类型将通过几何特征与地理位置进行细分。

基于 ER、RCC、SCI 三个几何特征将水体分为线型水体与非线型水体两大类（图 2-6）。我们基于中国水系数据集统计线型水体（如河流）与非线型水体（如湖泊）的几何特征分布频率，由此确定不同几何特征的具体划分阈值。从中国水系数据集中筛选出河流、运河、水渠等水系，并计算 ER 与 RCC（图 2-7，图 2-8）。通过其频率分布图，我们选择 90% 的数据满足的条件作为阈值（即 ER 与 RCC 从小到大排序第 10% 所对应的值）。以 0.45 为 ER 的阈值用于区分线型水体与非线型水体，以 0.74 为 RCC 的阈值用于区分线型水体与非线型水体。由于 SCI 指标在表现水体复杂度时受到多边形包含洞的影响，因此我们以海口市及常熟为例，通过对比线型水体与非线型的 SCI 值，初步选取 10 作为阈值。在此基础上，确定当 ER>0.45、RCC>0.74、SCI>10 这三个条件均满足的情况下认为水体为线型水体，否则为非线型水体。对于线型水体，在满足（$1hm^2$<Area≤$5hm^2$ & SCI>10）或者（Area≥$5hm^2$ 和 SCI>20 & ER>0.6 & RCC>0.8）这两种情况下判断为运河或者水渠，以上规则同样通过对比海口与常熟的运河/水渠与普通河流的差别得到。剩余未分类的水体则通过是否位于滨海区分为河口水域与河流。对于非线型水体，首先基于规则（$1hm^2$<Area<$5hm^2$ & SCI>10）或者（Area≥$5hm^2$ & SCI>20）判断是否为养殖池，该规则同样基于海口与常熟的养殖池得到。剩余未分类的非线型水体，将面积小于 $8hm^2$ 的识别为池塘，面积大于 $8hm^2$ 且与海相连的识别为潟湖，剩余水体识别为湖泊。对水体进行分类的过程可以基于决策树的思想逐步实现。

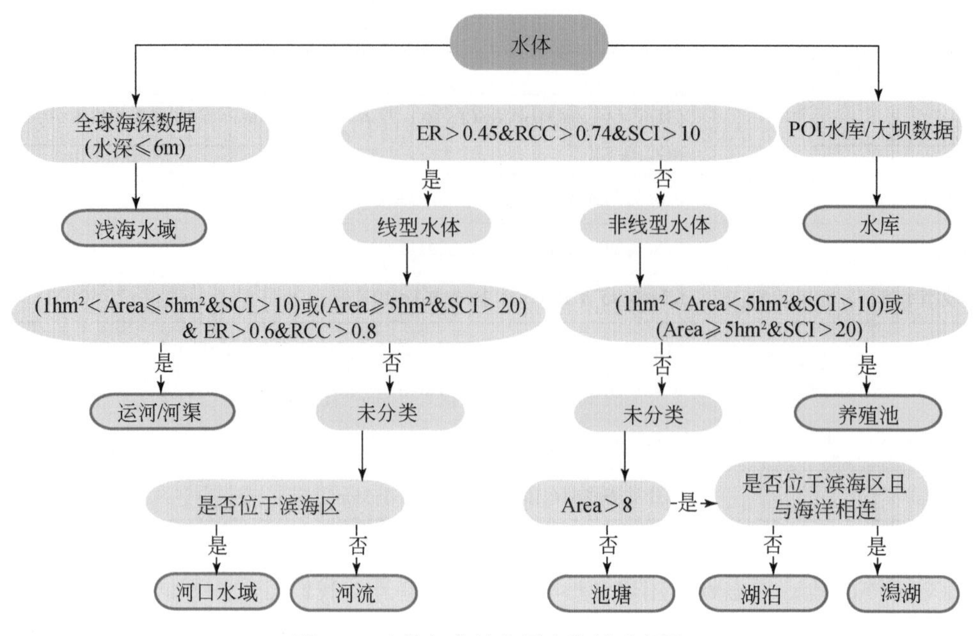

图 2-6　水体细分的分层决策树示意图

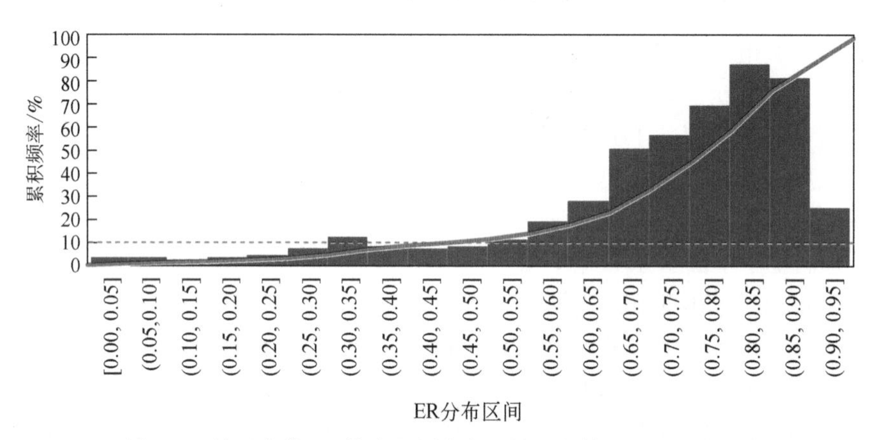

图 2-7　线型水体 ER 值在不同分布区间的频数及累积分布频率

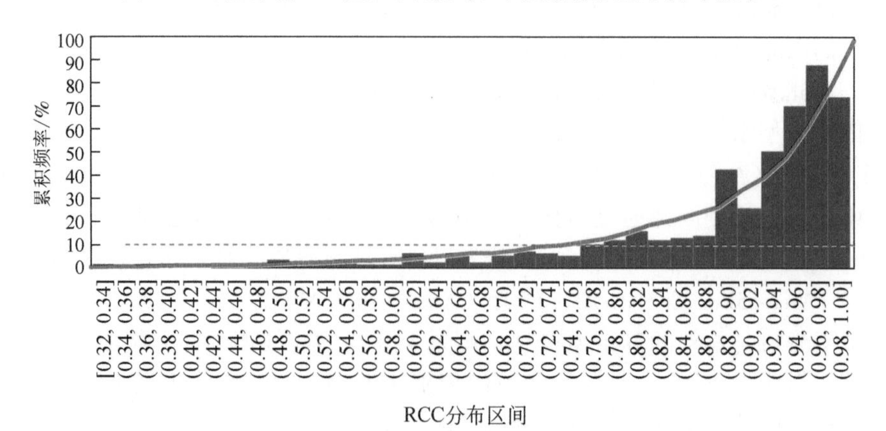

图 2-8　线型水体 RCC 值在不同分布区间的频数及累积分布频率

2.2.3 基于频率特征的城市湿地分类方法

由于湿地本身的复杂性与季节变化的多样性，为了更细致地了解湿地的类型，基于年内的水体变化频率，针对内陆自然湿地等类型开展湿地的年内季节性分类。在考虑年内季节变化的情况下，湖泊、河流可以分为永久性河流、永久性湖泊、季节性河流、季节性湖泊与洪泛湿地等类型。

2.2.3.1 分类指标

水体的季节性变化对湿地有着显著的影响，而湿地的季节性特征主要依托于水体的季节性变化。因此，本研究选择水体的年内积水频率（Intra- Annual Water Inundation Frequency，IWIF）区分季节性水体、永久性水体与洪泛区。本研究中，通过多指标水体检测规则针对 Sentinel-2 遥感影像提取年内的水体数据（Deng et al.，2019）。在此基础上计算 IWIF，该过程可以通过 GEE 实现。IWIF 的具体计算公式如下：

$$\mathrm{IWIF} = \frac{\sum_{i=1}^{N} w}{N} \times 100 \tag{2-10}$$

式中，N 表示在一年内某一像元的遥感清晰观测（移除云、冰雪以及云阴影）的次数；w 为二值变量，表示该像元的类型，其中 0 表示非水体，1 表示水体。IWIF 的取值范围为 0～100%（邓越，2021），6 个城市 2020 年的年内积水频率（IWIF）如图 2-9 所示。

2.2.3.2 季节性分类方式

湿地的季节性分类主要针对内陆湿地开展细分，针对不同的内陆湿地结合积水频率的范围确定不同湿地的季节性分类类型。《湿地分类》（GB/T 24708—2009）中明确指出永久性河流及永久性湖泊是指常年有积水的河流及湖泊，季节性河流与湖泊是指季节性或间歇性的河流与湖泊，洪泛湿地是指洪水泛滥的河滩、河谷或者季节性泛滥的草地，以及常年或季节性被水浸润的内陆三角洲。我们的研究将水体淹没时间超过 9 个月区域定义为永久性淹没区，超过 3 个月且小于等于 9 个月区域为季节性淹没区，小于等于 3 个月的水体淹没区域为洪泛区。考虑到洪泛湿地的定义，我们将年内积水频率小于 25% 的区域及年内积水频率大于 50% 的内陆滩地、草本沼泽、木本沼泽确定为洪泛湿地类型。年内积水频率大于 75% 的河流与湖泊确定为永久性河流与永久性湖泊类型，年内积水频率小于 75% 且大于 25% 的河流与湖泊确定为季节性河流与季节性湖泊。在此基础上，我们整理如表 2-9 所示的不同季节性湿地类型的情况说明及年内积水频率范围。

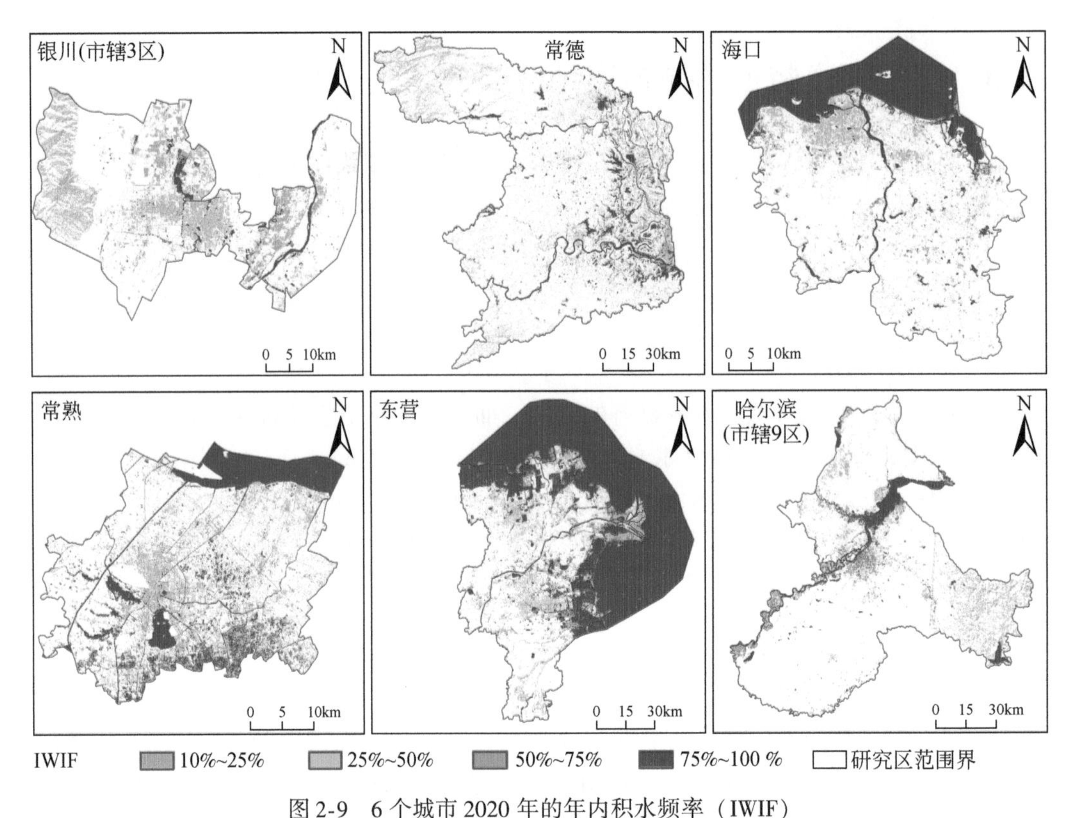

图 2-9　6 个城市 2020 年的年内积水频率（IWIF）

表 2-9　季节性湿地类型的定义及年内积水频率（IWIF）范围

季节性湿地类型	说明	IWIF 范围
永久性河流	每年水体覆盖时间超过 9 个月的河流	IWIF>75%
季节性河流	每年水体覆盖时间超过 3 个月但小于等于 9 个月的河流	25% <IWIF≤75%
永久性湖泊	每年水体覆盖时间超过 9 个月的湖泊	IWIF>75%
季节性湖泊	每年水体覆盖时间超过 3 个月但小于等于 9 个月的湖泊	25% <IWIF≤75%
洪泛湿地	每年水体覆盖时间小于等于 3 个月的河流、湖泊或积水频率大于 50% 的滩地、草本沼泽与木本沼泽	0<IWIF≤25%（湖泊、河流） IWIF>50%（滩地与草本、木本沼泽）

2.3　城市湿地提取精度评估

由于湿地类型的复杂多样性，分类后的数据可能存在不同的问题，因此需要对分类后的数据进行处理，以修正分类结果，保证数据的准确性。除此之外，如何进行精度评估，对于衡量分类结果的准确性有着重要影响。本研究在确定验证样本之前先计算了验证样本所需的数量，确定验证样本之后基于精度评估方法得到分类精度，最后通过与其他数据集、遥感影像进行比较等方式从定量和定性的角度验证分类结果。

2.3.1 城市湿地的分类后处理

为了进一步保证分类结果的准确性，本研究对于分类后的数据进行了修正。在研究中发现，草地、草本沼泽及耕地之间容易出现错分的现象，通过普遍认知可以知道城市建成区一般不会出现耕地。因此，本研究基于建设用地范围确定城市的建成区，将位于建成区内的耕地修正为草地。除此之外，城市建筑物阴影容易误分为水体，尤其纬度越高，建筑物阴影影响越大。例如，银川城区的建筑物阴影被误分为水体类型，因此本研究将建成区内被建设用地完全包含的小型水体进行识别，并结合目视检查以修正由于建筑物阴影导致的水体误分。湿地类型细分的结果由于湿地及城市环境的复杂性，分类结果容易出现不确定的情况（图 2-10）。例如，海口的河流受到桥梁等的影响被分为几段，其中有些河流段会被误分为湖泊类型，不能识别完整的河流类型。对于这种情况，本研究通过手动进行修正。将进一步检查并修正湿地分类结果以保证 2020 年湿地分类结果的准确性。

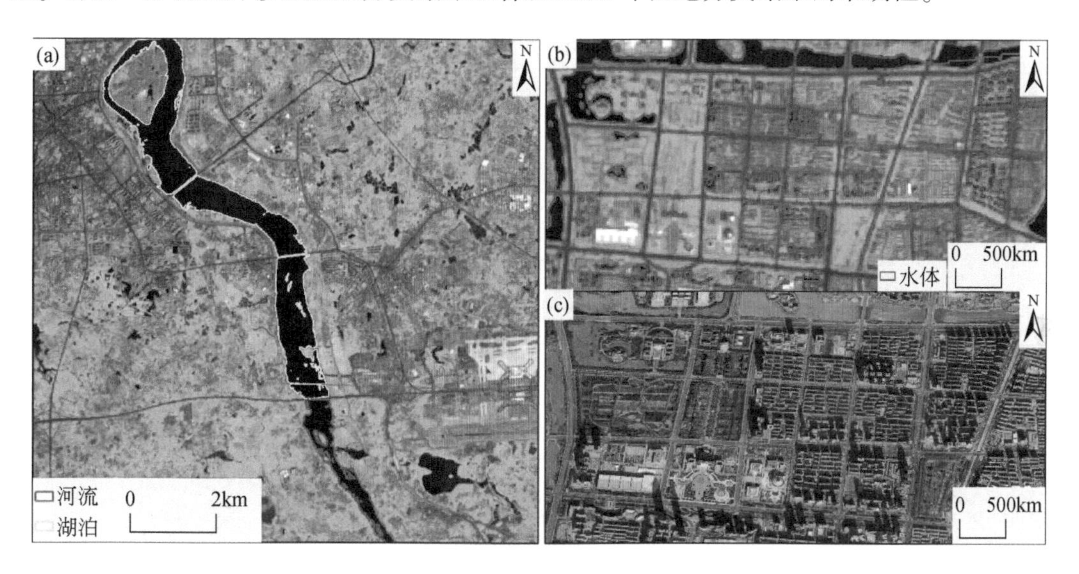

图 2-10 城市湿地分类不确定性示例图

注：a 为海口典型示例区的 Sentinel-2 影像；b 为银川典型示例区的 Sentinel-2 影像；c 为银川典型示例区的谷歌地球高分影像

2.3.2 城市湿地验证样本

本研究采用分层抽样的方式确定样本，因此验证样本的数量将通过以下公式估算得到（Olofsson et al.，2014）。

$$N = \left(\frac{\sum w_i \times S_i}{S(\hat{O})} \right)^2 \tag{2-11}$$

式中，N 表示验证样本数量；$S(\hat{O})$ 表示我们希望达到的估计总体精度的标准差，这里设置为0.01；w_i表示第 i 类地物的映射比例，通过各地物面积占整体面积的比例计算得到；S_i表示第 i 类的标准差，$S_i=\sqrt{U_i\ (1-U_i)}$，U_i表示第 i 类地物希望得到的精度，现实操作中，由于地物的易区分情况不同，所能达到的最优精度不同，本研究通过已有研究中的地物类型精度，综合确定了U_i值。由此可以得到所需的验证样本量，不同类型的验证样本数量基于面积占比进行分配。由于不同的湿地类型的面积通常会明显少于非湿地类型，基于面积占比分配的样本量就会出现湿地类型的样本较少，在这种情况下无法合理地验证湿地类型的精度。因此为了保证湿地类型验证的准确性，在样本分配时会尽量保证每个类型的样本量不少于50个，若某些城市的个别类型分布较少，我们会仅选择20～30个验证样本，若某种类型分布少于1km²，则验证时不考虑该类型，在此基础上最终确定各地物类型的验证样本数量（图2-11，表2-10）。验证样本与训练样本采用相同的方式进行构建，对于季节性湿地依据2020年的积水频率及Sentinel-2影像通过目视方式综合确定，本研究对于所有的验证样本进行了二次的目视判别以确保其准确性。

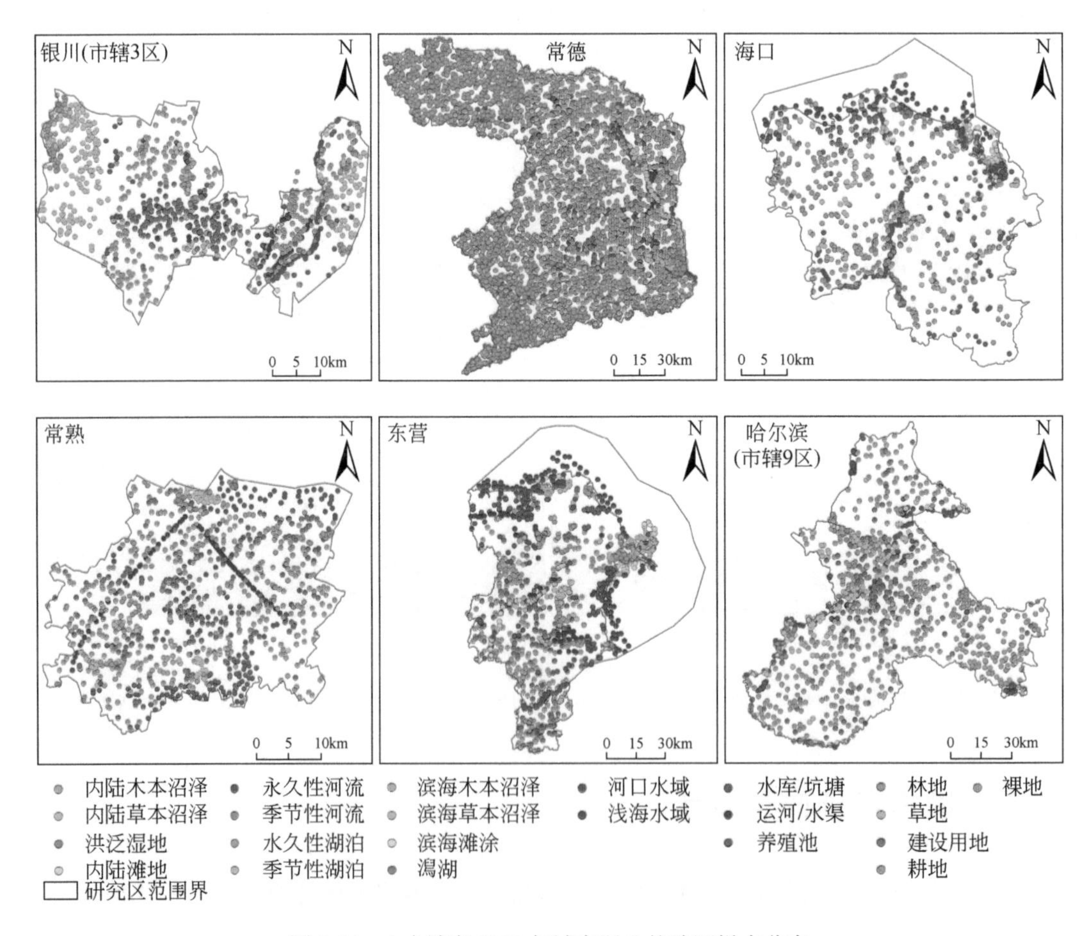

图2-11　6个城市2020年城市湿地的验证样本分布

表 2-10　不同类型的U_i值及 2020 年的验证样本数量

编码	一级	二级	U_i	样本数量					
				银川	常德	海口	常熟	东营	哈尔滨
11	内陆湿地	内陆木本沼泽	0.80	—	—	50	—	—	—
12		内陆草本沼泽	0.80	75	295	50	80	50	80
131		永久性河流	0.90	72	218	53	112	50	85
132		季节性河流	0.85						
141		永久性湖泊	0.85	80	125	52	60	55	57
142		季节性湖泊	0.80						
15		内陆滩地	0.85	57	73	50	60	50	67
16		洪泛湿地	0.80						
21	滨海湿地	滨海木本沼泽	0.90	—	—	50	—	—	—
22		滨海草本沼泽	0.85	—	—	50	—	70	—
23		滨海滩涂	0.85	—	—	132	—	60	—
24		潟湖	0.80	—	—	50	—	—	—
25		河口水域	0.90	—	—	50	—	57	—
26		浅海水域	0.90	—	—	56	—	90	—
31	人工湿地	水库/坑塘	0.80	52	51	50	—	51	69
32		运河/水渠	0.80	55	31	—	68	50	—
33		养殖池	0.80	57	50	50	78	110	56
40	非湿地	林地	0.90	60	2283	338	71	50	130
50		草地	0.85	195	56	57	50	55	70
60		建设用地	0.90	145	128	66	208	140	119
70		耕地	0.85	269	1170	150	275	330	375
80		裸地	0.90	80	73	60	61	52	60

“—”表示该城市无对应地表类型

2.3.3　城市湿地分类精度评估方法

误差矩阵是分类精度评价最常用的一种方法，主要是比较已知的参照数据（验证样本）与分类的结果，其以方阵形式展示，其行列数相等，且与分类的类别数一致（表 2-11）。其中 P_{ij}表示误差矩阵中的具体像元数目，i 表示分类结果中的不同类别，j 表示参照数据的不同类别。$P_{i\cdot}$与$P_{\cdot j}$分别表示不同类别行列号的汇总，具体计算为$P_{\cdot j}=P_{1j}+P_{2j}+P_{3j}+P_{4j}$，$P_{i\cdot}=P_{i1}+P_{i2}+P_{i3}+P_{i4}$。基于误差矩阵计算的总体精度、用户精度和生产者精度均是评估分类精度的重要参数，以上各指标越接近 1 表示分类精度越好。

表 2-11　误差矩阵示例表

		参照数据（已知真实覆盖类型）					
		Class1	Class2	Class3	Class4	行汇总	UA
分类结果（预测覆盖类型）	Class1	P_{11}	P_{12}	P_{13}	P_{14}	$P_{1\cdot}$	$P_{11}/P_{1\cdot}$
	Class2	P_{21}	P_{22}	P_{23}	P_{24}	$P_{2\cdot}$	$P_{22}/P_{2\cdot}$
	Class3	P_{31}	P_{32}	P_{33}	P_{34}	$P_{3\cdot}$	$P_{33}/P_{3\cdot}$
	Class4	P_{41}	P_{42}	P_{43}	P_{44}	$P_{4\cdot}$	$P_{44}/P_{4\cdot}$
	列汇总	$P_{\cdot 1}$	$P_{\cdot 2}$	$P_{\cdot 3}$	$P_{\cdot 4}$	P	
	PA	$P_{11}/P_{\cdot 1}$	$P_{22}/P_{\cdot 2}$	$P_{33}/P_{\cdot 3}$	$P_{44}/P_{\cdot 4}$		

总体精度（OA）是指正确分类的总像元数除以所包含的总像元数，其公式如下：

$$\mathrm{OA} = \frac{\sum_{j=1}^{4} P_{jj}}{P} \tag{2-12}$$

式中，P_{jj}指误差矩阵中主对角线的像元数即正确分类像元数；P 表示总像元数，即 $P=P_{\cdot 1}+P_{\cdot 2}+P_{\cdot 3}+P_{\cdot 4}$。

用户精度（UA）是指每一类被正确分类的像元数目除以被分为该类的总像元数，表示错分误差（Yang et al.，2020d），具体公式如下：

$$\mathrm{UA}_i = \frac{P_{ii}}{P_{i\cdot}} \tag{2-13}$$

式中，P_{ii}表示 i 类正确分类的像元数，$P_{i\cdot}$ 表示被分为 i 类的总像元数。

生产者精度（PA）是指每一类被正确分类的像元数除以每一类已知参照数据的总像元数，表示漏分误差，具体公式如下：

$$\mathrm{PA}_j = \frac{P_{jj}}{P_{\cdot j}} \tag{2-14}$$

式中，P_{jj}表示 j 类正确分类的像元数；$P_{\cdot j}$表示 j 类参照数据的总像元数。

本研究为了突出湿地的总体分类精度，通过计算湿地类别的正确分类像元数除以参照数据中湿地类别的总像元数表示湿地精度（WA），假设误差矩阵中的 Class1 与 Class2 为湿地类型，则对应的湿地精度的计算公式如下所示：

$$\mathrm{WA} = \frac{P_{11}+P_{22}}{P_{\cdot 1}+P_{\cdot 2}} \tag{2-15}$$

Kappa 系数是用于衡量分类精度的可靠性，一般 Kappa 系数越接近 1 表示可靠性越好，其具体公式如下：

$$\mathrm{Kappa} = \frac{\mathrm{OA}-P_e}{1-P_e} \tag{2-16}$$

$$P_e = \frac{P_{1\cdot} * P_{\cdot 1}+P_{2\cdot} * P_{\cdot 2}+P_{3\cdot} * P_{\cdot 3}+P_{4\cdot} * P_{\cdot 4}}{P * P} \tag{2-17}$$

2.4 城市湿地 10m 分类结果与精度分析

2.4.1 城市湿地分类结果的精度评估

对 2020 年的湿地分类进行精度评估发现，6 个城市湿地分类的总体精度均在 91% 以上，Kappa 均在 0.87 以上，大部分类型的 UA 与 PA 可以达到 80% 以上（表 2-12）。永久性河流与永久性湖泊是分类精度较高的类型，季节性湿地包含季节性河流、季节性湖泊与洪泛湿地的精度相对较低。由于季节性湿地主要依靠积水频率确定，容易与河流、湖泊、沼泽及滩地之间出现错误分类的情况。银川市的总体精度可以达到 95.70%，Kappa 系数为 0.93，大部分类型的 UA 与 PA 均在 80% 以上，其中洪泛湿地的 UA 与内陆滩地的 PA 相对较低。常德市的总体精度可以达到 96.36%，Kappa 系数可以达到 0.90，内陆滩地、洪泛湿地、养殖池的 UA 与内陆草本沼泽、季节性河流、季节性湖泊、内陆滩地的 PA 相对较低。海口的总体精度为 91.32%，Kappa 系数可以达到 0.89，季节性湖泊、洪泛湿地的 UA 与内陆木本沼泽、内陆草本沼泽、季节性湖泊的 PA 相对较低。常熟的总体精度为 91.48%，Kappa 系数达到 0.87，季节性河流的 UA 与内陆草本沼泽、季节性河流、永久性湖泊、洪泛湿地与运河/水渠的 PA 相对较低。东营的总体精度为 93.13%，Kappa 系数达到 0.91，洪泛湿地、季节性湖泊的 UA 与内陆草本沼泽、季节性湖泊洪泛湿地的 PA 相对较低。哈尔滨的总体精度为 94.39%。Kappa 系数为 0.91，洪泛湿地的 UA 与内陆草本沼泽、季节性河流与养殖池的 PA 相对较低。可以发现，6 个城市的总体精度均在 90% 以上，Kappa 系数也可达到 0.87 以上，整体精度较好，但其中部分城市的沼泽湿地与季节性湿地精度相对较低。

表 2-12 6 个城市 2020 年城市湿地分类的精度评估 （单位:%）

土地覆盖类别	银川		常德		海口		常熟		东营		哈尔滨	
	UA	PA	UA	PA	UA	PA	UA	PA	UA	PA	UA	PA
内陆木本沼泽	—	—	—	—	95.00	76.00	—	—	—	—	—	—
内陆草本沼泽	89.23	81.69	96.40	72.54	87.88	72.50	84.00	78.75	92.68	76.00	90.32	70.89
永久性河流	98.57	97.18	97.65	96.30	89.36	91.30	93.64	96.26	94.00	94.00	95.35	97.62
季节性河流	—	—	80.00	77.42	86.67	81.25	65.38	68.00	93.33	82.35	93.75	71.43
永久性湖泊	94.81	92.41	94.49	96.00	93.48	82.69	97.73	71.67	96.00	87.27	91.11	82.00
季节性湖泊	85.71	81.82	81.48	73.33	65.00	76.47	85.71	94.74	70.59	60.00	—	—
内陆滩地	95.35	78.85	77.27	69.86	—	—	—	—	—	—	93.75	96.77
洪泛湿地	63.89	85.19	65.85	79.41	77.78	81.67	95.35	68.33	71.70	76.00	64.10	90.91
滨海木本沼泽	—	—	—	—	94.23	98.00	—	—	—	—	—	—

续表

土地覆盖类别	银川		常德		海口		常熟		东营		哈尔滨	
	UA	PA	UA	PA	UA	PA	UA	PA	UA	PA	UA	PA
滨海草本沼泽	—	—	—	—	95.35	82.00	—	—	87.01	95.71	—	—
滨海滩涂	—	—	—	—	81.03	94.00	—	—	85.94	91.67	—	—
潟湖	—	—	—	—	97.67	84.00	—	—	—	—	—	—
河口水域	—	—	—	—	89.80	88.00	—	—	94.34	92.59	—	—
浅海水域	—	—	—	—	96.49	98.21	—	—	95.65	97.78	—	—
水库/坑塘	92.45	94.23	88.68	92.16	88.00	88.00	—	—	88.46	90.20	94.44	98.55
运河/水渠	98.18	98.18	93.75	96.77	—	—	98.08	75.00	97.92	94.00	—	—
养殖池	88.71	96.49	64.38	94.00	95.45	84.00	86.52	98.72	90.68	97.27	95.45	75.00
林地	98.33	98.33	98.43	98.55	80.85	95.00	91.67	92.96	93.33	84.00	96.99	99.23
草地	98.46	98.46	87.50	37.50	87.50	85.96	83.33	80.00	94.34	90.91	72.62	87.14
建设用地	90.79	95.17	87.14	95.31	87.84	98.48	89.82	97.60	91.45	99.29	95.69	93.28
耕地	94.83	96.62	92.26	95.81	79.27	86.67	89.31	94.18	90.66	93.91	96.76	95.47
裸地	93.59	91.25	97.96	65.75	96.67	84.06	95.74	73.77	83.33	86.54	85.19	76.67
OA	95.70		96.36		91.32		91.48		93.13		94.39	
Kappa	0.93		0.90		0.89		0.87		0.91		0.91	

"—"表示该城市没有对应湿地类型或该湿地类型面积小于 $1km^2$

2.4.2 与其他湿地数据产品的对比

对于湿地的分类结果，我们选取了部分湿地类型对比了不同的数据集及 Sentinel-2 影像的分布情况（图 2-12）。可以发现，我们提取的湿地类型范围较为准确且类型更为多样。我们分别在海口选择了红树林（滨海木本沼泽）、水库，在常德选择了湖泊、河流，在东营选择了滨海草本沼泽与滨海滩涂这些典型的湿地类型，分别与不同的湿地类型数据集对比。对于红树林类型，我们与 MC2020、TWEA2020 及 MC2018 三套红树林数据进行对比发现，红树林提取的空间范围非常相似。对于水库与湖泊类型，我们与 China-LDRL、HydroLAKES、CLUD2020 三套水库、湖泊及拥有多样湿地类型的土地利用数据集进行对比，发现我们的分类结果在能保证范围较为准确的基础上可以较好地反映实际的湿地类型。对于滨海的草本沼泽与滨海滩涂类型，我们与 TWEA2020 及 CLUD2020 这两套数据进行对比，发现滨海滩涂的分布范围与两套数据的分布范围较为相似，而滨海草本沼泽与 TWEA2020 的分布范围较为相似，但 CLUD2020 的沼泽没有被解译出。对于河流类型，我们与 GRWL 及 CLUD2020 两套数据进行对比发现，我们提取的河流与两套数据的一致性较好。从整体上可以发现，本研究的城市湿地逐级提取方法可以较为准确地提取湿地分布范围，且对于湿地类型的确定也较为准确，与其他数据集对比既保证范围准确也可获得类型更准确多样的城市湿地数据。

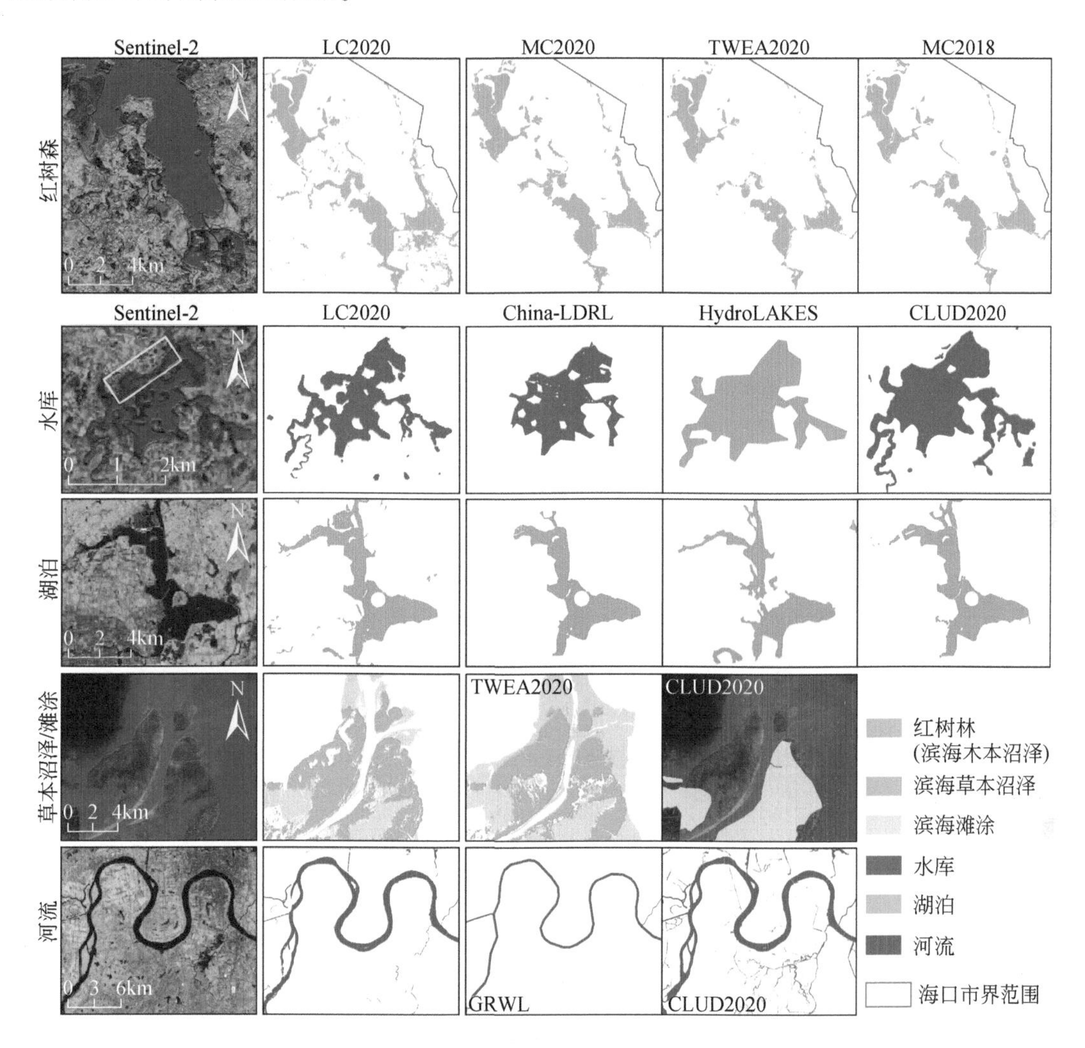

图 2-12　部分城市典型城市湿地分类结果与湿地数据产品、Sentinel-2（R：band11；G：band8；B：band4）影像的对比

注：LC2020 为本研究湿地分类结果

对于季节性湿地的分类结果，我们选择银川的典型区域对比了分类结果与年内积水频率，并对比一年内 1～12 月份的 Sentinel-2 影像（图 2-13）。由此可以发现，图中洪泛湿地的年内积水频率基本上大于 50%，而且该区域在 1 月、2 月、3 月、12 月明显没有水体，水体是在 4～11 月出现，其中 8 月份的水体分布范围最大。由此可以发现，通过积水频率可以很好地识别出季节性湿地。

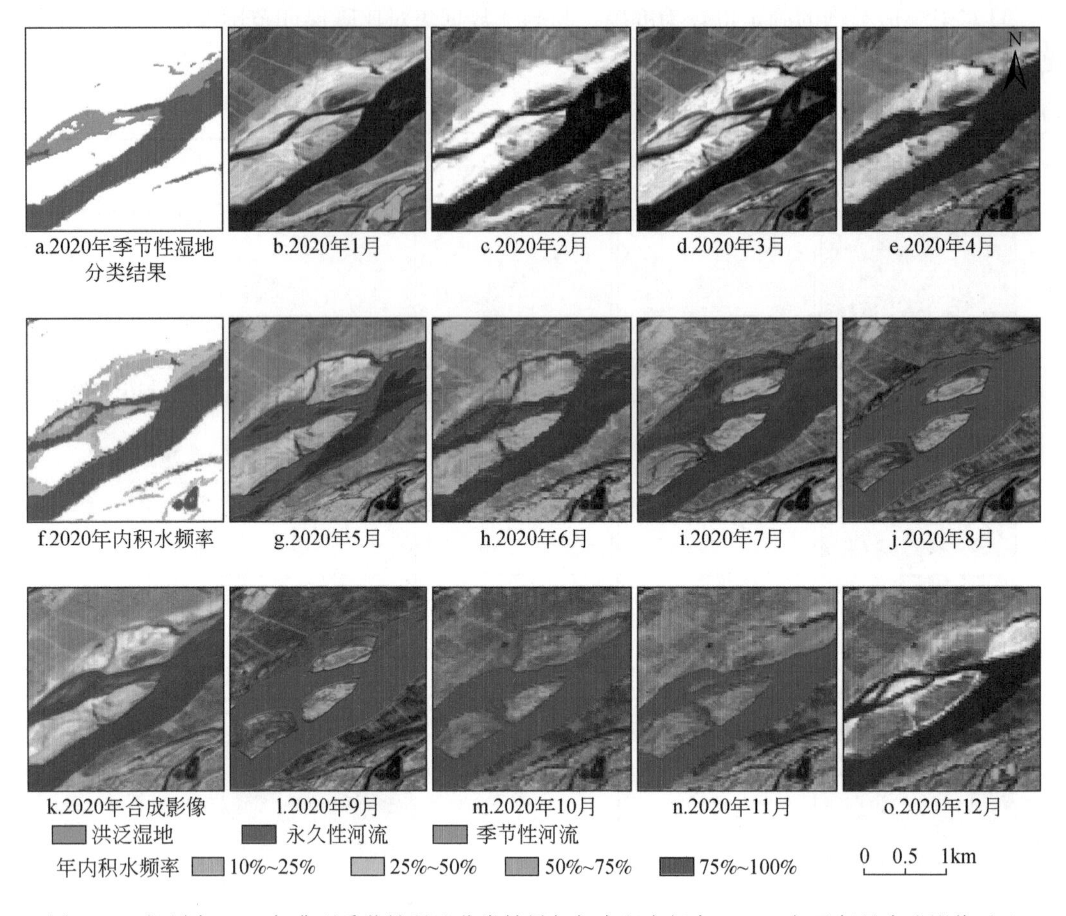

图 2-13　银川市 2020 年典型季节性湿地分类结果与年内积水频率、2020 年及每月合成影像对比

2.4.3　与其他土地覆盖数据产品的对比

本研究在 6 个湿地城市中分别选取一个典型区，对比了本研究得到的 2020 年土地覆盖分类结果与 ESA_WC10 和 DW10 两套 2020 年的 10m 分辨率的土地覆盖数据产品的空间分布，可以发现，整体上地物的空间分布较为一致，但在个别地区的细节上，本研究得到的土地覆盖结果更准确，且湿地类型更突出（图 2-14）。除此之外，本研究从空间上与两套产品对比了一致性，分别统计了不同类型的一致性占比，具体比如表 2-13 所示。从整体的一致性面积占比上比较发现，本研究得到的土地覆盖分类结果与 DW10 数据产品的一致性更好，6 个城市均在 50% 以上，大部分城市的一致性达到 70% 以上。常德、海口及哈尔滨的分类结果与 ESA_WC10 数据的一致性也较高，其中哈尔滨达到了 87.5%。由此可以发现，本研究得到的土地覆盖分类结果与其他产品的空间一致性较好，且在细节和湿地类型上表现更好一些。

表 2-13　2020 年城市湿地与非湿地 10m 结果与 10m 数据产品（ESA_WC10、DW10）的一致性统计

土地覆盖类型	ESA_WC10							DW10				
	银川	常德	海口	常熟	东营	哈尔滨	银川	常德	海口	常熟	东营	哈尔滨
水体	52.8	57.9	86.1	15.3	51.7	95.3	97.1	95.6	99.0	95.0	99.7	86.8
木本沼泽（红树林）	—	—	70.1	—	—	—	—	—	—	—	—	—
草本沼泽	5.1	1.6	25.0	2.0	4.7	23.5	14.1	2.7	2.1	4.3	8.2	5.0
林地	64.5	96.9	95.0	9.7	0.4	96.7	99.6	96.3	75.7	34.5	24.2	33.8
草地	56.2	17.2	23.2	0.9	0.2	17.7	0.1	6.8	13.6	6.6	0.0	0.1
建设用地	69.0	57.2	60.5	28.6	12.7	74.8	66.0	86.1	89.6	92.1	66.6	85.6
耕地	85.4	71.4	46.8	35.7	52.3	97.2	75.4	57.1	46.4	58.5	88.1	87.3
裸地	68.4	57.5	67.3	6.5	14.9	34.5	85.7	8.9	27.3	4.9	58.1	1.0
一致面积/km^2	1016.7	14595.2	1837.1	334.6	3209.2	8880.1	927.1	14089.4	1672.5	923.2	6376.2	7348.2
一致性占比/%	56.7	80.7	76.0	26.3	39.8	87.5	51.7	77.9	69.2	72.5	79.1	72.4

"—"表示该城市没有对应地表类型或对应数据集无对应地表类型

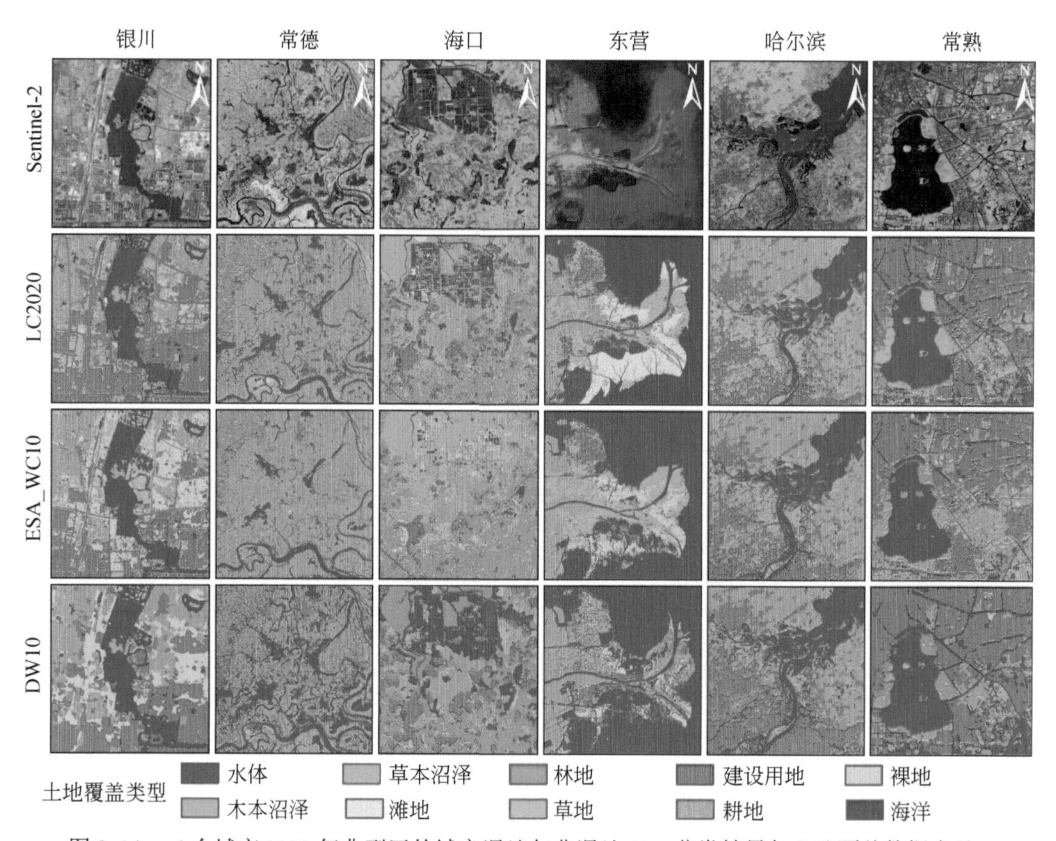

图 2-14　6 个城市 2020 年典型区的城市湿地与非湿地 10m 分类结果与土地覆盖数据产品、Sentinel-2 影像（R：band11；G：band8；B：band4）的对比

注：LC2020 为本研究分类结果

2.4.4 2020年城市精细湿地类型分类结果

在2020年6个城市的湿地分类结果中，可以得到内陆木本沼泽、内陆草本沼泽、内陆滩地、洪泛湿地、永久性河流、季节性河流、永久性湖泊、季节性湖泊、滨海木本沼泽、滨海草本沼泽、滨海滩涂、潟湖、河口水域、浅海水域、水库/池塘、运河/水渠及养殖池等17种湿地类别（图2-15）。其中内陆城市多以河流、湖泊、草本沼泽为主，银川、常德、常熟与哈尔滨的河流、湖泊及内陆草本沼泽均有较多分布。滨海城市的滨海湿地占比更多，海口与东营的浅海水域、滨海草本或木本沼泽、滨海滩涂等分布较多。

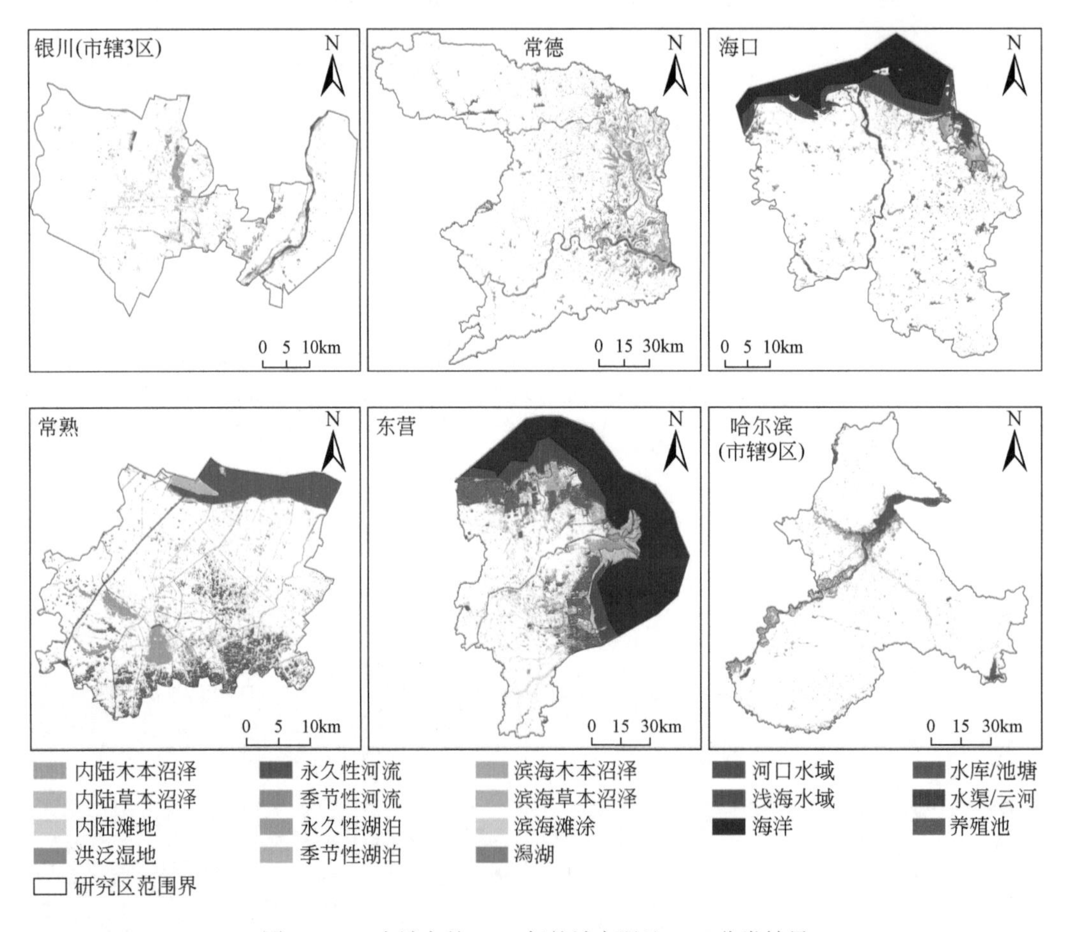

图2-15 6个城市的2020年的城市湿地10m分类结果

第3章　城市湿地的变化检测与逐年分类

城市湿地的动态监测对于了解城市湿地变化规律，辅助城市湿地管理、保护及合理利用都有很大的意义。然而目前基于遥感的城市湿地动态监测大都是利用某方法每年重复展开，如目视解译、监督分类等，这些方法需要极大的工作量。为了解决基于遥感的城市湿地动态监测中目前工作量大的问题，本章基于连续变化检测与分类算法（Continuous Change Detection and Classification，CCDC）的思想构建了城市湿地逐年分类的方法，该方法仅需要知道某一时期的地物类型就可以通过变化检测得到时序的数据（图3-1）。本章以2015～2022年的Sentinel-2数据为基础，基于CCDC的思想在得到逐年湿地与非湿地类型的基础上，进一步参考变化信息得到逐年的湿地10m细分结果。

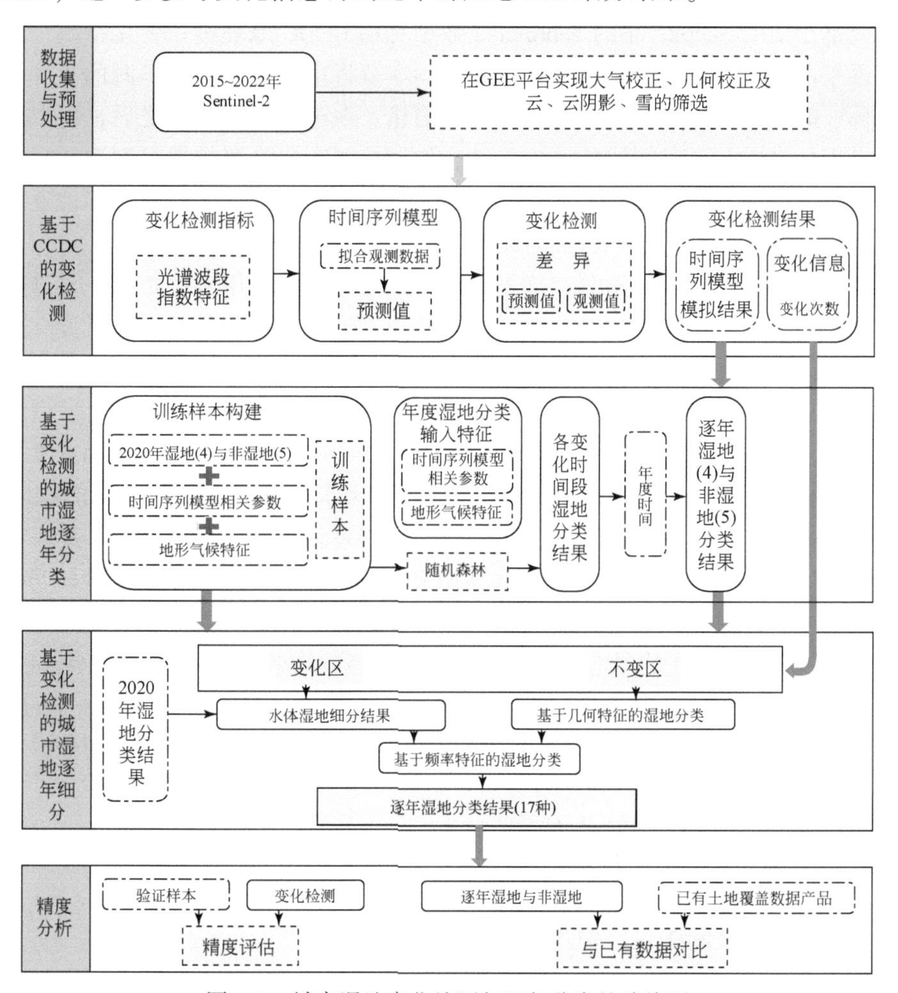

图3-1　城市湿地变化检测与逐年分类的路线图

3.1 城市湿地变化检测数据

选用2015 ~2022 年的Sentinel-2 数据开展城市湿地变化检测与逐年分类。Sentinel-2 由A/B 两颗卫星组成，Sentinel-2A 与Sentinel-2B 可以提供时间分辨率为2 ~5 天的遥感影像，其数据时序的密集性为变化检测提供了很好的优势。Sentinel-2 图像包含了13 个光谱波段，其中10m 的有4 个波段，20m 的有6 个波段，60m 的有3 个波段。我们选择了BLUE、GREEN、RED、NIR、SWIR1 和SWIR2 波段用于变化检测，并在GEE 平台实现大气校正、几何校正，以及云、雪、云阴影的筛选，以保证变化检测的准确性。

3.2 城市湿地变化检测与逐年分类理论与方法

变化检测的核心目的是找到发生突变的时间与地方。基于CCDC 的变化检测除了可以找到变化信息外还包括其他时间序列模型的参数，这些结果是实现逐年湿地分类的关键信息。本研究基于2015 ~2022 年的Sentinel-2 数据利用CCDC 原理进行变化检测，由此为下一步得到逐年的湿地与非湿地分类结果做准备。本节将重点介绍变化检测的原理、所使用的检测指标、时间序列模型及最终得到的变化信息。在进行变化检测之后，可以得到时间序列模型模拟的结果及各时间段的变化信息。如何依据变化检测结果得到逐年湿地与非湿地结果是本结的核心内容。基于CCDC 的核心思想，下文将详细介绍城市湿地逐年分类的原理及城市湿地逐年分类的输入特征与结果。

首先是基于CCDC 的变化检测，这里需要确定变化检测使用到的指标，对这些指标利用时间序列模型进行拟合得到预测值，通过判断预测值与观测值的差异进行变化检测，进而得到包含时间序列模型模拟结果与变化信息的变化检测结果。之后是基于变化检测的逐年湿地分类，这里将第2 章得到的2020 年第一步湿地分类结果与时间序列模型模拟后的相关参数及地形气候特征结合对应，得到训练样本，由此将时间序列模型相关参数与地形气候特征作为输入特征与训练样本输入随机森林模型可得到各变化时间段内的湿地（4 种）与非湿地（5 种）分类结果，选取对应逐年的时间即可得到逐年的湿地（4 种）与非湿地（5 种）分类结果。最后对得到的4 种湿地类型进行湿地细分，这里从变化区域与不变区域两个角度考虑，不变区域的湿地类型以2020 年的湿地分类结果为准，而变化区域的则需要依据第2 章的基于几何特征的湿地分类方法确定湿地细分结果，最后基于频率特征的湿地分类方法得到逐年的季节性湿地分类结果。由此得到6 个城市2015 ~2022 年共8 年的湿地分类结果。最终，从变化检测的精度评估及与其他数据集的对比两个角度进行精度分析。

3.2.1 城市湿地遥感变化检测

3.2.1.1 城市湿地变化检测原理

变化检测原理来源于连续变化检测与分类算法，这个方法是由Zhu 和Woodcock

(2014) 于2014年提出，应用于基于Landsat的长时序土地覆盖变化检测工作。CCDC的核心思想是通过对比连续的遥感观测数据与时间序列模型拟合后预测值的差异从而判断地表是否发生变化。随着应用的增加，CCDC目前已经在Landsat、Sentinel-1等多个数据集多个地区开展应用，并且GEE平台中构建了一套连续土地变化检测的工具（Arévalo et al., 2020）。CCDC中变化检测核心步骤可以分为图像预处理与连续变化检测2步。第一步是图像预处理，主要包括大气校正、几何校正及云、云阴影、雪的筛选。其中大气校正与几何校正在GEE平台已完成。云、云阴影、雪的筛选主要依靠CFMask与TMMask算法进行。首先，基于Sentinel-2的质量波段筛选受云等影响的数据，之后主要考虑GREEN与SWIR2波段进一步筛选未被去除的云、云阴影和雪的影响。这主要是因为云雪使GREEN波段更亮，云阴影和雪使SWIR2波段更暗，基于这个原理进一步选择清晰观测的数据（Zhu and Woodcock, 2014）。第二步是连续变化检测，在得到清晰的观测数据后，首先确定选择哪些波段与指数作为变化检测的指标，本研究选择了10个，在3.2.1.2中进行详细介绍。其次，确定可以较为完整地反映数据变化特征的时间序列模型，本研究选择了可以同时反映年内、年际与突变的时间序列模型，此基础上可以分别得到实际的观测值与时间序列模型模拟的预测值。当观测值与预测值的差异大于3倍的均方根误差（RMSE）时，则将其确定为扰动像素，当连续三次以上满足以上条件，则确定该像素发生变化，由此得到发生变化的像素与时间信息（Zhu et al., 2012）。从图3-2所示的示例可以发现，当地物类型发生变化时，地表反射率会发生变化，那么通过时间序列模型模拟的结果会有差异。不同的地物类型得到的时间序列模型是存在差异的，这也是下一步基于变化检测进行分类的基础。

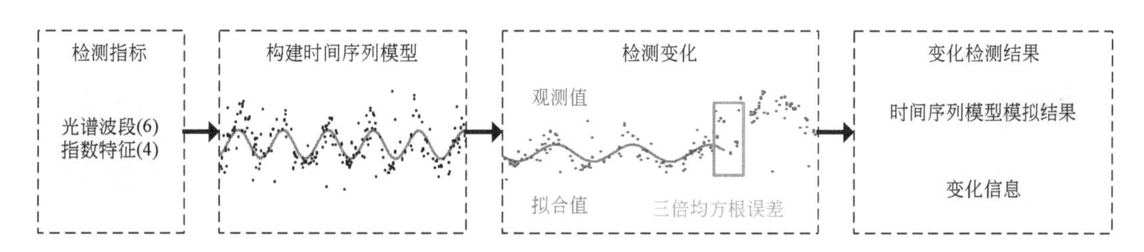

图3-2　基于连续变化检测与分类算法的变化检测原理图

3.2.1.2　变化检测指标

本研究以Sentinel-2为基础数据，采用6个光谱波段与4个指数特征作为连续变化检测的指标（图3-3）。其中，光谱波段包含Sentinel-2的BLUE、GREEN、RED、NIR、SWIR1和SWIR2，指数特征包括归一化建筑指数（NDBI）、归一化植被指数（NDVI）、归一化水体指数（NDWI）和土壤湿度检测指数（SMMI）。

NDBI是一种可以增强建筑用地信息的指数，可以较好地反映建筑用地特征（查勇等，2003）。NDBI的公式如下（张文志等，2023）：

$$\mathrm{NDBI}=\frac{\rho_{\mathrm{SWIR1}}-\rho_{\mathrm{NIR}}}{\rho_{\mathrm{SWIR1}}+\rho_{\mathrm{NIR}}} \tag{3-1}$$

NDVI是1974年Rouse等提出的，可以较好地反映植被特征。NDVI的表达公式如下

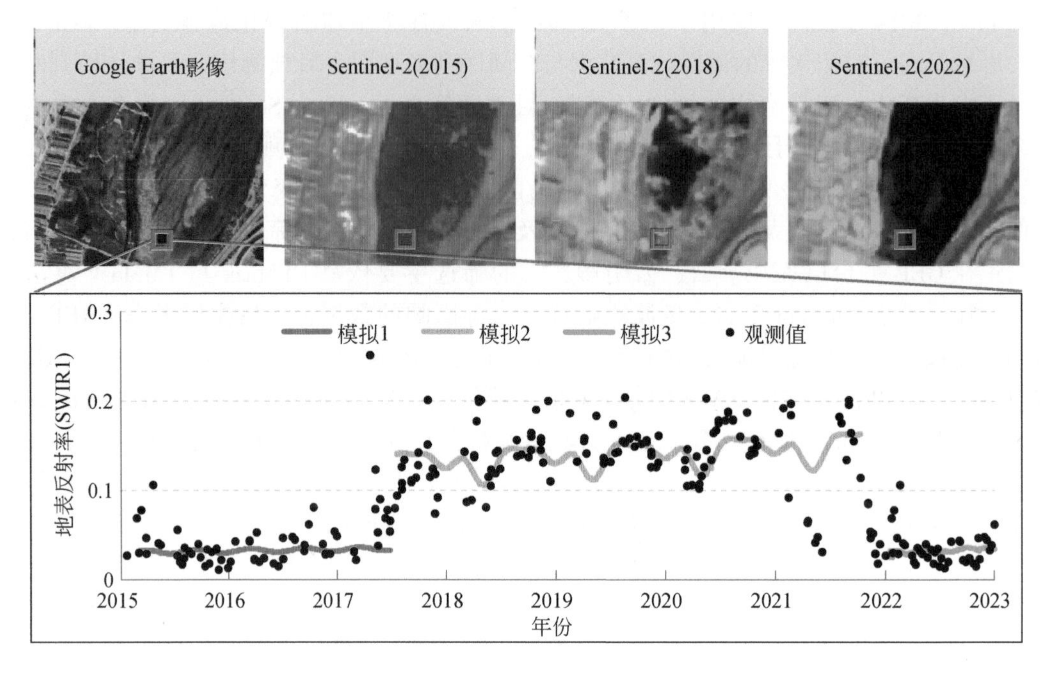

图 3-3　2015～2022 年 SWIR1 的地表反射率及时间序列模型模拟示例（银川市示例像元）

（田庆久和闵祥军，1998）：

$$\mathrm{NDVI}=\frac{\rho_{\mathrm{NIR}}-\rho_{\mathrm{RED}}}{\rho_{\mathrm{NIR}}+\rho_{\mathrm{RED}}} \tag{3-2}$$

NDWI 是 Rouse 等在 1973 年的，可以较好地反映水体特征。NDWI 的公式如下（徐涵秋，2005）：

$$\mathrm{NDWI}=\frac{\rho_{\mathrm{GREEN}}-\rho_{\mathrm{NIR}}}{\rho_{\mathrm{GREEN}}+\rho_{\mathrm{NIR}}} \tag{3-3}$$

SMMI 是表征土壤湿度的指标，其表达公式如下（刘英等，2013）：

$$\mathrm{SMMI}=\sqrt{\frac{\rho_{\mathrm{SWIR}}^{2}+\rho_{\mathrm{NIR}}^{2}}{2}} \tag{3-4}$$

以上光谱波段与指数特征作为连续变化检测的检测指标，输入 CCDC 模型可以得到变化信息。

3.2.1.3　变化检测的时间序列模型

变化检测的重要步骤之一就是通过时间序列模型对观测数据进行拟合，从而开展变化检测。CCDC 模型采用谐波时间序列模型拟合观测数据，其公式如下（Zhu et al.，2015）：

$$\hat{\rho}(i,t)=a_{0,i}+c_{1,i}t+\sum_{n=1}^{3}\left(a_{n,i}\cos\frac{2\pi nt}{T}+b_{n,i}\sin\frac{2\pi nt}{T}\right) \tag{3-5}$$

式中，$\hat{\rho}(i,\ t)$表示第 i 个检测指标在 t 日的预测值，本研究中 $i=1\sim10$，t 表示儒略日(在儒略周期内以连续的日数计算时间)；$a_{0,i}$表示第 i 个检测指标的总体系数(截距)；$c_{1,i}$表示

第 i 个检测指标的年际变化系数(斜率)；当 $n=1$ 时，$\hat{\rho}(i, t)$ 是简单模型拟合的预测结果，$n=2$ 时，$\hat{\rho}(i, t)$ 是高级模型拟合的预测结果，$n=3$ 时，$\hat{\rho}(i, t)$ 是完整模型拟合的预测结果；$a_{1,i}$ 与 $b_{1,i}$ 均表示第 i 个检测指标的由物候和太阳角度差导致的年内变化；$a_{2,i}$ 与 $b_{2,i}$ 均表示第 i 个检测指标的年内双峰变化系数；$a_{3,i}$ 与 $b_{3,i}$ 均表示第 i 个检测指标的年内三峰变化系数；T 表示每年的平均天数 $T=365.2425$。

3.2.1.4 变化检测结果

变化检测之后的结果主要包括时间序列模型模拟的结果及变化信息。时间序列模型模拟的结果包含时间序列模型的回归系数（Coefs）和每个模型的均方根误差（RMSE），针对 10 个变化检测指标共 20 个波段特征（表 3-1）。变化信息则包含每个模型的开始(tStart)、结束（tEnd）、中断（tBreak）日期，清晰观测数据数量（numObs），变化概率(changeProb）及 10 个检测指标对应检测到变化段的归一化残差（Magnitude），共 15 个波段特征。由此变化检测的结果形成一个包含 35 个波段特征的列阵图像。其中，tStart、tEnd、tBreak、numObs、changeProb 这 5 个波段分别记录了 2015 ~ 2022 年间每个时间序列模型开始、结束、中断的日期及清晰观测数据数量与变化概率。而 Coefs、RMSE、Magnitude 则是针对 10 个检测指标分别得到的时间序列模型的回归系数、均方根误差与变化段的归一化残差。其中，Coefs 中包含的系数对应于时间序列模型中的 $a_{0,i}$、$c_{1,i}$、$a_{1,i}$、$b_{1,i}$、$a_{2,i}$、$b_{2,i}$、$a_{3,i}$ 与 $b_{3,i}$。

表 3-1 GEE 平台运行 CCDC 模型得到的信息特征

CCDC 运行组件输出结果	说明
tStart	每个时间序列模型开始的日期
tEnd	每个时间序列模型结束的日期
tBreak	每个时间序列模型中断日期
numObs	每个时间序列模型中使用的清晰观测数据数量
changeProb	多个波段的变化概率
Coefs	每个检测指标对应时间序列模型的回归系数
RMSE	每个检测对应时间序列模型的均方根误差
Magnitude	每个检测指标对应检测到变化段的归一化残差

基于变化检测的结果可以得到每个检测指标 2015 ~ 2022 年的变化次数。本研究对 10 个检测指标的变化次数取均值，并将突变只有 1 次且时间发生在 2022 年之后的情况定义为其在 2015 ~ 2022 年之间没有变化，由此得到 6 个城市在 2015 ~ 2022 年的变化次数。可以发现在 2015 ~ 2022 年期间，6 个城市的大部分地区并没有检测出变化，其中哈尔滨、银川及东营部分地区出现 1 ~ 2 次的变化（图 3-4）。

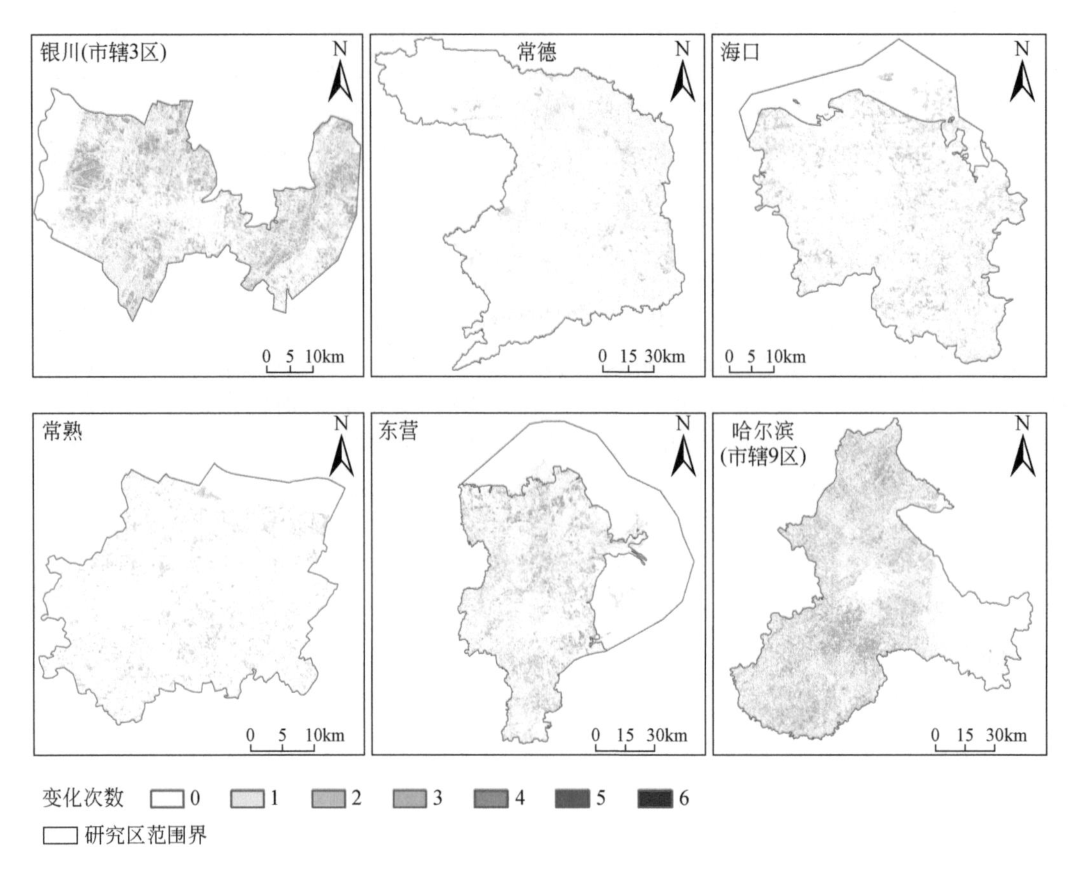

图 3-4 2015 ~ 2022 年 6 个城市的检测到的变化次数分布

3.2.2 城市湿地逐年分类

3.2.2.1 城市湿地逐年分类原理

基于 CCDC 的城市湿地逐年分类方法与传统的监督分类在输入特征上有明显差别。针对 2020 年包含 4 种湿地类型与 5 种非湿地类型的分类结果，获取 2020 年的样本是分类必不可缺的步骤，且分类模型输入的特征为 2020 年遥感影像的光谱、指数等特征。在利用传统机器学习方法进行逐年湿地分类时，需要得到每年的样本数据，这将是较大的工作量。而基于 CCDC 的逐年湿地分类方法则是将时间序列模型的系数、均方根误差等参数作为输入特征进行分类。基于变化检测可以得到不同检测指标在不同变化时间段的时间序列模型模拟结果。在本研究中，可以得到 2015 ~ 2022 年不同的时间序列模拟结果，由于已经得到 2020 年的湿地分类结果，因此将 2020 年作为湿地类型已知的时间段，其余时间段为湿地类型未知时间段。首先，将 2020 年的训练样本作为样点，并获取这些样点位置在 2020 所在时间段的时间序列模型的相关参数及辅助的地形气候特征。由此构成包含 157 个特征的训练样本数据。Zhu 等（2012）研究发现，不同地表类型的时间序列模型存在明显的区别，因此时间序列模型的相关参数可以作为分类的输入特征以区分不同的地物类型。本研究在由已知时间段的湿地类型得到训练样本的基础上，对湿地类型未知的时间段进行分类，由此得到 2015～2022 年不同变化时间段的包含 4 种湿地类型与 5 种非湿地类型的分类结果。其次，采用随机森林方法进行分类，随机森林分类器的参数设置与前文中随机森林分类器参数设置一致。在此基础上，包含 4 种湿地类型的湿地分类结果则是依据该逐年的某个特定时间确定，本研究以每年的 1 月 1 日的湿地分类结果作为该逐年的分类结果，若 1 月 1 日为变化点，则以 1 月 1 日以后的分类结果为准（图 3-5）。

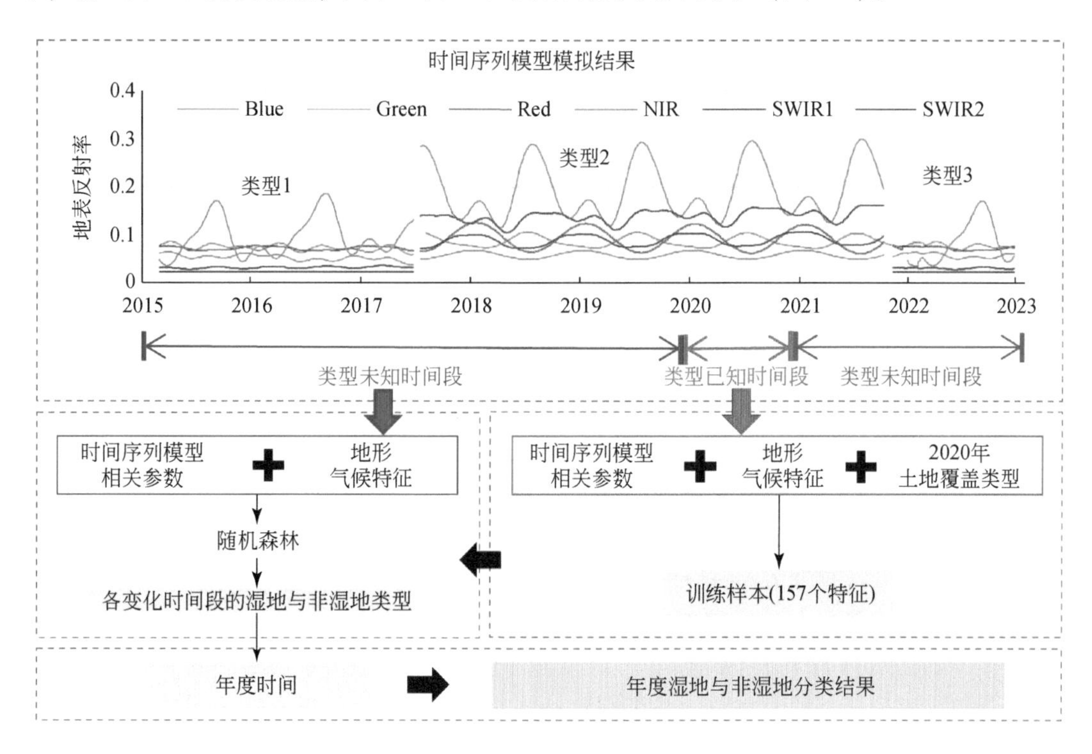

图 3-5　基于变化检测的城市湿地逐年分类原理

3.2.2.2　城市湿地逐年分类的输入特征

基于 CCDC 的城市湿地逐年分类方法的核心是输入特征与传统方法不同。本研究将时间序列模型模拟后的相关参数作为输入特征，为了辅助分类同时增加了地形气候特征。因此本研究选择了三种特征作为随机森林模型的输入特征。输入特征包含不同检测指标所对应的模型参数特征、物候参数特征及地形气候特征（表 3-2）。模型参数特征是基于谐波时间序列模型确定的，其中每个检测指标的每个变化时间段均可以得到表征截距的 a_0 参数、表征斜率的 c_1 参数与表征年内变化系数的 a_1、b_1、a_2、b_2、a_3、b_3，以及均方根误差共 9 个参数，本研究 10 个检测指标共包含 90 个模型参数特征。物候参数特征同样基于谐波时间序列模型确定，不同类型的回归函数具有不同的振幅与相位，因此选择了一到三次的谐波相位与振幅特征，共 6 个特征，本研究 10 个检测指标共包含 60 个物候参数特征。地形气候特征选择了高程、坡度、坡向、年均降水量与年均温度共 5 个特征。高程数据来源于 SRTM 数据，由此计算坡度与坡向特征。年均降水量与年均温度通过 WorldClim BIO Variables V1 数据获取，其空间分辨率为 0.1°。由此对于每个变化时间段均将有 155 个特征输入随机森林模型进行不同变化时间段的湿地与非湿地分类。

表 3-2　城市湿地逐年分类的输入特征

输入特征	说明	特征数量
模型参数特征	截距a_0（INTP）、斜率c_1（SLP）、年内变化系数a_1（SIN）、年内变化系数b_1（COS）、年内变化系数a_2（SIN2）、年内变化系数b_2（COS2）、年内变化系数a_3（SIN3）、年内变化系数b_3（COS3）、均方根误差（RMSE）	90
物候参数特征	一次谐波相位（AMPLITUDE）、一次谐波振幅（PHASE）、二次谐波相位（AMPLITUDE2）、二次谐波振幅（PHASE2）、三次谐波相位（AMPLITUDE3）、三次谐波振幅（PHASE3）	60
地形气候特征	高程（ELEVATION）、坡度（DEM _ SLOPE）、坡向（ASPECT）、年均降水量（RAINFALL）、年均温度（TEMPERATURE）	5

3.2.2.3　城市湿地逐年细分步骤

基于 CCDC 得到逐年包含 4 种湿地类型的城市湿地后，我们将进一步采用第 2 章城市湿地分类的思路得到逐年包含 17 种湿地类型的城市湿地。在进行变化检测过程中，研究可以得到 2015 ~ 2022 年的变化次数，对于变化次数为 0 的地区，表示该地区在 2015 ~ 2022 年之间没有发生变化，我们将其定义为不变区。因此我们构建了针对基于变化检测的逐年湿地细分方法（图 3-6）。精细湿地分类主要针对逐年土地覆盖中的水体、木本沼泽、草本沼泽及滩地。通过变化检测得到不变区后，首先，以 2020 年湿地分类结果为准，确定不变区的水体细分类别。在此基础上，我们发现水体细分会出现一些问题，对于同一个湖泊，湖泊内部分区域的水体将无法识别出具体的细分类别。如果直接采用基于几何特征的湿地分类方法进行下一步分类，由于湖泊内部未识别水体的几何特征发生变化则可能导致其错分为其他类型。因此，我们需要对这种情况进行一定的处理。在这里，我们认为与湖泊类型相邻的水体像元同样为湖泊类型。基于以上原理，逐像元判断未分类水体是否与已经细分类别相邻，如果相邻则将其判断为该细分类别，直到细分类别相邻区域不在有未分类的水体像元（图 3-7）。由此通过相邻区域的类型识别得到水体湿地的细分结果。其次，针对未被分类的水体、木本沼泽、草本沼泽与滩地，我们将采用基于几何特征的湿地分类方法对其进行湿地细分，由此得到逐年湿地细分结果。最后，基于 Sentinel-2 数据，利用多指标水体检测规则得到 2015 ~ 2022 年内水体积水频率，并依据基于频率特征的湿地分类方法得到逐年湿地季节性分类结果。由此得到 2015 ~ 2022 年的包含 17 种湿地类型的湿地分类结果。由于基于 CCDC 方法实现的地表地物提取会出现椒盐噪声，因此我们对精细湿地结果经过中值滤波（窗口为 3×3）以消除一定程度的椒盐噪声。

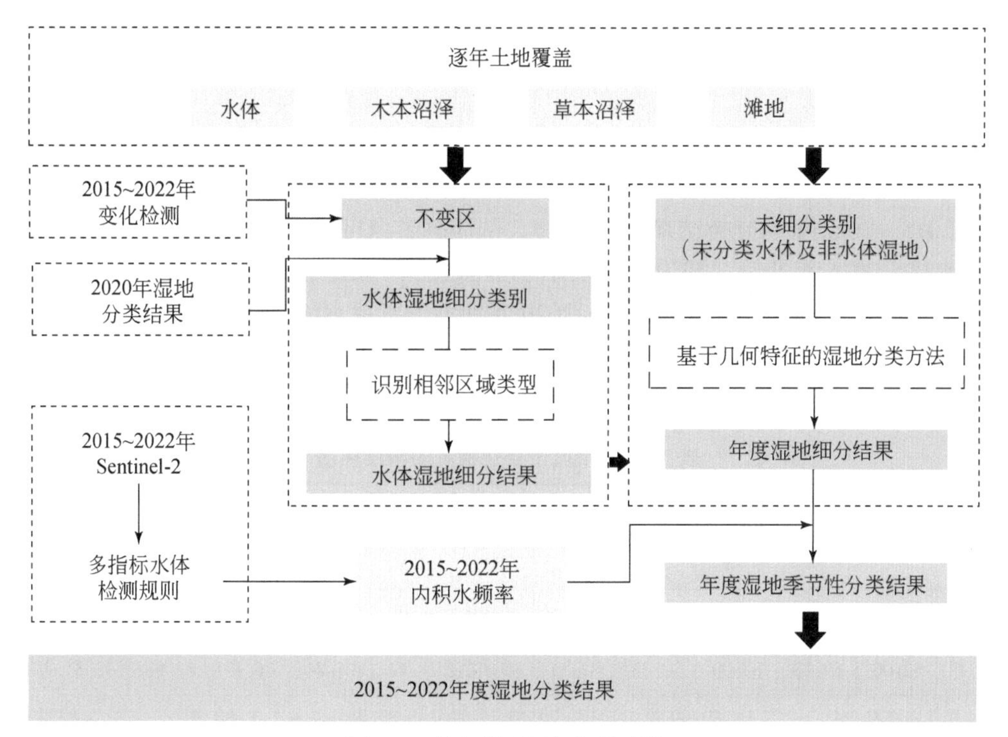

图 3-6　城市湿地逐年细分步骤

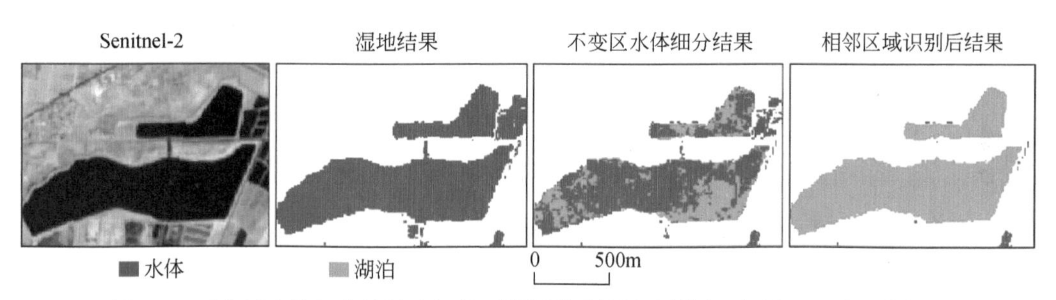

图 3-7　不变区水体细分结果及相邻区域识别后结果示例图（银川 2019 年示例区）

3.3　城市湿地 10m 遥感监测结果评估

3.3.1　精度分析

3.3.1.1　变化检测精度分析及精度评估

基于 2015 ~ 2022 年的 DW10 数据产品得到 2015 ~ 2022 年期间类型没有发生变化与发生变化的区域，在此基础上获取六个城市的变化点与不变点样本。本研究每个城市的变化点与不变点样本选取 50 个左右，其中部分样本点结合谷歌高分影像进行了目视检验以保证样本点的准确。其中，6 个城市共生产了变化与不变样本点 607 个。通过计算混淆矩阵得到变化区域与不变区域的用户精度（UA）与生产者精度（PA），同时得到每个城市的整体精度（OA）（表 3-3）。可以发现，6 个城市的 OA 都在 80% 以上，且北方城市的 OA 会略低于南方城市，北方季节变化明显可能对变化检测有一定干扰，大部分城市不变区域的 UA 会高于变化区域，而 PA 则低于变化区。除此之外，我们选取了部分城市的典型区域对比 2015～2022 年的分类结果（图 3-8）。从遥感影像可以清晰地发现，该湖泊在 2015 年全为水体，2016 年开始，湖泊中出现草本沼泽直到 2021 年该湖泊重新变为全是水体。我们的分类结果可以清晰地看到 2016～2020 年湖泊中有草本沼泽，2021 年与 2022 年转变为湖泊与洪泛湿地类型。通过对比 2021 年与 2022 年的年内积水频率图可以发现该湖泊存在季节性变化。

表 3-3　6 个城市变化检测的精度评估　（单位:%）

项目	银川		常德		海口		常熟		东营		哈尔滨	
	UA	PA	UA	PA	UA	PA	UA	PA	UA	PA	UA	PA
不变区域	90.20	83.64	94.00	85.45	98.00	84.48	96.08	81.67	84.00	77.78	74.00	90.24
变化区域	82.00	89.13	84.00	93.33	82.35	97.67	78.43	95.24	76.47	82.98	92.31	78.69
OA	86.14		89.00		90.10		87.25		80.20		83.33	

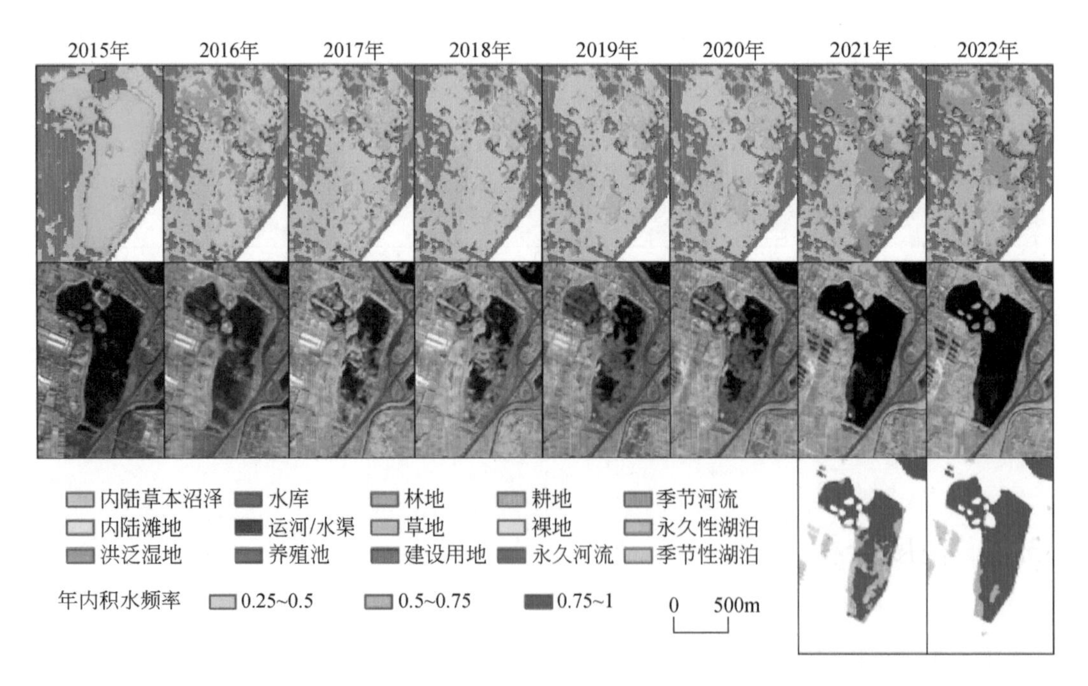

图 3-8　2015～2022 年银川典型区城市 10m 湿地分类结果与 Sentinel-2 影像对比图

3.3.1.2 与其他数据产品对比分析

6个城市的2015～2022年的湿地与非湿地类型与10m分辨率的DW10数据产品进行分类结果的一致性统计可以发现，大部分城市的一致性占比达到70%左右，其中银川每年的占比在50%左右，常德除2015年外均在70%以上，海口除2015年外均在60%以上，常熟与哈尔滨市的一致性占比均在60%以上，东营市除2015年外均在70%以上（图3-9）。Sentinel-2数据在2015年的缺失导致2015年DW10数据产品在部分地区也存在缺失现象，其中常德与海口2015年的DW10数据就存在大量缺失情况因此导致一致性结果较低。每个城市水体、草本沼泽、林地、草地、建设用地、耕地与裸地不同类型的一致性结果如表3-4～表3-9所示。可以发现，水体是一致性占比最高的类型，大部分城市可以达到90%以上，大部分城市林地的一致性也可达到90%以上，极个别的如常熟、东营等林地分布较少一致性结果相对较低。除此之外，大部分城市的建设用地、耕地的一致性也可达60%～80%。

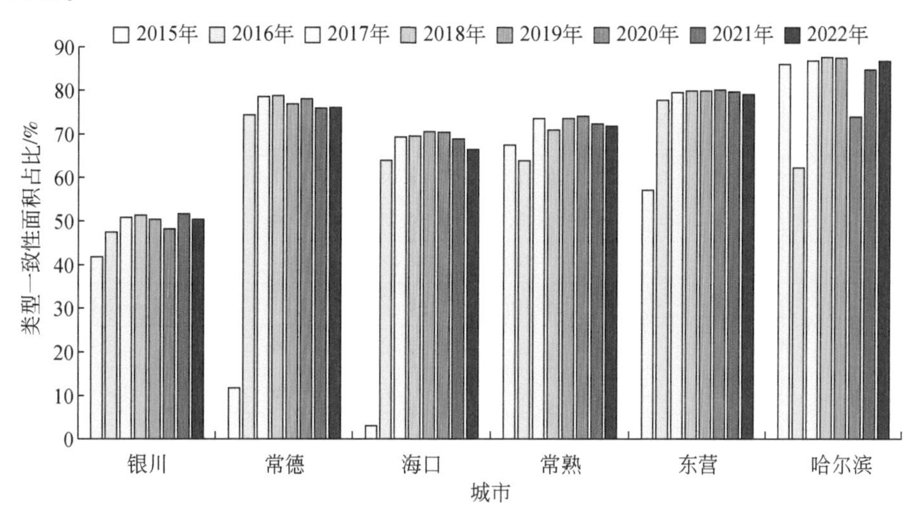

图3-9 各城市逐年湿地与非湿地分类结果与DW10数据产品类型一致性面积占比

表3-4 银川市湿地与非湿地10m分类结果与10m数据产品（DW10）的一致性统计

土地覆盖类型	2015年	2016年	2017年	2018年	2019年	2020年	2021年	2022年
水体/%	88.41	91.87	91.87	94.42	94.75	95.05	94.26	95.43
草本沼泽/%	10.04	4.69	5.40	6.50	6.04	6.37	5.74	4.83
林地/%	26.22	77.65	98.07	98.17	98.44	98.00	98.60	98.39
草地/%	0.05	0.01	0.12	0.07	0.18	0.14	0.07	0.07
建设用地/%	71.40	70.13	71.39	69.93	67.21	61.93	68.09	66.57
耕地/%	63.49	77.90	82.76	82.81	80.12	75.44	83.34	79.40
裸地/%	51.77	51.98	69.96	69.45	74.63	84.26	72.25	76.03
一致面积/km^2	748.50	851.85	912.64	922.38	904.47	866.45	928.86	905.87
一致性占比/%	41.80	47.48	50.81	51.37	50.39	48.18	51.64	50.40

表 3-5　常德市湿地与非湿地 10m 分类结果与 10m 数据产品（DW10）的一致性统计

土地覆盖类型	2015 年	2016 年	2017 年	2018 年	2019 年	2020 年	2021 年	2022 年
水体/%	5.08	95.03	95.83	95.85	96.96	97.59	96.96	93.92
草本沼泽/%	0.00	1.60	2.01	1.79	1.28	2.78	4.15	1.56
林地/%	22.40	92.90	96.85	96.22	97.11	96.60	96.89	95.35
草地/%	0.37	2.87	4.34	3.15	5.43	8.09	7.73	2.99
建设用地/%	3.24	69.76	78.61	81.84	83.78	84.52	84.19	83.49
耕地/%	1.88	53.85	58.97	60.09	53.89	57.05	51.77	54.67
裸地/%	0.25	6.56	6.76	8.46	12.32	12.38	9.41	6.35
一致面积/km^2	2125.56	13424.82	14227.08	14273.85	13918.48	14138.48	13755.52	13735.70
一致性占比/%	11.73	74.35	78.54	78.80	76.85	78.04	75.95	76.09

表 3-6　海口市湿地与非湿地 10m 分类结果与 10m 数据产品（DW10）的一致性统计

土地覆盖类型	2015 年	2016 年	2017 年	2018 年	2019 年	2020 年	2021 年	2022 年
水体/%	5.97	95.93	97.99	98.00	98.53	98.53	97.89	97.90
草本沼泽/%	0.49	5.57	5.53	4.83	3.76	2.98	6.77	4.63
林地/%	3.85	74.07	78.15	78.08	79.52	76.18	75.63	72.25
草地/%	0.38	36.44	13.97	14.21	22.04	27.82	18.63	18.91
建设用地/%	2.68	83.71	84.12	86.16	85.57	86.79	86.50	84.67
耕地/%	0.78	27.50	40.66	40.84	41.05	47.10	44.40	43.21
裸地/%	0.97	24.35	26.38	27.61	28.96	31.08	23.95	18.23
一致面积/km^2	72.24	1519.84	1648.67	1655.55	1679.56	1678.54	1641.58	1582.57
一致性占比/%	3.04	63.91	69.31	69.56	70.54	70.40	68.90	66.41

表 3-7　常熟市湿地与非湿地 10m 分类结果与 10m 数据产品（DW10）的一致性统计

土地覆盖类型	2015 年	2016 年	2017 年	2018 年	2019 年	2020 年	2021 年	2022 年
水体/%	94.43	90.77	96.10	94.00	96.47	95.98	95.49	95.19
草本沼泽/%	11.27	4.18	4.34	7.04	5.06	4.89	5.70	3.62
林地/%	38.51	28.79	29.44	28.52	39.66	37.98	39.54	30.21
草地/%	3.45	8.51	4.98	6.62	7.49	7.41	4.91	5.51
建设用地/%	63.90	80.32	86.87	90.80	90.17	91.01	91.28	90.04
耕地/%	64.82	45.88	63.00	53.85	58.23	59.37	54.40	54.86
裸地/%	18.94	12.33	12.87	8.26	10.42	6.74	9.32	7.42
一致面积/km^2	856.71	811.58	937.14	903.47	937.40	943.97	921.84	915.67
一致性占比/%	67.45	63.79	73.59	70.94	73.57	74.07	72.35	71.83

表 3-8　东营市湿地与非湿地 10m 分类结果与 10m 数据产品（W10）的一致性统计

土地覆盖类型	2015 年	2016 年	2017 年	2018 年	2019 年	2020 年	2021 年	2022 年
水体/%	93.14	98.13	97.58	98.34	98.95	99.21	98.95	98.79
草本沼泽/%	11.16	5.13	9.44	8.37	11.35	10.88	12.50	12.05
林地/%	59.60	20.17	24.23	43.30	44.00	27.79	20.69	41.86
草地/%	2.08	0.02	0.01	0.25	0.20	0.05	0.01	0.19
建设用地/%	54.34	63.21	63.59	62.47	63.41	61.50	61.24	62.23
耕地/%	45.84	83.08	88.61	88.44	86.99	88.00	87.02	85.72
裸地/%	30.93	48.80	41.01	46.85	49.58	57.97	58.45	50.03
一致面积/km^2	4589.96	6253.40	6395.77	6455.72	6452.81	6477.24	6437.19	6393.48
一致性占比/%	57.06	77.75	79.51	79.86	79.85	80.13	79.65	79.07

表 3-9　哈尔滨市湿地与非湿地 10m 分类结果与 10m 数据产品（DW10）的一致性统计

土地覆盖类型	2015 年	2016 年	2017 年	2018 年	2019 年	2020 年	2021 年	2022 年
水体/%	96.93	78.23	97.32	96.58	89.32	85.00	96.54	97.24
草本沼泽/%	15.65	3.41	14.84	20.98	23.33	8.63	22.51	23.26
林地/%	89.82	32.10	93.52	94.05	91.04	34.13	94.65	93.06
草地/%	2.25	0.63	2.11	0.64	0.19	0.07	0.75	1.04
建设用地/%	80.74	75.50	83.24	83.10	80.09	74.27	78.23	78.43
耕地/%	94.06	70.59	94.31	94.96	95.84	87.23	89.65	93.17
裸地/%	6.72	2.81	3.58	5.15	6.35	1.21	4.48	4.07
一致面积/km^2	8670.48	6260.62	8760.15	8841.98	8809.35	7390.99	8481.61	8726.49
一致性占比/%	86.05	62.20	86.85	87.64	87.51	73.92	84.82	86.81

3.3.2　城市湿地逐年分类结果

3.3.2.1　城市湿地与非湿地的分类结果

采用基于 CCDC 的逐年湿地分类方法得到银川、常德、海口、常熟、东营及哈尔滨 6 个城市 2015～2022 年的包含 4 种湿地与 5 种非湿地的分类结果。可以发现大部分城市的耕地分布较多，其中银川的草地分布相对较多，常德与海口的林地分布相对较多，常熟的建设用地与耕地分布相对较多，东营的耕地与水体分布相对较多，哈尔滨的耕地分布相对较多。从空间分布图上发现，6 个城市在 2015～2022 年期间湿地与非湿地类型的空间分布变化特征并不明显（图 3-10）。

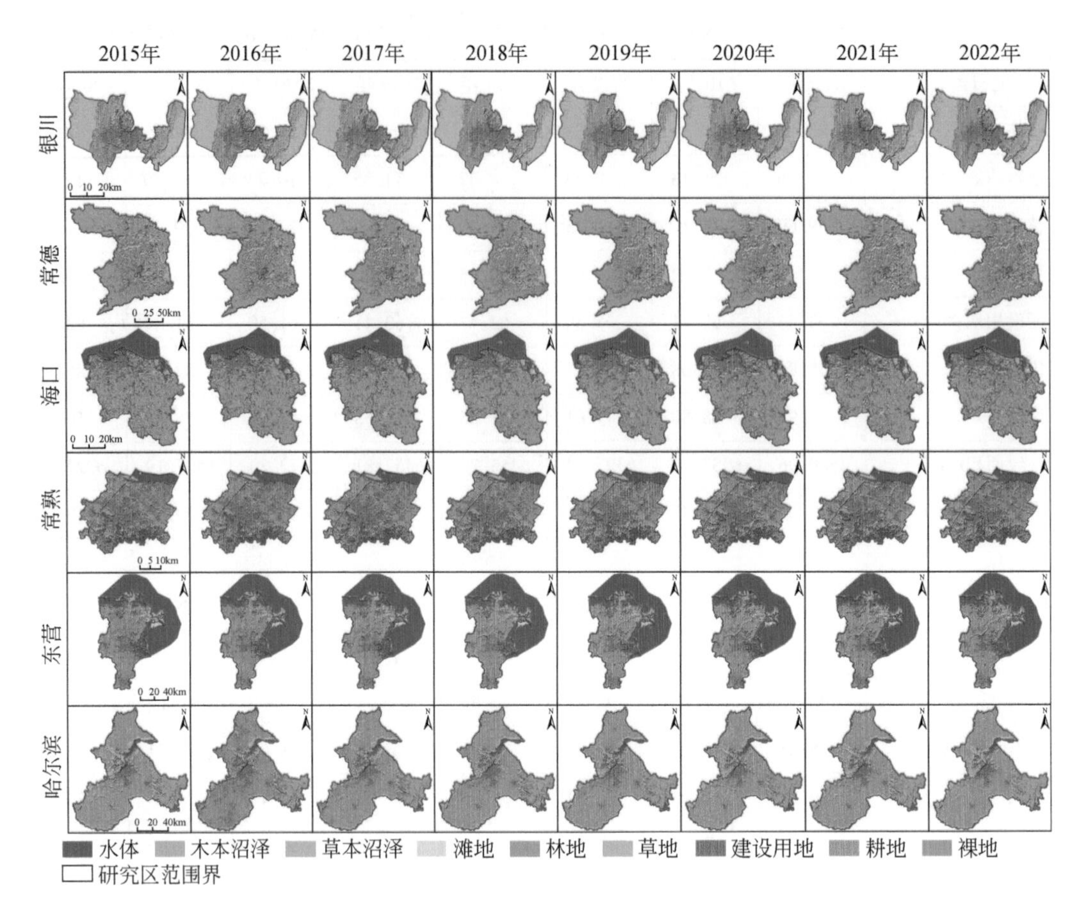

图 3-10 6 个城市 2015 ~ 2022 年城市湿地与非湿地 10m 分类结果

3.3.2.2 城市精细湿地类型逐年分类结果

采用基于变化检测的逐年湿地细分分类方法得到 2015 ~ 2022 年银川、常德、海口、常熟、东营及哈尔滨 6 个城市的湿地分类结果。可以发现，东营与海口两个滨海城市的湿地类别更多样且湿地分布范围更广。内陆城市中，常熟的湿地占比也较多，其中河流、湖泊及养殖池分布较多；银川的湿地主要分布在城市中心，以河流、湖泊及内陆草本沼泽为主；常德的湿地主要分布在城市东部，以河流、湖泊、内陆草本沼泽及水库等为主；哈尔滨的湿地主要分布在城市中心，以河流及内陆草本沼泽为主。从空间图上可以发现 6 个城市的湿地在 2015 ~ 2022 年期间空间变化情况并不明显（图 3-11）。

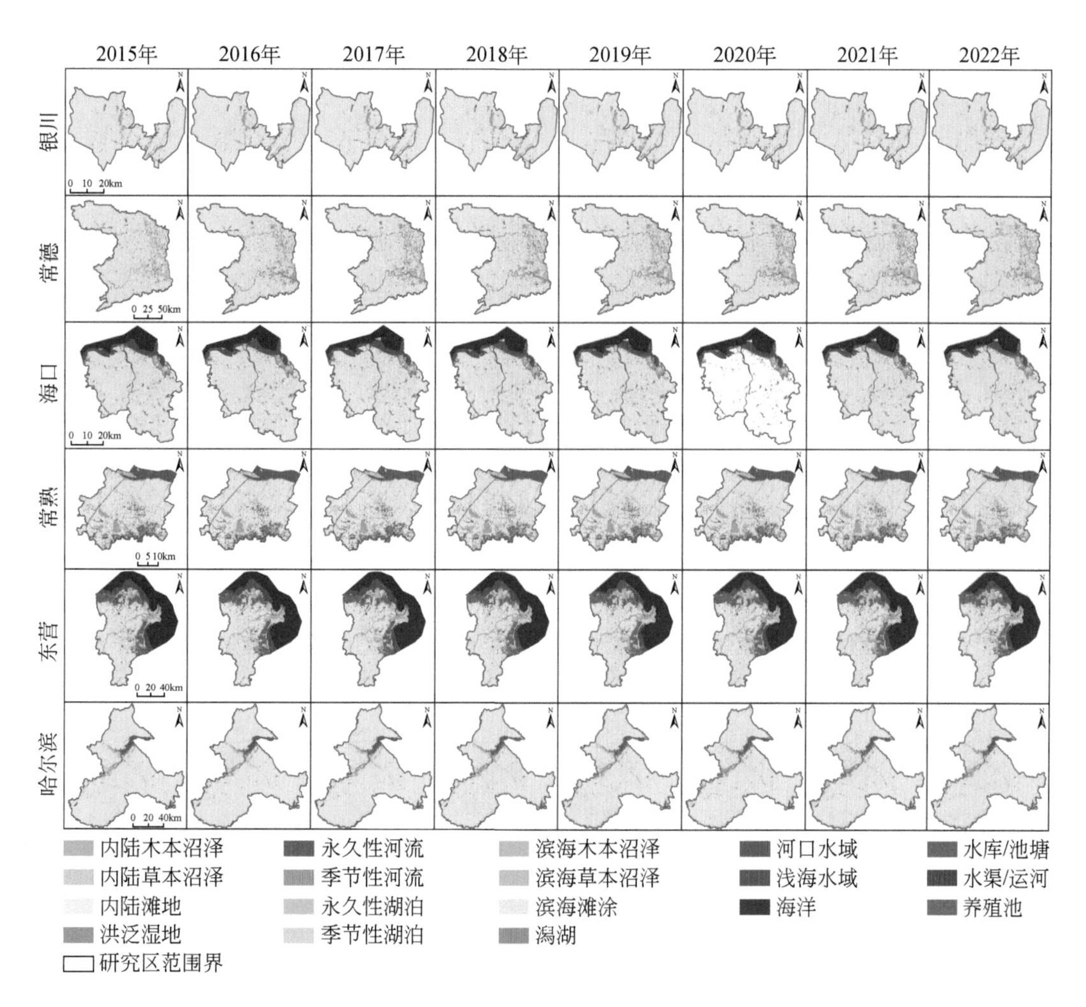

图 3-11　6 个城市 2015 ~ 2022 年城市精细湿地类型 10m 分类结果

第4章　城市湿地的逐年时空变化分析

在第2章与第3章的基础上，研究得到了2015～2022年6个湿地城市逐年10m的土地覆盖分类结果与精细湿地分类结果。因此，本章将分别从各城市湿地与湿地城市间对比分析6个城市的时空特征（图4-1）。对于各城市湿地时空特征，分别从空间分布与年际变化角度分析6个城市的时空特征，并总结每个城市的湿地变化与分布规律。对于湿地城市间的对比分析，将从湿地分布特征、湿地类型与变化特征、湿地保护区内的湿地分布特征等多个角度综合对比6个城市的湿地分布与变化规律。

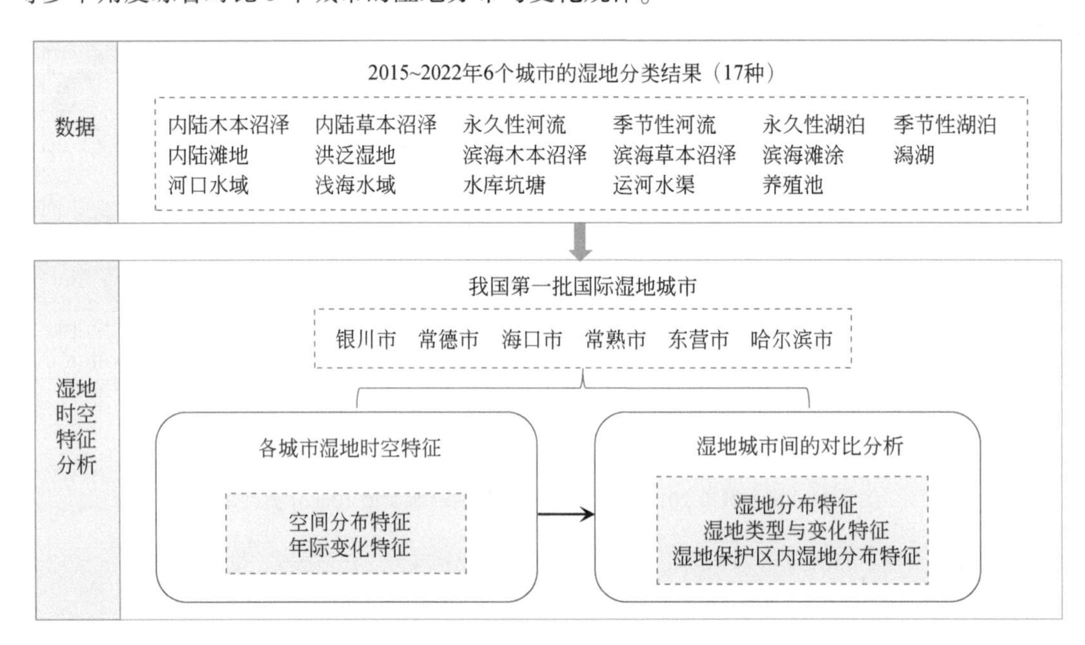

图4-1　城市湿地逐年时空变化分析的路线图

4.1　湿地城市的湿地逐年时空分布特征

4.1.1　银川市的湿地逐年时空分布特征

分析银川市湿地的时空分布特征可以发现，银川市区的湿地主要位于中部地区，以内陆草本沼泽、永久性湖泊、养殖池与永久性河流等类型为主；2015～2022年的内陆草本沼泽有减少现象，其余精细湿地类型较为稳定（图4-2）。银川市区分布最多的精细湿地类型是内陆草本沼泽，占比达到 37.63%；其次是永久性湖泊，占比达到 18.46%；之后是养殖池与永久性河流，占比分别为 11.55% 与 11.32%，永久性河流主要以黄河为主。其余的精细湿地类型的占比均在 10% 以下，其中水库/坑塘占比为 5.34%，洪泛湿地占比为 5.29%，内陆滩地占比为 5.13%，运河/水渠占比为 3.32%，季节性湖泊占比为 1.27%，季节性河流占比为 0.69%。2015 ~ 2022 年期间，大部分的精细湿地类别较为稳定，但内陆草本沼泽有减少的现象，洪泛湿地、水库/坑塘、内陆滩地、永久性河流则有波动情况（图 4-3）。由此可以发现银川市的湿地以内陆草本沼泽为主。

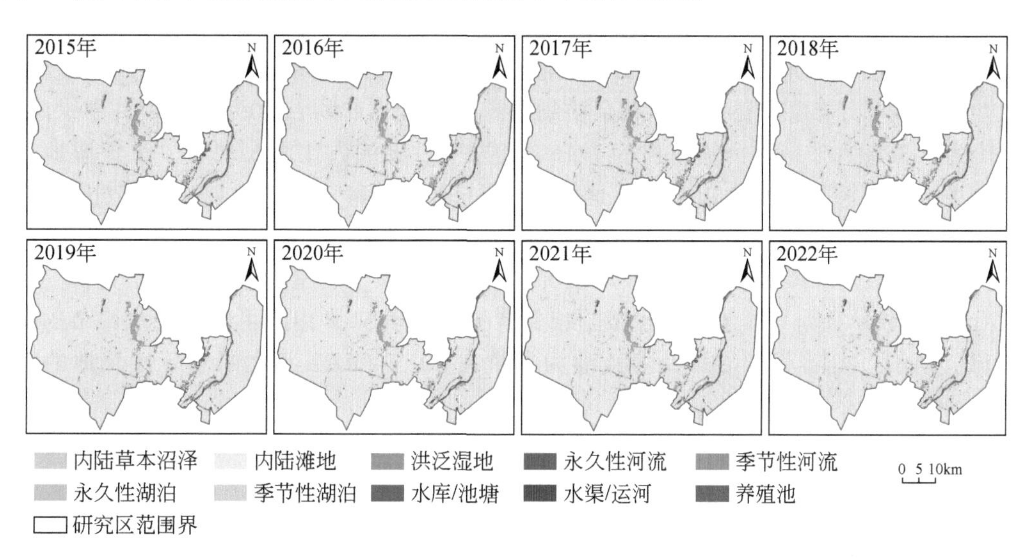

图 4-2 银川市（市辖 3 区）2015 ~ 2022 年湿地 10m 空间分布

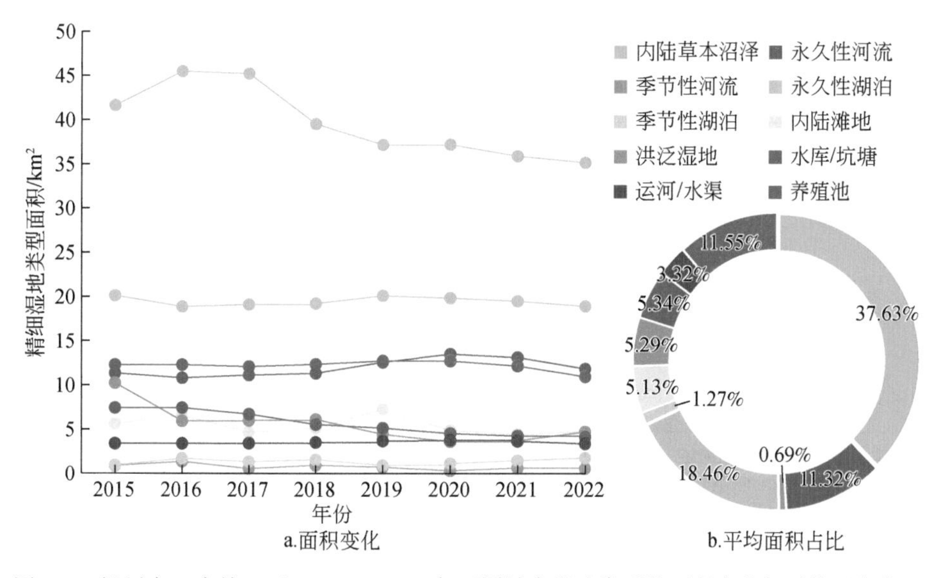

图 4-3 银川市（市辖 3 区）2015 ~ 2022 年不同城市湿地类型的面积变化与平均面积占比

4.1.2 常德市的湿地逐年时空分布特征

分析常德市湿地的时空分布特征可以发现，常德市的湿地主要位于东部地区，西部地区有部分河流与水库，以养殖池、内陆草本沼泽、永久性河流及永久性湖泊为主；2015 ~ 2022 年的季节性湿地有明显波动，其余湿地类型较为稳定（图 4-4）。常德市分布最多的精细湿地类型是养殖池，占比达 25.01%；其次是内陆草本沼泽，占比达 18.15%，养殖池与内陆草本沼泽主要分布在常德东部；之后是永久性河流与永久性湖泊，占比分别为 15.51% 与 11.87%，永久性河流主要以常德南部的沅江、北部的澧水及东部的河流为主，永久性湖泊主要分布在常德东部。其余精细湿地类型的占比均在 10% 以下，其中水库/坑塘占比为 9.36%，季节性河流占比为 7.16%，季节性湖泊占比为 6.81%，洪泛湿地占比为 3.14%，内陆滩地占比为 2.55%，运河/水渠占比为 0.44%。2015 ~ 2022 年期间，常德市大部分的精细湿地类别较为稳定，但永久性河流、永久性湖泊、季节性河流、季节性湖泊、洪泛湿地及内陆滩地有明显的波动情况，这与常德位于洞庭湖流域受水旱灾害的影响较大有关；水库/坑塘与养殖池有轻微的减少情况（图 4-5）。由此可以发现常德市的湿地以河流、湖泊、内陆草本沼泽及养殖池为主且在 2015 ~ 2022 年之间季节性湿地的波动较大。

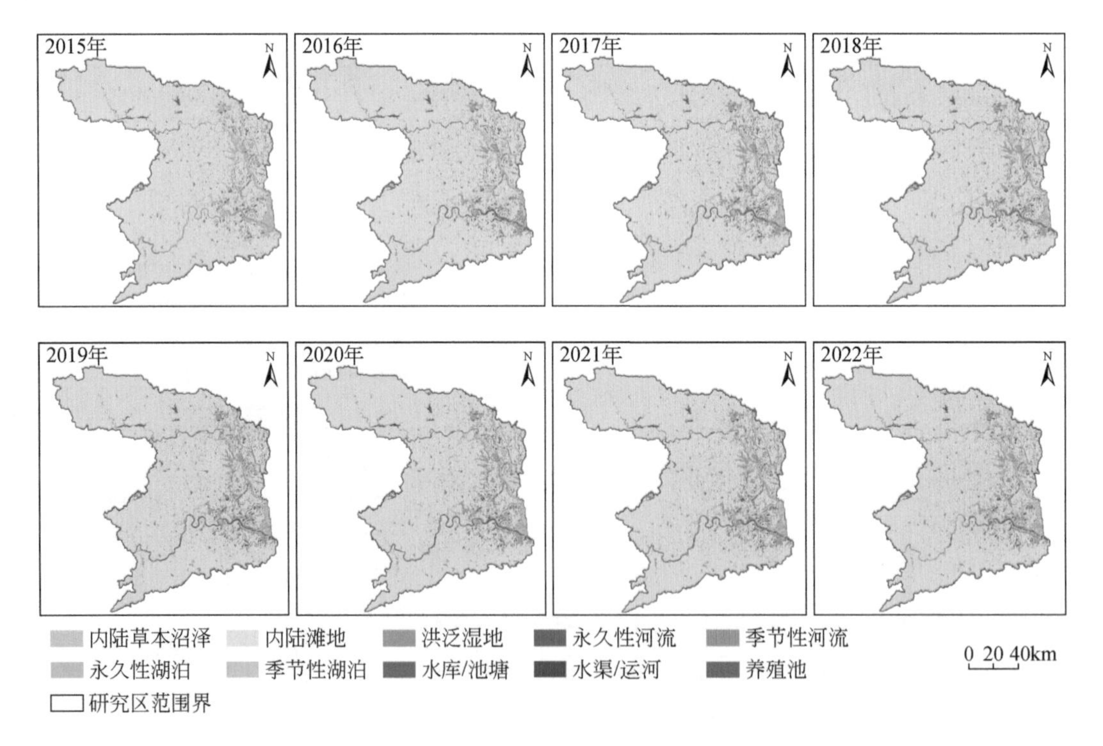

图 4-4 常德市 2015 ~ 2022 年湿地 10m 空间分布

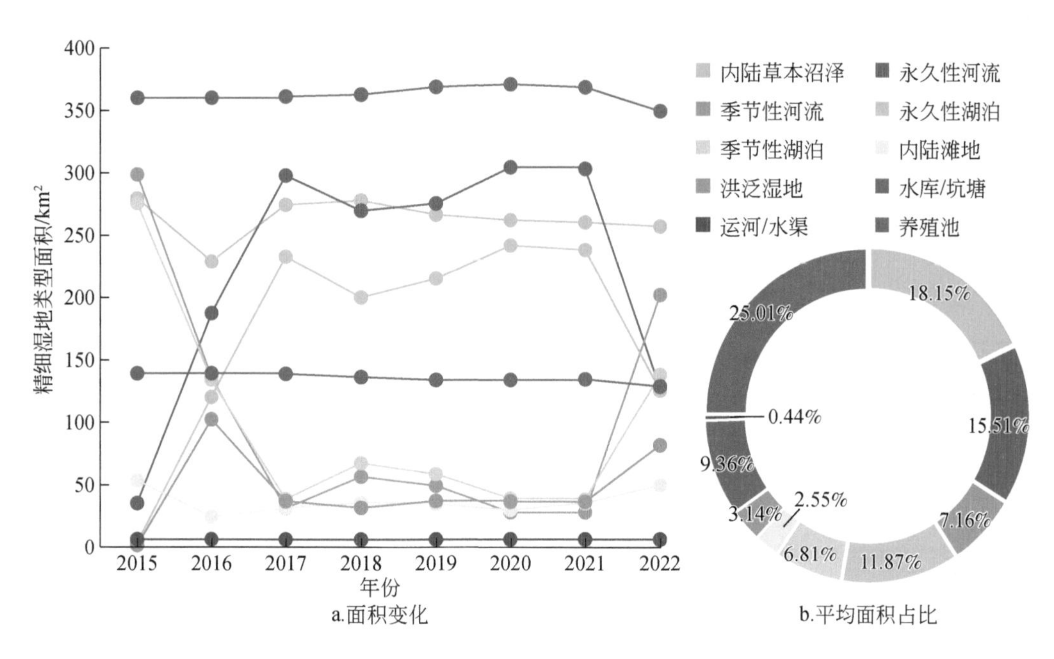

图 4-5 常德市 2015 ~ 2022 年不同城市湿地类型的面积变化与平均面积占比

4.1.3 海口市的湿地逐年时空分布特征

分析海口市湿地的时空分布特征可以发现，海口市的湿地主要位于北部沿海地区，中部及南部地区以河流及水库为主；2015 ~ 2022 年的浅海水域与水库坑塘有减少现象，季节性湿地有波动情况，其余湿地类型较为稳定（图 4-6）。海口市分布最多的精细湿地类型是浅海水域，在湿地中的占比达 48.65%；其次是水库/坑塘与滨海木本沼泽，占比分别达 10.00% 与 9.59%，海口的东南地区分布较多水库，滨海木本沼泽主要分布在东寨港地区，滨海木本沼泽以红树林为主，这里有著名的东寨港红树林自然保护区；之后是滨海滩涂与养殖池，占比分别为 6.20% 与 6.12%，滨海滩涂主要位于东寨港沿海地区，养殖池主要分布在沿海地区。其余精细湿地类型的占比均在 6% 以下，其中河口水域占比为 5.62%，永久性河流占比为 3.23%，滨海草本沼泽占比为 2.39%，洪泛湿地占比为 1.86%，永久性湖泊占比为 1.73%，内陆草本沼泽占比为 1.19%，内陆木本沼泽占比为 0.93%，季节性湖泊占比为 0.90%，季节性河流占比为 0.89%，潟湖占比为 0.62%，内陆滩地占比为 0.08%。2015 ~ 2022 年期间，大部分的精细湿地类别较为稳定，而永久性河流、季节性河流及洪泛湿地有明显的波动情况，这与当年海口的水旱情况有关；浅海水域与水库/坑塘有的减少情况（图 4-7）。由此可以发现，海口市的湿地以浅海水域、滨海木本沼泽、滨海滩涂等滨海湿地及水库/坑塘为主，且在2015 ~ 2022 年浅海水域与水库/坑塘减少，部分季节性湿地的波动较大。

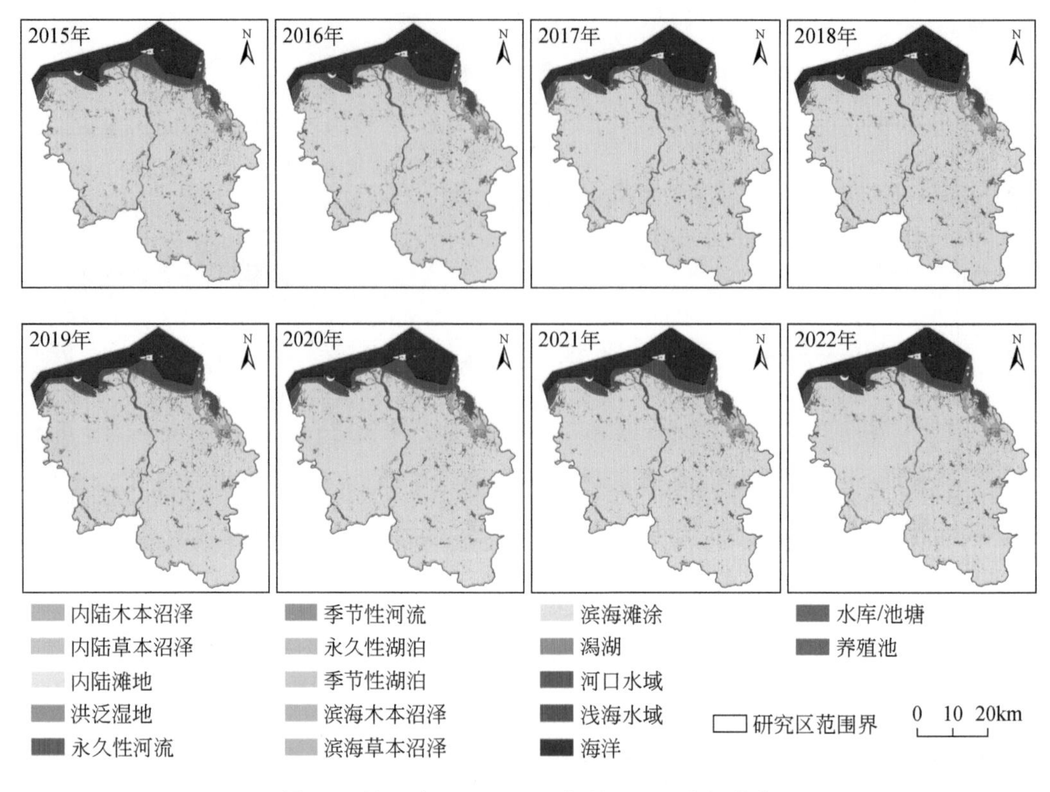

图 4-6 海口市 2015～2022 年湿地 10m 空间分布

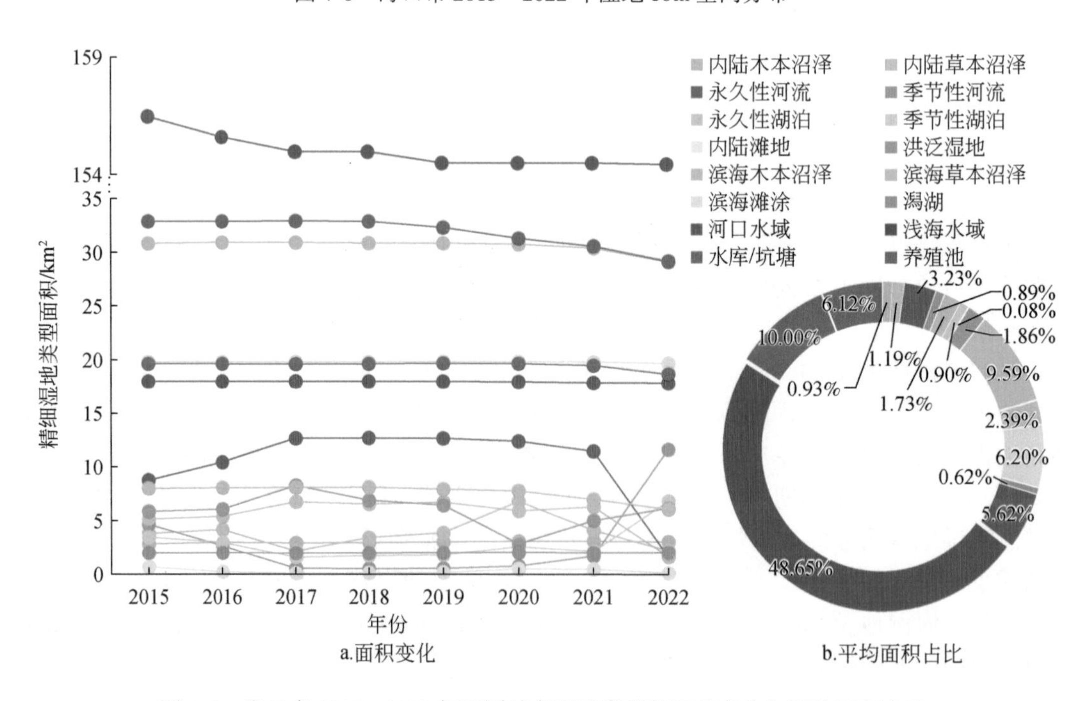

图 4-7 海口市 2015～2022 年不同城市湿地类型的面积变化与平均面积占比

4.1.4 常熟市的湿地逐年时空分布特征

分析常熟市湿地的时空分布特征可以发现，常熟市的湿地在常熟北部与中南部均有分布，北部以河流为主，南部以养殖池为主，城市中分布多条河流，构成了较为密集的水网；2015～2022年大部分湿地类型较为稳定，其中养殖池有减少现象而内陆草本沼泽有增加（图4-8）。常熟市分布最多的精细湿地类型是永久性河流，在湿地中的占比达41.88%，永久性河流主要是分布在常熟北部的长江；其次是养殖池，占比达33.61%，养殖池主要分布在常熟南部地区；之后是永久性湖泊与内陆草本沼泽，占比分别为9.96%与7.05%，永久性湖泊主要占比分布在常熟西南地区的南湖、尚湖及昆承湖。其余精细湿地类型的占比均在5%以下，其中季节性河流占比为2.44%，运河/水渠占比为2.48%，季节性湖泊占比为1.06%，洪泛湿地占比为1.06%，水库/坑塘占比为0.24%，内陆滩地占比为0.23%。2015～2022年期间，常熟市大部分的精细湿地类别较为稳定，永久性河流、季节性河流、永久性湖泊、季节性湖泊与洪泛湿地有轻微的波动情况，养殖池有减少现象而内陆草本沼泽有增加现象（图4-9）。由此可以发现，常熟市的湿地以河流与养殖池为主，且在2015～2022年养殖池有轻微的减少而内陆草本沼泽增加。

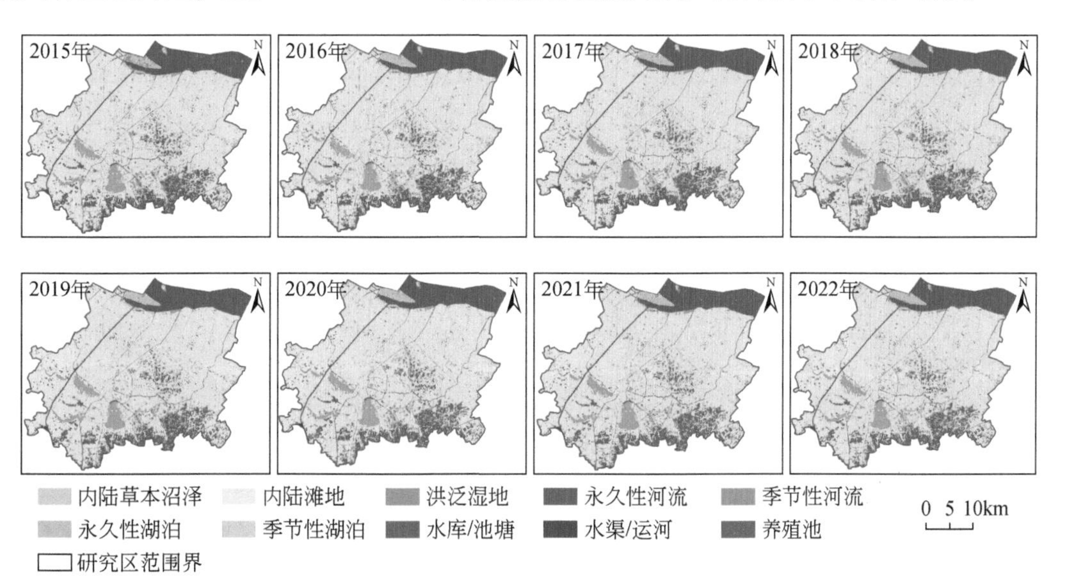

图4-8 常熟市2015～2022年湿地10m空间分布

4.1.5 东营市的湿地逐年时空分布特征

分析东营市湿地的时空分布特征可以发现，东营市的湿地主要分布在东部与北部的沿海地区，以浅海水域、养殖池及黄河三角洲的滨海滩涂与滨海草本沼泽为主；2015～2022年的大部分湿地类型较为稳定，其中滨海草本沼泽、滨海滩涂与河口水域有减少现象，养

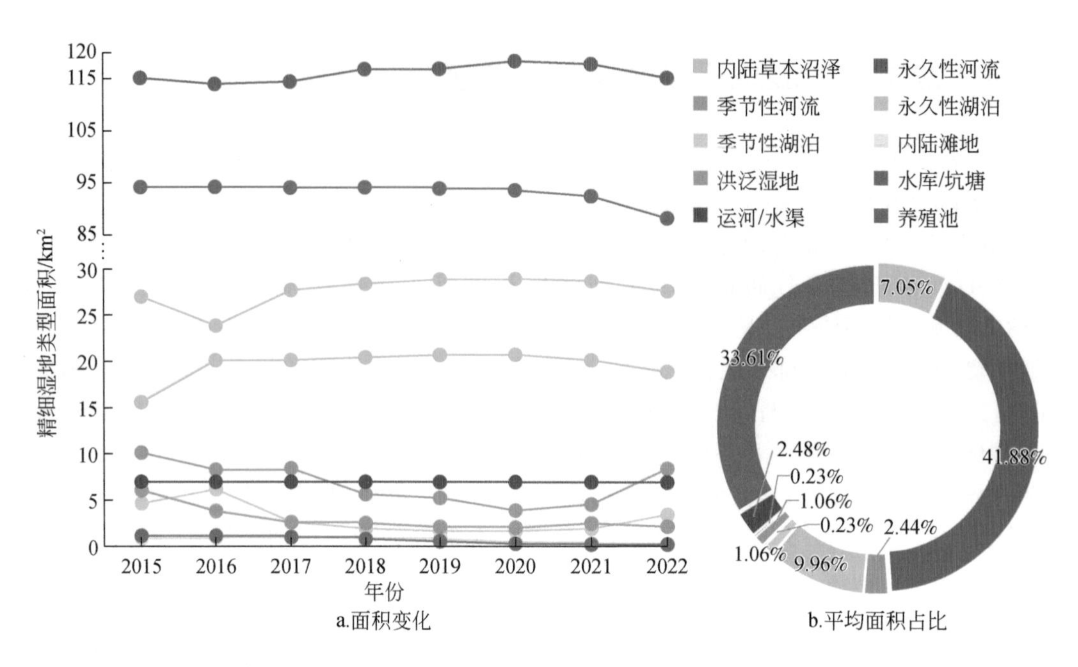

图 4-9 常熟市 2015～2022 年不同城市湿地类型的面积变化与平均面积占比

殖池有轻微增加，季节性湿地有波动现象（图 4-10）。东营市分布最多的精细湿地类型是养殖池，在湿地中的占比达 33.55%；其次是浅海水域，占比达 28.39%，养殖池与浅海

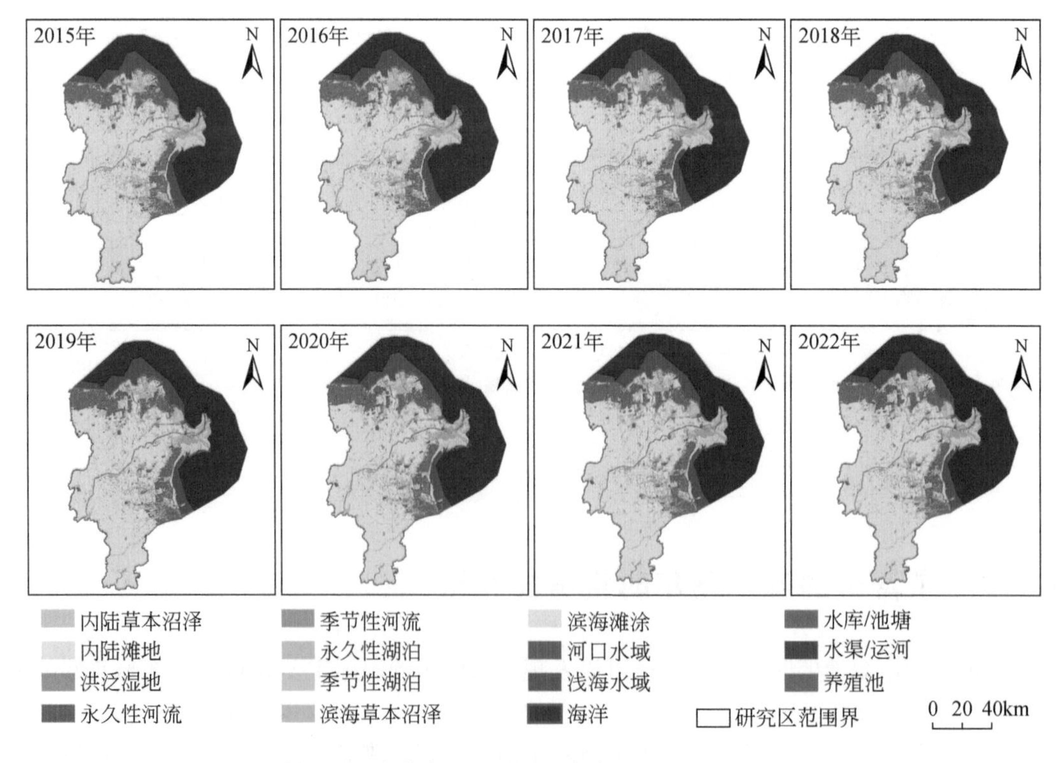

图 4-10 东营市 2015～2022 年湿地 10m 空间分布

水域分别分布在海岸线的内外两侧，两者占据了东营湿地的 60% 以上；之后是滨海草本沼泽与滨海滩涂，其面积占比分别为 11.57% 与 10.77%，主要分布在黄河三角洲的入海口区域。其余精细湿地类型的占比均在 5% 以下，其中水库/坑塘占比为 3.58%，永久性湖泊占比为 3.26%，河口水域占比为 3.30%，内陆草本沼泽占比为 1.85%，永久性河流占比为 1.10%，洪泛湿地占比为 1.08%，运河/水渠占比为 0.82%，季节性湖泊占比为 0.49%，季节性河流占比为 0.21%，内陆滩地占比为 0.03%。2015 ~ 2022 年，东营市滨海草本沼泽与滨海滩涂减少，永久性河流、季节性河流、永久性湖泊、季节性湖泊与洪泛湿地有轻微的波动情况，其余湿地类别较为稳定（图 4-11）。由此可以发现，东营市湿地以浅海水域与养殖池为主，且在 2015 ~ 2022 年滨海滩涂与滨海草本沼泽有些许减少，养殖池有轻微增加，部分季节性湿地有轻微的波动。

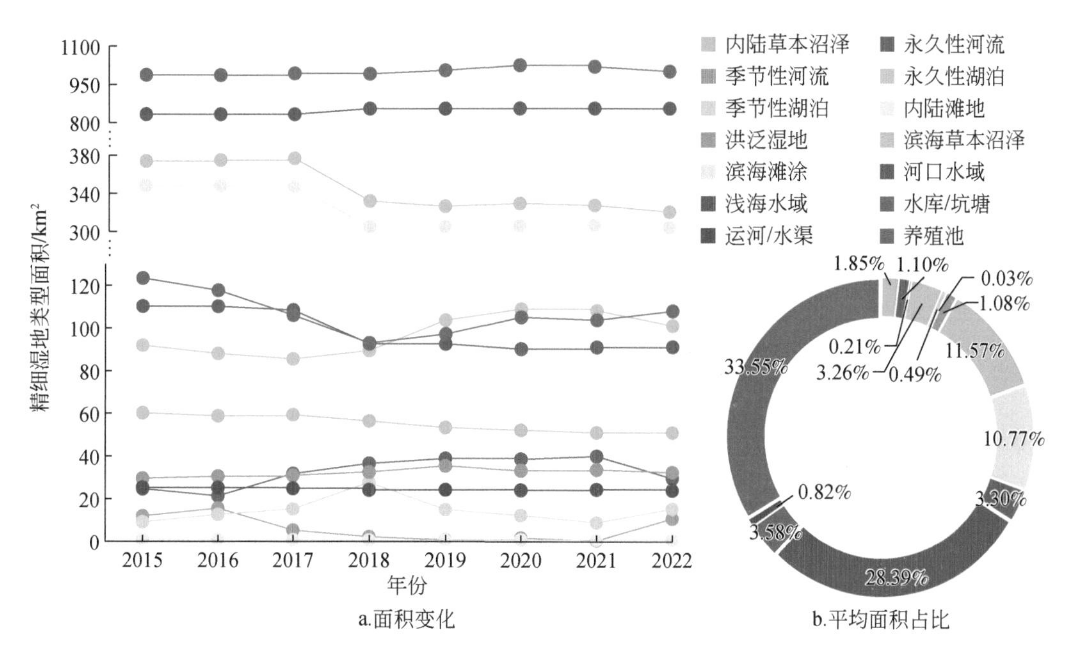

图 4-11　东营市 2015 ~ 2022 年不同城市湿地类型的面积变化与平均面积占比

4.1.6　哈尔滨市的湿地逐年时空分布特征

分析哈尔滨市湿地的时空分布特征可以发现，哈尔滨市区的湿地主要分布在松花江及其周边地区，以河流与内陆草本沼泽为主；2015 ~ 2022 年的大部分湿地类型较为稳定，季节性湿地有波动现象（图 4-12）。哈尔滨市区分布最多的精细湿地类型是永久性河流，在湿地中的占比达 40.33%；其次是内陆草本沼泽，占比达 24.05%，永久性河流主要为穿哈尔滨市区的松花江，内陆草本沼泽主要分布在松花江沿岸地区，两者占据了哈尔滨市区湿地的 60% 以上；之后是洪泛湿地与水库坑塘，占比分别为 14.78% 与 10.11%，洪泛湿地主要分布在河流沿岸，与松花江的汛期有关。其余精细湿地类型的占比均在 5% 以下，其中，内陆滩地占比为 3.96%，永久性湖泊占比为 2.96%，养殖池占比为 2.28%，季节性河流占比为 1. 18%，季节性湖泊占比为 0. 35%。2015～2022 年，哈尔滨市区大部分的精细湿地类别较为稳定，而永久性河流、季节性河流、季节性湖泊、洪泛湿地、内陆滩地及内陆草本沼泽有波动情况（图 4-13）。由此可以发现，哈尔滨市区以河流与内陆草本沼泽为主，且在 2015～2022 年季节性湿地有波动现象。

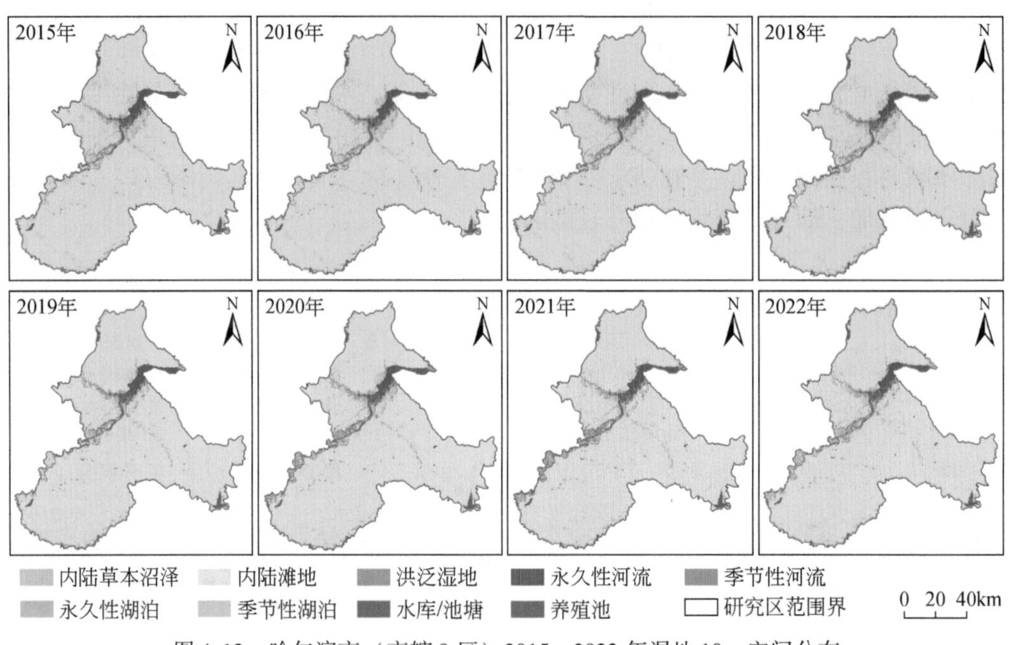

图 4-12　哈尔滨市（市辖 9 区）2015～2022 年湿地 10m 空间分布

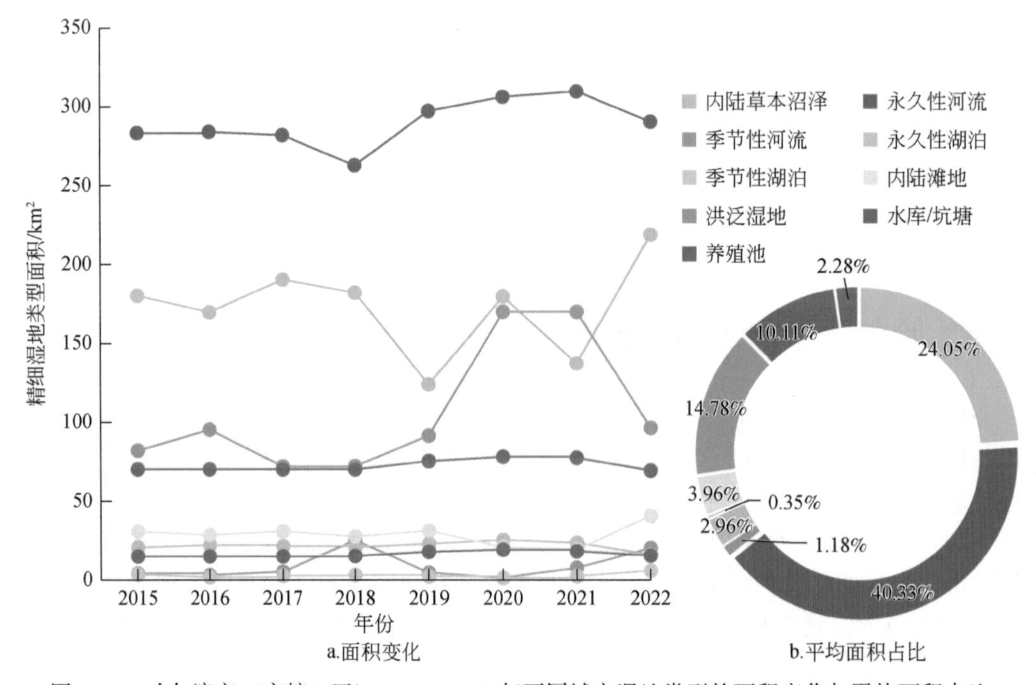

图 4-13　哈尔滨市（市辖 9 区）2015～2022 年不同城市湿地类型的面积变化与平均面积占比

4.2 湿地城市的湿地特征总结

4.2.1 湿地分布特征总结

城市湿地分布特征模式主要依据城市地貌及所处分布区确定，本研究的 6 个城市分别为滨海湿地城市、内陆平原湿地城市与内陆山区湿地城市。不同分布特征模式的确定主要参考了国家林业和草原局办公室关于印发的《国际湿地城市认证提名暂行办法》（以下简称《暂行办法》）中依据地貌及分布区域划分的滨海城市，内陆平原城市与内陆山地城市。文件中指出滨海城市是指湿地类型主要为滨海湿地的城市，内陆山区或平原城市是指申报区域主体地貌类型为山区或平原的城市。本章将分别分析 3 种分布特征模式对应的平均湿地率、平均湿地保护率、平均湿地面积及主要的湿地类型。

《国际湿地城市认证提名暂行办法》中规定不同类型城市的湿地率与湿地保护率必须满足对应要求。湿地率是指城市湿地面积占城市总面积的比例（其中滨海湿地的湿地率是城市的湿地面积占该城市国土面积与浅海水域面积之和的比例）。其中，滨海湿地城市的湿地率需要大于等于 10%，内陆平原湿地城市需要大于等于 7%，内陆山区湿地城市需要大于等于 4%。湿地保护率是指位于国家公园、自然保护区、湿地公园等类型的自然保护地，以及饮用水水源保护区、自然保护小区等保护形式内的湿地面积占该城市湿地总面积的比例。

表 4-1 列举了不同城市的标准湿地率、湿地保护率，以及本研究计算得到的平均湿地率、平均湿地保护率、平均湿地面积及主要的湿地类型。可以发现，两个滨海湿地城市的湿地率均满足大于 10% 的标准，同样满足湿地保护率均大于 50% 的标准要求，浅海水域是滨海湿地城市主要的湿地类型之一。内陆平原城市的湿地率基本大于 7%，且湿地率的大小与城市分布区域有很大关系，位于中国南方的常熟市其湿地率更是达到 21.69%，也是内陆湿地城市中湿地率最高的城市，而位于西北干旱区的银川市其湿地率仅为 5.83%；湿地保护率均满足大于 50% 的标准，永久性河流是内陆平原城市主要的湿地类型之一。内陆山区城市的湿地率远大于 4% 的标准，湿地保护率同样大于 50%，养殖池、内陆草本沼泽、永久性河流及湖泊是内陆山区城市的主要湿地类型。由此可以发现，三种分布特征的城市基本满足湿地率与湿地保护率的标准，其中滨海城市以浅海水域类型为主，内陆城市以永久性河流类型为主。

分别统计 6 个城市的湿地率，可以发现，滨海湿地城市的湿地率均在 10% 以上，满足《暂行办法》关于湿地率的要求（图 4-14）。其中，海口的湿地率维持在 13% 左右，东营的湿地率维持在 35% 左右。内陆平原城市中，常熟的湿地率在 20% 以上，满足要求；银川市虽处于中国西北干旱地区，但相比较而言其湿地资源非常丰富，满足要求；哈尔滨市在 2020 年以后湿地率大于 7%，同样满足要求。内陆山区湿地城市常德的湿地率在 8% 左右，高于 4%，满足《暂行办法》的要求，其湿地率从 2015 ~ 2022 年相对稳定。

表 4-1　6 个城市的标准湿地率、湿地保护率与平均湿地率与湿地保护率

分布类型	城市	标准湿地率/%	标准湿地保护率/%	平均湿地率/%	平均湿地保护率/%	平均湿地面积/km²	面积占比超过 10% 的湿地类型
滨海湿地城市	海口	≥10	≥50	13.05	74.63	318.55	浅海水域、水库、滨海草本沼泽、滨海滩涂
	东营			35.48	57.43	2988.34	养殖池、浅海水域
内陆平原湿地城市	银川	≥7	≥50	5.83	56.74	105.39	内陆草本沼泽、永久性湖泊、永久性河流、养殖池
	常熟			21.69	60.24	277.03	永久性河流、养殖池
	哈尔滨			7.04	54.36	716.81	永久性河流、内陆草本沼泽、洪泛湿地、水库
内陆山区湿地城市	常德	≥4	≥50	7.98	56.44	1451.40	养殖池、内陆草本沼泽、永久性河流、永久性湖泊

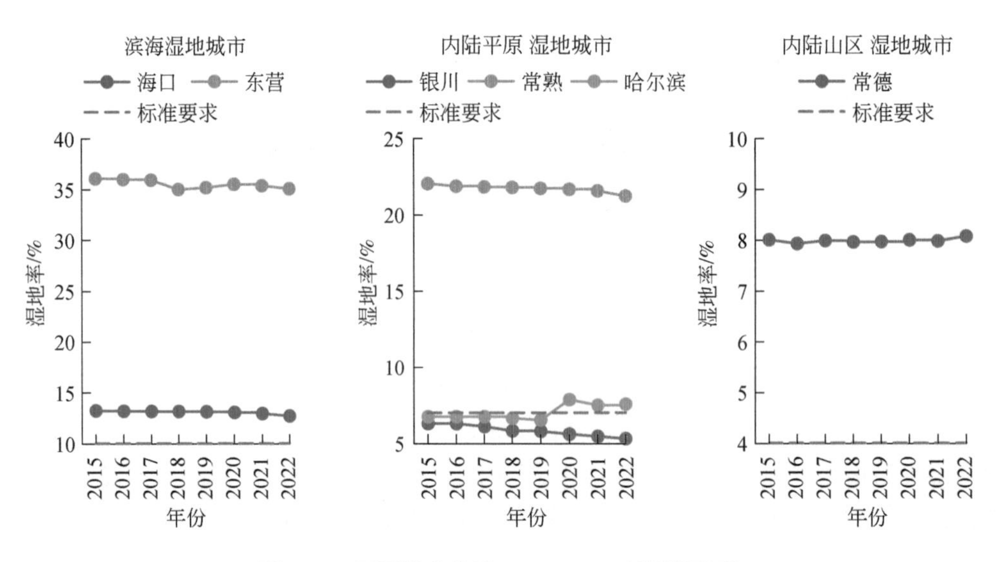

图 4-14　不同城市类型 2015～2022 年的湿地率

分别统计 6 个城市的湿地保护率，可以发现，6 个城市的湿地保护率均大于 50%，满足湿地城市申报的基本要求（图 4-15）。滨海湿地城市的湿地保护率大于 55%，其中海口维持在 75% 左右且有增加趋势，东营维持在 57% 左右，有轻微的下降。内陆平原湿地城市的湿地保护率均大于 50%，其中常熟的湿地保护率维持在 60% 左右，有轻微的增加趋势，银川与哈尔滨的湿地保护率明显增加，由 50% 多增加到 55% 以上。内陆山区湿地城市常德的湿地保护率在 55% 左右，有轻微的下降趋势。由此可以发现，内陆平原湿地城市的湿地保护率均增加，内陆山区湿地城市的湿地保护率轻微下降，滨海湿地城市则是有增加有减少。

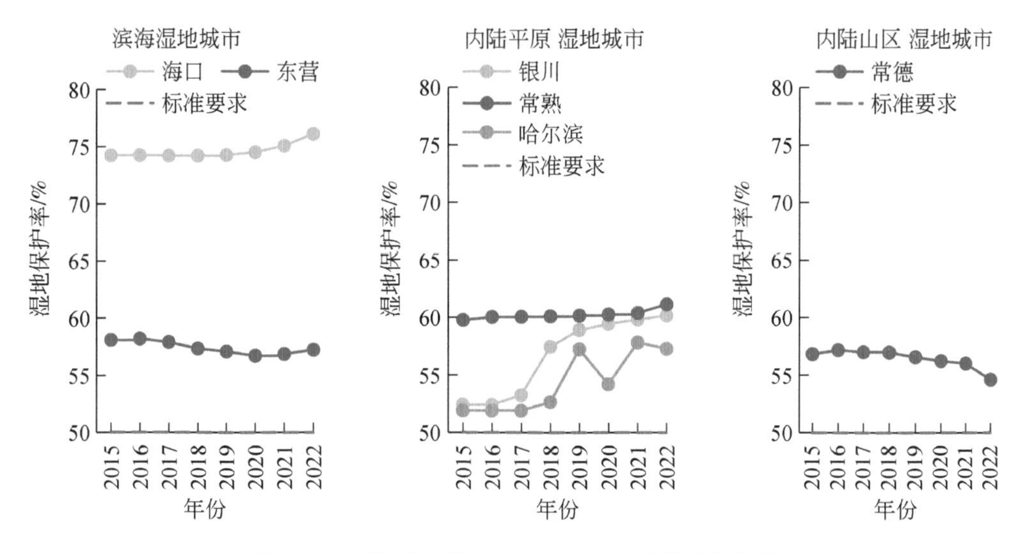

图 4-15　不同城市类型 2015 ~ 2022 年的湿地保护率

由此可以发现，不同城市类型的湿地率与湿地保护率基本满足湿地城市申报的要求。滨海湿地城市的湿地率与湿地保护率相对较高，其中东营的湿地率最高，海口的湿地保护率最高。内陆平原城市的湿地率与湿地保护率虽小于滨海城市，但同样满足要求，其中常熟的湿地率与湿地保护率在内陆平原城市中最高。内陆山区城市湿地的湿地率与湿地保护率均明显高于需要满足的条件，尤其是湿地率达 8% 左右。

4.2.2　湿地类型与变化特征总结

对比 6 个城市的不同湿地类型 2015 ~ 2022 年的平均面积在湿地中的占比可以发现，内陆草本沼泽与永久性河流是内陆湿地城市的主要湿地类型，浅海水域等滨海湿地是滨海湿地城市的主要湿地类型（图 4-16）。银川市是内陆草本沼泽占比最多的城市，内陆草本沼泽占湿地面积的 37.63%。常熟是永久性河流占比最多的城市，占比达到 41.88%。统计银川、常德、常熟及哈尔滨的内陆草本沼泽与永久性河流可以发现，所有内陆湿地城市的这两种湿地的占比之和均在 30% 以上。浅海水域及其他滨海湿地类型是滨海湿地城市的主要精细湿地类型，海口的浅海水域占比最多，达到 48.65%，东营的浅海水域占比也达到 28.39%。除此之外，海口的滨海木本沼泽占比达 9.59%，滨海滩涂达 6.20%；而东营的滨海草本沼泽达 11.57%，滨海滩涂达 10.77%。统计两个滨海湿地城市的浅海水域、滨海滩涂及滨海木本、草本沼泽可以发现，两个滨海湿地城市的这几种湿地类型的占比超过 50%。对于人工湿地可以发现，银川、常德、常熟及东营的养殖池面积占比更大，尤其常熟与东营，养殖池面积占比超过 30%，而海口、哈尔滨与常德的水库/坑塘占比在 10% 左右，运河/水渠的占比在几个城市均相对较少。常德与哈尔滨的季节性湿地相比其他 4 个城市更多，哈尔滨的洪泛湿地占比达到 14.78%，常德的季节性河流与季节性湖泊占比分别达到 7.16% 与 6.81%。由此可以发现，内陆草本沼泽与永久性河流是内陆湿地城市

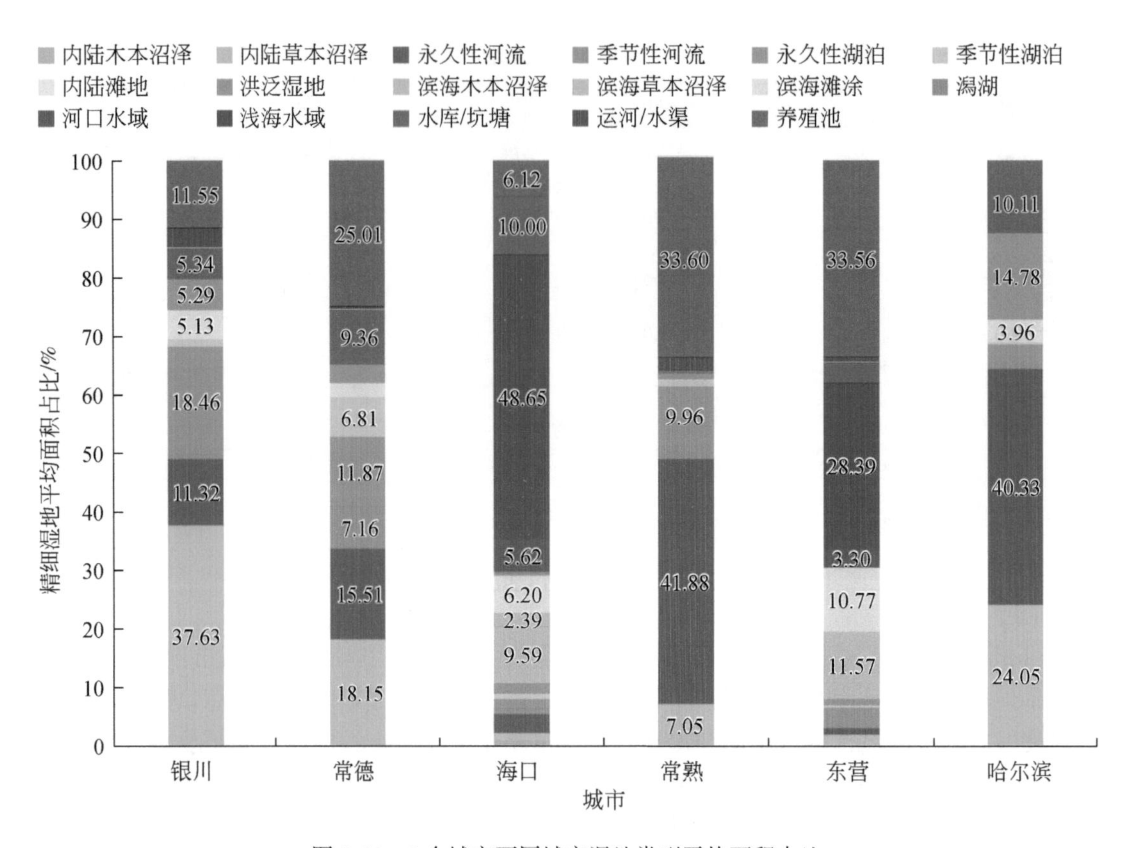

图 4-16　6 个城市不同城市湿地类型平均面积占比

的主要湿地类型，而浅海水域与滨海滩涂、滨海木本沼泽、滨海草本沼泽是滨海湿地城市的主要湿地类型。

根据湿地分类体系可以将一级湿地分为内陆自然湿地、滨海自然湿地与人工湿地。内陆自然湿地包含内陆木本沼泽、内陆草本沼泽、永久性河流、永久性湖泊、内陆滩地及属于季节性湿地的季节性河流、季节性湖泊与洪泛湿地。滨海自然湿地包含滨海木本沼泽、滨海草本沼泽、滨海滩涂、潟湖、河口水域与浅海水域。人工湿地包含水库/坑塘、运河/水渠及养殖池。统计 6 个城市一级湿地类型的平均面积占比可以发现，6 个城市的自然湿地占比更多，均在 60% 以上，内陆湿地城市的内陆自然湿地占比更多，而滨海湿地城市的滨海自然湿地占比更多。对于内陆自然湿地，哈尔滨与常德的季节性湿地占比相对较高，达到 16% 以上。东营、常熟与常德的人工湿地占比相对较多，在 35% 左右。整体而言，自然湿地是湿地城市的主要湿地类型。

统计 6 个城市 2015 ~ 2022 年内陆自然湿地、滨海自然湿地与人工湿地的面积占比变化可以发现，大部分城市的自然湿地在湿地中的占比有增加情况，而大部分城市的人工湿地在湿地中的占比有减少现象。银川、常德、常熟、东营及哈尔滨的内陆自然湿地在湿地中的占比在 2015 ~ 2022 年均有增加现象，海口的滨海自然湿地占比也明显增加，东营的滨海自然湿地占比则有减少现象，而人工湿地占比有增加情况（图 4-17）。结合图 4-19 中 6 个城市的湿地面积占比变化可以发现银川、海口、常熟与东营的湿地面积有轻微减少，而对比图 4-18 可以发现银川、海口与常熟的自然湿地的占比趋于稳定或增加，而人工湿地的占比在减少，进而说明这些城市的湿地虽略有减少但减少的类型多为人工湿地。东营市的湿地面积占比有所减少，主要由于滨海自然湿地中滨海滩涂略有减少引发，这与黄河泥沙治理可能有一定关联。针对常德与哈尔滨可以发现其湿地面积占比在增加，其中自然湿地占比增加，人工湿地占比减少，这表明两个城市的湿地生态状态趋于更好。

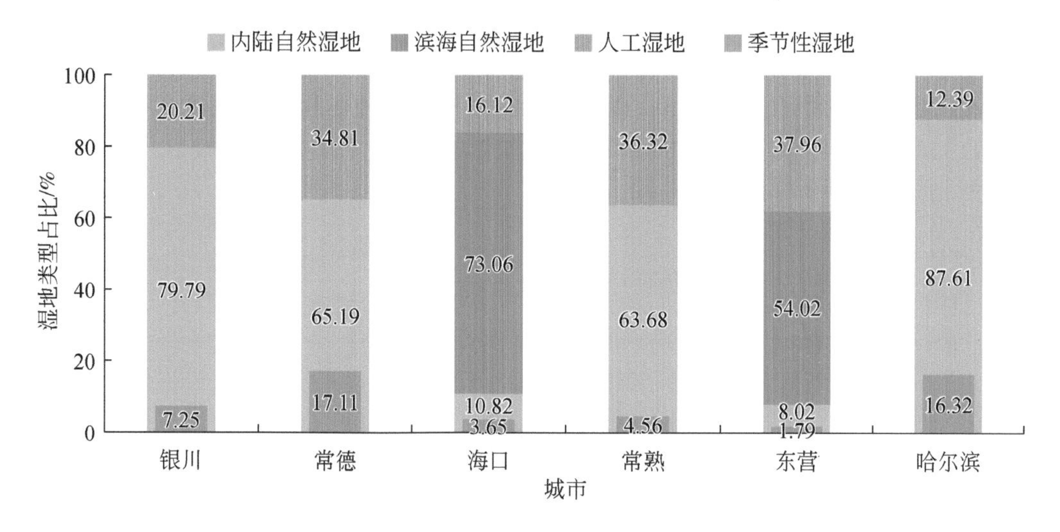

图 4-17　6 个城市不同一级湿地类型平均面积占比

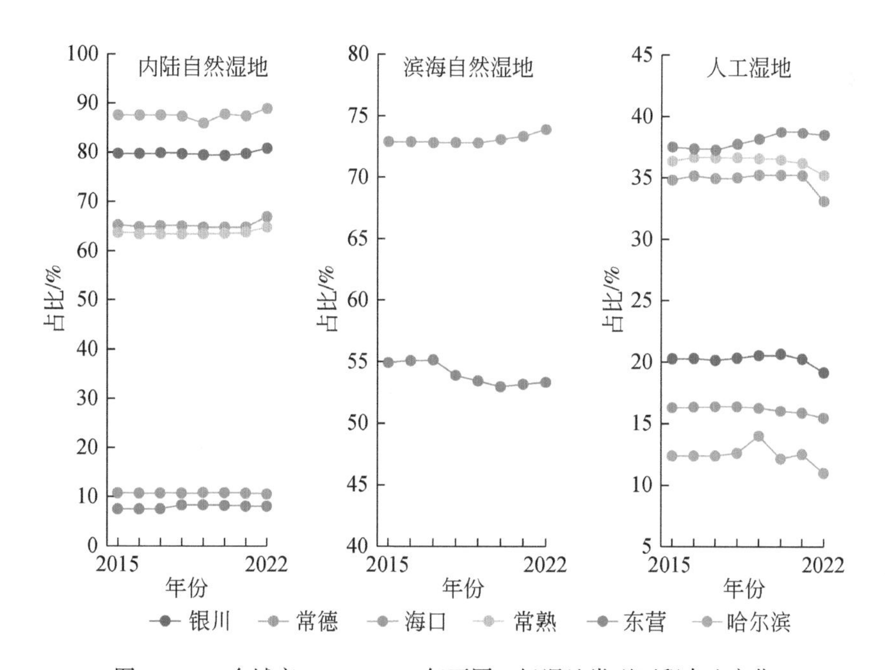

图 4-18　6 个城市 2015 ~ 2022 年不同一级湿地类型面积占比变化

统计6个城市2015～2022年的平均湿地面积与湿地面积占比的变化情况，可以发现，东营的湿地面积最多，平均湿地面积达2988.34km^2，占比达35%左右；银川、海口、常熟与东营的湿地面积占比有轻微下降；而常德与哈尔滨的湿地面积占比则有轻微的增加现象（图4-19）。6个城市的湿地面积占比均在5%以上，银川作为中国西北干旱地区的湿地城市是湿地面积占比最低的城市，湿地面积占比为6%左右。沿海城市的湿地面积占比明显高于内陆城市，其中东营与海口的湿地面积占比分别达13%与35%左右。常熟作为长江下游城市，湿地面积占比达21%左右。常德作为内陆山区城市湿地面积占比达8%左右，哈尔滨市区作为内陆平原城市达7%左右。综合分析6个城市的湿地面积占比可以发现，各城市的湿地面积占比均在5%以上，滨海城市的湿地面积占比明显高于内陆城市，南方城市的湿地面积占比高于北方城市，东部城市的湿地占比高于西部城市，这与我国从东南到西北气候逐渐干旱的情况一致。

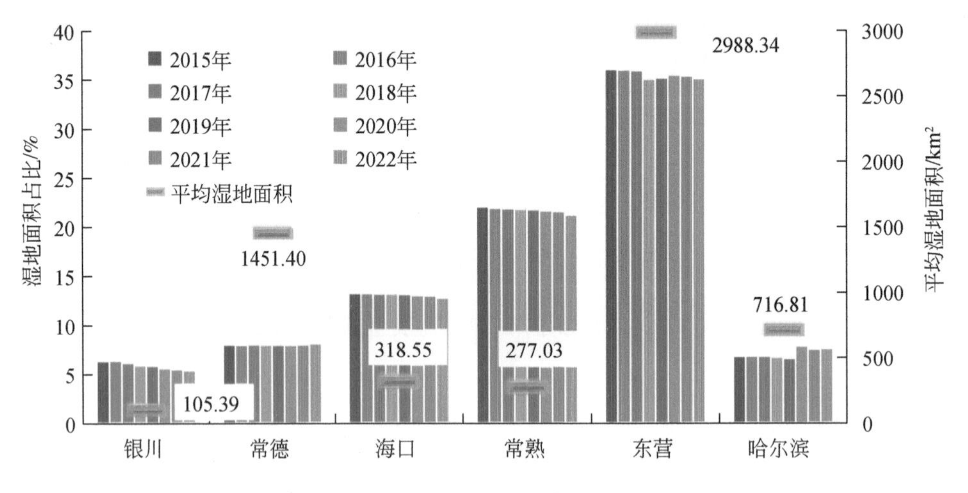

图4-19　6个城市2015～2022年湿地面积占比逐年变化及平均湿地面积

4.2.3　保护区湿地特征总结

基于湿地保护区数据可以得到中国首批湿地城市的重要湿地保护区及潜在湿地保护区（图4-20），研究统计了位于湿地保护区（包括重要湿地保护区与潜在湿地保护区）内的不同湿地类型的面积占比情况。

研究统计了6个城市2015～2022年湿地保护区内不同湿地类型平均面积相对于湿地保护区内的湿地面积的占比情况（图4-21）。可以发现，内陆湿地城市以内陆草本沼泽、永久性河流与永久性湖泊为主要类型，而滨海湿地城市则以浅海水域、滨海滩涂、滨海木本/草本沼泽为主要类型。永久性湖泊是银川湿地保护区占比最多的湿地类型，占比达29.32%；内陆草本沼泽是常德湿地保护区占比最多的湿地类型，占比达29.90%；浅海水域是海口与东营湿地保护区占比最多的湿地类型，占比分别为64.52%与48.70%；永久性河流是常熟与哈尔滨湿地保护区占比最多的湿地类型，占比分别达61.53%与64.96%。

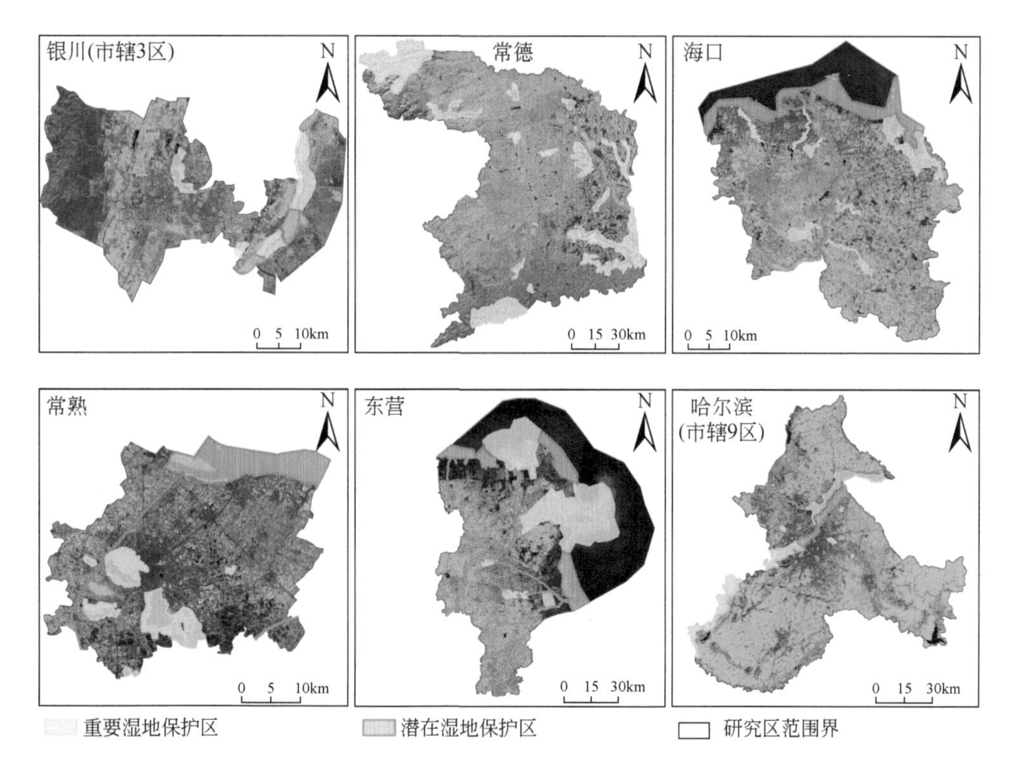

图 4-20　6 个城市的湿地保护区范围

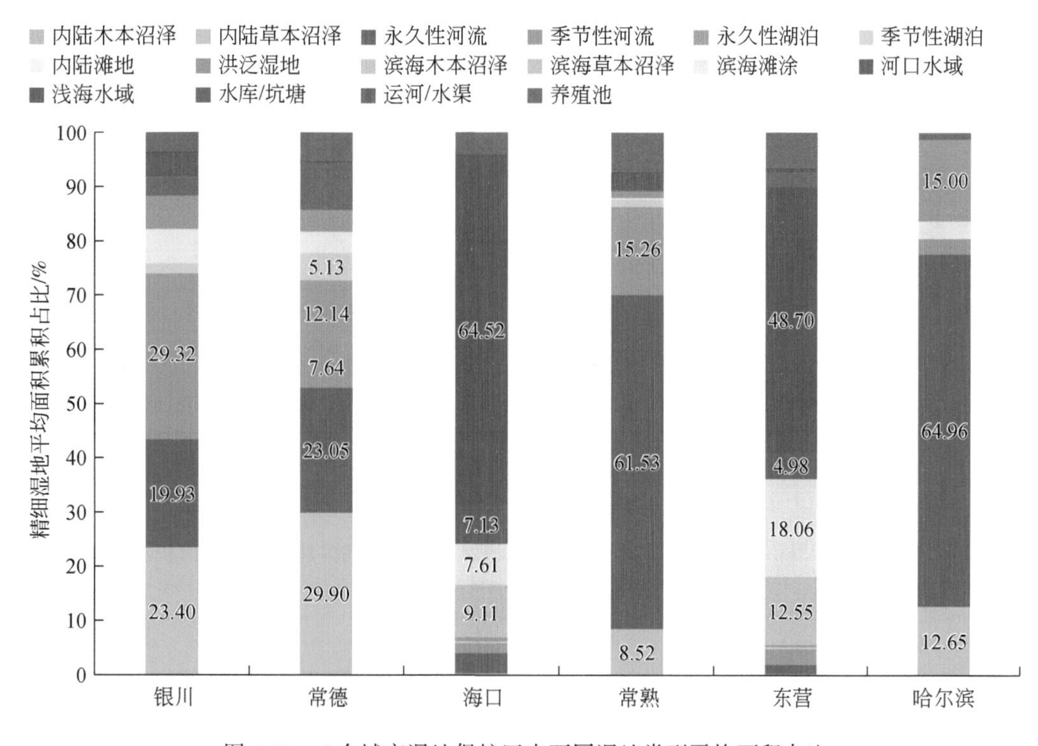

图 4-21　6 个城市湿地保护区内不同湿地类型平均面积占比

研究分别统计了重要湿地保护区与潜在湿地保护区内不同湿地类型平均面积的占比情况（图4-22）。对于重要湿地保护区，可以发现，永久性湖泊是银川与常熟重要湿地保护区占比最多的湿地类型，占比分别达37.25%与55.34%；内陆草本沼泽是常德重要湿地保护区占比最多的湿地类型，占比达29.95%；滨海木本沼泽是海口重要湿地保护区占比最多的湿地类型，占比达36.86%；浅海水域与滨海滩涂是东营市重要湿地保护区占比类型较多的湿地类型，占比分别达31.65%与24.42%；永久性河流是哈尔滨市重要湿地保护区占比类型最多的湿地类型，占比达65.19%。对于潜在湿地保护区可以发现，内陆草本沼泽是银川潜在湿地保护区湿地类型占比最多的湿地类型，占比达31.89%；永久性河流是常德、常熟与哈尔滨潜在湿地保护区占比最多的湿地类型，占比分别达33.02%、82.22%与64.48%；浅海水域是海口与东营潜在湿地保护区占比最多的湿地类型，占比分别达81.13%与76.22%。由此可以发现对于重要湿地保护区，内陆城市以永久性河流、内陆草本沼泽与永久性湖泊为主要类型，而滨海城市以滨海木本沼泽、滨海滩涂及浅海水域为主。对于潜在湿地保护区，内陆城市以内陆草本沼泽与永久性河流为主，滨海城市以浅海水域为主。

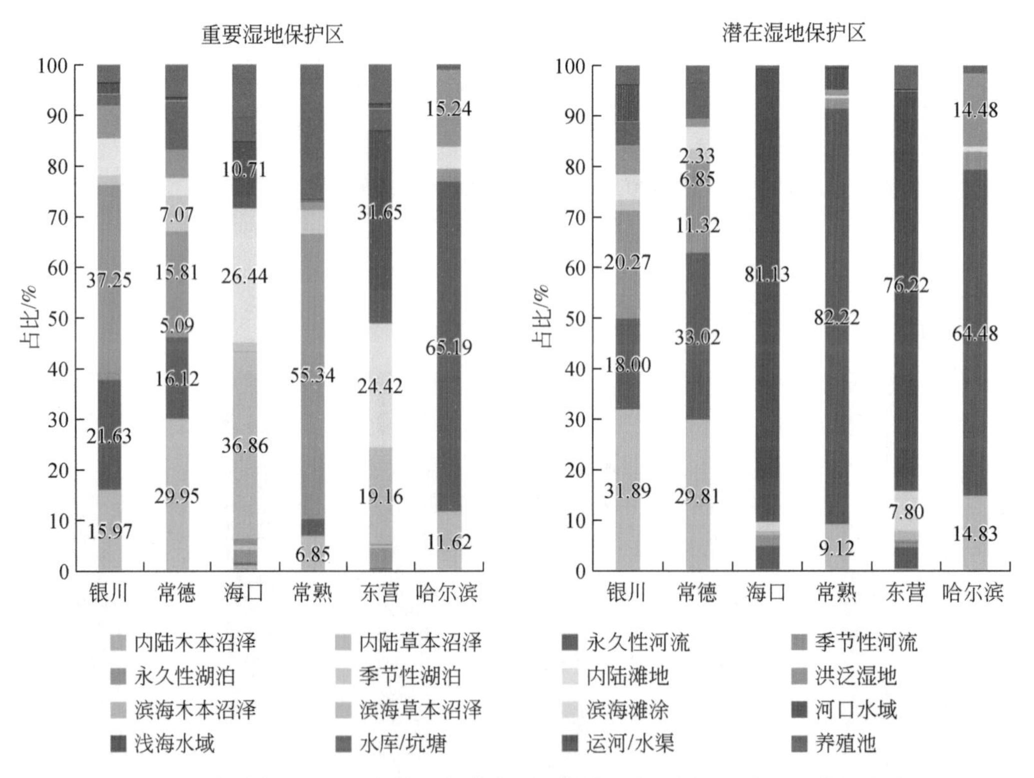

图4-22　6个城市重要湿地保护区与潜在湿地保护区内不同湿地类型平均面积占比

第 5 章　城市湿地的多情景模拟预测

湿地与非湿地的变化模拟预测是一个非常复杂的过程，其复杂程度会随着类型数量的增加而成倍增加。目前研究中多以湿地与非湿地的一级类别为研究对象，而在精细湿地类型中的模拟研究较少。因此，本章节将基于多源数据，耦合多个数量及空间模拟预测模型，开展 6 个湿地城市多情景下城市湿地与非湿地的时空分布模拟预测（图 5-1）。首先，进行数据预处理工作，对 2015～2022 年土地及精细湿地分类产品的时序变化进行梳理。其次，开展 FLUS、PLUS 和 CLUE-S 模型的对比研究，选择适用于湿地城市的模拟预测模型。而后，设立 4 种不同未来发展情景，使用 Markov 和 MOP 模型计算出 2023～2035 年 6 个湿地城市中湿地与非湿地的面积需求。最后，通过空间模型预测模拟出 6 个湿地城市 2023～2035 年不同情景下，以“3 年+2 年”为间隔的 6 期 10m 分辨率的空间分布结果。

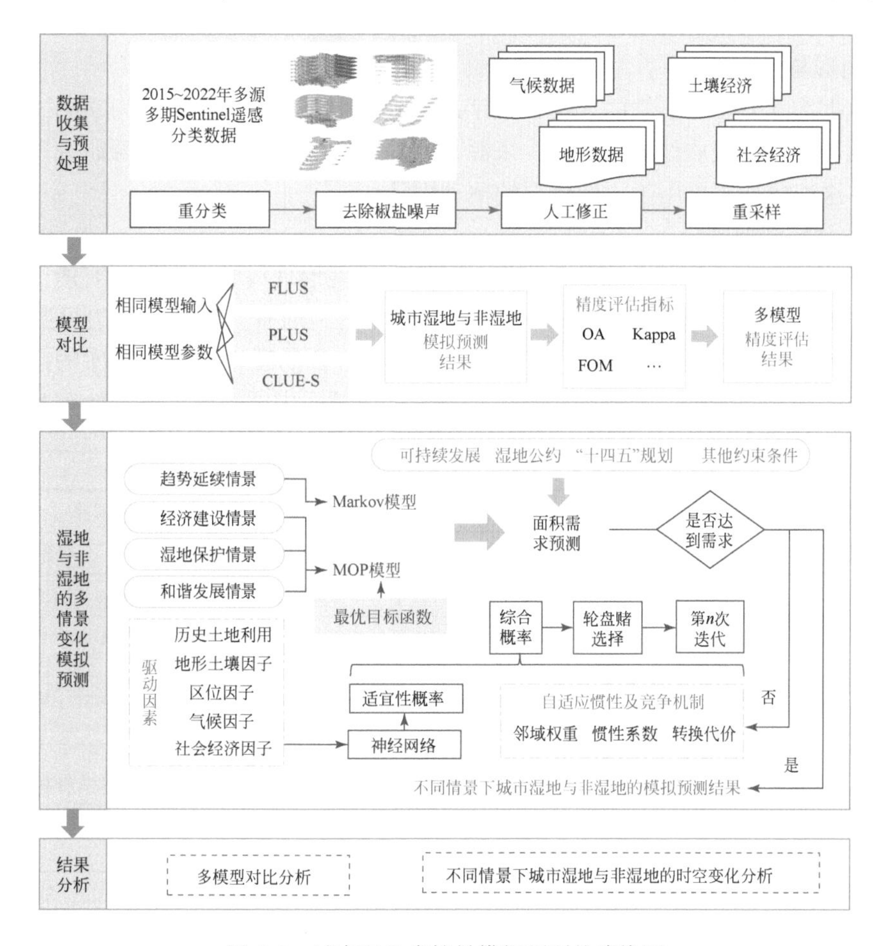

图 5-1　城市湿地多情景模拟预测的路线图

5.1 城市湿地模拟预测数据

本章节使用的数据包含遥感分类产品、气候、地形、社会经济等多种类型，遥感数据与产品主要用作模型对比与未来模拟，其他数据则用作驱动因子（表5-1）。

（1）遥感数据与产品

本研究使用的遥感产品包含两套数据：第一套为湿地城市土地及精细湿地分类产品，该产品基于Sentinel-1/2和Landsat 8遥感影像，采用K折随机森林方法得到土地及精细湿地类型的分类结果，分辨率为10m。产品共包含8期数据，时间序列由2015年至2022年。第二套遥感产品为中国环境监测总站生产的全国土地覆被数据集，分辨率为90m，时间序列为2000~2010年，主要在面积需求预测中作参考。此外，本研究还从GEE平台上获取了2015~2020年6个城市的Sentinel-1/2遥感影像，分辨率为10m，主要用作数据修正和对比分析。

（2）气候数据

气候数据包含过去和未来两个时段，本章仅使用过去时段的数据，包含降水量和温度。该数据来自中国科学院地理科学与资源研究所，分辨率为1000m。

（3）地形与土壤数据

地形数据为NASA上下载的SRTM数字高程模型（DEM），分辨率为90m。土壤数据包含了土壤类型、土壤质地两个产品，来源于中国科学院地理科学与资源研究所，分辨率为1000m。这些数据主要用于土地模拟的驱动因子。

（4）社会经济数据

GDP和人口密度的空间分布数据来源于中国科学院地理科学与资源研究所，时间序列为2015~2019年，分辨率为1000m。另外，本研究用到的省、市、县的边界数据也来源于该研究所的全国基础地理数据库。6个湿地城市中包含的湿地公园与水库的点位数据来源于高德地图的POI数据，还有一些社会经济数据来源于中国知网上的统计年鉴。

表5-1 研究数据的具体信息及来源

数据类别	数据名称	时间	分辨率	来源
遥感数据及产品	湿地城市土地及精细湿地分类产品	2015~2022年	10m	Wang等（2023）；王晓雅（2023）
	Sentinel 1/2	2015~2022年	10m	Google Earth Engine（GEE）
	全国90m分辨率土地覆被数据集	2000~2010年	90m	中国环境监测总站
气候数据	中国气象要素月度空间插值数据集：降水	2015~2020年	1000m	中国科学院地理科学与资源研究所
	中国气象要素月度空间插值数据集：温度	2015~2020年	1000m	中国科学院地理科学与资源研究所
地形数据	SRTM数字高程模型（DEM）	—	90m	NASA

续表

数据类别	数据名称	时间	分辨率	来源
土壤数据	中国土壤类型空间分布数据	—	1000m	中国科学院地理科学与资源研究所
	中国土壤质地空间分布数据：砂粒、粉粒、粘粒、有机质含量	—	1000m	中国科学院地理科学与资源研究所
社会经济数据	中国 GDP 空间分布公里网格数据集	2015 ~ 2019 年	1000m	中国科学院地理科学与资源研究所
	中国人口空间分布公里网格数据集	2015 ~ 2019 年	1000m	中国科学院地理科学与资源研究所
	全国基础地理数据库	—	—	中国科学院地理科学与资源研究所
	水库、公园等 POI 数据	—	—	高德地图
	统计年鉴	2015 ~ 2020 年	—	中国知网

5.2 城市湿地的多情景模拟预测方法

5.2.1 城市湿地的模拟预测模型

5.2.1.1 数据预处理

本研究是针对湿地城市开展变化模拟预测，因此土地利用分类体系中包含了湿地精细类型和其他土地大类（表 5-2）。为了更好地开展模拟预测，本研究对数据进行了一系列预处理工作：①数据重分类。由于不同城市中湿地类型不同，而有些类型的面积又太小，可能会影响模型的运算速度与精度，因此将各个城市的湿地类型进行合并。②椒盐噪声去除。本研究采用的 Sentinel 遥感分类数据为 10m 分辨率，在此尺度下的数据存在很多细碎的孤立斑块，可能会对模拟产生影响且运算时间非常久，因此本研究使用 ENVI 软件的 Majority/Minority Analysis 模块对其进行处理。③人工修正。遥感分类数据的精度虽然已达到 0. 90 以上，但仍有一些分类错误的现象，因此对其进行了一些人工修正的工作，以实现更准确、更可靠的模拟。④重采样。除遥感分类数据外，其他数据的空间分辨率各有不同，这里统一重采样为 10m 分辨率。

表 5-2　各个湿地城市的城市湿地与非湿地类型

城市	银川	常德	海口	常熟	东营	哈尔滨
城市湿地	沼泽	沼泽	沼泽	沼泽	沼泽	沼泽
	河流	河流	河流	河流	河流	河流
	湖泊	湖泊	湖泊	湖泊	湖泊	湖泊
	滩地	滩地	滩地	滩地	滩地	滩地
	—	—	河口水域	—	河口水域	—

续表

城市	银川	常德	海口	常熟	东营	哈尔滨
城市湿地	—	—	浅海水域	—	浅海水域	—
	河渠	河渠	—	河渠	—	—
	水库	水库	水库	—	水库	水库
	养殖池	养殖池	养殖池	养殖池	养殖池	养殖池
非湿地	林地	林地	林地	林地	林地	林地
	草地	草地	草地	草地	草地	草地
	建设用地	建设用地	建设用地	建设用地	建设用地	建设用地
	耕地	耕地	耕地	耕地	耕地	耕地
	裸地	裸地	裸地	裸地	裸地	裸地
	—	—	近海	—	近海	—

5.2.1.2 湿地模拟预测模型对比

为更好实现湿地城市中城市湿地与非湿地的变化模拟预测，本研究选取了目前使用较为广泛的3种模型（FLUS、PLUS和CLUE-S），对6个湿地城市分别进行城市湿地与非湿地的模拟预测和精度评估。3种模型使用相同的遥感分类数据、驱动因子数据和模型参数，最终开展湿地城市的多模型对比研究。

（1）模型原理介绍

1）FLUS模型。FLUS由Liu等（2021d）提出，它通过引入多层前馈人工神经网络算法（BP-ANN）与轮盘赌的自适应惯性竞争机制来改进原始的CA模型，最终得到了一个可以综合开展土地利用模拟、优化、辅助决策的有效模型，可以更真实地反映城市未来长期的发展态势。

利用BP-ANN算法拟合出气候、土壤、地形等空间驱动因子与土地利用之间的复杂对应关系，从而得到每种土地利用类型发展的适宜性概率，因此，在训练时间t时，土地利用类型k出现在栅格单元p的概率如下：

$$p(p,k,t) = \sum_{j} w_{j,k} \times \text{sigmoid}(\text{net}_j(p,t)) = \sum_{j} w_{j,k} \times \frac{1}{1 + e^{-\text{net}_j(p,t)}} \tag{5-1}$$

式中，$p(p, k, t)$代表适宜性概率；$w_{j,k}$代表神经网络中隐藏层j与输出层k之间的自适应权重；sigmoid（）代表隐藏层到输出层的激励函数；$\text{net}_j(p, t)$表示在第j个隐藏层的栅格单元p在时间t上接收到的所有信号。

模型的第二个模块是自适应惯性与竞争机制，包含邻域效应、自适应惯性系数、转换成本和轮盘选择四个部分。邻域效应表征了在一定邻域范围内各个土地利用单元之间的相互作用，因此，特定栅格单元p在t时刻与土地利用类型k的邻域效应因子为：

$$\Omega_{p,k}^{t} = \frac{\sum_{N\times N}\text{con}(c_p^{t-1} = k)}{N \times N - 1} \times w_k \tag{5-2}$$

式中，$N\times N$ 代表邻域窗口，本研究选择的窗口大小为 3×3；$\sum_{N\times N}\text{con}(c_p^{t-1}=k)$ 代表在最后一次 $t-1$ 时刻的迭代中 $N\times N$ 窗口内土地利用类型 k 的栅格总数；w_k 表征不同土地利用类型中的可变权重，本研究综合多个前人研究得出最终的邻域权重。

由于当前不同土地利用类型面积与土地需求面积存在差距，需要一个自适应惯性系数去不断调整差距，从而使得各个土地类型向着预测的目标发展。因此，第 k 种土地利用类型在 t 时刻的自适应惯性系数Intertia_k^t的计算方式如下：

$$\text{Intertia}_k^t=\begin{cases}\text{Intertia}_k^{t-1} & |D_k^{t-1}|\leqslant|D_k^{t-2}| \\ \text{Intertia}_k^{t-1}\times\dfrac{D_k^{t-2}}{D_k^{t-1}} & D_k^{t-1}<D_k^{t-2}<0 \\ \text{Intertia}_k^{t-1}\times\dfrac{D_k^{t-1}}{D_k^{t-2}} & 0<D_k^{t-2}<D_k^{t-1}\end{cases} \tag{5-3}$$

式中，D_k^{t-1} 表示 $t-1$ 时刻下目标需求的面积与土地利用类型 k 实际面积的差值。

转换成本代表了当前土地利用类型向目标土地利用类型的转换难度，多由专家经验与前人研究综合得到，也可根据研究的需求设定特殊的转换规则。综合以上结果，在 t 时刻，某特定栅格单元 p 转换为土地利用类型 k 的概率为：

$$\text{TPS}_{p,k}^t=p(p,k,t)\times\Omega_{p,k}^t\times\text{Intertia}_k^t\times(1-sc_{c\to k}) \tag{5-4}$$

式中，$1-sc_{c\to k}$表征土地利用类型 c 到土地利用类型 k 的转换成本（Guo et al.，2021a）。

2）PLUS 模型。PLUS 由 Liang 等（2021a）提出，主要包含两个部分，一个是基于土地扩张分析策略的规则挖掘框架（LEAS），另一个是基于多类随机斑块种子的 CA 模型（CARS）。该模型精度很高，而且可以很好地模拟不同情景下的城市景观格局。

首先，LEAS 策略是要提取出两期土地利用变化的部分；然后随机提取采样点，使用随机森林方法来学习不同土地利用类型与不同空间驱动因子之间的相关关系；最终栅格单元 p 中土地利用类型 k 的增长概率为：

$$P_{p,k}^d(x)=\frac{\sum_{n=1}^{M}I(h_n(x)=d)}{M} \tag{5-5}$$

式中，d 的数值为 1 或 0，其中 1 表示其他土地利用类型转变为土地利用类型 k，而 0 则代表其他转变情况；I（）表征决策树的指示函数；x 则是由空间驱动因子组成的向量；h_n（x）表示第 n 个决策树时向量 x 模拟的土地利用类型；M 为决策树的总数。

CARS 模块通过结合随机种子生成和阈值递减机制来改进 CA 模型，整合了“自下而上”与“自上而下”共同的作用机制，可以更好地模拟研究区域未来的土地利用格局。与 FLUS 一致，PLUS 模型中同样需要考虑邻域效应与转换成本，转换成本D_k^t与公式（5-3）一致，而邻域效应则略有不同，具体公式表达如下：

$$\Omega_{p,k}^t=\frac{\text{con}(c_p^{t-1}=k)}{N\times N-1}\times w_k \tag{5-6}$$

式中的参数意义与公式（5-2）一致。

基于以上结果，在 t 时刻，栅格单元 p 转换为土地利用类型 k 的总体概率计算如下：

$$\text{OP}_{p,k}^{d=1,t}=P_{p,k}^{d=1}\times\Omega_{p,k}^t\times D_k^t \tag{5-7}$$

为了更好地模拟多情景下土地利用类型的斑块演变，PLUS 采用了基于阈值递减的多类随机斑块播种机制，计算得到总体概率。而当土地利用类型 k 的邻域效应等于 0 时，该机制则利用蒙特卡罗方法来计算土地利用类型的变化概率：

$$\mathrm{OP}_{p,k}^{d=1,t}=\begin{cases}P_{p,k}^{d=1}\times(r\times\mu_k)\times D_k^t \ if\ \Omega_{p,k}^t=0 \text{ and } r<P_{p,k}^{d=1}\\ P_{p,k}^{d=1}\times\Omega_{p,k}^t\times D_k^t \text{all others}\end{cases} \tag{5-8}$$

式中，r 是 0 到 1 的随机值；μ_k 是土地利用类型 k 生成新的土地利用斑块的阈值，由研究需求与用户确定。另外，为了控制多种土地利用类型斑块的生成，制约所有土地利用类型的有机增长和自发增长，使用了阈值递减的规则。如果新的土地利用类型 c 在一轮中获胜，则使用递减阈值 τ 对其进行评估选择：

$$\text{If } \sum_{k=1}^{N} |G_c^{t-1}| - \sum_{k=1}^{N} G_c^t < \text{Step} \quad \text{Then}, l = l + 1 \tag{5-9}$$

$$\begin{cases}\text{Change } P_{p,c}^{d=1}>\tau \text{ and } \mathrm{TM}_{k,c}=1\\ \text{No change } P_{p,c}^{d=1}\leqslant\tau \text{ or } \mathrm{TM}_{k,c}=0\end{cases} \quad \tau=\delta^l\times r1 \tag{5-10}$$

式中，Step 为 PLUS 模拟土地利用需求所需要的步长；δ 是递减阈值 τ 的衰减因子，取值范围为 0 到 1，由专家或前人研究设置；l 表示衰减步数；$r1$ 是均值为 1 的正态分布随机值，取值范围为 0 到 2；$\mathrm{TM}_{k,c}$ 为转换矩阵，规定了土地利用类型 k 是否可以转移为 c（Li et al., 2022）。

3）CLUE-S 模型。CLUE-S 模型是由 Verburg 等（2002）在 CLUE 模型的基础上改进而来，包含空间分析模块与非空间土地需求模块，十分适用于区域尺度的土地利用变化模拟。该模型考虑了土地利用类型之间的竞争机制，不断迭代，直至在合理范围内分配的面积达到了需求的面积（Li et al., 2019a）。核心公式如下：

$$\mathrm{TPROP}_{p,k}=P_{p,k}+\mathrm{ELAS}_k+\mathrm{ITER}_k \tag{5-11}$$

式中，栅格单元 p 转换为 k 的总概率为 TPROP；$P_{p,k}$ 表示适宜性概率，是由随机森林计算而来；ELAS_k 代表弹性转移系数，取值范围为 0 到 1；ITER_k 表征迭代变量，可根据模拟结果与面积需求不断变化，直至得到最优结果。随机森林与 CLUE-S 的计算过程均由 R 软件实现（Peng et al., 2020）。

（2）模型基本信息对比

这里总结了各个模型的构成、使用需求、优缺点以及在实际操作过程中遇到的问题（表 5-3）：①模型构成。土地利用变化模拟预测模型的核心是由两部分构成，一是适宜性概率，二是空间模拟。前者是训练不同土地利用类型与空间驱动因子的关系，后者则是将各个斑块如何更合理地分配在空间上。FLUS 和 PLUS 均是在 CA 基础上延伸而来。前者使用人工神经网络来开展适宜性概率的计算，并引入自适应惯性和竞争机制改进 CA 模型来进行空间模拟。后者则先使用用地扩张分析策略（LEAS）分析土地利用发展的变化，而后使用随机森林来开展适宜性概率分析，最后基于多类随机斑块种子的 CA 模型进行空间模拟。本研究的 CLUE-S 模型是调用了 R 语言中的 lulcc package 开展模拟，lulcc package 在适宜性概率运算上可选择三个方法，分别是逻辑回归、递归分割与回归树、随机森林，本研究选取的是随机森林方法。②使用需求。PLUS 需要两期数据，主要用于 LEAS 的分析。FLUS 和 CLUE-S 均是一期数据便可开展模拟，但 CLUE-S 中可以输入多个前期数据，以便于模型更好地学习与训练。FLUS 和 PLUS 均有现成模型可以使用，CLUE-S 也有相关的计算模型叫作 Dyna-CLUE，但适宜性概率部分需要自行计算。而使用 R 语言来计算 CLUE-S 对于计算机的要求比较高，内存较低可能会导致运算错误。此外，三个模型对于输入的驱动因子和参数基本是一致的，这也增加了互相的可比性。③优缺点总结。详细描述列于表 5-3 中。总体来看，FLUS 模拟预测精度很高，但模型运行可能会出现卡顿，且土地利用类型过多可能会导致软件出错。PLUS 软件稳定、操作简单，但空间模拟预测结果可能会出现不合理之处。CLUE-S 有多种方式可以实现，精度较高，且在 R 语言中运算可以一次性输出多期结果，更加便捷。

表 5-3　不同模型构成、使用需求及优缺点总结

模型	数据需求量	适宜性概率	空间模拟预测	优点	缺点
FLUS	1 期	人工神经网络	基于自适应惯性和竞争机制的 CA 模型	模拟预测精度高，且仅需要 1 期数据便可开展研究。操作过程简便，运算速度很快	软件存在不稳定的现象，且当土地利用类型超过 14 种时可能无法运行
PLUS	2 期	用地扩张分析策略（LEAS）+随机森林	基于多类随机斑块种子的 CA 模型	模拟预测精度较高，操作过程简便，且软件稳定，运算速度较快	在空间上可能出现不合理的情况，且在面积需求与现状的差别较大时，不易到达预期的面积需求
CLUE-S	≥1 期	逻辑回归、递归分割与回归树、随机森林	CLUE-S 模型	模拟精度预测较高，有软件和代码多种方式可以使用。与其他模型最大的不同是，在 R 语言中运行时，可以同时输出多期模拟结果，十分便利	模型运算对计算机有一定要求，可能出现内存不够、代码需要调试等问题

（3）精度评估

本研究使用了多个指标来评估各个模型的模拟预测精度，分别为：总体精度（OA）、Kappa 系数（Kappa）、用户精度（UA）、生产者精度（PA）、merit（FOM），其中 FOM 代表了动态变化精度，增强了对于精度评估的全面性（Liu et al.，2021d）。

此外，为了更好地开展精度对比分析，本研究还引入了三个 Kappa 系数，分别是标准 Kappa 系数（$K_{standard}$）、随机 Kappa 系数（K_{no}）和位置 Kappa 系数（$K_{location}$）。这些指数可以更好地衡量模拟预测结果的数量和位置误差。其中，$K_{standard}$ 可以得出模拟过程中丢失了多少空间信息，K_{no} 可以得到模拟过程中丢失了多少数量信息，而 $K_{location}$ 则可以计算出有多少斑块发生了空间变化，即位置精度（Pontius，2000；Pontius et al.，2008）。通过计算以上精度评估指标，综合分析各个模型在 6 个湿地城市中的应用结果。

5.2.2 城市湿地变化模拟的多情景构建与需求预测

5.2.2.1 未来情景设置

为了更多地知悉湿地城市未来可能的发展趋势，本研究设立了 4 种发展情景：趋势延续情景、经济建设情景、湿地保护情景和和谐发展情景（表 5-4）。耦合使用 Markov 和 MOP 模型对不同情景设置不同的发展条件，建立不同的最优目标函数，进而计算出不同情景下不同城市城市湿地与非湿地类型的面积需求。模拟时段包含 2023 年、2025 年、2028 年、2030 年、2033 年和 2035 年 6 个年份，主要目的是对应“十四五”规划的 2035 年远景目标，了解其中更加详细的中间变化过程。因此，最终将得到 2020～2035 年以“3 年+2 年”为间隔的空间分辨率为 10m 的模拟预测结果。

表 5-4 不同情景对比

情景	目标	是否有保护约束	是否受政策影响
趋势延续情景	按照 2015～2020 年城市湿地与非湿地的发展趋势继续发展延续至 2035 年	无	否
经济建设情景	优先经济发展，实现经济效益最大化	无	否
湿地保护情景	在《湿地公约》需求下，优先保护、恢复城市湿地类型，控制其他土地类型的增长与侵占，达到城市湿地生态系统服务价值最大化	严格控制生态红线或生态保护区内的开发与侵占	是，主要以湿地规划、政策为主
和谐发展情景	在“十四五”规划与可持续发展目标为前提，尽可能达到经济效益和生态系统服务价值同时最大化，实现经济发展与生态保护的和谐发展	严格控制生态红线内的开发与侵占	是，以各地区“十四五”规划为目标，结合国土空间规划等政策要求设置约束条件

（1）趋势延续情景

在该情景下，6 个湿地城市将按照其在 2015～2020 年间的发展规律继续发展，不受外在政策因素的影响。使用 Markov 模型学习过去 6 年间城市湿地与非湿地类型的转移规律，而后推演至 2035 年，并且不设置限制发展区域（高星等，2021）。

（2）经济建设情景

这种情景的核心在于快速提升城市的经济建设，从而达到最大的经济效益，因此将优先发展经济价值更高的城市湿地与非湿地类型，如建设用地、耕地、养殖池等。使用 MOP 模型建立经济建设最优目标函数，并利用 Lingo 软件解算公式，具体计算方式如下：

$$\max f_1(x) = \sum_{i=1}^{n} a_i x_i \tag{5-12}$$

式中，$f_1(x)$ 代表经济效益；n 代表城市湿地与非湿地类型的数量；x 代表不同城市湿地与非湿地类型的面积（km^2）；a 代表不同城市湿地与非湿地类型的经济效益因子（万元/km^2），由不同经济产值除以不同类型的面积得到，这里使用 2020 年的经济产值进行计算（表 5-5）。

表 5-5　2020 年不同湿地城市的经济产值　　（单位：万元）

城市	银川	常德	海口	常熟	东营	哈尔滨
农业产值	243 520	339 800	472 000	412 401	980 400	241 5487
林业产值	5 266	207 000	46 000	19 045	29 900	36 402
畜牧业产值	135 202	3 473 000	206 000	16 940	883 800	1 455 416
渔业产值	11 796	696 300	72 000	152 006	837 000	68 566
第二产值	3 271 281	15 437 000	2 695 600	485 000	16 785 300	10 333 936
第三产值	8 292 895	17 408 000	14 421 400	498 000	11 461 000	27 247 247

然而，不同城市的湿地与非湿地类型能够提供的经济产值是不同的，这里根据各城市不同的情况，设置不同比例，该比例乘以产值后，再除以面积才得到不同城市的湿地与非湿地类型的经济效益因子。其中，沼泽、滩地、裸地和近海提供的经济效益较少，设置为 0；河流、湖泊、河口水域、河渠、水库设置为 1.00% ~15.00%；浅海水域设置为 10.00% ~15.00%；养殖池设置为 80.00% ~90.00%；以上湿地类型提供的均为渔业产值；林地的比例设置为50.00% ~80.00%，可提供林业产值；草地的比例设置为 5.00% ~50.00%，可提供畜牧业产值。耕地设置为 100.00%，提供农业产值；建设用地设置为 100.00%，提供第二和第三产值。最终计算的经济效益因子如表 5-6 所示。

表 5-6　不同湿地城市中城市湿地与非湿地类型的经济效益因子

土地类型		银川	常德	海口	常熟	东营	哈尔滨
城市湿地	沼泽	0.00	0.00	0.00	0.00	0.00	0.00
	河流	125.76	119.29	101.41	240.34	272.11	32.52
	湖泊	82.91	119.94	126.65	238.40	166.98	24.31
	滩地	0.00	0.00	0.00	0.00	0.00	0.00
	河口水域	—	—	83.14	—	238.98	—
	浅海水域	—	—	44.72	—	150.54	—
	河渠	50.84	79.40	—	220.30	—	—
	水库	44.68	116.79	131.92	—	215.06	10.48
	养殖池	734.70	1 989.43	2 090.88	1 232.81	650.65	1 848.14
非湿地	林地	124.16	23.03	31.07	284.51	497.39	29.65
	草地	213.23	247.01	407.11	204.34	375.69	292.43
	建设用地	33 437.94	52 289.30	48 585.05	2 423.09	19 620.66	34 685.95
	耕地	374.17	473.63	684.98	757.53	269.78	358.69
	裸地	0.00	0.00	0.00	0.00	0.00	0.00
	近海	—	—	0.00	—	0.00	—

（3）湿地保护情景

此种情景的关键在于对城市湿地的保护与恢复，所有城市湿地类型均不允许被侵占，并在合理范围内达到最大面积，同时也要注重对其他生态类型的保护。因此，在湿地保护情景下，城市湿地价值及整体生态价值将达到最大，这里使用生态系统服务价值的当量因子进行计算，并利用 Lingo 软件解算湿地效益最优目标函数，具体计算方式如下：

$$\max f_2(x) = \sum_{i=1}^{n} b_i x_i \tag{5-13}$$

式中，f_2（x）代表生态价值；n 代表城市湿地与非湿地类型的数量；x 代表不同城市湿地与非湿地类型的面积（km^2）；b 代表不同城市湿地与非湿地类型的生态系统服务价值当量因子，各个城市湿地与非湿地类型的当量因子通过前人研究获得（谢高地等，2008；2015）。本研究选取了食物生产、原料生产、气候调节、水文调节、土壤保持、生物多样性、文化服务 7 种生态系统服务来计算，当量因子如表 5-7 所示。

表 5-7　不同城市湿地与非湿地类型的生态系统服务价值当量因子

土地类型		食物生产	原料生产	气候调节	水文调节	土壤保持	生物多样性	文化服务	总量
城市湿地	沼泽	0.50	0.20	6.20	31.20	0.50	1.40	2.10	42.1
	河流	0.65	0.26	18.30	60.45	0.33	2.41	4.31	86.71
	湖泊	0.60	0.25	17.10	56.35	0.10	2.31	4.52	81.23
	滩地	0.32	6.23	6.20	18.20	0.83	0.32	1.20	33.3
	河口水域	0.65	0.26	18.30	60.45	0.33	2.41	4.31	86.71
	浅海水域	21.09	17.20	31.75	27.14	0	36.70	6.10	139.98
	河渠	0	2.10	4.72	11.20	0	0	0	18.02
	水库	0.63	0.27	6.53	50.31	0	0.02	11.39	69.15
	养殖池	37.50	0	0.81	0.30	0	0	0	38.61
非湿地	林地	0.33	2.98	4.07	4.09	4.02	4.51	2.08	22.08
	草地	0.43	0.36	1.56	1.52	2.24	1.87	0.87	8.85
	建设用地	0	0	0	0	0	0	0	0
	耕地	1.00	0.39	0.97	0.77	1.47	1.02	0.17	5.79
	裸地	0.02	0.04	0.13	0.07	0.17	0.40	0.24	1.07
	近海	21.09	17.20	31.75	27.14	0	36.70	6.10	139.98

（4）和谐发展情景

此种情景下，面积设置将按照市、省、国家的规划与要求来确定。这些规划的初衷都是希望经济发展与生态保护能够协同发展，达到经济价值与生态价值的最大化（张晓荣等，2020）。同时，规划文件中不可能设定所有城市湿地与非湿地类型的未来面积，需要利用公式来求解。因此，这里设定和谐发展情景下经济效益与生态价值的总和达到最大，即综合效益最优目标，公式如下：

$$\max f_3(x) = \sum_{i=1}^{n} a_i x_i + \sum_{i=1}^{n} b_i x_i \tag{5-14}$$

式中，$f_3(x)$ 代表和谐发展情景下的社会总价值，包括经济和生态两个部分；n 代表城市湿地与非湿地类型的数量；x 代表不同城市湿地与非湿地类型的面积（km^2）；a 代表不同城市湿地与非湿地类型的经济效益因子（万元/km^2）；b 代表不同城市湿地与非湿地类型的生态系统服务价值当量因子，经济效益因子和生态系统服务价值当量因子如上文所示。

5.2.2.2 面积需求预测

本研究设置了 4 种情景，用以探究不同发展模式下湿地城市中城市湿地与非湿地的变化情况。另外，本研究还收集了 2000～2010 年中国环境监测总站生产的全国土地利用分类数据，用以了解历史时期各城市湿地与非湿地类型的变化。通过政策约束、历史演变以及情景需求三个方面来预测未来的面积值。

（1）银川市面积需求预测

本研究中银川市的范围仅包含西夏区、金凤区和兴庆区，因此，这里不仅收集了银川市的“十四五”规划和湿地保护修复制度工作方案，还收集了各个区的规划目标，作为面积需求预测的依据和参考（表 5-8）。

表 5-8 银川市规划文件及细则

政策文件	发布机构	细则
银川市“十四五”规划	银川市人民政府	1. 2025 年，森林覆盖率达到 16. 68% 以上，绿地率、绿化覆盖率分别达到 41. 5% 和 42. 35% 以上，湿地保护率达到 85% 以上 2. 2025 年，国土绿化、湿地保护修复及退化草原生态修复面积分别达到 34 万亩、32. 85 万亩和 15 万亩 3. 2025 年，种植面积保持在 120 万亩以上，水产养殖面积保持 10 万亩左右 4. 确保到 2025 年全市基本农田面积不减少
银川市西夏区“十四五”规划	银川市西夏区人民政府	1. 2025 年，森林覆盖率达到 16%（2020 年为 11. 57%） 2. 建设用地面积下降 15%
银川市金凤区“十四五”规划	银川市金凤区人民政府	2025 年，森林覆盖率达到 8. 66%（2020 年为 5. 94%）
银川市兴庆区“十四五”规划	银川市兴庆区人民政府	1. 2025 年，森林覆盖率提升至 9. 8%（2020 年为 6. 5%），城乡绿地总面积达到 8423 万 m^2 2. 2025 年，粮食面积稳定在 12 万亩 3. 2025 年，完成湿地生态修复 7 万亩，湿地保护率达到 80% 以上
《银川市湿地保护修复制度工作方案》	银川市人民政府	2030 年，全市湿地面积只增不减，湿地面积不低于 79. 65 万亩；全市湿地率不低于 5. 89%，三区（兴庆区、金凤区、西夏区）湿地率不低于 10. 65%

本研究收集了 2000～2010 年银川市的土地利用分类数据，由于分类体系与范围不同，滩地无历史数据值（表 5-9）。此外，有些土地类型的数据略有偏差，部分不使用或仅使用其变化率。

表 5-9　2000 ~ 2010 年银川市城市湿地与非湿地的面积变化　（单位：km^2）

土地类型		2000 年	2005 年	2010 年
城市湿地	沼泽	2.75	2.67	13.28
	河流	16.08	20.28	20.29
	湖泊	0.58	0.97	0.58
	滩地	—	—	—
	河渠	0.11	0.11	1.63
	水库/养殖池	37.49	38.29	51.37
非湿地	林地	98.50	98.76	128.36
	草地	567.91	558.58	520.96
	建设用地	169.57	204.95	295.65
	耕地	766.00	734.21	685.34
	裸地	146.03	146.19	87.55

依据以上数据及需求，银川市不同情景下各个城市湿地与非湿地类型的面积预测如下。

1）面积总量。由于本研究仅涉及银川市的三个区，即西夏区、金凤区和兴庆区，三个区的总面积为 1801.41km^2，因此所有城市湿地与非湿地类型的面积总和也应为 1801.41km^2。

$$x_1+x_2+x_3+x_4+x_5+x_6+x_7+x_8+x_9+x_{10}+x_{11}+x_{12}=1801.41 \tag{5-15}$$

式中，$x_1 \sim x_{12}$分别代表沼泽、河流、湖泊、滩地、水库、河渠、养殖池、林地、草地、建设用地、耕地和裸地。

2）湿地。受到遥感影像、分类误差、类型不同等因素的影响，本研究统计出的湿地面积与银川市的统计结果不同，这里仅参照其变化率。根据《银川市湿地保护修复制度工作方案》要求 2030 年三区（兴庆区、金凤区、西夏区）湿地率不低于 10.65%，而统计显示 2018 年三区湿地率为 10.65%，以此表明规划要求到 2035 年湿地率不可降低，因此，本研究设定在和谐发展情景下湿地面积要大于等于 2020 年的湿地面积，具体要求如下：

$$x_1+x_2+x_3+x_4+x_5+x_6+x_7 \geqslant 86.75 \text{ 和谐发展情景} \tag{5-16}$$

3）沼泽。从历史数据来看，银川市沼泽面积从 2005 年开始出现明显增长，而在近些年略微减少。根据银川市“十四五”规划、《银川市湿地保护修复制度工作方案》等政策文件要求，到 2025 年银川市湿地面积只增不减。因此，本研究设定在经济建设情景下沼泽至多减少至 2005 年的最低值，而在和谐发展和湿地保护情景下沼泽至少为 2020 年面积，至多恢复至 2015 年的面积，具体要求如下：

$$\begin{cases} x_1 \geqslant 2.67 & \text{经济建设情景} \\ 25.86 \leqslant x_1 \leqslant 29.70 & \text{湿地保护情景} \\ 25.86 \leqslant x_1 \leqslant 29.70 & \text{和谐发展情景} \end{cases} \tag{5-17}$$

4）河流。近些年银川市河流面积较之前有所减少，最低值出现在 2015 年，因此在经济建设情景下将其设定为下限值。而在湿地保护情景下则将 2020 年的面积值设置为下限，2010 年的最高值设置为上限。此外，根据银川市相关规划文件要求，湿地面积将略微恢复，基于此设定在和谐发展情景下以 2020 年为下限值，上限值则是按照 2015 ~ 2020 年增长率增长到 2035 年，具体要求如下：

$$\begin{cases} x_2 \geqslant 13.94 & \text{经济建设情景} \\ 14.07 \leqslant x_2 \leqslant 20.29 & \text{湿地保护情景} \\ 14.07 \leqslant x_2 \leqslant 14.46 & \text{和谐发展情景} \end{cases} \tag{5-18}$$

5）湖泊。从历史数据和本研究结果来看，湖泊、水库、养殖池在两套数据中的总和较为接近，湖泊面积有些差别，说明在实际分类中这几种湿地类型极容易混淆。因此这里使用三者总和的变化率来设置其未来的可能变化。计算结果得到湖泊、水库及养殖池总和的最高值为 2010 年、最低值为 2000 年。而以 2020 年为基准，减少至 2000 年需降低 0.10%，增长至 2010 年需恢复 36.32%。基于此，本研究设定在经济建设情景下湖泊最低减少 0.10%，在湿地保护情景下最多恢复 36.32%，而在和谐发展情景下至多按照 2015 ~ 2020 年增长率继续增长，具体要求如下：

$$\begin{cases} x_3 \geqslant 21.32 & \text{经济建设情景} \\ 21.34 \leqslant x_3 \leqslant 29.09 & \text{湿地保护情景} \\ 21.34 \leqslant x_3 \leqslant 23.00 & \text{和谐发展情景} \end{cases} \tag{5-19}$$

6）滩地。银川市滩地面积较小，且在实际发展与变化中很容易被其他类型侵占。因此本研究设置在经济建设情景下滩地至多按照 2015 ~ 2020 年的变化率继续减少，而在湿地保护情景下以 2020 年为下限值、2015 年为上限值，和谐发展情景下则以 2020 年的 95% 作为下限值，2015 年为上限值，具体要求如下：

$$\begin{cases} x_4 \geqslant 4.31 & \text{经济建设情景} \\ 6.07 \leqslant x_4 \leqslant 6.72 & \text{湿地保护情景} \\ 5.77 \leqslant x_4 \leqslant 6.72 & \text{和谐发展情景} \end{cases} \tag{5-20}$$

7）水库。从本研究的数据来看，水库在银川市的占比较小，近些年也呈现出略微减少的趋势。因此，与湖泊的设定类似，在经济建设情景下至多按照 2015 ~ 2020 年变化率继续减少，在湿地保护情景下最多恢复 36.32%，在和谐发展情景下最多减少 0.10%，最多恢复至 2015 年的面积，具体要求如下：

$$\begin{cases} x_5 \geqslant 1.19 & \text{经济建设情景} \\ 2.32 \leqslant x_5 \leqslant 3.16 & \text{湿地保护情景} \\ 2.32 \leqslant x_5 \leqslant 2.77 & \text{和谐发展情景} \end{cases} \tag{5-21}$$

8）河渠。自 2005 年开始，银川市河渠面积呈现持续增加的趋势，但面积占比较小。因此，本研究设定在经济建设情景下河渠面积至多减少至 2005 年的最低值，在湿地保护和和谐发展情景下以 2020 年为下限值，前一种情景以 2000 ~ 2020 年的变化率继续增长，后一种情景以 2015 ~ 2020 年的变化率继续增长，具体要求如下：

$$\begin{cases} x_6 \geqslant 0.11 & \text{经济建设情景} \\ 2.64 \leqslant x_6 \leqslant 5.20 & \text{湿地保护情景} \\ 2.64 \leqslant x_6 \leqslant 2.73 & \text{和谐发展情景} \end{cases} \tag{5-22}$$

9）养殖池。银川市“十四五”规划中提及 2025 年水产养殖面积保持 10 万亩左右。而根据其统计数据，2020 年水产养殖面积为 6918hm^2，呈现略微减少趋势。因此，本研究设定在经济建设情景下养殖池按照 2015～2020 年的变化率持续减少，而和谐发展情景下按照银川市规划要求确定下限值，上限为 2020 年面积；湿地保护情景下则以 2020 年为下限值，并最多恢复 36.32%，具体要求如下：

$$\begin{cases} x_7 \geqslant 8.90 & \text{经济建设情景} \\ 14.45 \leqslant x_7 \leqslant 19.70 & \text{湿地保护情景} \\ 12.90 \leqslant x_7 \leqslant 14.45 & \text{和谐发展情景} \end{cases} \tag{5-23}$$

10）林地。根据西夏区、金凤区、兴庆区的“十四五”规划可知，到 2025 年森林覆盖率均要求有大幅提升，这里使用其平均增长率来计算未来面积需求，平均年增长率为 8.99%。因此，在经济建设情景下林地至多按照 2015～2020 年变化率继续减少，湿地保护和和谐发展情景至多按照每年 8.99% 的增长率继续增长，但湿地保护情景以 2020 年为下限值，和谐发展情景以 2025 年为下限值，具体要求如下：

$$\begin{cases} x_8 \geqslant 27.68 & \text{经济建设情景} \\ 33.93 \leqslant x_8 \leqslant 79.68 & \text{湿地保护情景} \\ 49.18 \leqslant x_8 \leqslant 79.68 & \text{和谐发展情景} \end{cases} \tag{5-24}$$

11）草地。银川市对绿地恢复同样十分重视，近些年虽呈现出略微减少的趋势，但面积占比仍保持在 30% 以上。然而，在经济建设情景下，绿地可能是首先被侵占的非湿地类型，因此这里将 2020 年的 90% 设置为下限。湿地保护情景下草地至多按照 2015～2020 年的变化率继续减少，上限设置为 2000 年的历史最高值；和谐发展情景下则以 2020 年为下限值，上限值同样为 2000 年的面积，具体要求如下：

$$\begin{cases} x_9 \geqslant 456.53 & \text{经济建设情景} \\ 499.38 \leqslant x_9 \leqslant 567.91 & \text{湿地保护情景} \\ 507.26 \leqslant x_9 \leqslant 567.91 & \text{和谐发展情景} \end{cases} \tag{5-25}$$

12）建设用地。自 2000 年开始，银川市建设用地面积的增长速度较为迅速，近些年略微放缓。而在三个区的“十四五”规划中可以发现，西夏区要求建设用地面积下降 15%，另两个区并未做过多说明。因此，无论在湿地保护还是和谐发展的情景下，建设用地的增长速度要实现逐渐放缓，若按照 2015～2020 年变化率逐步降为 0 的方式发展，至多较 2020 年再增长 15.40%，但随着建设用地空间逐渐饱和，可能不会再增加太多面积，因此这里设置下限值为 2020 年再增长 10%，上限设置为继续按照 2015～2020 年的变化率增长，具体要求如下：

$$\begin{cases} x_{10} \geqslant 345.84 & \text{经济建设情景} \\ 380.42 \leqslant x_{10} \leqslant 452.90 & \text{湿地保护情景} \\ 399.11 \leqslant x_{10} \leqslant 452.90 & \text{和谐发展情景} \end{cases} \tag{5-26}$$

13）耕地。根据“十四五”规划要求，2025 年耕地面积保持在 120 万亩以上，而官方数据显示 2020 年银川市粮食播种面积为 121.71 万亩，因此，和谐发展情景下耕地面积至多减少 1.40%，并以 2020 年面积作为上限。而经济建设情景和湿地保护情景下则至多按照 2000 ~ 2020 年的变化率继续减少，具体要求如下：

$$\begin{cases} x_{11} \geqslant 555.65 & \text{经济建设情景} \\ 555.65 \leqslant x_{11} \leqslant 650.82 & \text{湿地保护情景} \\ 641.71 \leqslant x_{11} \leqslant 650.82 & \text{和谐发展情景} \end{cases} \tag{5-27}$$

14）裸地。银川市裸地面积较大，近些年略有增长，但未来的演变中，裸地极易被侵占，因此这里设定 2010 年的最低值为其下限，2020 年的面积为上限，具体要求如下：

$$87.55 \leqslant x_{12} \leqslant 176.82 \tag{5-28}$$

使用 Lingo 软件对上述公式进行求解，并用 Markov 模型计算趋势延续情景下的面积需求，2035 年银川市不同情景不同城市湿地与非湿地类型的面积值如表 5-10 所示。

表 5-10　2035 年银川市不同情景下城市湿地与非湿地的面积需求（单位：km^2）

土地类型		序号	趋势延续	经济建设	湿地保护	和谐发展
城市湿地	沼泽	x_1	18.51	2.67	29.70	25.86
	河流	x_2	13.68	13.94	20.29	14.07
	湖泊	x_3	23.00	21.32	29.09	21.34
	滩地	x_4	5.25	4.31	6.72	5.77
	水库	x_5	1.49	1.19	3.16	2.32
	河渠	x_6	2.75	0.11	5.20	2.64
	养殖池	x_7	10.29	8.90	19.70	12.90
非湿地	林地	x_8	29.92	27.68	79.68	49.18
	草地	x_9	501.82	456.53	567.91	507.26
	建设用地	x_{10}	402.50	621.56	380.42	430.81
	耕地	x_{11}	615.32	555.65	571.99	641.71
	裸地	x_{12}	176.88	87.55	87.55	87.55

（2）常德市面积需求预测

本研究收集了常德市“十四五”的多项规划，以及城市总体规划和国土空间总体规划等政策文件，作为面积需求预测的依据和参考（表 5-11）。

表 5-11　常德市规划文件及细则

规划	发布机构	细则
《常德市“十四五”生态环境保护规划》	常德市生态环境局	1. 到 2025 年，森林覆盖率大于 48.01%，湿地保护率大于 72% 2. 保护天然湿地资源，修复受损的河滨、湖滨、河口湿地，加强重要入河（湖）口人工湿地建设

续表

规划	发布机构	细则
《常德市“十四五”应对气候变化专项规划》	常德市生态环境局	1. 确保全市粮食生产面积稳定在885万亩 2. 实施退耕还湿、退田还湿、小微湿地建设和湿地保护修复工程
《湖南省常德市城市总体规划（2009—2030年）》	常德市自然资源和规划局	至2030年，市域城市建设用地规模控制在19 000hm^{2}以内，镇建设用地规模控制在27000hm^{2}以内，农村居民点用地规模控制在74000hm^{2}以内
《常德市国土空间总体规划（2021—2035年）》	常德市自然资源和规划局	1. 至2035年，常德市永久基本农田面积583.8万亩，占全市国土面积比例为21.41% 2. 至2035年，常德市城镇开发边界面积530.64km^2，占全市国土面积比例为2.92%
《常德市“十四五”林业发展规划》	常德市林业局	到2035年，全市林地保有面积1215万亩，草地保有面积4.8万亩；森林覆盖率稳定在48%，湿地保护率稳定在71.66%

本研究收集了2000～2010年常德市的土地利用分类数据，由于分类体系与范围不同，滩地无历史数据值（表5-12）。此外，有些土地类型的数据略有偏差，部分不使用或仅使用其变化率。

表5-12　2000～2010年常德市城市湿地与非湿地的面积变化　（单位：km^2）

土地类型		2000年	2005年	2010年
城市湿地	沼泽	335.53	333.52	298.99
	河流	302.57	297.07	317.74
	湖泊	338.74	333.66	513.42
	滩地	—	—	—
	水库/养殖池	353.14	394.02	344.14
非湿地	林地	8211.76	8208.86	7957.88
	草地	96.80	94.94	98.39
	建设用地	477.58	507.89	808.19
	耕地	8045.18	7993.36	7828.43
	裸地	15.35	13.34	9.48

依据以上数据及需求，常德市不同情景下各个城市湿地与非湿地类型的面积预测如下。

1）面积总量。常德市总面积为18 165.88km^2，因此所有城市湿地与非湿地类型的面积总和也应为 18165. 88km^2。

$$x_1+x_2+x_3+x_4+x_5+x_6+x_7+x_8+x_9+x_{10}+x_{11}+x_{12}=18165.88 \tag{5-29}$$

式中，$x_1\sim x_{12}$分别代表沼泽、河流、湖泊、滩地、河渠、水库、养殖池、林地、草地、建设用地、耕地和裸地。

2）沼泽。从历史数据来看，常德市沼泽面积基本保持稳定，最大值出现在 2000 年，近些年有小幅恢复的趋势。在经济建设情景下将 2010 年的最低值设为下限，湿地保护情景下至多按照 2015 ~ 2020 年的变化率继续增加，和谐发展情景下则以 2000 年为上限值，后两种情景下均以 2020 年为下限值，具体要求如下：

$$\begin{cases} x_1 \geqslant 298.99 & \text{经济建设情景} \\ 329.69 \leqslant x_1 \leqslant 389.37 & \text{湿地保护情景} \\ 329.69 \leqslant x_1 \leqslant 335.53 & \text{和谐发展情景} \end{cases} \tag{5-30}$$

3）河流。常德市河流的最大值出现在 2010 年、最小值出现在 2015 年，因此将其分别设置为湿地保护情景下的最大值和经济建设情景下的最低值。《常德市“十四五”生态环境保护规划》提及要开展水生态恢复、修复受损湿地等保护措施，因此设定湿地保护和和谐发展情景下均以 2020 年为下限值，而和谐发展情景下至多按照 2015 ~ 2020 年的增长率继续增加，具体要求如下：

$$\begin{cases} x_2 \geqslant 288.76 & \text{经济建设情景} \\ 291.84 \leqslant x_2 \leqslant 317.74 & \text{湿地保护情景} \\ 291.84 \leqslant x_2 \leqslant 301.18 & \text{和谐发展情景} \end{cases} \tag{5-31}$$

4）湖泊。常德市历史数据中湖泊面积的最大值出现在 2010 年，近些年出现了减少的趋势。因此，本研究设定在经济建设情景下至多按照 2015 ~ 2020 年的减少率继续减少，湿地保护和和谐发展情景下均以 2020 年作为下限值，至多恢复至 2010 年的最大值，具体要求如下：

$$\begin{cases} x_3 \geqslant 176.81 & \text{经济建设情景} \\ 290.26 \leqslant x_3 \leqslant 513.42 & \text{湿地保护情景} \\ 290.26 \leqslant x_3 \leqslant 513.42 & \text{和谐发展情景} \end{cases} \tag{5-32}$$

5）滩地。常德市滩地占比非常小，近些年呈现出略微增长的趋势。因此，在经济建设和和谐发展情景下将 2015 年的面积作为下限值，湿地保护情景以 2020 年的面积作为下限值，湿地保护和和谐发展情景下至多按照 2015 ~ 2020 年的增长率继续增加，具体要求如下：

$$\begin{cases} x_4 \geqslant 10.09 & \text{经济建设情景} \\ 10.74 \leqslant x_4 \leqslant 12.82 & \text{湿地保护情景} \\ 10.09 \leqslant x_4 \leqslant 12.82 & \text{和谐发展情景} \end{cases} \tag{5-33}$$

6）河渠。常德市历史数据中不包含河渠的历史数值，因此仅根据 2015 ~ 2020 年的变化来设定未来的变化。在经济建设情景下河渠至多按照 2015 ~ 2020 年的变化率继续减少，而其他情景下分别以 2020 年和 2015 年作为下限值和上限值，具体要求如下：

$$\begin{cases} x_5 \geqslant 7.90 & \text{经济建设情景} \\ 8.77 \leqslant x_5 \leqslant 9.07 & \text{湿地保护情景} \\ 8.77 \leqslant x_5 \leqslant 9.07 & \text{和谐发展情景} \end{cases} \tag{5-34}$$

7）水库。在历史数据中水库和养殖池共同划分为水库坑塘，因此这里使用二者之和的总体变化来设定这两种湿地类型的面积需求。计算得到水库坑塘的最低值出现在 2015 年、最高值为 2020 年。因此，在经济建设情景下水库至多减少 52.25%。《常德市“十四五”生态环境保护规划》提及加强重要入河（湖）口人工湿地建设。水库作为一种重要的人工湿地，在未来的发展中可能会有一定的恢复，因此在湿地保护和和谐发展情景下以 2015 年为下限值，2020 年为上限值，具体要求如下：

$$\begin{cases} x_6 \geqslant 56.94 & \text{经济建设情景} \\ 119.24 \leqslant x_6 \leqslant 124.59 & \text{湿地保护情景} \\ 119.24 \leqslant x_6 \leqslant 124.59 & \text{和谐发展情景} \end{cases} \tag{5-35}$$

8）养殖池。与水库面积设定类似，在经济建设情景下至多减少 52.25%。而在湿地保护和和谐发展情景下则以 2020 年的面积作为下限值，前者最大值按照 2015 ~ 2020 年的变化率继续增加，然而在和谐发展情景中养殖池几乎不会再按照目前的增长率增加，因此这里设置其最多再增加 18.26%，即 2015 ~ 2020 年的增长率。具体要求如下：

$$\begin{cases} x_7 \geqslant 133.71 & \text{经济建设情景} \\ 280.00 \leqslant x_7 \leqslant 586.65 & \text{湿地保护情景} \\ 280.00 \leqslant x_7 \leqslant 382.23 & \text{和谐发展情景} \end{cases} \tag{5-36}$$

9）林地。《常德市“十四五”林业发展规划》提及 2035 年全市林地保有面积 1215 万亩，因此在三种情景下将其设置为下限值，而将 2020 年的面积值作为上限值。

$$8104.05 \leqslant x_8 \leqslant 8988.33 \tag{5-37}$$

10）草地。《常德市“十四五”林业发展规划》提及 2035 年草地保有面积 4.8 万亩，而该数据与当前数据偏差较大。因此设定在经济建设情景下以 2015 年作为下限值，湿地保护情景下至多按照 2015 ~ 2020 年的增长率继续增长，而和谐发展情景则以规划值作为下限值，具体数值如下：

$$\begin{cases} x_9 \geqslant 6.03 & \text{经济建设情景} \\ 7.03 \leqslant x_9 \leqslant 10.53 & \text{湿地保护情景} \\ x_9 \geqslant 32.02 & \text{和谐发展情景} \end{cases} \tag{5-38}$$

11）建设用地。《湖南省常德市城市总体规划（2009—2030 年）》要求到 2030 年市域城市建设用地规模控制在 19 000hm^2 以内，镇建设用地规模控制在 27 000hm^2 以内，农村居民点用地规模控制在 74000hm^2 以内。规划还提到城镇人均建设用地 2015 年控制在人均 120m^2 以内，2020 年控制在 118m^2 以内，2030 年控制在人均 115m^2 以内，而城镇人口数 2015 年约为 290 万人，2020 年约为 330 万，2030 年约为 420 万人。按此规律发展，到 2035 年建设用地规模应该控制在 163 200hm^2。因此，设定经济建设情景下无上限，湿地保护情景下按照 2015 ~ 2020 年变化率继续增加，和谐发展情景则将 163 200hm^2 设为上限。具体要求如下：

$$
\begin{cases}
x_{10} \geqslant 628.14 & \text{经济建设情景} \\
x_{10} \geqslant 1467.51 & \text{湿地保护情景} \\
1467.51 \leqslant x_{10} \leqslant 1632.00 & \text{和谐发展情景}
\end{cases} \tag{5-39}
$$

12）耕地。《常德市“十四五”应对气候变化专项规划》中提及确保全市粮食生产面积稳定在 885 万亩，因此将此数值设置为所有情景的下限值，2020 年的面积设置为上限值，具体要求如下：

$$
5902.95 \leqslant x_{11} \leqslant 7174.40 \tag{5-40}
$$

13）裸地。三种情景下均将 2010 年的面积设置为下限值，2020 年的面积设置为上限值，具体要求如下：

$$
9.48 \leqslant x_{12} \leqslant 37.44 \tag{5-41}
$$

使用 Lingo 软件对上述公式进行求解，并用 Markov 模型计算趋势延续情景下的面积需求，常德市 2035 年不同情景不同城市湿地与非湿地类型的面积值如表 5-13 所示。

表 5-13　2035 年常德市不同情景下城市湿地与非湿地的面积需求（单位：km^2）

土地类型		序号	趋势延续	经济建设	湿地保护	和谐发展
城市湿地	沼泽	x_1	360.11	298.99	389.37	329.69
	河流	x_2	299.41	288.76	317.74	291.84
	湖泊	x_3	223.70	176.81	513.42	290.26
	滩地	x_4	11.85	10.09	12.82	10.74
	河渠	x_5	8.10	7.90	9.07	8.77
	水库	x_6	105.68	56.94	124.59	119.24
	养殖池	x_7	377.29	133.71	586.65	382.23
非湿地	林地	x_8	8587.54	8104.05	8535.01	8104.05
	草地	x_9	9.64	6.03	10.03	32.02
	建设用地	x_{10}	1081.61	3170.17	1467.51	1632.00
	耕地	x_{11}	7043.17	5902.95	6189.69	6955.56
	裸地	x_{12}	57.78	9.48	9.48	9.48

（3）海口市面积需求预测

本研究收集了海口市国土空间总体规划、生态环境保护“十四五”规划、湿地保护修复总体规划等政策文件（表 5-14），其中对建设用地、耕地、林地等类型未来的发展进行了详细规划与展望，作为面积需求预测的依据和参考。

同样收集了 2000 ~ 2010 年海口市的土地利用分类数据，但由于分类体系与范围不同，湖泊、滩地、浅海水域和近海均无历史数据值（表 5-15）。此外，2010 年林地、草地、耕地的数据略有偏差，这里不使用。

表 5-14　海口市规划文件及细则

规划	发布机构	细则
海口市国土空间总体规划（2020—2035 年）	海口市自然资源和规划局	1. 2035 年海南省建设用地规划达到 550.73km^2 2. 加强防护林体系建设及湿地资源保护与修复。强化湖库水面保护，严格落实主要湖泊、湿地、水库等水源保护区的保护 3. 至 2035 年，海口市林地总量不少于 822.15km^2 4. 规划至 2035 年耕地保有量 628km^2
海口市生态环境保护“十四五”规划	海口市生态环境局	1. 森林覆盖率稳定在 39% 以上（2020 年为 38.38%） 2. 到 2025 年全市湿地面积不低于 319.18km^2，湿地保护率提高到 60% 以上
海口市湿地保护修复总体规划（2017—2025 年）	海口市林业局	到 2025 年，海口市湿地面积增加 2825hm^2，湿地保护率由 45.35% 提高到 60% 以上

表 5-15　2000～2010 年海口市城市湿地与非湿地的面积变化　（单位：km^2）

土地类型		2000 年	2005 年	2010 年
城市湿地	沼泽	1.79	1.58	38.50
	河流/河口水域	32.82	33.83	35.08
	湖泊	—	—	—
	滩地	—	—	—
	浅海水域	—	—	—
	水库/养殖池	73.15	66.11	79.77
非湿地	林地	1020.24	1135.65	74.56
	草地	6.03	5.82	0.63
	建设用地	68.35	102.68	193.98
	耕地	1020.96	879.32	1877.46
	裸地	2.12	0.46	5.01
	近海	—	—	—

依据以上数据及需求，海口市不同情景下各个城市湿地与非湿地类型的面积预测如下。

1）面积总量：在本研究的边界设定下，海口市内陆及沿海区域的总面积为 2745.47km^2，因此城市湿地与非湿地类型的面积总和也应为 2745.47km^2。

$$x_1+x_2+x_3+x_4+x_5+x_6+x_7+x_8+x_9+x_{10}+x_{11}+x_{12}+x_{13}+x_{14}=2745.47 \tag{5-42}$$

式中，$x_1 \sim x_{14}$ 分别代表沼泽、河流、湖泊、滩地、河口水域、浅海水域、水库、养殖池、林地、草地、建设用地、耕地、裸地和近海。

2）沼泽。从历史数据来看，自 2005 年后沼泽面积有大幅度的增长。因此，本研究设定在经济建设情景下，沼泽至多减少至 2005 年的最低值，而湿地保护和和谐发展情景下，沼泽面积至少为 2020 年的数值。根据《海口市国土空间总体规划（2020—2035 年）》、《海口市生态环境保护“十四五”规划》等政策要求，湿地率和湿地保护率都将持续增长，2020 年湿地面积为 290. 93km^2，2025 年规划面积为 319. 18km^2，年增长率为 1. 94%，因此湿地保护和和谐发展情景下至多按照此增长率继续增长，具体要求如下：

$$\begin{cases} x_1 \geqslant 1.58 & \text{经济建设情景} \\ 46.35 \leqslant x_1 \leqslant 59.85 & \text{湿地保护情景} \\ 46.35 \leqslant x_1 \leqslant 59.85 & \text{和谐发展情景} \end{cases} \tag{5-43}$$

3）河流。历史数据中的河流是本研究分类系统中河流和河口水域的总和，最高值为 2010 年的 35. 08km^2，2020 年河流和河口水域的总和较 2010 年减少了 10. 15%。因此，本研究设定经济建设情景下河流的最低值至多降至 2015 年，其他情景下至多恢复至 2010 年的最高值，恢复率为 11. 29%，至少为 2020 年的面积，具体要求如下：

$$\begin{cases} x_2 \geqslant 14.09 & \text{经济建设情景} \\ 14.20 \leqslant x_2 \leqslant 15.80 & \text{湿地保护情景} \\ 14.20 \leqslant x_2 \leqslant 15.80 & \text{和谐发展情景} \end{cases} \tag{5-44}$$

4）湖泊。由于现有数据中未有湖泊的历史变化面积，因此本研究设定经济建设情景下，湖泊至多按照 2015 ~ 2020 的下降率持续下降。而与沼泽类似，本研究设定湖泊至多也按照 1. 94% 的年增长率继续增加，且至少为 2020 年的面积，具体要求如下：

$$\begin{cases} x_3 \geqslant 11.22 & \text{经济建设情景} \\ 11.37 \leqslant x_3 \leqslant 14.68 & \text{湿地保护情景} \\ 11.37 \leqslant x_3 \leqslant 14.68 & \text{和谐发展情景} \end{cases} \tag{5-45}$$

5）滩地。滩地在 2015 ~ 2020 年有明显增长趋势，但其面积占比并不高，2020 年仅为 0. 60%。因此，这里设定在经济建设情景下滩地至多下降至 2015 的最低值，而其他情景下至多按照 2015 ~ 2020 年的增长率继续增加，至少为 2020 年的面积，具体要求如下：

$$\begin{cases} x_4 \geqslant 12.57 & \text{经济建设情景} \\ 18.64 \leqslant x_4 \leqslant 45.64 & \text{湿地保护情景} \\ 18.64 \leqslant x_4 \leqslant 45.64 & \text{和谐发展情景} \end{cases} \tag{5-46}$$

6）河口水域。与河流的设定类似，在经济建设情景下河口水域至多按照 2015 ~ 2020 年的减少率持续减少，而在其他情景下则以 2020 年的面积值为下限值，至多按照 11. 29% 的恢复率恢复至可能的最大值，具体要求如下：

$$\begin{cases} x_5 \geqslant 10.22 & \text{经济建设情景} \\ 17.32 \leqslant x_5 \leqslant 19.28 & \text{湿地保护情景} \\ 17.32 \leqslant x_5 \leqslant 19.28 & \text{和谐发展情景} \end{cases} \tag{5-47}$$

7）浅海水域。由于当前收集的数据没有浅海水域的数据，因此本研究设定在经济建设情景下至多按照 2015 ~ 2020 年的下降率继续下降，而在湿地保护和和谐发展情景下设定 2020 年的面积值为下限值、2015 年的面积值为上限值，具体要求如下：

$$\begin{cases} x_6 \geqslant 133.83 & \text{经济建设情景} \\ 153.97 \leqslant x_6 \leqslant 160.99 & \text{湿地保护情景} \\ 153.97 \leqslant x_6 \leqslant 160.99 & \text{和谐发展情景} \end{cases} \tag{5-48}$$

8）水库。历史数据中水库和养殖池被共同分类为水库坑塘，因此这里按照其整体变化率来设定水库和养殖池的未来面积。2010 年水库坑塘面积为最高值 79.77km^2，2020 年较 2010 年减少了 29.10%。因此，这里设定在经济建设情景下至多按照 2015～2020 年的下降率持续下降，其他情景下至多恢复至 2010 年的最高值，恢复率为 41.04%，至少为 2020 年的面积值，具体要求如下：

$$\begin{cases} x_7 \geqslant 22.44 & \text{经济建设情景} \\ 27.29 \leqslant x_7 \leqslant 38.49 & \text{湿地保护情景} \\ 27.29 \leqslant x_7 \leqslant 38.49 & \text{和谐发展情景} \end{cases} \tag{5-49}$$

9）养殖池。与水库面积需求的预测类似，本研究设定在经济建设情景下至多按照 2015～2020 年的下降率下降至 2035 年，而在湿地保护和和谐发展情景下养殖池面积至多恢复至 2010 年的最高值，恢复率为 41.04%，且至少为 2020 年的面积，具体要求如下：

$$\begin{cases} x_8 \geqslant 15.06 & \text{经济建设情景} \\ 29.27 \leqslant x_8 \leqslant 41.27 & \text{湿地保护情景} \\ 29.27 \leqslant x_8 \leqslant 41.27 & \text{和谐发展情景} \end{cases} \tag{5-50}$$

10）林地。根据历史数据显示，除 2010 年大面积林地被误分为耕地，2000～2020 年林地未发生较大的变化。《海口市国土空间总体规划（2020—2035 年）》中要求到 2035 年海口市林地总量不少于 822.15km^2，因此该值为林地在三种情景下的最低值。

$$x_9 \geqslant 822.15 \tag{5-51}$$

11）草地。根据历史数据显示，2010 年草地面积为最低值，将其设定为经济建设情景下的最低值。而其他情景下至多按照 2015～2020 年的增长率继续增加，最低值为 2020 年的面积，具体要求如下：

$$\begin{cases} x_{10} \geqslant 0.63 & \text{经济建设情景} \\ 10.12 \leqslant x_{10} \leqslant 16.69 & \text{湿地保护情景} \\ 10.12 \leqslant x_{10} \leqslant 16.69 & \text{和谐发展情景} \end{cases} \tag{5-52}$$

12）建设用地。《海口市国土空间总体规划（2020—2035 年）》中要求 2035 年海南省建设用地规划达到 550.73km^2，将其设定为和谐发展下的面积需求值，经济建设情景下不设置上限值，而湿地保护情景下则是按照当前的增长率逐步降为 0，以此来减少建设用地的未来发展，具体要求如下：

$$\begin{cases} x_{11} \geqslant 352.31 & \text{经济建设情景} \\ 352.31 \leqslant x_{11} \leqslant 473.29 & \text{湿地保护情景} \\ x_{11} = 550.73 & \text{和谐发展情景} \end{cases} \tag{5-53}$$

13）耕地。《海口市国土空间总体规划（2020—2035 年）》中要求坚持最严格的耕地保护制度，规划至 2035 年耕地保有量 628km^2。因此，这里不设置耕地的上限，仅设置

628km² 为下限。

$$x_{12} \geqslant 628 \tag{5-54}$$

14）裸地。裸地的经济价值和生态价值较低，2010 年后的突然增加可能与建设用地的建设相关，因此，将 2020 年的面积值作为上限值，而下限值则是选取 2005 年的最低值。

$$0.46 \leqslant x_{13} \leqslant 34.01 \tag{5-55}$$

15）近海。在未来的发展中，近海可能会被逐渐侵占，但由于其本身性质并不容易被转移，因此将 2020 年的面积值作为上限值，至多减少 10%。

$$274.55 \leqslant x_{14} \leqslant 305.05 \tag{5-56}$$

16）湿地。根据《海口市生态环境保护“十四五”规划》《海口市湿地保护修复总体规划（2017—2025 年）》等政策要求，湿地率和湿地保护率都将持续增长，2020 年湿地面积为 290.93km²，2025 年规划面积为 319.18km²，年增长率为 1.94%。因此，这里设定和谐发展情景下到 2035 年湿地总面积（沼泽、河流、湖泊、滩地、河口水域、浅海水域、水库、养殖池的总和）不低于 2025 年的规划值，至多按照 2020 ~ 2025 年的增长率继续增长，具体要求如下：

$$319.18 \leqslant x_1+x_2+x_3+x_4+x_5+x_6+x_7+x_8 \leqslant 375.59 \text{ 和谐发展情景} \tag{5-57}$$

使用 Lingo 软件对上述公式进行求解，并用 Markov 模型计算趋势延续情景下的面积需求，2035 年不同情景下不同城市湿地与非湿地类型的面积值如表 5-16 所示。

表 5-16　2035 年海口市不同情景下城市湿地与非湿地的面积需求（单位：km²）

土地类型		编号	趋势延续	经济建设	湿地保护	和谐发展
城市湿地	沼泽	x_1	40.21	1.58	59.85	46.35
	河流	x_2	14.40	14.09	15.80	14.20
	湖泊	x_3	10.79	11.22	14.68	11.37
	滩地	x_4	31.50	12.57	45.64	18.64
	河口	x_5	12.67	10.22	19.28	17.32
	浅海	x_6	135.83	133.83	160.99	153.97
	水库	x_7	23.22	22.44	38.49	27.29
	养殖池	x_8	18.72	15.06	41.27	41.27
非湿地	林地	x_9	1013.84	822.15	932.55	822.15
	草地	x_{10}	14.57	0.63	10.12	10.12
	建设用地	x_{11}	510.83	798.67	473.29	550.73
	耕地	x_{12}	584.87	628	628	757.05
	裸地	x_{13}	35.16	0.46	0.46	0.46
	近海	x_{14}	298.86	274.55	305.05	274.55

（4）常熟市面积需求预测

常熟市为苏州市代管的县级市，因此本研究从常熟市、苏州市、江苏省的政府网站收集了多项规划，主要以“十四五”规划、国土空间规划、生态保护规划为主，作为面积需求预测的依据和参考（表5-17）。

表5-17 常熟市、苏州市及江苏省规划文件及细则

规划	发布机构	细则
《常熟市“十四五”生态环境保护规划》	常熟市人民政府	1. 2025年，自然湿地保护率>65.3%（2020年为65.3%） 2. 2025年，林木覆盖率达到18.5%（2020年为17.74%） 3. 确保耕地和永久基本农田不减少
《苏州市国土空间总体规划（2021—2035年）》	苏州市人民政府	1. 推动建设用地增量递减直至零增量和减量 2. 划定并严守生态保护红线，适度扩大生态用地规模
《苏州市园林绿化和林业发展“十四五”规划》	苏州市人民政府	1. 到2025年，绿地率≥38.75%（2020年为38.64%），林木覆盖率20.5%（2020年为20.43%） 2. 全面保护长江湿地资源，实行长江湿地总量管控
《苏州市“十四五”生态环境保护规划》	苏州市人民政府	1. 生态空间保护区域功能不降低、面积不减少、性质不改变 2. 严格各级重要湿地和一般湿地的占用管理，确保全市湿地面积总量不减少
《苏州市湿地保护修复制度实施意见》	苏州市人民政府	到2030年，全市自然湿地保护率达到80%，进一步增强湿地生态功能，维护湿地生物多样性，全面提升湿地保护水平
《江苏省“十四五”水利发展规划》	江苏省人民政府	1. 水域面积不减少 2. 全省恢复水面100km^2
《江苏省“十四五”自然资源保护和利用规划》	江苏省人民政府	1. 严格保护耕地资源，林木覆盖率达到24.1% 2. 生态保护红线面积不低于国家批复面积

本研究收集了2000~2010年常熟市土地利用分类数据，由于分类体系与本研究不同，仅可参考部分数据以及多年的变化趋势（表5-18）。

表5-18 2000~2010年常熟市城市湿地与非湿地的面积变化 （单位：km^2）

土地类型		2000年	2005年	2010年
城市湿地	沼泽	7.52	14.01	8.07
	河流	136.95	130.06	132.40
	湖泊	27.01	24.66	31.61
	滩地	—	—	—
	河渠	0	0	4.85
	水库/养殖池	106.74	98.24	119.46
非湿地	林地	11.02	11.04	14.12
	草地	0.65	0.93	0.28
	建设用地	162.95	224.23	368.89
	耕地	823.53	773.18	596.74
	裸地	0	0	0

依据以上数据及需求，常熟市不同情景下城市湿地与非湿地类型的面积预测如下。

1）面积总量。常熟市总面积为 1276. 32km²，因此所有城市湿地与非湿地类型的面积总和也应为 1276. 32km²。

$$x_1+x_2+x_3+x_4+x_5+x_6+x_7+x_8+x_9+x_{10}+x_{11}=1276.32 \tag{5-58}$$

式中，$x_1 \sim x_{11}$分别代表沼泽、河流、湖泊、滩地、河渠、养殖池、林地、草地、建设用地、耕地和裸地。

2）沼泽。常熟市内沼泽多处于河流、湖泊、养殖池附近，近些年有增长的趋势。沼泽的经济效益较低，但具有较高的生态效益，《苏州市“十四五”生态环境保护规划》《苏州市湿地保护修复制度实施意见》等文件中指出湿地总面积不减少、全面提升湿地保护水平。因此，根据收集的历史数据，经济建设情景下沼泽至多减少至 2000 年的最低值，其他情景下至多按照 2015 ~ 2020 年的增长率继续增长至 2035 年，具体要求如下：

$$\begin{cases} x_1 \geqslant 7.52 & \text{经济建设情景} \\ 13.82 \leqslant x_1 \leqslant 15.41 & \text{湿地保护情景} \\ 13.82 \leqslant x_1 \leqslant 15.41 & \text{和谐发展情景} \end{cases} \tag{5-59}$$

3）河流。常熟市位于长江下游太湖平原的北部，水系十分发达。河流不仅具有较高的经济效益，生态效益也很高。因此，本研究设定，经济建设情景下河流至多按照 2015 ~ 2020 年的减少率继续减少至 2035 年，其他情景下至多恢复至 2000 年的最高值，且至少为 2020 年的面积，具体要求如下：

$$\begin{cases} x_2 \geqslant 125.32 & \text{经济建设情景} \\ 126.49 \leqslant x_2 \leqslant 136.95 & \text{湿地保护情景} \\ 126.49 \leqslant x_2 \leqslant 136.95 & \text{和谐发展情景} \end{cases} \tag{5-60}$$

4）湖泊。常熟市内有多个重要的湖泊、湿地公园，如尚湖、南湖、昆承湖，面积较为稳定。而从历史数据来看，近些年湖泊的面积有小幅增加。因此，本研究设定在经济建设情景下常熟市湖泊面积至多减少至 2005 年的最小面积，其他情景下至多按照 2015 ~ 2020 年的增长率增长至 2035 年，且至少为 2020 年的面积，具体要求如下：

$$\begin{cases} x_3 \geqslant 24.66 & \text{经济建设情景} \\ 31.88 \leqslant x_3 \leqslant 38.87 & \text{湿地保护情景} \\ 31.88 \leqslant x_3 \leqslant 38.87 & \text{和谐发展情景} \end{cases} \tag{5-61}$$

5）滩地。常熟市滩地面积较小，2020 年占比仅为 0. 12%，且多分布于河流、湖泊、养殖池附近，易与其他类型发生转移，2015 ~ 2020 年减少了 35. 37%。此外，滩地经济效益较小，更多的是生态效益。因此，在湿地保护和和谐发展情景下设定 2015 年的面积值为其最大值，2020 年的面积值为下限值，而在经济建设情景下至多较 2020 年减少 50%。具体要求如下：

$$\begin{cases} x_4 \geqslant 0.74 & \text{经济建设情景} \\ 1.48 \leqslant x_4 \leqslant 2.29 & \text{湿地保护情景} \\ 1.48 \leqslant x_4 \leqslant 2.29 & \text{和谐发展情景} \end{cases} \tag{5-62}$$

6）河渠。依据历史数据可知，常熟市在 2010 年左右开始修建河渠，后续不断扩建。

然而河渠属于人工湿地，其经济效益偏低，但具有一定的生态效益。因此，本研究设定在经济建设情景下河渠面积至多减少至 2010 年的最小值，其他情景下至多按照 2015 ~ 2020 年的变化率继续增长，且至少为 2020 年的面积，具体要求如下：

$$\begin{cases} x_5 \geqslant 4.85 & \text{经济建设情景} \\ 6.90 \leqslant x_5 \leqslant 8.34 & \text{湿地保护情景} \\ 6.90 \leqslant x_5 \leqslant 8.34 & \text{和谐发展情景} \end{cases} \tag{5-63}$$

7）养殖池。养殖池属于人工湿地，具有较高的经济效益。但在经济建设情景下，可能出现建设用地侵占的情况。因此，在和谐发展和湿地保护情景下以 2020 年为最低值，2010 年的最高值为上限。而由历史数据可知，2020 年相较于 2010 年的最高值减少了 17.43%，基于此，本研究设定在经济建设情景下养殖池至多较 2010 年再下降 17.43%，最高值为 2020 年的面积，具体要求如下：

$$\begin{cases} 81.45 \leqslant x_6 \leqslant 98.64 & \text{经济建设情景} \\ 98.64 \leqslant x_6 \leqslant 119.46 & \text{湿地保护情景} \\ 98.64 \leqslant x_6 \leqslant 119.46 & \text{和谐发展情景} \end{cases} \tag{5-64}$$

8）林地。近年来，常熟市十分重视林地的保护与恢复，近些年面积较过去增长一倍之多。此外，《常熟市“十四五”生态环境保护规划》要求 2025 年林地覆盖率达到 18.5%，相较于 2020 年的 17.74% 提升 0.76%，由此计算，到 2035 年可提升 2.28%。因此，本研究设定，在经济建设情景下林地面积至多减少至 2000 年的最低值，在湿地保护情景下至多按照规划要求增长 2.28%，2020 年的面积为下限值，而和谐发展情景下则至少要按照增长率增长。具体要求如下：

$$\begin{cases} x_7 \geqslant 11.02 & \text{经济建设情景} \\ 33.47 \leqslant x_7 \leqslant 34.23 & \text{湿地保护情景} \\ x_7 \geqslant 34.23 & \text{和谐发展情景} \end{cases} \tag{5-65}$$

9）草地。草地恢复是常熟市生态保护的重要举措之一，近些年恢复效果十分明显。《苏州市园林绿化和林业发展“十四五”规划》要求 2025 年绿地率大于 38.75%，相较于 2020 年的 38.64% 提升 0.11%，到 2035 年需再提升 0.33%。因此，在经济建设情景下草地面积至多减少至 2010 年的最低值，在湿地保护情景下至多按照规划要求增长 0.33%，2020 年面积为下限值，而和谐发展情景下则至少按照增长率继续增长。具体要求如下：

$$\begin{cases} x_8 \geqslant 0.28 & \text{经济建设情景} \\ 8.29 \leqslant x_8 \leqslant 8.32 & \text{湿地保护情景} \\ x_8 \geqslant 8.32 & \text{和谐发展情景} \end{cases} \tag{5-66}$$

10）建设用地。2000 ~ 2020 年常熟市建设用地已增长 1.5 倍左右，未来无论是经济建设、湿地保护还是和谐发展的情景，建设用地都将持续性增长，只是增长幅度不同。《常熟市城市总体规划（2010—2030 年）》中设定城区内 2015 ~ 2030 年建设用地的增长幅度约为每年 2.72%，而目前的发展速率约为每年 3.32%。因此，经济建设情景下不设置建设用地上限，而其他情景下设定未来最低按照规划速率发展，最大按照目前速率发展，且增长率至 2035 年逐步降为 0，具体要求如下：

$$\begin{cases} x_9 \geqslant 405.68 & \text{经济建设情景} \\ 475.00 \leqslant x_9 \leqslant 510.53 & \text{湿地保护情景} \\ 475.00 \leqslant x_9 \leqslant 510.53 & \text{和谐发展情景} \end{cases} \tag{5-67}$$

11）耕地。耕地是常熟市最主要的土地利用类型之一，多年来呈现出持续下降的变化趋势。《常熟市国土空间规划（2021—2035 年）》中提到将落实最严格的耕地保护制度，确保耕地应划尽划、应保尽保，并划定永久基本农田。因此，未来的三种情景下至多按照 2015～2020 的下降率下降至 2035 年，最大值与 2020 年面积一致，具体要求如下：

$$386.17 \leqslant x_{10} \leqslant 544.40 \tag{5-68}$$

12）裸地。常熟市裸地面积较小，且其经济效益和生态效益均比较小，因此，设定其最大为 2020 年的面积值，至多减少 50%，具体要求如下：

$$1.37 \leqslant x_{11} \leqslant 2.73 \tag{5-69}$$

13）水域。根据《江苏省“十四五”水利发展规划》要求水域面积不减少，且未来五年面积恢复 100km^2。据统计，2020 年江苏省水域面积为 1.66 万 km^2，计算得到 2025 年需恢复 0.60% 的面积。因此，在和谐发展的情景下，河流、湖泊、河渠、养殖池的面积至少要恢复 0.60%。

$$x_2+x_3+x_5+x_6 \geqslant 265.49 \quad \text{和谐发展情景} \tag{5-70}$$

使用 Lingo 软件对上述公式进行求解，并用 Markov 模型计算趋势延续情景下的面积需求，2035 年不同情景下不同城市湿地与非湿地类型的面积值如表 5-19 所示。

表 5-19　2035 年常熟市不同情景下城市湿地与非湿地的面积需求（单位：km^2）

土地类型		序号	趋势延续	经济建设	湿地保护	和谐发展
城市湿地	沼泽	x_1	14.85	7.52	15.41	13.82
	河流	x_2	124.92	125.32	136.95	128.77
	湖泊	x_3	36.50	24.66	38.87	32.45
	滩地	x_4	0.64	0.74	2.29	1.48
	河渠	x_5	7.88	4.85	8.34	7.02
	养殖池	x_6	96.69	81.45	119.46	100.22
非湿地	林地	x_7	28.46	11.02	34.23	34.23
	草地	x_8	9.60	0.28	8.32	8.32
	建设用地	x_9	494.16	632.94	475.00	486.91
	耕地	x_{10}	459.70	386.17	436.08	461.74
	裸地	x_{11}	2.92	1.37	1.37	1.37

（5）东营市面积需求预测

本研究收集了《东营市的“十四五”生态环境保护规划》和《东营市国土空间总体规划（2021—2035 年）》，作为面积需求预测的依据和参考（表 5-20）。

表 5-20　东营市规划文件及细则

规划	发布机构	细则
《东营市“十四五”生态环境保护规划》	东营市人民政府	1. 2025 年底前，全市森林覆盖率达到 6%，湿地保护率提高到 60% 以上，自然保护区面积保持稳定 2. 严守永久基本农田红线，严禁有损自然生态系统的开荒以及侵占水面、湿地、林地、草地的农业开发活动 3. 2025 年底前，城市建成区绿地率达到 38.7% 以上 4. 2025 年底前，全市大陆自然岸线保有率不低于 45.5%，岸线岸滩整治修复长度不少于 12km、新增滨海湿地整治修复面积不低于 $1400hm^2$
《东营市国土空间总体规划（2021—2035 年）》	东营市人民政府	1. 进一步强化建设用地总量和强度双控，严格落实建设用地控制标准，合理确定建设用地规模 2. 将布局相对集中、长期稳定耕种的耕地优先划入永久基本农田。永久基本农田一经划定，任何单位和个人不得擅自占用或者擅自改变用途

本研究收集了 2000 ~2010 年东营市的土地利用分类数据，由于分类体系与范围不同，滩地、浅海水域和近海均无历史数据值（表 5-21）。此外，湖泊的数据略有偏差，这里不使用。

表 5-21　2000 ~2010 年东营市城市湿地与非湿地的面积变化　（单位：km^2）

土地类型		2000 年	2005 年	2010 年
城市湿地	沼泽	222.89	386.43	645.63
	河流/河口水域	109.47	116.93	157.20
	湖泊	0.89	1.83	—
	滩地	—	—	—
	浅海水域	—	—	—
	水库/养殖池	855.49	931.44	1160.42
非湿地	林地	22.04	24.49	327.89
	草地	424.29	347.00	31.09
	建设用地	770.83	839.74	972.98
	耕地	4481.38	4238.71	3721.93
	裸地	701.86	689.22	609.72
	近海	—	—	—

依据以上数据及需求，东营市不同情景下各个城市湿地与非湿地类型的面积预测如下。

1）面积总量：在本研究的边界设定下，东营市内陆及沿海区域的总面积为 11 890.90km^2，因此所有城市湿地与非湿地类型的面积总和也应为 11 890.90km^2。

$$x_1+x_2+x_3+x_4+x_5+x_6+x_7+x_8+x_9+x_{10}+x_{11}+x_{12}+x_{13}+x_{14}=11\ 890.90 \tag{5-71}$$

式中，$x_1 \sim x_{14}$分别代表沼泽、河流、湖泊、滩地、河口水域、浅海水域、水库、养殖池、林地、草地、建设用地、耕地、裸地、近海。

2）沼泽。东营市靠海，拥有大面积的沼泽，多年以来呈现出先上升后下降的变化趋势。《东营市“十四五”生态环境保护规划》提到要提高湿地保护率、新增滨海湿地整治修复面积，因此本研究设定在经济建设情景下，沼泽最多降至 2000 年的最低值，而在湿地保护和和谐发展情景下沼泽至多恢复至 2010 年的最大值，并以 2020 年为下限值，具体要求如下：

$$\begin{cases} x_1 \geqslant 222.89 & \text{经济建设情景} \\ 555.26 \leqslant x_1 \leqslant 645.63 & \text{湿地保护情景} \\ 555.26 \leqslant x_1 \leqslant 645.63 & \text{和谐发展情景} \end{cases} \tag{5-72}$$

3）河流。由于土地利用数据分类系统不同，历史数据的河流包含了本研究分类系统中的河流与河口水域，因此，这里仅使用其变化率来预测未来的面积需求。本研究设定在经济建设情景下，河流至多按照 2000 年的最低值下降 34.29%，而湿地保护和和谐发展情景下则至多按照 2015～2020 年的增长率持续增加，并以 2020 年的面积值作为下限值，具体要求如下：

$$\begin{cases} x_2 \geqslant 40.42 & \text{经济建设情景} \\ 61.52 \leqslant x_2 \leqslant 71.88 & \text{湿地保护情景} \\ 61.52 \leqslant x_2 \leqslant 71.88 & \text{和谐发展情景} \end{cases} \tag{5-73}$$

4）湖泊。历史数据中湖泊的面积与本研究相差较远，因此本研究设定在经济建设情景下以 2015 年的面积值作为下限值，而在其他两种情景下则以 2020 年的面积值为下限值，并最高按照 2015～2020 年的增长率继续增加，具体要求如下：

$$\begin{cases} x_3 \geqslant 80.48 & \text{经济建设情景} \\ 100.25 \leqslant x_3 \leqslant 174.13 & \text{湿地保护情景} \\ 100.25 \leqslant x_3 \leqslant 174.13 & \text{和谐发展情景} \end{cases} \tag{5-74}$$

5）滩地。东营市拥有大面积的滩地，且该类型易与开放水体、沼泽等类型发生转移。因此，本研究设定将 2015 年的面积作为上限值，湿地保护情景下以 2020 年的面积作为下限值，经济建设情景下则按照 2015～2020 年的减少率继续减少，而在和谐发展情景下则以 2020 年的 95% 作为下限值，具体要求如下：

$$\begin{cases} x_4 \geqslant 159.34 & \text{经济建设情景} \\ 319.69 \leqslant x_4 \leqslant 383.87 & \text{湿地保护情景} \\ 303.71 \leqslant x_4 \leqslant 383.87 & \text{和谐发展情景} \end{cases} \tag{5-75}$$

6）河口水域。与河流的设定类似，在经济建设情景下河口水域至多按照 2000 年的最低值下降 34.29%，而在湿地保护和和谐发展情景下，以 2015 年的面积作为上限、2020 年作为下限，具体要求如下：

$$\begin{cases} x_5 \geqslant 69.04 & \text{经济建设情景} \\ 105.07 \leqslant x_5 \leqslant 107.75 & \text{湿地保护情景} \\ 105.07 \leqslant x_5 \leqslant 107.75 & \text{和谐发展情景} \end{cases} \tag{5-76}$$

7）浅海水域。在未来的发展中，浅海水域极易被其他类型侵占，因此将 2020 年的 90% 作为下限值，而上限值则是以 2015 ~ 2020 年的增长率继续增长，具体要求如下：

$$750.58 \leqslant x_6 \leqslant 869.92 \tag{5-77}$$

8）水库。历史数据中水库与养殖池合并为水库坑塘，这里使用水库坑塘的变化率来计算水库和养殖池未来可能的面积需求值。因此，本研究设定在经济建设情景下以 2000 ~ 2020 年水库和养殖池总和的变化率来计算最低值，而在其他情景下以 2015 年为上限值，以 2015 ~ 2020 年减少率持续减少的数值作为下限值，具体要求如下：

$$\begin{cases} x_7 \geqslant 56.85 & \text{经济建设情景} \\ 69.34 \leqslant x_7 \leqslant 80.78 & \text{湿地保护情景} \\ 69.34 \leqslant x_7 \leqslant 80.78 & \text{和谐发展情景} \end{cases} \tag{5-78}$$

9）养殖池。养殖池具有不低的经济价值和生态价值，且其面积占比较大。因此，与水库的设定类似，在经济建设情景下以 2000 ~ 2020 年的变化率来计算其最低值，而其他情景下则以 2015 年作为下限值，以 2015 ~ 2020 年增长率持续增长的面积作为上限值，具体要求如下：

$$\begin{cases} x_8 \geqslant 798.66 & \text{经济建设情景} \\ 985.15 \leqslant x_8 \leqslant 1454.07 & \text{湿地保护情景} \\ 985.15 \leqslant x_8 \leqslant 1454.07 & \text{和谐发展情景} \end{cases} \tag{5-79}$$

10）林地。从历史数据来看，2010 年的林地面积值与本研究略有偏差，这里将其忽略。而从其他数据来看，2000 年为历史最低值，将其设定为经济建设情景中林地面积的下限。根据《东营市“十四五”生态环境保护规划》中提及到 2025 年全市森林覆盖率达到 6%，若以此增长率持续增加到 2035 年森林覆盖率最高达到 7.72%，年增长率为 3.35%。因此，将规划中设定的增长率设为湿地保护和和谐发展情景的上限值，湿地保护情景的下限值为 2020 年的面积值，而和谐发展情景的下限值为增长至 2025 年的面积值，具体要求如下：

$$\begin{cases} x_9 \geqslant 22.04 & \text{经济建设情景} \\ 42.08 \leqslant x_9 \leqslant 63.20 & \text{湿地保护情景} \\ 49.12 \leqslant x_9 \leqslant 63.20 & \text{和谐发展情景} \end{cases} \tag{5-80}$$

11）草地。草地的历史数据中 2000 年与 2005 年的面积值与本研究差别较大，这里不做借鉴。《东营市“十四五”生态环境保护规划》中提及城市绿地率将逐步提高，因此本研究设定在湿地保护和和谐发展情景下以 2020 年的面积值为下限值。但 2015 ~ 2020 年的变化率略高，考虑到在实际情况中未来可能不会再有如此大的增长，这里设定再增长 30% 作为 2035 年的上限值，而在经济建设情景下则以 2015 年的面积值作为下限值，具体要求如下：

$$\begin{cases} x_{10} \geqslant 28.83 & \text{经济建设情景} \\ 47.05 \leqslant x_{10} \leqslant 61.17 & \text{湿地保护情景} \\ 47.05 \leqslant x_{10} \leqslant 61.17 & \text{和谐发展情景} \end{cases} \tag{5-81}$$

12）建设用地。《东营市国土空间规划（2021—2035 年）》要求进一步强化建设用地总量和强度双控，合理确定建设用地规模。因此，本研究设定在湿地保护和和谐发展情景下以 2015 ~ 2020 年增长率逐步降为 0 作为 2035 年面积的下限，湿地保护情景以 2015 ~ 2020 年增长率继续增加的面积作为上限，和谐发展情景下则将按照 2000 ~ 2020 年平均增长率继续增长的面积作为上限，而经济建设情景则不设置上限，具体要求如下：

$$\begin{cases} x_{11} \geqslant 1439.62 & \text{经济建设情景} \\ 1661.35 \leqslant x_{11} \leqslant 1885.36 & \text{湿地保护情景} \\ 1661.35 \leqslant x_{11} \leqslant 1967.03 & \text{和谐发展情景} \end{cases} \tag{5-82}$$

13）耕地。当前东营市颁布的规划中并未详细说明永久基本农田的面积，但从其近些年的政策来看，东营市在耕地保护上十分重视，因此本研究设定未来耕地至多按照 2015 ~ 2020 年的减少率继续减少，上限为 2020 年的面积，具体要求如下：

$$3023.29 \leqslant x_{12} \leqslant 3634.05 \tag{5-83}$$

14）裸地。历史数据显示，东营市过去的裸地基本分布于沿海地区，而在近些年这些区域都被开发为养殖池、建设用地等类型。而在未来的发展中，裸地仍然易转移为其他湿地或非湿地类型，因此，这里将 2020 年的面积值作为其上限值，以 2020 年的 50% 作为其下限值，具体要求如下：

$$45.14 \leqslant x_{13} \leqslant 90.28 \tag{5-84}$$

15）近海。2015 ~ 2020 年东营市近海未发生太大变化，但未来可能转移为其他湿地或非湿地类型，因此将 2020 年的面积值作为上限值，至多减少 10%。

$$3141.67 \leqslant x_{14} \leqslant 3490.74 \tag{5-85}$$

使用 Lingo 软件对上述公式进行求解，并用 Markov 模型计算趋势延续情景下的面积需求，2035 年不同情景不同城市湿地与非湿地类型的面积值如表 5-22 所示。

表 5-22　2035 年东营市不同情景下城市湿地与非湿地的面积需求（单位：km^2）

土地类型		编号	趋势延续	经济建设	湿地保护	和谐发展
城市湿地	沼泽	x_1	467.38	222.89	645.63	555.26
	河流	x_2	66.72	40.42	71.88	71.88
	湖泊	x_3	138.25	80.48	174.13	100.25
	滩地	x_4	213.08	159.34	319.69	303.71
	河口水域	x_5	96.57	69.04	107.75	107.75
	浅海水域	x_6	856.00	750.58	869.92	835.65
	水库	x_7	70.92	56.85	80.78	80.78
	养殖池	x_8	1313.04	798.66	1311.47	1454.07
非湿地	林地	x_9	36.58	22.04	42.08	63.20
	草地	x_{10}	70.00	28.83	47.05	61.17
	建设用地	x_{11}	1791.87	3451.67	1661.35	1967.03
	耕地	x_{12}	3105.07	3023.29	3023.29	3103.34
	裸地	x_{13}	139.28	45.14	45.14	45.14
	近海	x_{14}	3526.24	3141.67	3490.74	3141.67

(6) 哈尔滨市面积需求预测

本研究收集了哈尔滨市的“十四五”规划、国土空间总体规划、生态环境保护规划等政策文件，作为面积需求预测的依据和参考（表5-23）。

表5-23　哈尔滨市规划文件及细则

规划	发布机构	细则
《哈尔滨市国民经济和社会发展第十四个五年规划和二〇三五年远景目标纲要》	哈尔滨市人民政府	1. 到2025年，耕地面积稳定在199.7万hm^2 2. 到2025年，主城区建成区绿化覆盖率38% 3. 到2025年，森林覆盖率达46%以上
《哈尔滨市国土空间总体规划（2020—2035年）》	哈尔滨市自然资源和规划局	1. 到2035年，建设用地增量递减 2. 对草地资源实行全面保护、重点建设、合理利用，至2035年，草地面积总体稳定
《哈尔滨市生态环境保护“十四五”规划》	哈尔滨市生态环境局	到2025年，湿地保护率达到50%，2021年底前恢复天然湿地140hm^2

本节收集了2000～2010年哈尔滨市的土地利用分类数据，由于分类体系与范围不同，滩地无历史数据值（表5-24）。此外，有些土地类型的数据略有偏差，部分不使用或仅使用其变化率。

表5-24　2000～2010年哈尔滨市城市湿地与非湿地的面积变化　（单位：km^2）

土地类型		2000年	2005年	2010年
城市湿地	沼泽	157.69	163.72	201.66
	河流	109.52	109.20	383.62
	湖泊	60.32	59.61	1.28
	滩地	—	—	—
	水库/养殖池	4.85	4.61	108.48
非湿地	林地	1193.83	1198.41	1245.68
	草地	3.01	3.01	12.87
	建设用地	859.81	861.43	972.92
	耕地	7723.45	7713.44	7254.51
	裸地	72.28	71.34	3.75

依据以上数据及需求，哈尔滨市不同情景下各个城市湿地与非湿地类型的面积预测如下。

1）面积总量。由于哈尔滨市申请湿地城市的范围仅包含9个市辖区，区域的总面积为10174.47km^2，因此所有城市湿地与非湿地类型的面积总和也应为10 174.47km^2。

$$x_1+x_2+x_3+x_4+x_5+x_6+x_7+x_8+x_9+x_{10}+x_{11}=10174.47 \tag{5-86}$$

式中，$x_1 \sim x_{11}$分别代表沼泽、河流、湖泊、滩地、水库、养殖池、林地、草地、建设用地、耕地、裸地。

2）沼泽。从历史数据来看，自 2000 年开始，哈尔滨市沼泽面积出现了较快的增长，尤其是 2015 ~ 2020 年间增长率达到了 51.52%。然而在未来的发展中，受到其他类型的限制及气候变化等因素的限制，即便是湿地保护情景下也不会再有如此大幅度的增长。因此，经济建设情景的下限值设定为 2000 年的历史最低值，湿地保护情景下沼泽至多按照 2000 ~ 2020 年的平均增长率继续增加，且 2020 年的面积为下限值。而《哈尔滨市生态环境保护"十四五"规划》中提及到 2025 年底前恢复天然湿地 140hm²，根据哈尔滨现有湿地面积为 19.87 万 hm²，基于此，设定在和谐发展情景下恢复 420hm²，即恢复 0.21%，具体要求如下：

$$\begin{cases} x_1 \geqslant 157.69 & \text{经济建设情景} \\ 322.16 \leqslant x_1 \leqslant 400.48 & \text{湿地保护情景} \\ 322.16 \leqslant x_1 \leqslant 322.84 & \text{和谐发展情景} \end{cases} \tag{5-87}$$

3）河流。从历史数据来看，哈尔滨市河流面积从 2005 年后开始增加，近些年呈现出了略微减少的趋势。因此，本研究设定在经济建设情景下河流至多减少至 2005 年的最低值，湿地保护情景下至多恢复至 2010 年的最高值，而和谐发展情景和沼泽一样至多恢复 0.21%，下限值均为 2020 年的面积，具体要求如下：

$$\begin{cases} x_2 \geqslant 109.20 & \text{经济建设情景} \\ 316.31 \leqslant x_2 \leqslant 383.62 & \text{湿地保护情景} \\ 316.31 \leqslant x_2 \leqslant 316.97 & \text{和谐发展情景} \end{cases} \tag{5-88}$$

4）湖泊。对比历史数据与本研究的分类结果发现，湖泊、水库、养殖池在分类时易出现混淆，因此这里使用其总和来设置这三种湿地类型未来可能的变化。经过计算得到历史最低值出现在 2005 年、最高值为 2020 年，降至历史最低值的变化率为 47.92%。因此，本研究设定在经济建设情景下湖泊面积至多减少 47.92%，而湿地保护情景下至多按照 2015 ~ 2020 年的增长率继续增长，和谐发展情景下则按照 0.21% 的恢复率增加，并以 2020 年的面积值为下限值，具体要求如下：

$$\begin{cases} x_3 \geqslant 14.69 & \text{经济建设情景} \\ 28.20 \leqslant x_3 \leqslant 29.57 & \text{湿地保护情景} \\ 28.20 \leqslant x_3 \leqslant 28.26 & \text{和谐发展情景} \end{cases} \tag{5-89}$$

5）滩地。滩地属于自然湿地，因此在和谐发展情景下滩地也按照 0.21% 的恢复率恢复，湿地保护情景下则至多恢复至 2015 年的面积，两种情景均以 2020 年的面积值为下限值。然而 2015 ~ 2020 年的变化率偏大，若按照其趋势继续减少滩地就会全部消失，基于此，为了保留滩地，设定在经济建设情景下至多再减少 50%，具体要求如下：

$$\begin{cases} x_4 \geqslant 10.59 & \text{经济建设情景} \\ 21.18 \leqslant x_4 \leqslant 27.75 & \text{湿地保护情景} \\ 21.18 \leqslant x_4 \leqslant 21.22 & \text{和谐发展情景} \end{cases} \tag{5-90}$$

6）水库。与湖泊的设定类似，在经济建设情景下水库至多再减少 47.92%。在和谐发展情景下下限值为 2015 年的面积值，至多按照 0.21% 恢复。而在湿地保护情景下至多按照 2015 ~ 2020 年的增长率继续增加，下限值则设置为 2020 年的面积，具体要求如下：

$$\begin{cases} x_5 \geqslant 34.07 & \text{经济建设情景} \\ 65.42 \leqslant x_5 \leqslant 66.38 & \text{湿地保护情景} \\ 65.10 \leqslant x_5 \leqslant 65.56 & \text{和谐发展情景} \end{cases} \tag{5-91}$$

7）养殖池。与湖泊和水库的设定类似，在经济建设情景下面积至多再减少 47.92%。在和谐发展情景下以 2015 年的面积值为下限值、2020 年的面积值为上限值，而湿地保护情景下则以 2020 年的面积值下限值，最高值则按照 2015～2020 的变化率继续增加，具体要求如下：

$$\begin{cases} x_6 \geqslant 15.46 & \text{经济建设情景} \\ 29.68 \leqslant x_6 \leqslant 52.48 & \text{湿地保护情景} \\ 23.63 \leqslant x_6 \leqslant 29.68 & \text{和谐发展情景} \end{cases} \tag{5-92}$$

8）林地。从历史数据来看，林地面积的最低值是 2000 年，因此将该值设置为经济建设情景下的下限值。此外，哈尔滨市“十四五”规划要求到 2025 年森林覆盖率达 46% 以上，以此说明未来林地面积不可以减少。故此，在和谐发展情景下将 2020 年的面积设置为下限值，2010 年的最大值设置为上限值。在湿地保护情景下设定至多按照 2015～2020 年的变化率继续下降，也将 2010 年作为上限值，具体要求如下：

$$\begin{cases} x_7 \geqslant 1193.83 & \text{经济建设情景} \\ 1211.11 \leqslant x_7 \leqslant 1245.68 & \text{湿地保护情景} \\ 1227.63 < x_7 \leqslant 1245.68 & \text{和谐发展情景} \end{cases} \tag{5-93}$$

9）草地。历史数据与本研究的分类结果差别略大，这里不做参考。哈尔滨市草地分布较广，在经济建设情景下很可能被迅速侵占，因此设定在此种情景下以 2020 年面积的 90% 作为下限值。《哈尔滨市国土空间总体规划（2021—2035 年）》中提及对草地资源实行全面保护，至 2035 年草地面积总体稳定。基于此，设定在和谐发展情景下以 2020 年的面积值为下限值，至多按照 2015～2020 年的面积继续增长。而湿地保护情景下则以 2015 年的面积值为下限值，2020 的面积值为上限值，具体要求如下：

$$\begin{cases} x_8 \geqslant 223.97 & \text{经济建设情景} \\ 238.10 \leqslant x_8 \leqslant 248.85 & \text{湿地保护情景} \\ 248.85 < x_8 \leqslant 282.56 & \text{和谐发展情景} \end{cases} \tag{5-94}$$

10）建设用地。《哈尔滨市国土空间总体规划（2021—2035 年）》要求到 2035 年建设用地增量递减。而就 2015～2020 年的变化率发现，近些年哈尔滨市建设用地的面积基本稳定，甚至出现了减少的趋势。因此，本研究设定在湿地保护和和谐发展情景下至多按照 2015～2020 年的变化率继续减少，至多按照 2000～2020 年的平均增长率逐渐减小为 0 的速度发展。而经济建设情景下不设置上限值，以 2020 年面积为下限值，具体要求如下：

$$\begin{cases} x_9 \geqslant 1083.47 & \text{经济建设情景} \\ 1072.94 \leqslant x_9 \leqslant 1179.67 & \text{湿地保护情景} \\ 1072.94 \leqslant x_9 \leqslant 1179.67 & \text{和谐发展情景} \end{cases} \tag{5-95}$$

11）耕地。哈尔滨市“十四五”规划提及到 2025 年耕地面积稳定在 199.70 万 hm^2，而根据第三次全国国土调查数据显示哈尔滨市耕地面积为 245.75 万 hm^2，表明至多减少 18.74%。因此，本研究设定 2020 年面积的 81.26% 为下限值，2020 年的面积值为上限值，具体要求如下：

$$5472.26 \leqslant x_{10} \leqslant 6734.26 \tag{5-96}$$

12）裸地。裸地的经济价值和生态价值均比较低，因此，这里设定裸地至多减少 50%，并以 2020 年的面积值为上限值，具体要求如下：

$$48.65 \leqslant x_{11} \leqslant 97.30 \tag{5-97}$$

13）自然湿地。《哈尔滨市生态环境保护"十四五"规划》中提及到 2025 年底前恢复天然湿地 140hm^2，哈尔滨现有湿地面积为 19.87 万 hm^2，基于此，设定在和谐发展情景下至少恢复 420hm^2，即恢复 0.21%，具体要求如下：

$$x_1 + x_2 + x_3 + x_4 \geqslant 689.29 \quad \text{和谐发展情景} \tag{5-98}$$

使用 Lingo 软件对上述公式进行求解，并用 Markov 模型计算趋势延续情景下的面积需求，2035 年不同情景不同城市湿地与非湿地类型的面积值如表 5-25 所示。

表 5-25　2035 年哈尔滨市不同情景下城市湿地与非湿地的面积需求（单位：km^2）

土地类型		序号	趋势延续	经济建设	湿地保护	和谐发展
城市湿地	沼泽	x_1	450.95	157.69	400.48	322.84
	河流	x_2	281.87	109.20	383.62	316.97
	湖泊	x_3	33.44	14.69	29.57	28.26
	滩地	x_4	8.19	10.59	27.75	21.22
	水库	x_5	67.41	34.07	66.38	65.10
	养殖池	x_6	51.95	15.49	52.48	29.68
非湿地	林地	x_7	1231.08	1193.83	1245.68	1227.63
	草地	x_8	275.58	223.97	248.85	248.85
	建设用地	x_9	1092.21	2894.03	1072.94	1179.67
	耕地	x_{10}	6586.91	5472.26	6598.07	6685.60
	裸地	x_{11}	94.89	48.65	48.65	48.65

5.2.2.3　驱动因子与参数设置

本研究选取 13 个驱动因子来进行土地空间模拟预测，包括 2 个气候因子、5 个环境因子和 6 个社会经济因子，分别是年平均降水量、年平均温度、高程、坡度、土壤类型、土壤有机质含量、距离河流的距离、距离公路的距离、距离铁路的距离、距离县中心的距离、距离建设用地的距离、GDP 和人口密度。

在历史时期的模拟预测与模型对比分析中，为了得到更加贴近真实结果的模拟预测，邻域权重的设置与土地利用实际的转移较为相符。河流、湖泊、河渠一类的开放水体不易被侵占，因此设定其邻域权重为 0.75，沼泽、滩地、林地、草地一类的生态用地容易被开发，因此邻域权重值偏低。相较于耕地，养殖池更不易被侵占，而且耕地在 2015 ~ 2020 年间确实发生了较大的变化，因此将其权重设定为 0.4。建设用地建成后基本不会转移为其他用地，因此将其邻域权重设定为最高的 0.9。

在未来的多情景模拟预测中，建设用地的邻域权重仍是最高的，开放水体和林地等类型也相对较高，且根据不同情景邻域权重各有不同，如湿地保护情景下，自然湿地类型的权重要略高一些，具体信息见表5-26。

表5-26　不同情景下的邻域权重

土地类型		趋势延续情景	经济建设情景	湿地保护情景	和谐发展情景
城市湿地	沼泽	0.6	0.4	0.7	0.7
	河流	0.75	0.6	0.8	0.8
	湖泊	0.75	0.6	0.8	0.8
	滩地	0.5	0.3	0.6	0.5
	河口水域	0.7	0.6	0.8	0.8
	浅海水域	0.6	0.5	0.7	0.7
	水库	0.7	0.6	0.75	0.7
	河渠	0.7	0.6	0.7	0.7
	养殖池	0.65	0.75	0.6	0.6
非湿地	林地	0.7	0.6	0.7	0.8
	草地	0.5	0.4	0.5	0.6
	建设用地	0.9	0.95	0.9	0.9
	耕地	0.4	0.75	0.4	0.5
	裸地	0.2	0.2	0.2	0.2
	近海	0.6	0.5	0.5	0.6

转移矩阵是另一个重要参数，主要表征各类型之间是否可以相互转移，可转移为1，不可转移为0。历史时期和趋势延续情景一致，除建设用地不可转移为其他类型外，其他类型均可相互转移。经济建设情景下，建设用地仍然不可以转移为其他类型，耕地和养殖池除建设用地外不可转移为其他类型，但耕地和养殖池之间可以相互转移。湿地保护情景下，除近海以外，自然湿地类型不可转移为其他类型，其中包含沼泽、河流、湖泊、滩地、河口水域和浅海水域。当然建设用地也不可被其他类型侵占。和谐发展情景下，建设用地同样设置为不可被转移，但它同时也不可侵占包含湿地类型在内的生态用地，其中包括沼泽、河流、湖泊、滩地、河口水域、浅海水域、河渠、水库、林地和草地。另外，建设用地可以侵占耕地和养殖池。

5.2.2.4　限制发展区域

湿地与非湿地变化模拟预测中可以设置限制开发区域，这些区域可以是生态保护区，也可以是经济建设区。本研究从各市的国土空间规划、生态保护规划等政策文件中，提取出了各个城市的生态红线区、生态管控区、自然保护区等，并将其融入进湿地保护情景和和谐发展情景的模拟中（图5-2）。然而不同城市中能够获取的边界数据不同，因此模型输入略有不同。

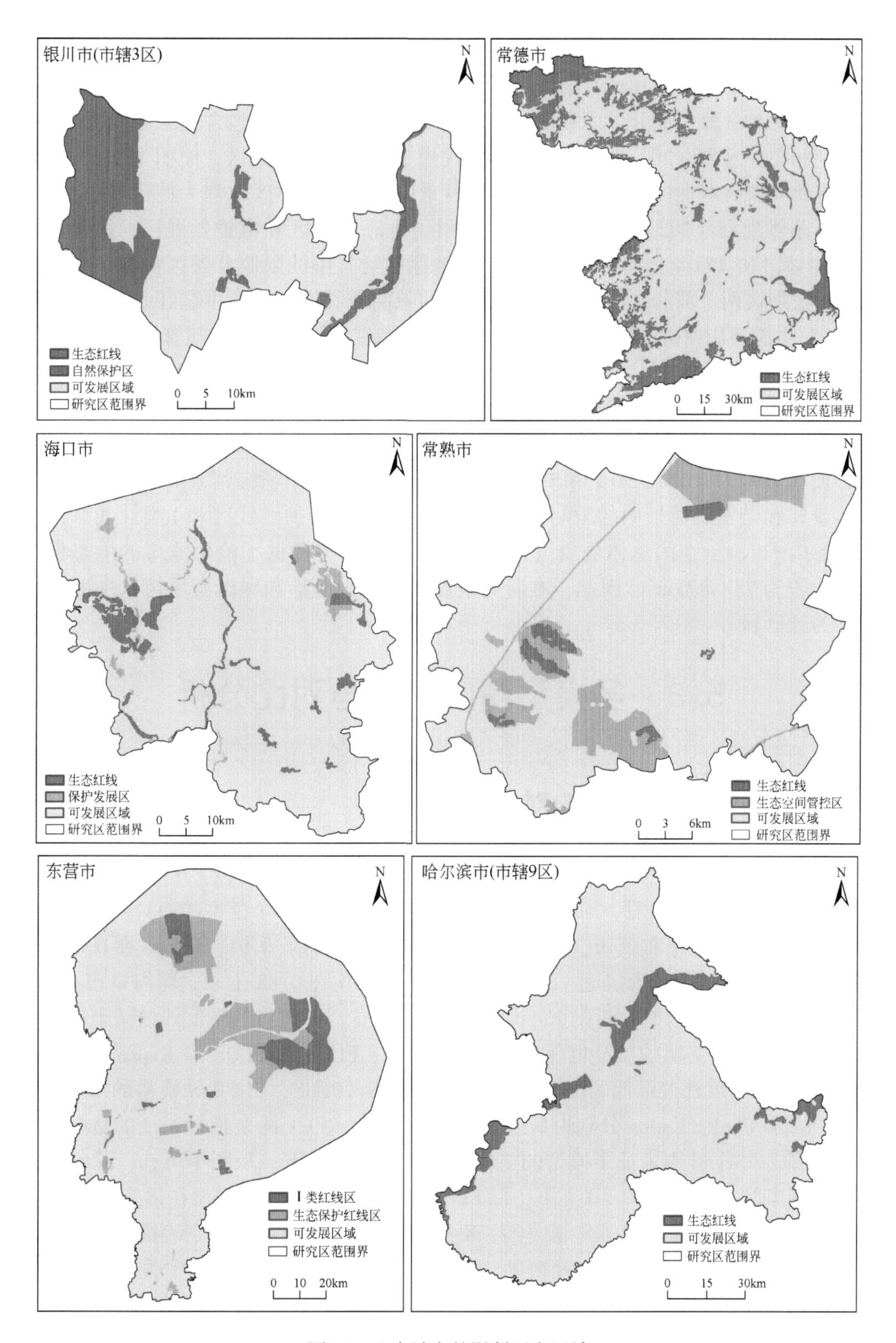

图5-2 6 个城市的限制开发区域

《银川市国土空间总体规划（2021—2035 年）》中提供了生态红线区和自然保护区，面积分别为 365. 81km^{2}和 101. 91km^2。因此，湿地保护情景中的限制开发区包含了生态红线区和自然保护区两个部分，而和谐发展情景中的限制开发区仅包含生态红线区。《常德市国土空间总体规划（2021—2035 年）》中提供了生态保护红线区，面积为 3309. 63km^2。因此，本研究设置湿地保护情景和和谐发展情景中的限制开发区也均为此区域。《海口市国土空间总体规划（2020—2035 年）》中提供了生态红线区和保护发展区，面积分别为 124. 56km^{2}和 178. 17km^2。与常熟市类似，湿地保护情景中的限制开发区包含了生态红线区和保护发展区两个部分，而和谐发展情景中的限制开发区仅包含生态红线区。《常熟市“十四五”生态环境保护规划》中提供了常熟市生态红线区与生态空间管控区，面积分别为 25. 63km^{2}和 167. 48km^2。因此，依据本研究情景需求的设置，湿地保护情景中的限制开发区包含了生态红线区和生态空间管控区两个部分，而和谐发展情景中的限制开发区仅包含生态红线区。《山东省生态规划红线图集》中提供了东营市生态保护红线区和 I 类红线区，面积分别为 1075. 52km^{2}和 571. 70km^2。因此，依据本研究情景需求的设置，湿地保护情景和和谐发展情景中的限制开发区均包含了生态保护红线区和 I 类红线区两个部分。《哈尔滨市国土空间总体规划（2020—2035 年）》中提供了哈尔滨市的生态保护红线区，面积为 788. 87km^2。因此，本研究设置湿地保护情景和和谐发展情景中的限制开发区均为此区域。

5. 3　多模型精度评估与对比分析

5. 3. 1　多模型精度评估的对比分析

图 5-3 显示了 3 个模型在 6 个湿地城市中的精度评估结果，共包含 6 个精度评估指标。从不同城市的整体精度来看，东营市的模拟预测精度最高，3 个模型的 OA 和 Kappa 均为 0. 92 和 0. 90。其次是哈尔滨市，FLUS 和 PLUS 的 OA 达到了 0. 91，Kappa 在 0. 80 以上。常德市与海口市的结果较为接近，3 个模型的 OA 结果均在 0. 88 上下，但海口市的 Kappa 值更高，在 0. 83 以上，常德市的 Kappa 则在 0. 80 左右。银川市的精度评估结果略低于前几个城市，但 3 个模型的 OA 也保持在 0. 85 以上，FLUS 和 PLUS 的 Kappa 均为 0. 82，CLUE-S 略低。精度评价最低的城市为常熟市，FLUS、PLUS、CLUE-S 模型的 OA 分别为 0. 83、0. 82 和 0. 81，Kappa 分别为 0. 76、0. 74 和 0. 72。以上两个指标表征的是模型的静态模拟精度，而 FOM 则表征了模型的空间动态模拟预测精度。从图中可知，除常熟市以外，其他城市的 FOM 均在 0. 10 上下，但 FLUS、PLUS 和 CLUE-S 模型在常熟市的 FOM 值分别达到了 0. 70、0. 66 和 0. 68。$K_{standard}$、K_{no}、$K_{location}$3 个精度指标分别表征了模拟中的空间信息精度、数量信息精度和位置精度，以此来评估模型在模拟预测中丢失了多少的信息。结果表明，相比于数量信息，3 个模型在模拟预测中丢失了更多的空间信息，$K_{standard}$与 $K_{location}$的结果较为接近，也均在 0. 80 附近。由此可知，3 个模型在 6 个湿地城市的城市湿地与非湿地模拟预测中均得到了较高的精度评估结果。

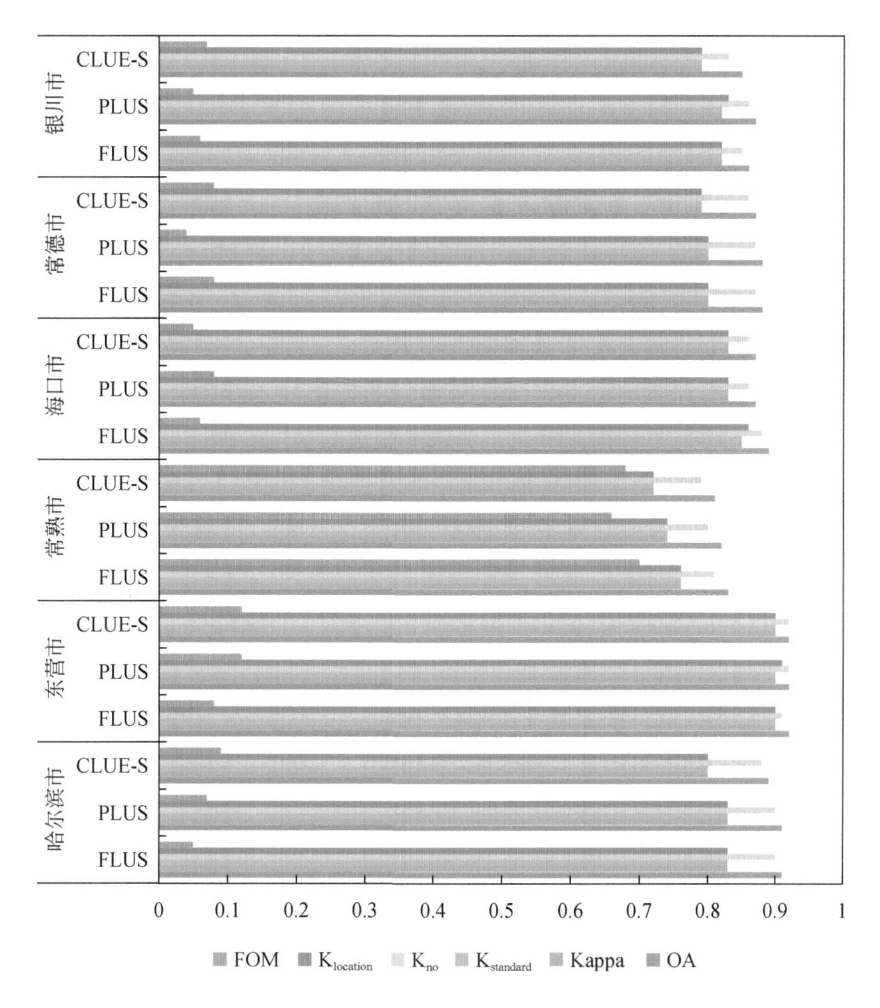

图 5-3　不同湿地城市中不同模型的模拟精度结果

表 5-27 统计了 6 个城市模拟预测结果的平均精度。结果显示，FLUS、PLUS 和CLUE-S 三个模型在 6 个湿地城市模拟中的总体精度分别为 0.88、0.88 和 0.87，Kappa 系数分别为 0.83、0.82 和 0.81。FLUS 的整体精度最高，而 CLUE-S 的动态精度更高。相较于数量信息，三个模型丢失了更多的空间信息，但 $K_{standard}$ 仍在 0.80 以上，说明保持信息的能力也比较高。另外，$K_{location}$ 的结果也在 0.80 以上，说明各个模型在位置信息的模拟预测上也有较高的精度。FOM 值在 6 个湿地城市的平均结果 0.17 左右，但各个城市的差别较大，常熟市的 FOM 达到了 0.70 以上，而其他城市的 FOM 基本处于在 0.10 ~ 0.20，可能原因分析如下：①常熟市区域面积偏小，城市湿地与非湿地仅有 11 个类型。根据其遥感分类的实际结果可知，2015 ~ 2020 年的变化基本发生在耕地与建设用地之间，模型易实现这样的演变规律，因此使得其 FOM 值偏高；②在前人的研究中，FOM 的取值范围大多都处于 0.01 ~ 0.59，多数低于 0.30，因此本研究中 6 个城市的平均结果也在合理范围内；③各个城市在近些年的发展与变化幅度偏小，且本研究城市湿地与非湿地类型过多，致使类型之间的转移过于复杂，也造成了 FOM 较低的结果。

表 5-27　不同模型在 6 个城市模拟中的精度评估结果

模型	OA	Kappa	$K_{standard}$	K_{no}	$K_{location}$	FOM
FLUS	0.88	0.83	0.83	0.87	0.83	0.17
PLUS	0.88	0.82	0.82	0.87	0.82	0.17
CLUE-S	0.87	0.81	0.81	0.86	0.81	0.18

表 5-28 列出了不同模型在模拟预测不同城市湿地与非湿地类型时的精度评估结果，包含 UA 和 PA 两个指标，且为 6 个湿地城市的平均值。总体来看，FLUS 的精度评估结果最优，UA 和 PA 分别为 0.83 和 0.82，PLUS 则分别为 0.80 和 0.79，CLUE-S 的两个指标结果均为 0.79。从不同类型来看，滩地、草地和裸地的精度最低，同时草地和裸地也是模型之间差别最大的两种类型，例如草地在 FLUS 模拟预测中的 UA 结果为 0.79，而 PLUS 仅有 0.58。浅海水域和近海的精度最高，近海甚至为 1.00，这也与其分布集中、面积较广、变化不大等原因相关。FLUS 在河流、湖泊等自然湿地类型中模拟的精度更高，PLUS 在河渠、水库等人工湿地类型中的模拟预测更优，而 CLUE-S 虽然没有非常大的优势，但其在各个城市湿地与非湿地类型的模拟预测中十分稳定。

表 5-28　不同模型在城市湿地与非湿地类型中的模拟预测精度结果

土地类型		FLUS		PLUS		CLUE-S	
		UA	PA	UA	PA	UA	PA
城市湿地	沼泽	0.72	0.73	0.74	0.74	0.70	0.70
	河流	0.88	0.88	0.80	0.79	0.87	0.87
	湖泊	0.82	0.80	0.76	0.74	0.78	0.77
	滩地	0.65	0.68	0.65	0.64	0.63	0.64
	河口水域	0.91	0.90	0.91	0.91	0.88	0.87
	浅海水域	0.97	0.97	0.98	0.98	0.97	0.97
	河渠	0.82	0.84	0.86	0.80	0.79	0.80
	水库	0.86	0.84	0.87	0.85	0.81	0.83
	养殖池	0.73	0.74	0.73	0.72	0.72	0.73
非湿地	林地	0.85	0.85	0.86	0.87	0.84	0.84
	草地	0.79	0.66	0.58	0.58	0.66	0.66
	建设用地	0.81	0.81	0.79	0.79	0.79	0.80
	耕地	0.88	0.88	0.88	0.88	0.87	0.87
	裸地	0.74	0.68	0.60	0.59	0.55	0.55
	近海	1.00	1.00	1.00	1.00	1.00	1.00
	总体	0.83	0.82	0.80	0.79	0.79	0.79

本研究还统计了城市湿地总体、自然湿地和人工湿地的模拟预测精度结果。由表 5-29 可知，三个模型在城市湿地类型模拟预测的整体精度均在 0.79 以上，其中 FLUS 的 UA 和 PA 为 0.82，PLUS 的 UA 和 PA 分别为 0.81 和 0.82，而 CLUE-S 的结果均为 0.79。这表明三个模型较好的模拟了城市湿地精细类型的变化与转移。三个模型在自然湿地的模拟预测略高于湿地总体和人工湿地，这与河口水域、浅海水域精度较高相关。而相较于其他湿地类型，沼泽和滩地这两种自然湿地类型精度较低，这可能与其易与其他类型相互转移相关，且受到当年气候、降水等因素影响，模型较难模拟出其真实的变化。

表 5-29　不同模型在湿地类型中的模拟预测精度结果

土地类型	FLUS		PLUS		CLUE-S	
	UA	PA	UA	PA	UA	PA
城市湿地总体	0.82	0.82	0.81	0.80	0.79	0.79
自然湿地	0.83	0.83	0.81	0.80	0.80	0.80
人工湿地	0.80	0.81	0.82	0.79	0.78	0.79

5.3.2　多模型模拟预测结果的对比分析

5.3.2.1　银川市模拟预测结果的对比分析

根据上节研究结果可知，西夏区、金凤区和兴庆区是银川市申请湿地城市的范围，且其作为城市核心区近些年变化比较小。研究区西侧的西夏区有大面积的草地，东侧的兴庆区也分布着广泛的草地和裸地，黄河从其中流过，其他区域则多为建设用地和耕地。2015～2020 年，城市的变化主要为建设用地的增长，以及林地、耕地等类型的减少。PLUS、FLUS 和 CLUE-S 三个模型对银川市的模拟预测与实际情况十分吻合；但出现的问题也十分一致，如黄河周边滩地的变化并没有很好地模拟预测出来，东侧耕地的变化与遥感分类结果也出入很大（图 5-4）。

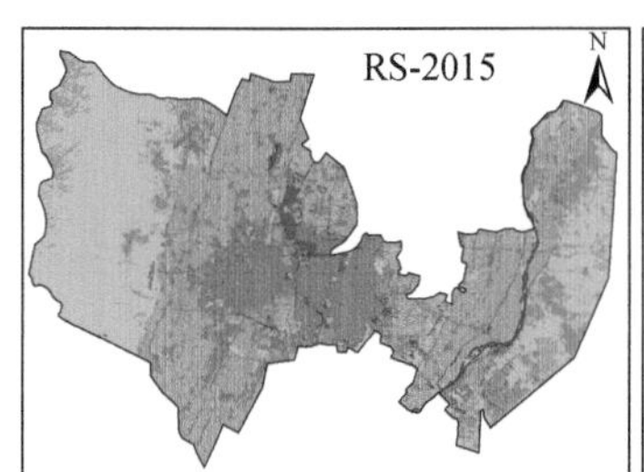

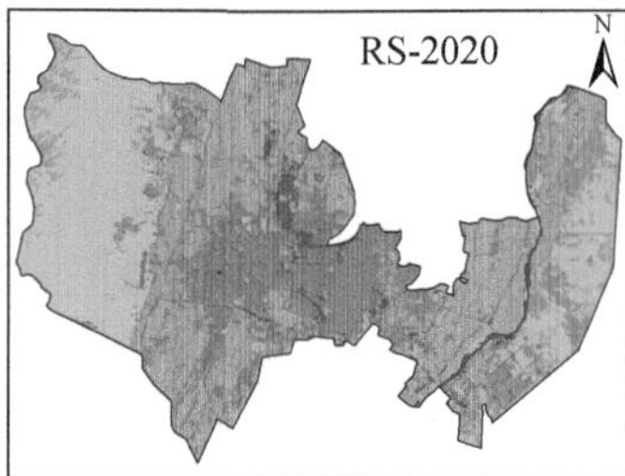

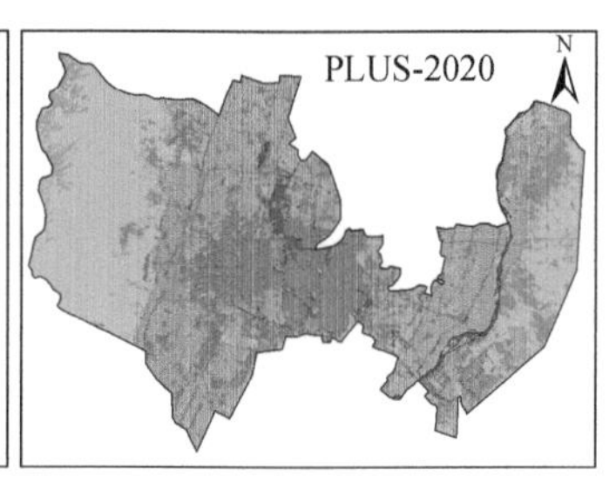

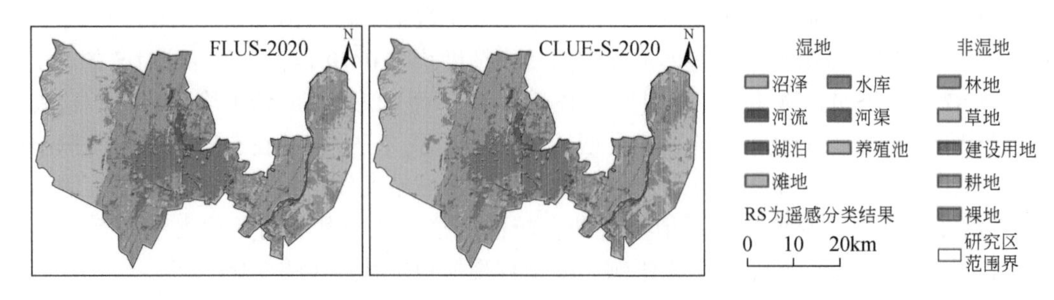

图 5-4 银川市（市辖 3 区）内不同模型的城市湿地与非湿地模拟预测结果

5.3.2.2 常德市模拟预测结果的对比分析

常德市是 6 个湿地城市中面积最大的，主要类型是林地和耕地，沅江、澧水流经此处，湿地资源十分丰富。2015 ~ 2020 年，常德市湿地与非湿地变化主要集中在建设用地、养殖池、沼泽的增长，以及林地、耕地的减少。建设用地的增长分布在两条河流的两岸，FLUS、PLUS 和 CLUE-S 三个模型也较好地模拟预测出了扩张的结果（图 5-5）。沼泽的扩张多分布在湖泊和水库周围，而在澧水水系上出现了些许减少，但三个模型并没有模拟预测出相关的结果。另外，在养殖池的模拟预测中 PLUS 模型出现了不合理的结果，它显示

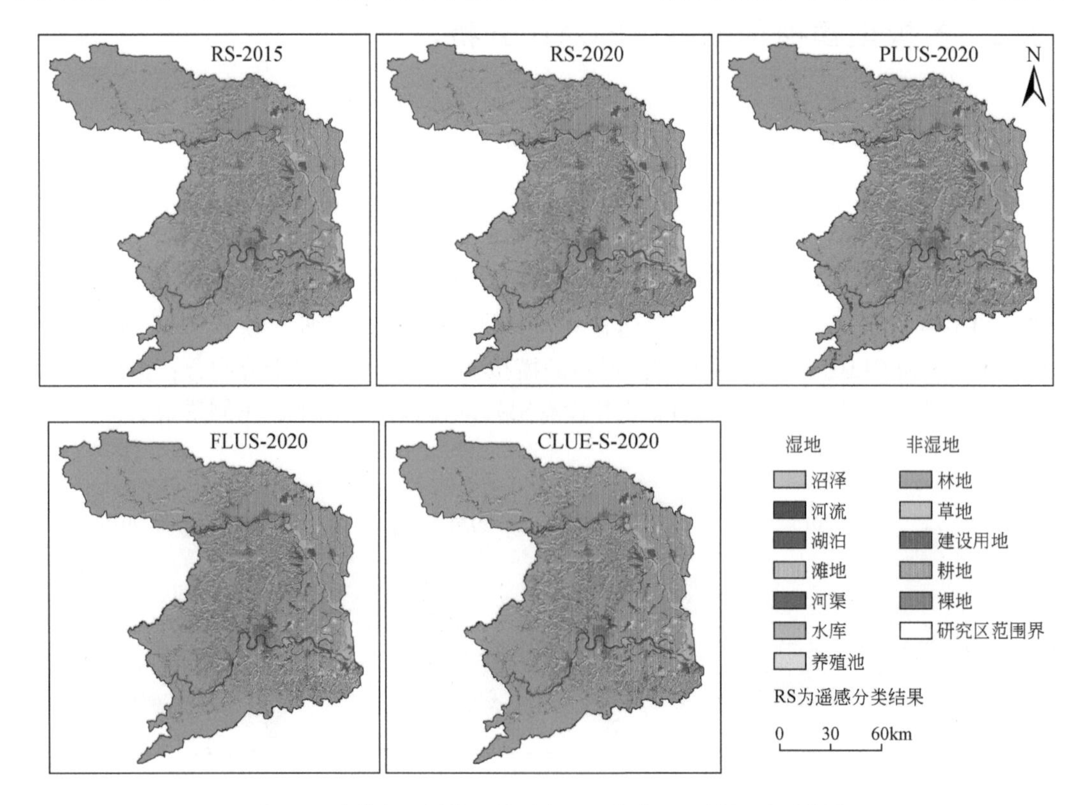

图 5-5 常德市不同模型的城市湿地与非湿地模拟预测结果

侵占了部分南部地区的林地和耕地，这与实际情况是不符的。

5.3.2.3 海口市模拟预测结果的对比分析

海口市北部靠海，中间被南渡江分成东西两个部分，建设用地基本位于南渡江的西岸，且靠近海边，其余大部分地区基本呈现出了林地与耕地交错分布的状态。从遥感影像解译的真实结果可以得出，2015～2020 年南部地区出现了很多细碎的耕地斑块，说明有一些林地被开发为耕地，同时在江东地区建设用地也有明显扩张现象。PLUS 和 FLUS 对耕地的模拟预测与实际情况更相近，而 CLUE-S 对耕地的模拟结果并不是细碎的斑块，而是成片的扩张（图 5-6）。PLUS 在河流的模拟预测中出现了较大问题，它的结果显示内陆部分的南渡江被耕地和林地侵占，而西南部、南部的河流却出现了向外扩张的趋势，这或许是训练空间驱动因子出现偏差。FLUS 与 CLUE-S 均模拟预测出了西南部地区建设用地对耕地的侵占，而 PLUS 与真实情况差别较大。此外，CLUE-S 在建设用地的模拟预测中也存在部分的不合理性，比如浅海水域与近海的交界处出现了较大面积的建设用地。

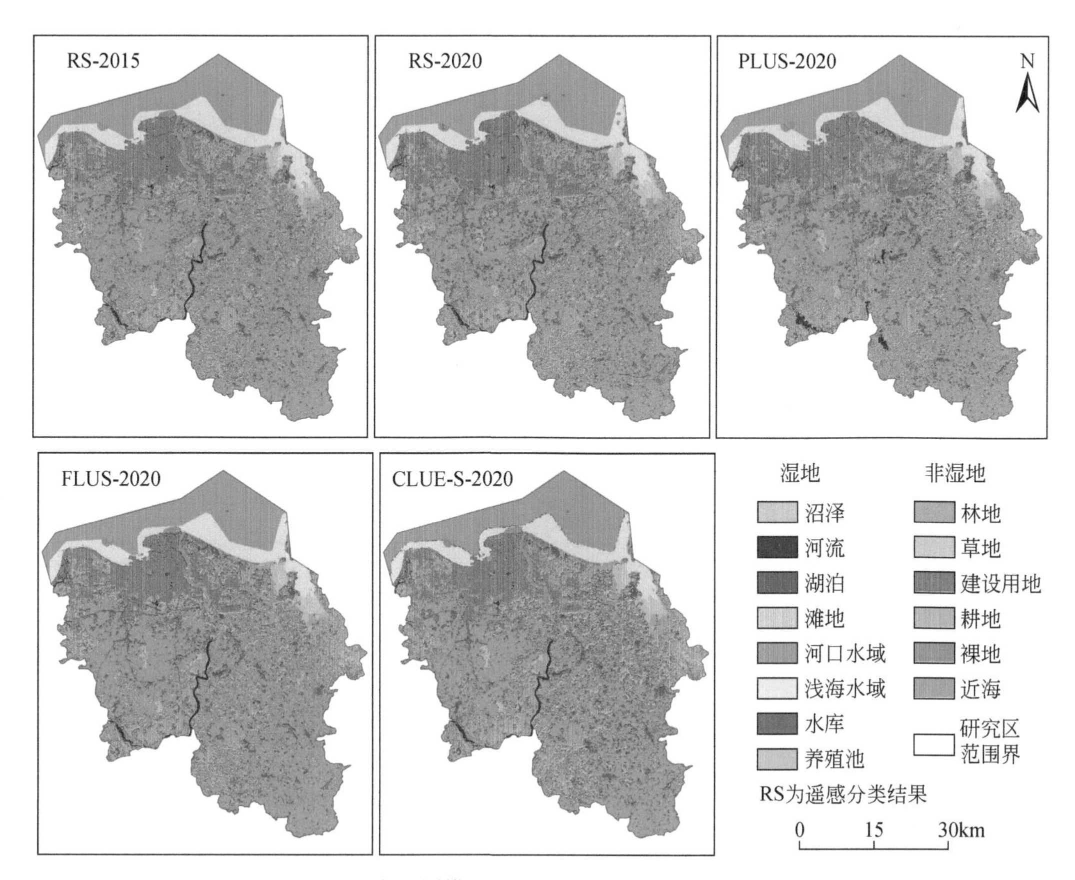

图 5-6　海口市不同模型的城市湿地与非湿地模拟预测结果

5.3.2.4 常熟市模拟预测结果的对比分析

常熟市由于2015～2022年城市整体变化不大，这里主要以2020年作为对比年份。从空间上看，常熟市以耕地和建设用地为主，北部有较大面积的河流，南部有一些聚集的养殖池。2015～2020年常熟市的东北部及东部地区有大面积的建设用地扩张，且分布较为分散。中心地区的林地和两个大型湖泊周围并未发生较大的变动，南部地区的养殖池有少量转为建设用地。而从模拟预测的结果来看，FLUS、PLUS、CLUE-S得到了接近实际情况的结果，但在某些类型中还存在偏差（图5-7）。例如，三个模型并没有很好地模拟预测出建设用地的大范围扩张，PLUS的模拟结果成片状分布，FLUS和CLUE-S要更贴合实际的发展规律。CLUE-S在南部地区养殖池附近的模拟预测结果与实际真实结果有些不同。另外，在西南部地区，三个模型均模拟预测出了养殖池侵占湖泊的结果，而真实情况中并未发生。总体来看，FLUS的模拟预测结果更贴合实际情况，CLUE-S在建设用地的模拟上略有偏差，而PLUS的模拟结果有些聚集，呈片状分布，它对于新斑块的模拟预测还略有不足。

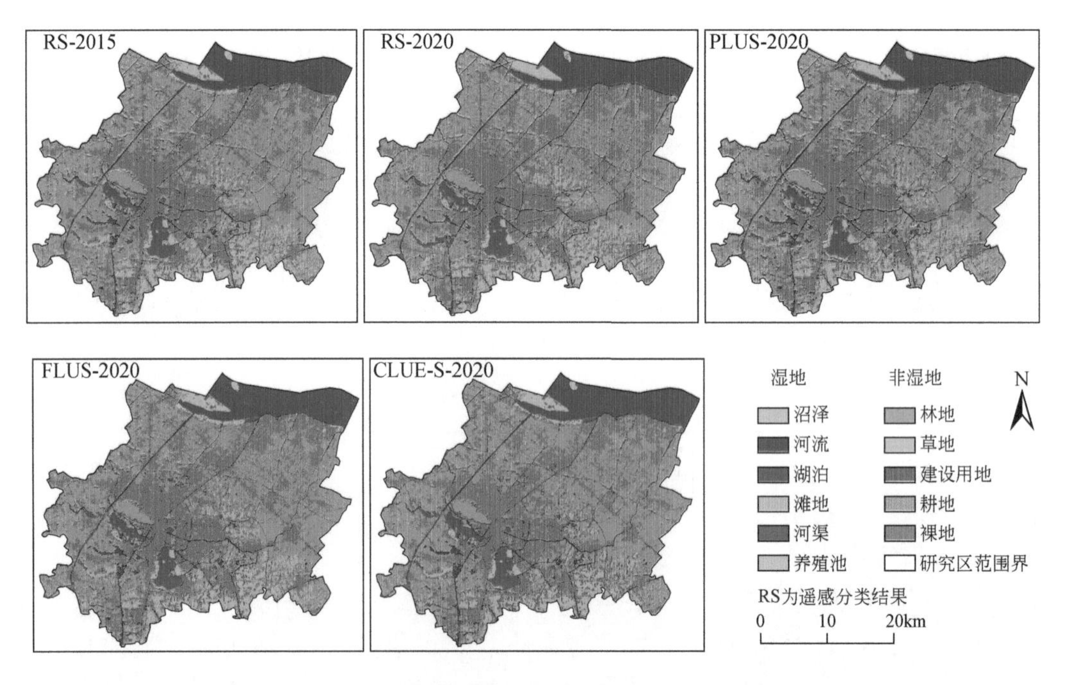

图5-7　常熟市不同模型的城市湿地与非湿地模拟预测结果

5.3.2.5 东营市模拟预测结果的对比分析

东营市北部和东部靠海，这里是黄河入海口，是重要的自然保护区。城市内以耕地和建设用地为主，靠海一侧有较大面积的养殖池。2015～2020年湿地与非湿地类型的变化主要出现在建设用地和养殖池的扩张，并伴随着耕地面积的减少。此外，沿海区域内沼泽和滩地的面积略有缩小。整体来看，三个模型的模拟预测结果与2020年遥感影像解译的真实结果是较为重合的（图 5-8）。PLUS 在空间上对于养殖池的模拟预测比其他两个模型更贴近真实情况。与其他城市相比，三个模型对东营市建设用地的模拟预测更为合理。最大的问题出现在湖泊的模拟中，沿海地区小部分沼泽与滩地转移为湖泊的现象并未被模拟预测出来。另外，在陆地中，PLUS 的模拟结果还出现了湖泊被耕地侵占的情况，这并不是十分合理。

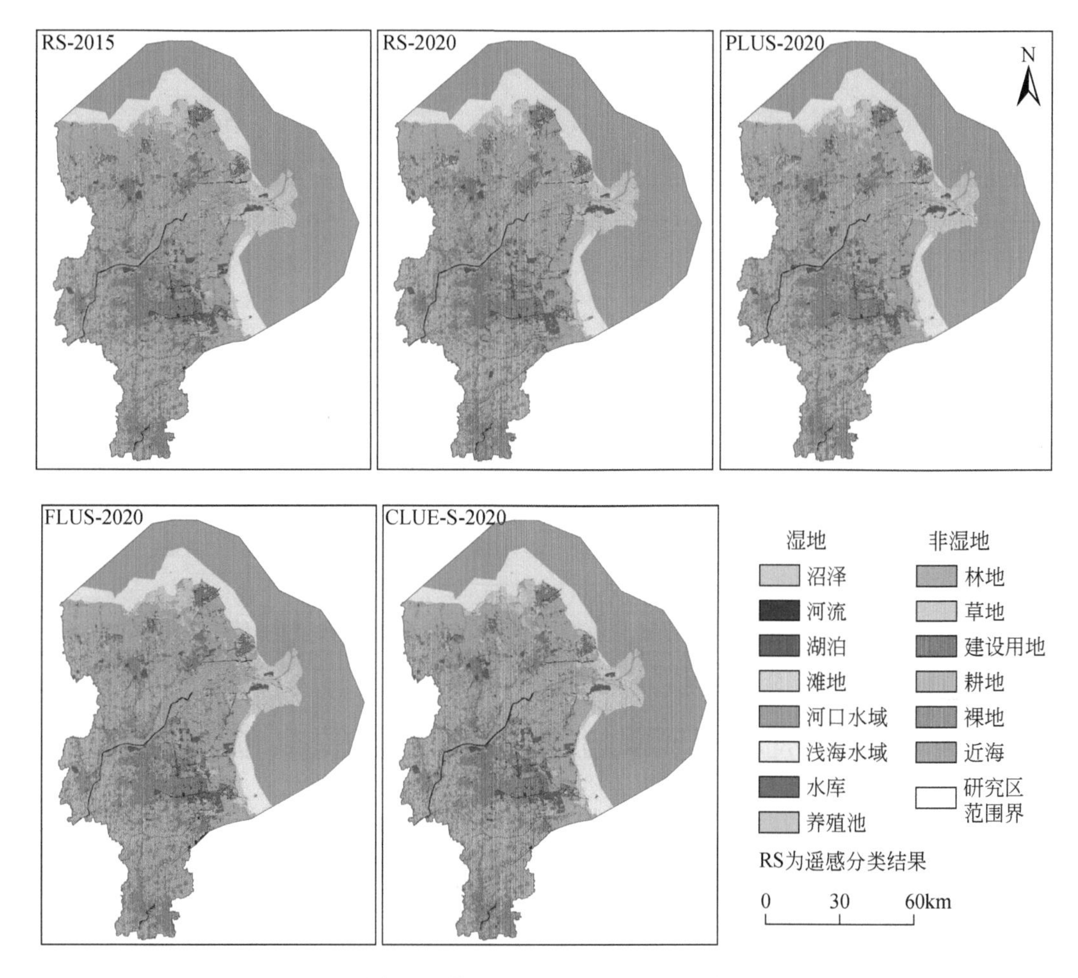

图 5-8　东营市不同模型的城市湿地与非湿地模拟预测结果

5.3.2.6　哈尔滨市模拟预测结果的对比分析

哈尔滨市以耕地为主，松花江穿过其中，东部有大面积的林地，建设用地多集中在河流的南侧。2015 ~ 2020 年，哈尔滨市沼泽出现了较大幅度的增长，林地和耕地变化不明显，但出现了建设用地减少的特殊情况。从模拟预测结果来看，大部分湿地与非湿地类型的分布与实际情况是吻合的，主要问题出现在沼泽的模拟中，且主要位于松花江上（图 5-9）。2020 年的遥感分类图显示，西部区域有少部分耕地和草地转移为沼泽，东北部区域有部分河流转移为沼泽，但仅有 PLUS 模型模拟预测出了部分结果。

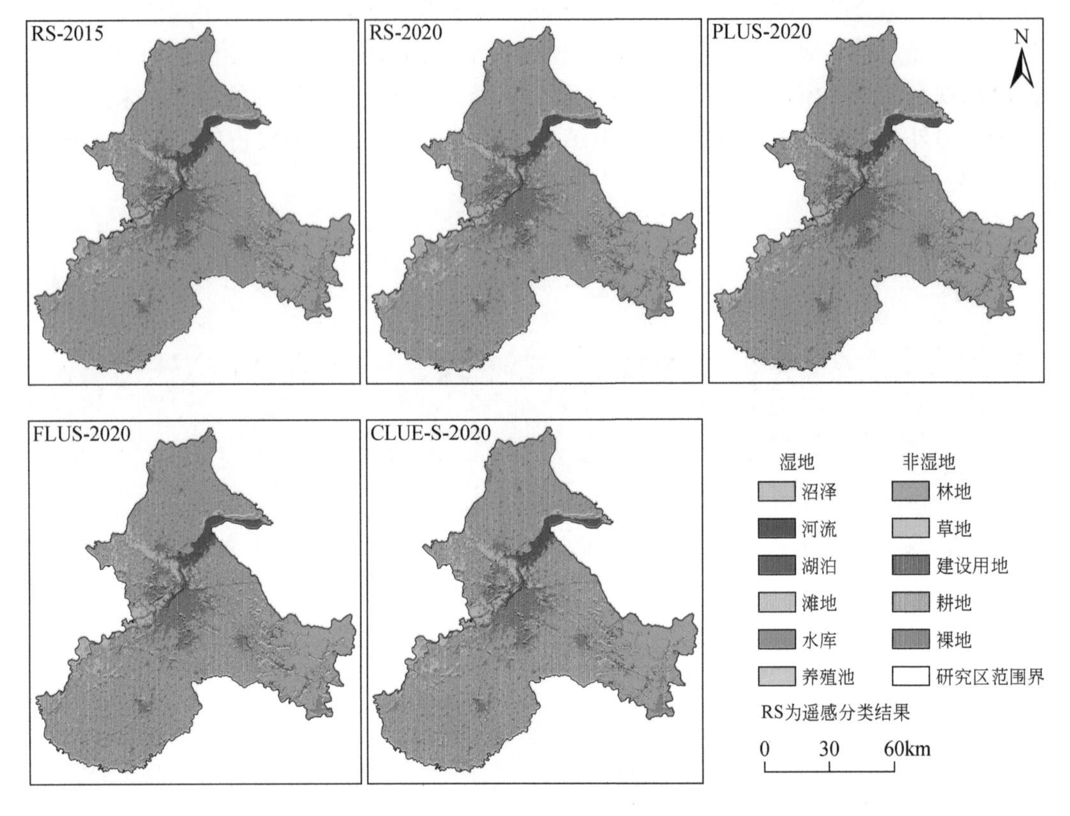

图 5-9　哈尔滨市（市辖 9 区）不同模型的城市湿地与非湿地模拟预测结果

5.4　城市湿地与非湿地的多情景模拟预测结果

5.4.1　银川市城市湿地与非湿地的多情景模拟预测结果

虽然已设定了不同城市湿地与非湿地类型的面积需求，但实际模型模拟预测出的结果可能与需求间存在偏差。因此，这里统计了不同城市湿地与非湿地类型在不同年份的面积。多数情况下，由于面积在中间年份的设置是按照整体趋势逐渐增加或减少的，大部分城市湿地与非湿地类型在不同情景下的变化也是按照相对稳定的变化率增加或减少的，因此，这里主要进行 2020 ~ 2035 年的整体变化分析（图 5-10）。

2020 ~ 2035 年，趋势延续情景下沼泽、滩地、水库、养殖池的面积出现下降的可能性，预测出的下降率分别为 28.41%、13.55%、35.69%、28.78%；河流与河渠则呈现出了波动下降的趋势，下降率为 2.76% 和 4.20%；湖泊面积有一定上升，增长率为 7.78%。经济建设情景下各个湿地类型均有不同程度的减少，其中沼泽、水库、河渠和养殖池更为

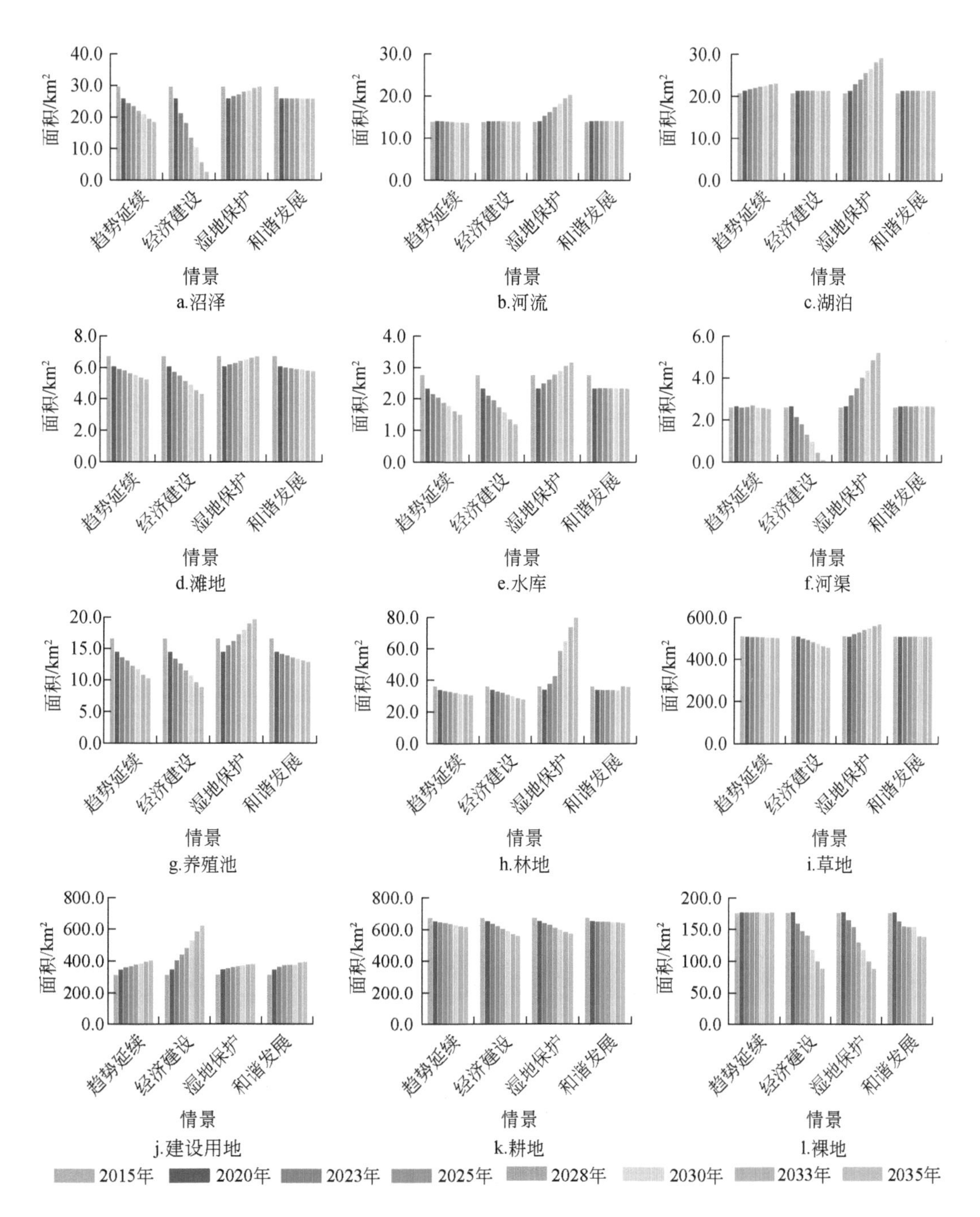

图 5-10　2015 ~ 2035 年不同情景下银川市城市湿地与非湿地的面积变化

显著，下降率分别为 89.67%、48.70%、95.83% 和 38.40%。与该情景不同的是湿地保护情景，在该情景下各个湿地类型均有恢复，恢复明显的类型有河流、湖泊、水库、河渠和养殖池，面积增长率分别为 44.22%、36.31%、36.35%、97.27% 和 36.34%。其中，河渠的变化在上述两个情景中是十分巨大的，但其实河渠面积非常小，2035 年面积分别为

0.11km²和5.20km²。在和谐发展情景中，沼泽、河流、湖泊、水库、河渠的面积十分稳定，仅有滩地和养殖池的面积出现了些许减少，减少率分别为4.98%和10.72%。

在非湿地中，林地和建设用地在不同情景下的差别是最大的。其中，林地面积在湿地保护情景下有大幅度的增长，增长率达到了134.75%，和谐发展情景下也有少许增加，增长率为5.71%。但趋势延续和经济建设情景下则在逐年减少。建设用地在不同情景下有不同程度的增加，2035年四种情景下面积分别为402.50km²、621.55km²、380.42km²和393.12km²，增长率分别为16.38%、79.72%、10.00%和13.67%，趋势延续、湿地保护和和谐发展情景中建设用地的面积较为接近。此外，受其他类型侵占和转移的影响，耕地在各个情景中均有不同程度的减少，减少率分别为5.45%、14.62%、12.11%和1.40%。

从空间上看，银川市在未来也基本保持着生态用地在两侧、人工用地在中心的分布（图5-11）。由于本研究仅涉及银川市辖3区面积较小，所以有些情景下变化并不明显，大部分变化都集中在建设用地、耕地等类型中间，空间上也都分布在城区及周边地区。在趋

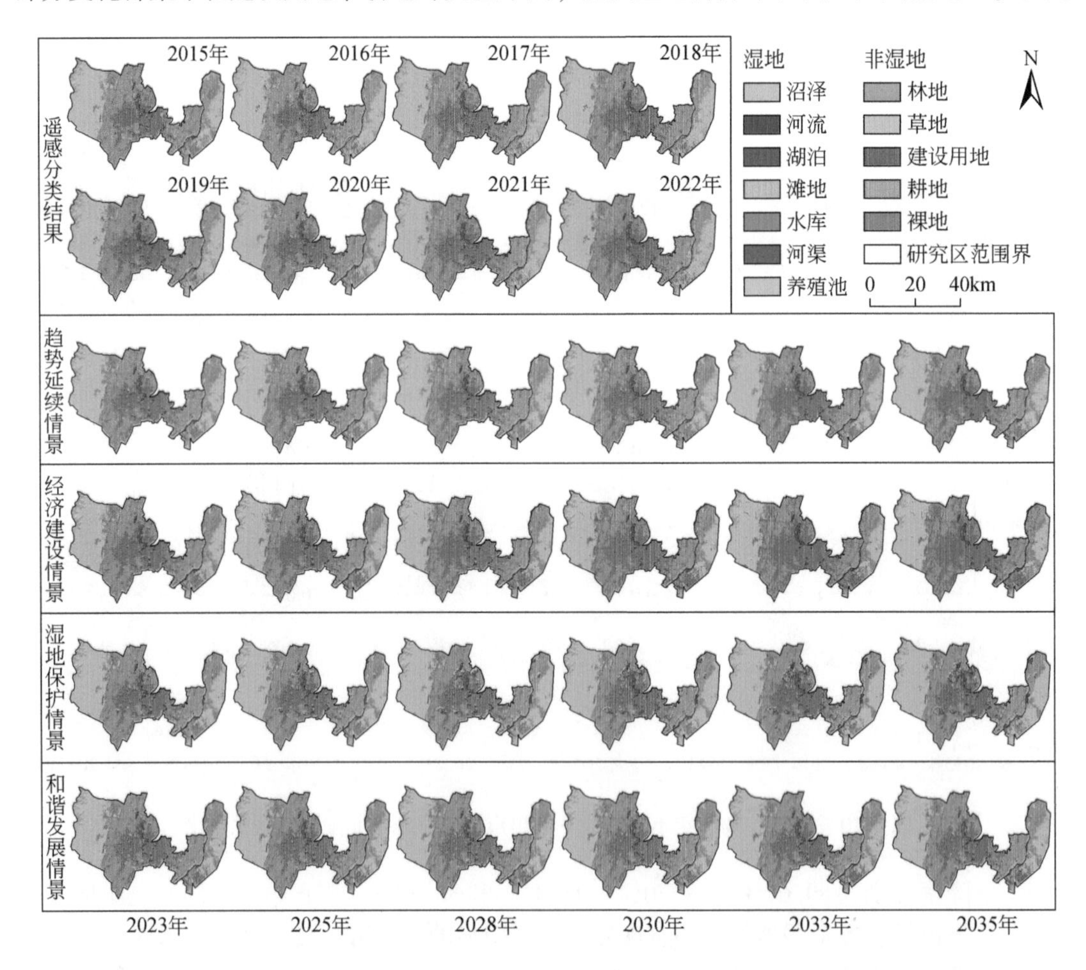

图5-11　2015～2035年银川市（市辖3区）多情景下城市湿地与非湿地的模拟预测结果

势延续情景中，沼泽和滩地有一定减少，但基本都转移为周边的开放水体，如河流、湖泊等类型。经济建设情景中除了建设用地大幅增加外，耕地在部分区域也有扩张，建设用地的扩张主要位于城区，而耕地的变化多在外围区域。湿地保护情景下，沼泽、湖泊、河渠、养殖池逐渐对周围耕地进行侵占，另外还有部分耕地和裸地转移为林地和草地。银川市在湿地保护情景中不仅体现了对湿地的保护，也实现了对其他生态用地的恢复与重建。银川市裸地面积占比比较高，因此从和谐发展情景的结果中可以看出，未来该情景下建设用地的增长均是通过侵占裸地形成的，这样的变化对湿地及其他生态用地不会造成太大的负面影响。

为了更加细致地探究不同情景下城市湿地与非湿地的变化，本研究在不同城市均选取了一个典型区域来进行对比分析，主要以 2020 年遥感分类结果和 2035 年的情景模拟预测结果为例（图 5-12）。银川市的典型区位于中南部的关湖周围，这里分布着湖泊、河渠、沼泽等多种类型。从空间分布来看，趋势延续、湿地保护和和谐发展三种情景较为接近，在 2020 年遥感分类结果的基础上发生了少量变化。趋势延续情景中除了建设用地增加外，比较明显的变化是湖泊对沼泽的侵占以及耕地与沼泽的相互转移。湿地保护情景中湖泊和河渠的扩张十分显著，并覆盖了原本的沼泽，而其他区域的沼泽又出现了对耕地的侵占。和谐发展情景基本保持了 2020 年的分布，而且基本没有出现建设用地占用湿地和生态用地的现象。

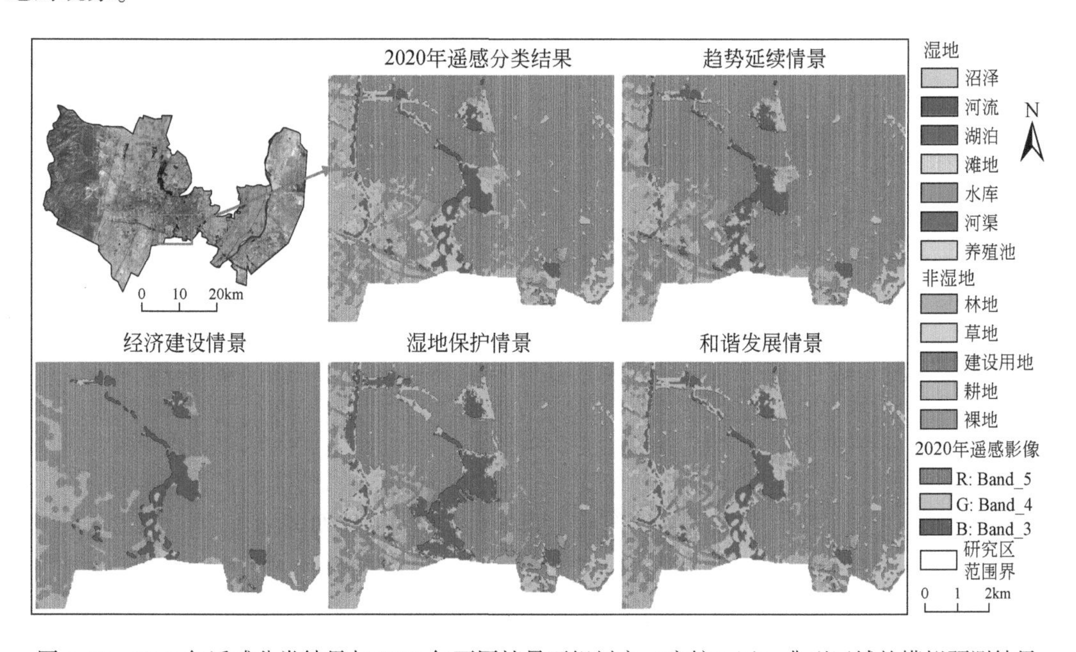

图 5-12　2020 年遥感分类结果与 2035 年不同情景下银川市（市辖 3 区）典型区域的模拟预测结果

5.4.2　常德市城市湿地与非湿地的多情景模拟预测结果

2020 ~ 2035 年，常德市沼泽、河流和滩地在四种情景的变化较为一致，在趋势延续和湿地保护情景中逐渐恢复，在经济建设情景中逐渐减少，而在和谐发展情景中基本保持不变（图5-13）。三种类型在趋势延续情景中增长率分别为9.23%、2.60%和10.32%，在湿地保护情景中的增长率分别为18.10%、8.88%和19.35%，而在经济建设情景中的减少率分别为9.31%、1.05%和6.07%。此外，仅有养殖池的面积在趋势延续和和谐发展情景中有一定增加，增长率分别为34.75%和36.51%。湖泊、河渠、水库在趋势延续情

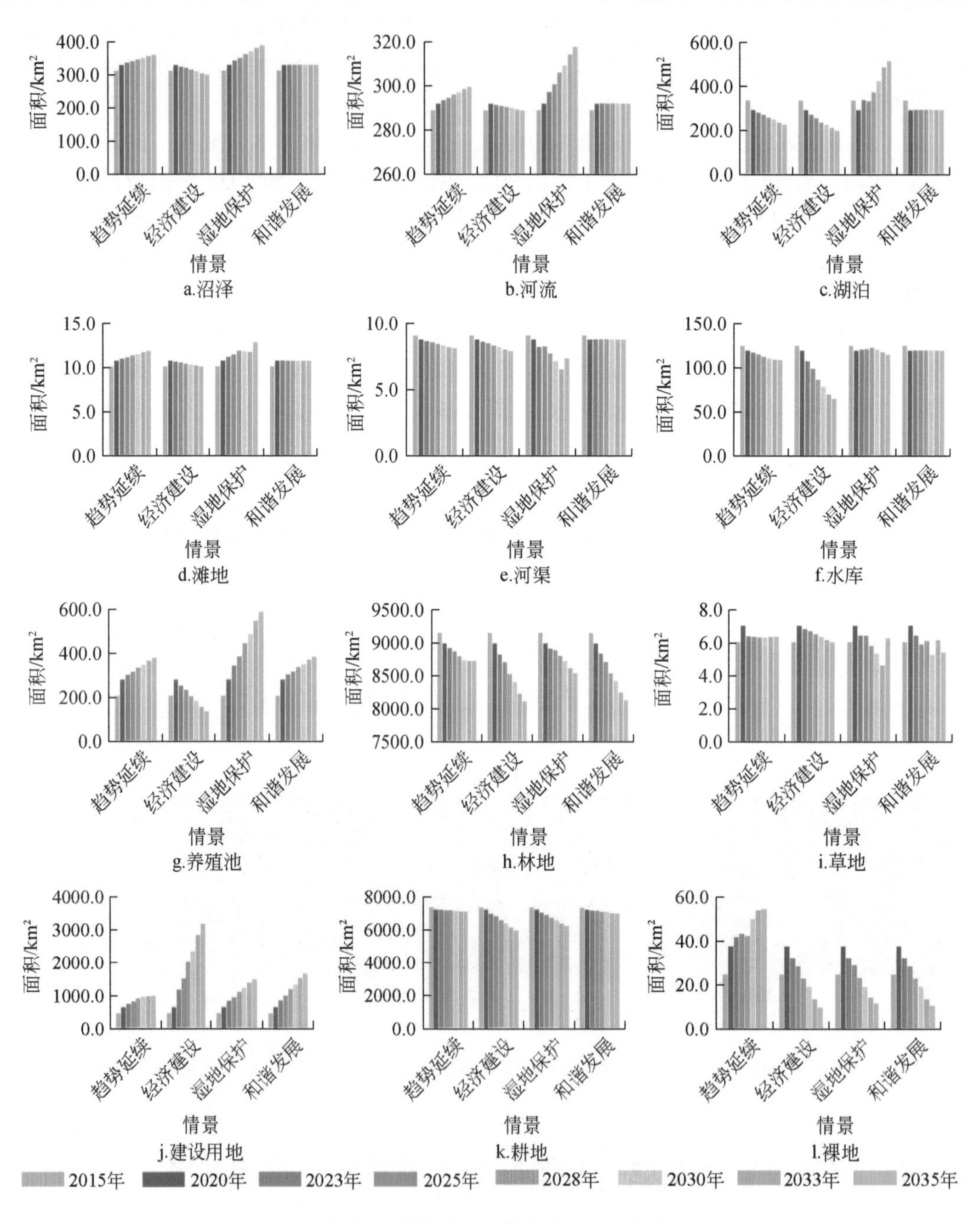

图5-13　2015～2035年不同情景下常德市城市湿地与非湿地的面积变化

景中均有不同程度的减少，同时所有的湿地类型在经济建设情景中也都有退化。湖泊和养殖池在湿地保护情景中增长较为明显，增长率分别为 76. 88% 和 109. 52% 。然而，河渠和水库却在该情景下有小幅减少，减少率分别为 16. 24% 和 3. 94% 。

从非湿地来看，林地和耕地在四种情景中均呈现出持续下降的趋势，其中经济建设情景中下降得更为显著，下降率分别为 9. 84% 和 17. 72% 。草地在常德市的面积占比非常小，但四种情景下的下降程度略有不同，其下降率分别为 9. 27% 、14. 17% 、10. 89% 和 22. 92% 。另外，2035 年建设用地在不同情景模拟预测的结果分别达到了 961. 87km^2 、3142. 85km^2 、1467. 51km^2 和 1632. 00km^2 ，增长率分别为 53. 13% 、400. 34% 、133. 63% 和 159. 81% ，湿地保护和和谐发展情景的结果较为接近。

常德市是 6 个城市中面积最大的，市域内分布着广泛的林地和耕地，湿地资源也是极为丰富的。2020 ~ 2035 年，趋势延续情景中建设用地增加幅度是最小的，基本分布在现有建设用地外围（图 5-14）。另外，变化比较明显的湿地类型为养殖池，其扩张区域主要位

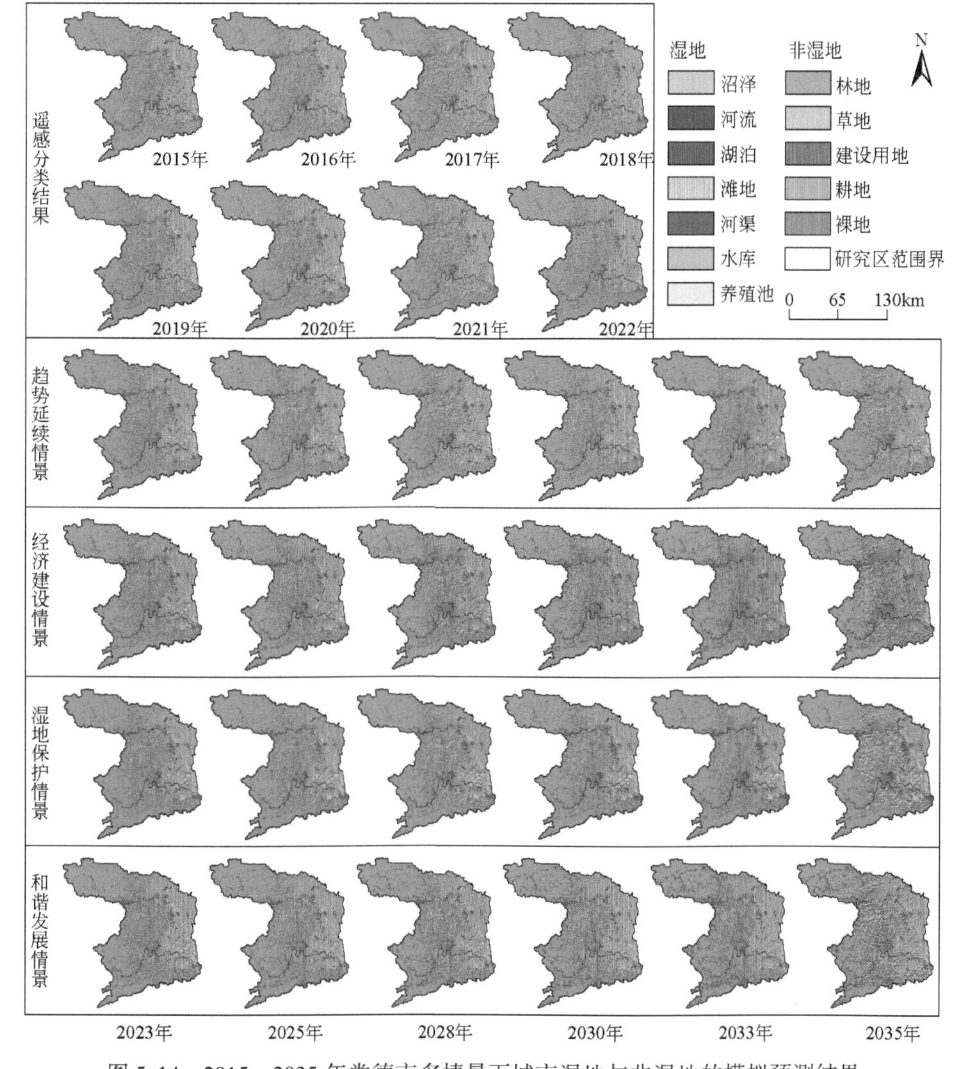

图 5-14　2015 ~ 2035 年常德市多情景下城市湿地与非湿地的模拟预测结果

于东部及沅江和澧水的两岸。由于经济建设情景下对于建设用地的扩张没有限制，且城市面积较大，所以到2035年该情景下建设用地出现了非常广泛且迅猛的增长。这些增长主要集中在北部、中部和东部的丘陵与平原区，而西北部和西南部的山区中该现象并不显著。湿地保护情景中各个湿地类型的恢复十分明显，主要分布在东部及河流沿岸，湖泊和养殖池的增加覆盖了原有的耕地与林地。和谐发展情景中变化最大的类型同样是建设用地，它侵占了原有的林地和耕地，并且广泛地分布在常德市全境，甚至包含了西北部与西南部的山区。该情景下养殖池增长也比较明显，主要分布在东部、东南部的河流附近。

常德市的典型区位于毛里湖国家湿地公园附近，这里是湖南省最大的溪水湖，也是古洞庭湖的一部分。从各个模拟预测情景的细节图可以看出，趋势延续情景中除建设用地的小幅扩张外，养殖池的增加十分明显，且均匀地分布在湖泊周围（图5-15）。而经济建设情景中建设用地的增长则是十分夸张的，原本的村镇与道路不断扩大，并逐渐连接在一起，且各个湿地类型及林地均有被侵占。湿地保护情景中湿地类型的增长也是十分巨大的，湖泊、养殖池、沼泽等类型在原来区域的基础上不断向外扩张。这里也可以看出，湿地类型的扩张是在原有位置上片状式地逐渐向外侵占，而建设用地的增长则不仅向外延伸，甚至还逐渐相连，也会在新的区域内出现块状小区域。和谐发展情景中建设用地的增长同样十分明显，但在该区域内养殖池却凭空出现在林地附近，这样的结果略微有些偏差。

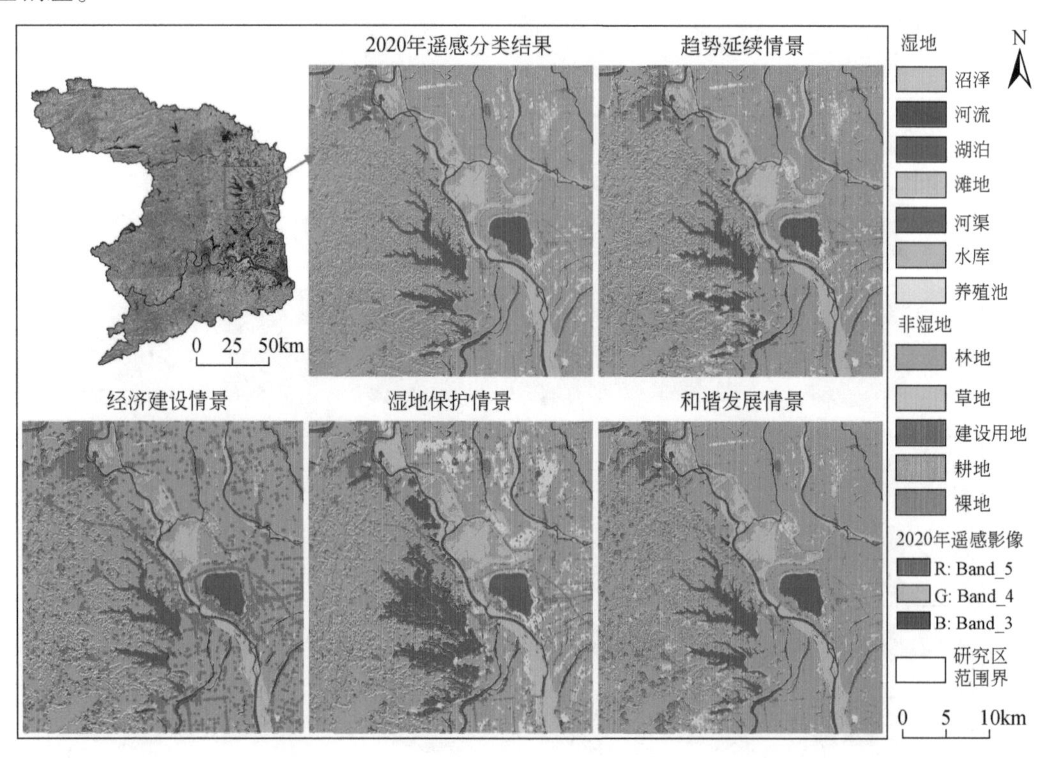

图5-15　2020年遥感分类结果与2035年不同情景下常德市典型区域的模拟预测结果

5.4.3 海口市城市湿地与非湿地的多情景模拟预测结果

2020～2035 年，趋势延续情景中河口水域、浅海水域、水库和养殖池的面积可能出现一定的下降，其中养殖池的下降率达到了 36.05%。滩地的恢复是最为显著的，其增长率达到了 67.99%（图 5-16）。在经济建设情景中，2020～2035 年所有的湿地类型均呈现下降趋势，下降幅度最明显的有沼泽、滩地、河口水域和养殖池，下降率分别为 51.30%、32.56%、41.00% 和 48.55%，而河流和湖泊仅有小幅下降。与该情景相反的是湿地保护情景，在该情景下所有的湿地类型均有不同程度的恢复，其中滩地、水库、养殖池更为显著，其增长率分别为 42.20%、41.06% 和 40.99%。沼泽、河流、湖泊的面积也有小幅回升，尤其是 2033～2035 年间。和谐发展情景下养殖池的增长率基本与湿地保护情景一致，而沼泽、湖泊、滩地、河口水域、浅海水域等类型的面积基本与 2020 年持平。另外，河流和水库的面积有些许下降，下降率分别为 1.23% 和 16.44%。

非湿地中，不同情景下差别比较大的类型包括草地、建设用地、耕地和近海。草地在不同情景中下降速率有所不同，其在趋势延续和湿地保护情景中呈现出了先上升后下降的过程，最终 2020～2035 年的下降率为 30.83% 和 19.57%。草地在经济建设情景中的损失是最严重的，并且呈现出持续下降的趋势，下降率达到了 81.54%。建设用地在不同情景的变化中差别十分显著，2035 年四种情景下其面积分别为 510.83km^2、758.95km^2、473.29km^2、380.85km^2，增长率分别为 45.00%、115.42%、34.34%、8.10%。除和谐发展情景外，耕地在其他情景中均呈现出减少的趋势，趋势延续情景下降得最为明显，经济建设和湿地保护基本持平。近海在实际情况中是不易被侵占和转移的，因此在本研究的结果中，仅有经济建设情景下有明显减少，并且发生在 2033～2035 年间，整体下降率为 5.04%，而在其他情景下近海的面积基本保持不变或有小幅回升。

近些年，海口市北部的建设用地出现明显扩张，而未来的发展也维持着这种空间分布（图 5-17）。趋势延续情景中建设用地的变化最为显著，不仅是北部主城区对外的扩张，更为明显的是南部区域对耕地和林地的侵占。此外，东北部地区中滩地的面积也有大范围增长，主要是由沼泽和浅海水域转移而来。经济建设情景中最核心的变化同样是建设用地面积的增长，它对其他湿地与非湿地类型均有不同程度的侵占。变化最明显的区域也位于北部的主城区，到 2035 年时基本全部转移为建设用地，而南部村镇中建设用地也在不断地向外扩张。这样的变化同样出现在了浅海水域和近海的交接处，这里有近些年填海建造的南海明珠生态岛和如意岛，在该情景下这两片区域在未来可能会不断扩大。而在湿地保护情景下，海域中这些填海的行为则会逐渐拆除，并恢复为浅海水域和近海。另外，虽然在该情景下建设用地也有一定的扩张，但中部与南部区域内沼泽、养殖池、水库等湿地类型的恢复也是十分显著的。和谐发展情景中耕地的变化与其他情景略有不同，在中部和南部地区可以看到有部分林地转为耕地，并由北至南形成了耕地-林地-耕地这样的分布格局。在该情景下建设用地的扩张并不显著，甚至海域中的岛屿也逐渐恢复为浅海水域与近海。而根据政策要求，未来海南省将全面禁止围填海行为，这也刚好符合政策需求。

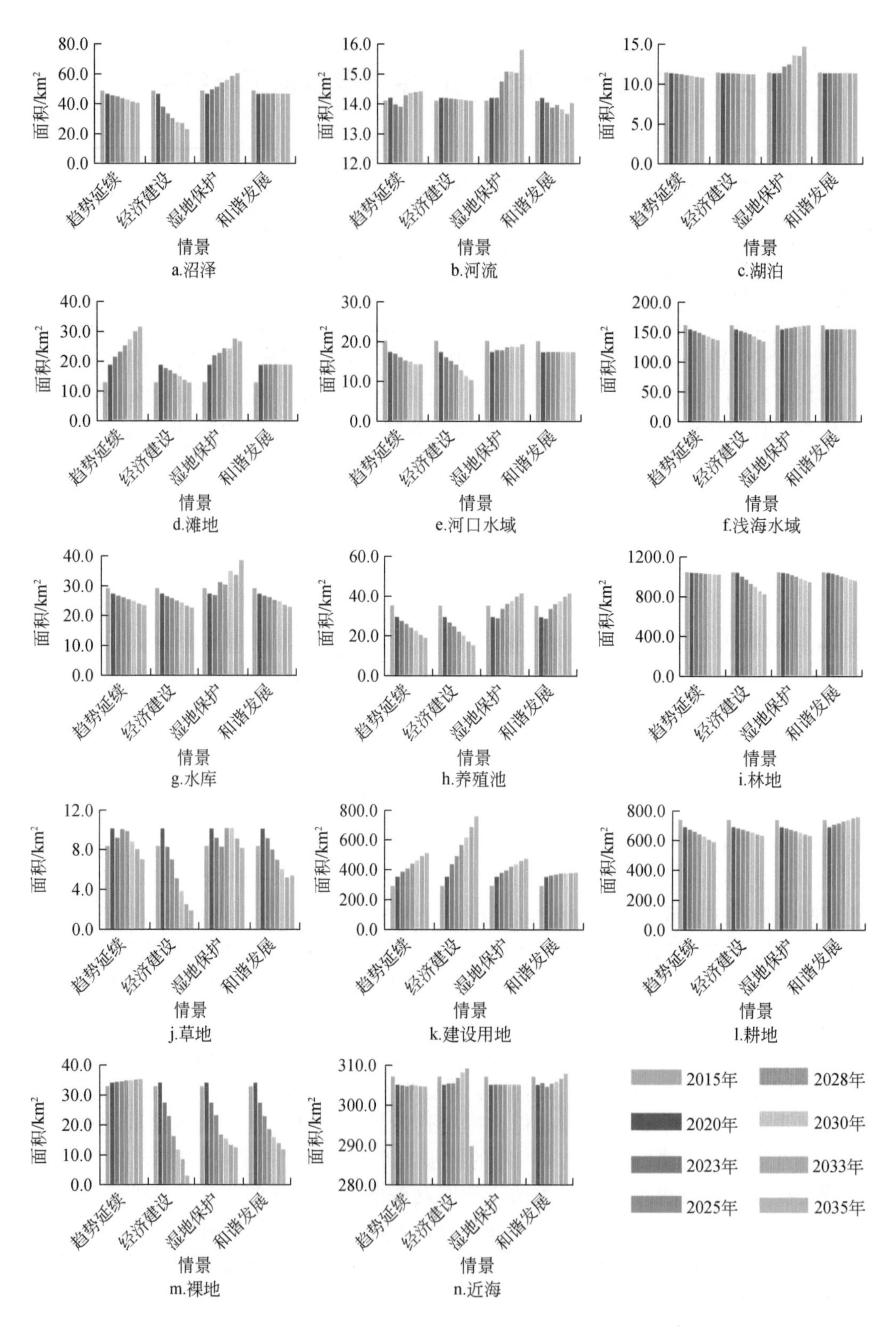

图 5-16　2015～2035 年不同情景下海口市城市湿地与非湿地的面积变化

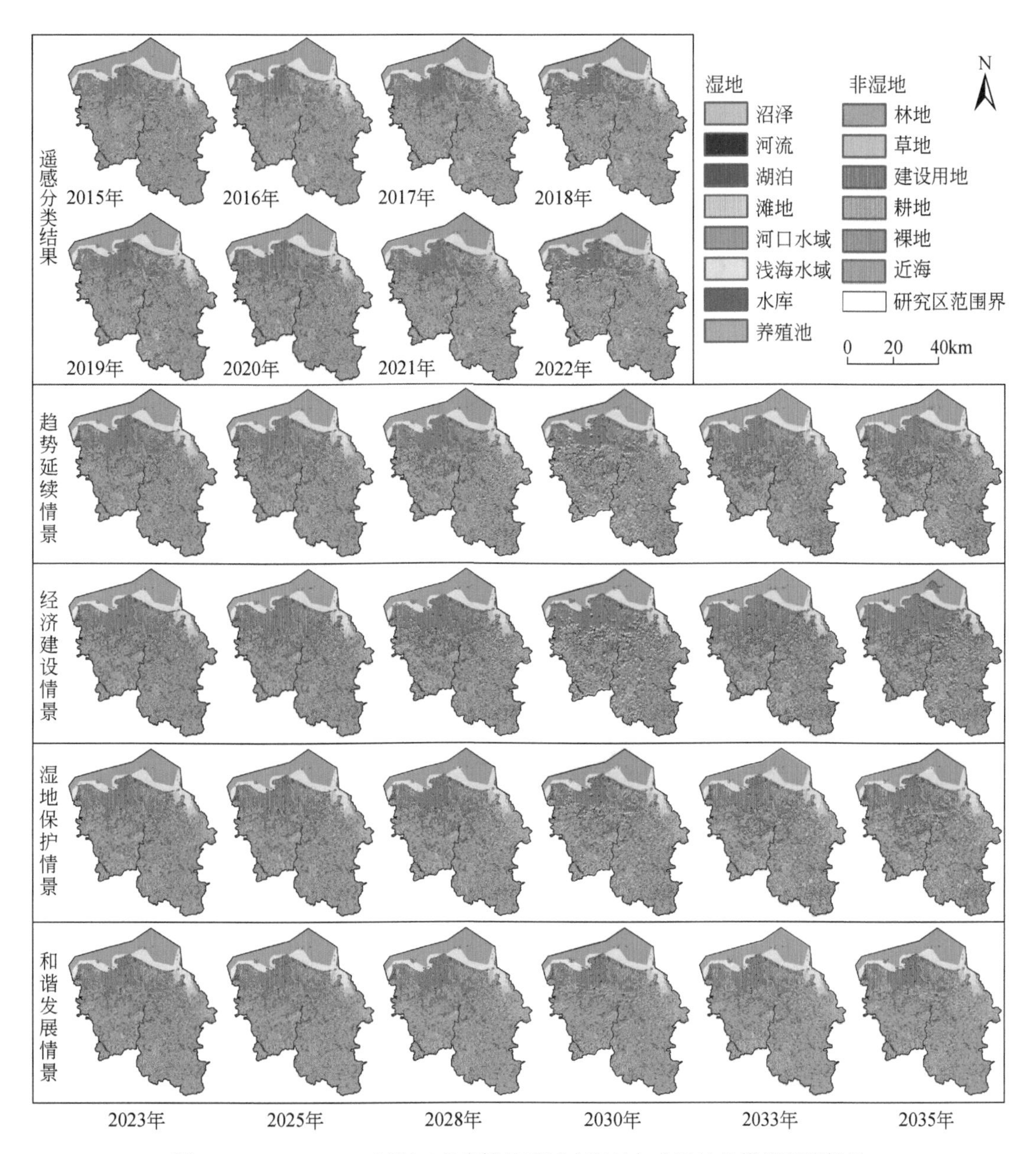

图 5-17 2015～2035 年海口市多情景下城市湿地与非湿地的模拟预测结果

海口市的典型区选在了琼山区内，区域内包含了三个水库，分别为吴仲田水库、新市水库和道崇水库。经济建设情景下典型区的变化是最为明显的，尤其是建设用地和耕地的增长，而且除了水库外，其他湿地类型基本都已消失（图 5-18）。趋势延续和湿地保护情景中耕地面积有一定减少，并且转移为林地。前者的结果中沼泽、水库和养殖池可能出现少许减少，而后者中这些湿地类型则出现了明显扩大。和谐发展情景与 2020 年遥感分类结果的差别是最小的，可以看到耕地面积有小幅增长，养殖池和建设用地也有些许扩张，其他湿地类型的变化是极小的。在该情景下城市的发展是平稳的，但仍可能造成一些生态用地的退化，如东部区域内草地的减少。

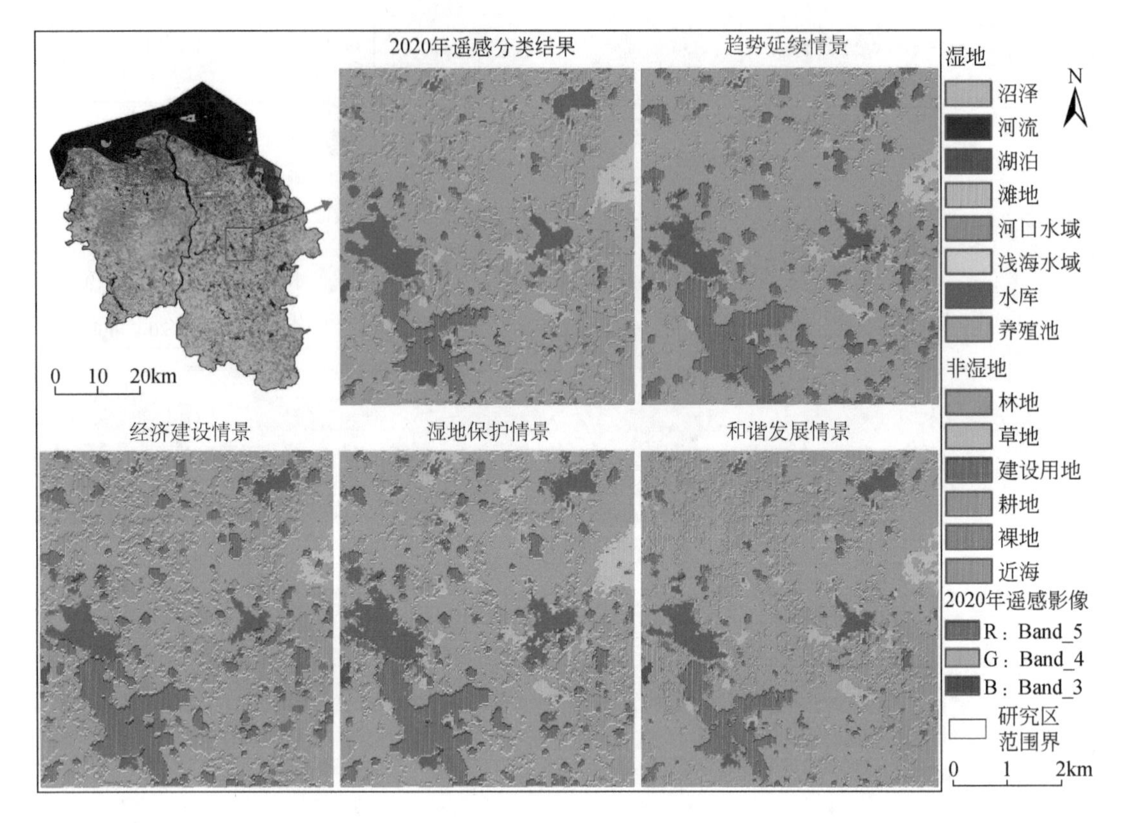

图 5-18 2020 年遥感分类结果与 2035 年不同情景下海口市典型区域的模拟预测结果

5.4.4 常熟市城市湿地与非湿地的多情景模拟预测结果

2020～2035 年，常熟市的沼泽、湖泊和河渠在趋势延续和湿地保护情景下均是增加的，其中趋势延续情景下的增长率分别为 7.40%、14.41%、14.38%，湿地保护情景下的增长率分别为 11.45%、21.84% 和 21.06%（图 5-19）。河流、滩地和养殖池在湿地保护情景下的增长率分别为 3.25%、54.65%、21.22%，但河流在 2030 年后出现了略微减少的趋势。以上 6 种湿地类型在经济建设情景下均有不同程度的减少，其中滩地和河渠更为严重。在和谐发展情景下，湿地类型的面积基本与 2020 年持平，其中河流的面积有一定的增长，由 126.48km^2 增长至 128.77km^2，增长率为 1.81%。

非湿地中，林地面积在趋势延续情景下有明显减少，2020～2035 年的减少率为 14.90%，而在经济建设情景下林地虽然也有一定程度的减少，但基本维持在 29.00km^2 左右。林地和草地在湿地保护与和谐发展两种情景下的变化较为相似，均有少量的增加。但草地面积在经济建设情景下中有明显减少。2035 年，建设用地在四种情景下的面积分别达到了 456.57km^2、465.75km^2、451.52km^2、454.64km^2，增长率分别为 12.56%、14.82%、11.31% 和 12.08%。在耕地的模拟预测结果中，湿地保护情景下面积减少得最多，减少率

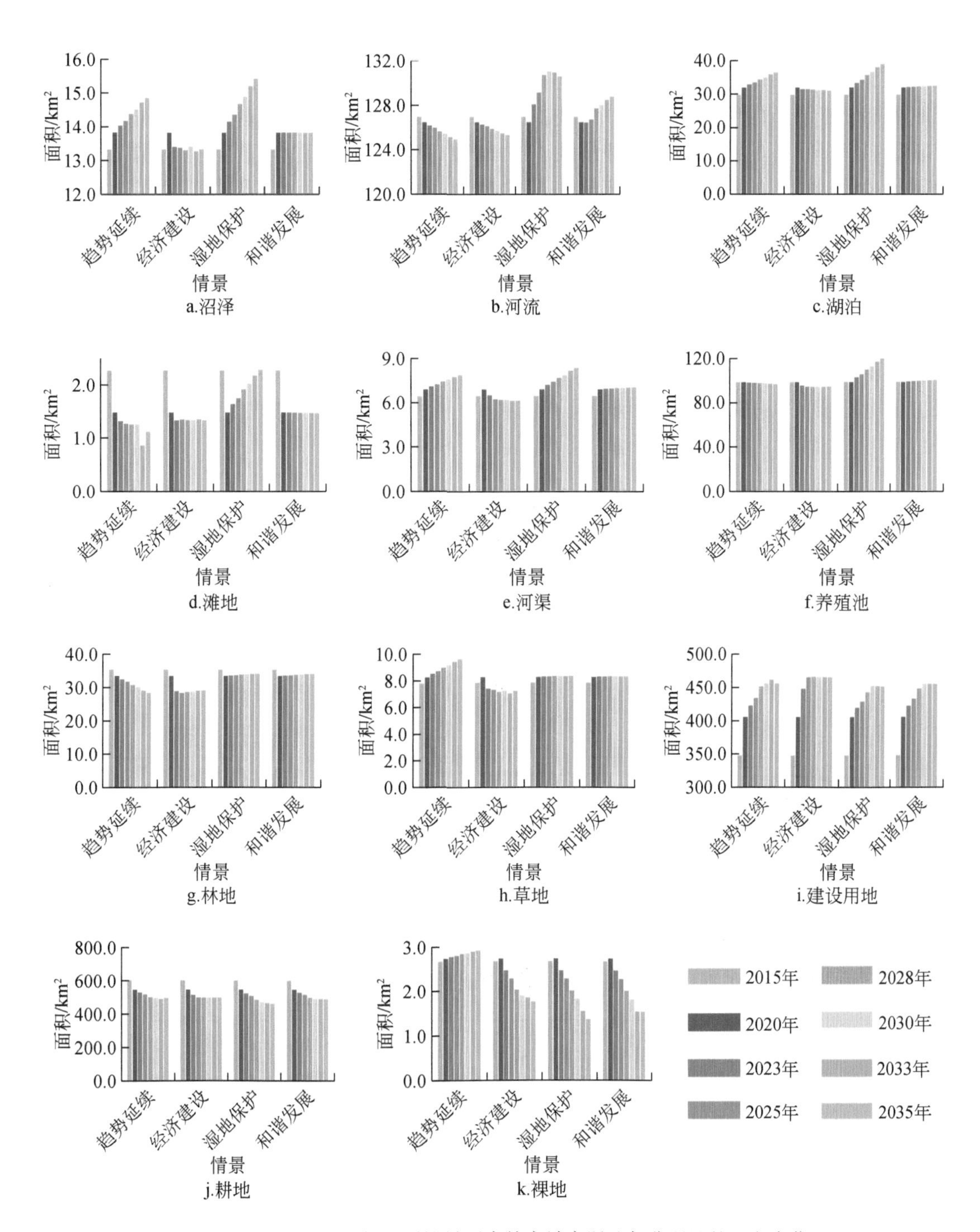

图 5-19　2015 ~ 2035 年不同情景下常熟市城市湿地与非湿地的面积变化

达到了 14.91%，而其他三种情景减少率在 9% 左右，经济建设情景下减少率最小。从整体来看，常熟市在未来 15 年中的变化幅度不大，且各个情景之间的差别也并不是十分显著，这可能与其城市区域面积偏小相关。

从空间上看，2035 年不同情景下城市湿地与非湿地的分布并未出现较大的变更，依旧是建设用地与耕地为主要类型，面积较大的河流、湖泊、林地也未出现大范围被侵占的现象（图 5-20）。在趋势延续情景中，非湿地转移主要出现在建设用地和耕地之间，变化的区域主要位于城市的中部和东部。另外，草地、湖泊和河渠也有明显增加，主要位于长江及城市中三个重要的湖泊周围，即尚湖、昆承湖和南湖。经济建设情景中的主要变化是建设用地对其他类型的侵占，如中部和东部的耕地、南部的养殖池以及小部分河流、河渠、林地和草地。湿地保护情景的变化比较明显，尤其是耕地向河流、湖泊、养殖池的转移。北部长江流域附近的河流、滩地和沼泽均有不同程度的扩张，东南部养殖池出现大面积的增长，西南部几个重要湖泊周围也发生显著的恢复。和谐发展情景则综合了上述情景的变化，形成了更加合理的发展趋势。首先是河流、湖泊、养殖池等湿地类型的恢复，主要集中在重要河湖附近；其次是中部与东部建设用地的不断扩张，另外对于城市中非常重要的保护区与公园，则基本与 2020 年的分布相类似，甚至其中耕地与建设用地的面积还有些许减少。

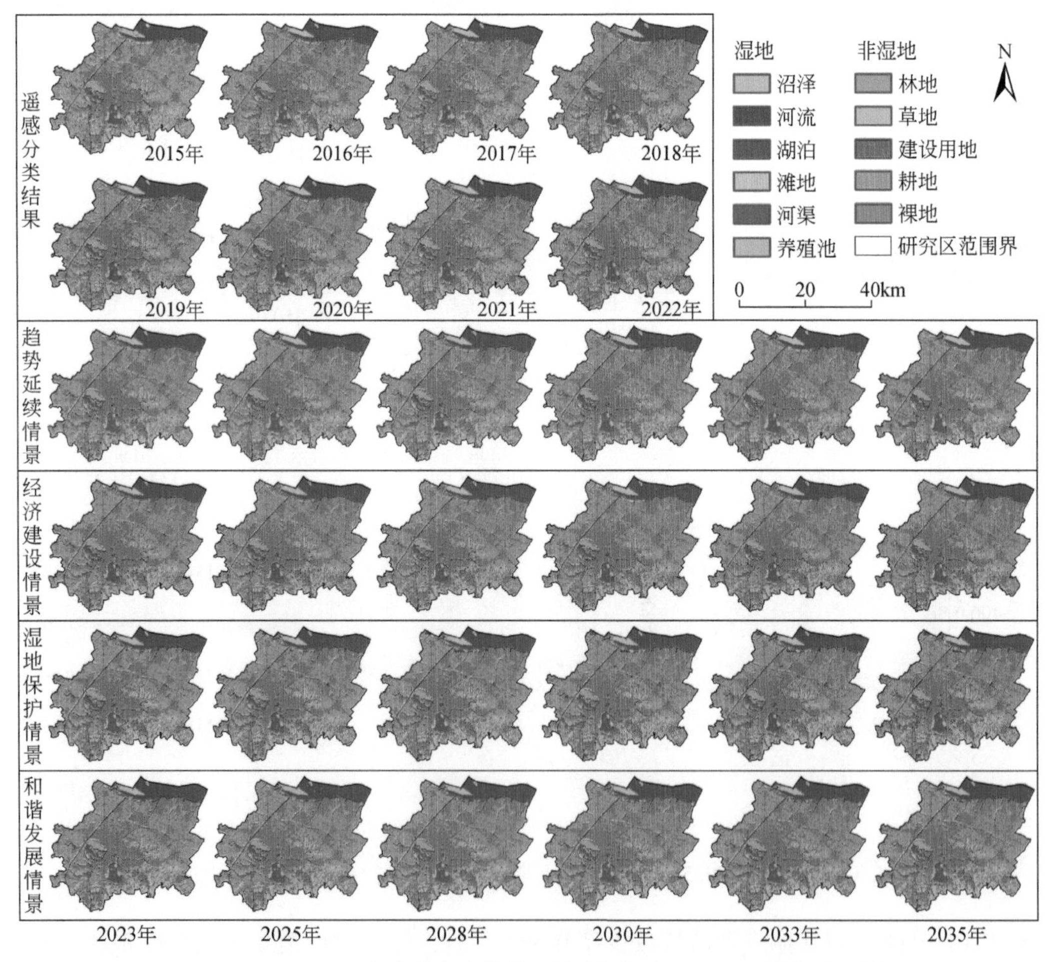

图 5-20　2015 ~ 2035 年常熟市多情景下城市湿地与非湿地的模拟预测结果

常熟市的典型区选在了西南部的南湖湿地公园附近，区域内分布着河流、湖泊、河渠、养殖池、建设用地和耕地等多种类型。从结果来看，各个情景中建设用地和耕地的区别并不明显，主要的不同在于湖泊与养殖池（图 5-21）。湖泊在湿地保护情景中恢复最为显著，其次为趋势延续和和谐发展情景，经济建设情景中湖泊则有明显的退化趋势。另外，湿地保护情景中养殖池也有明显扩张，尤其是对耕地的侵占。区域内也存在着部分河渠和河流，虽然面积较小却在各个情景中都保持了较稳定的状态。从整体来看，虽然各个情景下城市湿地与非湿地的占比与分布各不相同，但未出现不合理或偏差过大的结果，这些情景的变化对于区域未来的规划与发展具有一定意义。

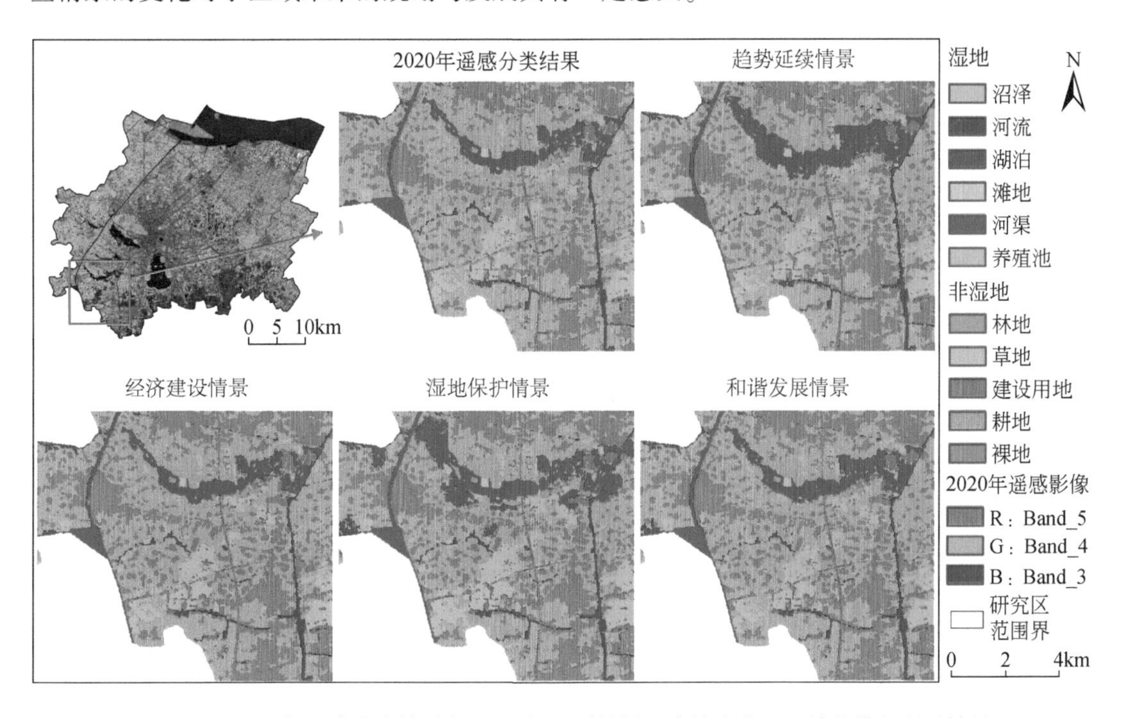

图 5-21　2020 年遥感分类结果与 2035 年不同情景下常熟市典型区域的模拟预测结果

5.4.5　东营市城市湿地与非湿地的多情景模拟预测结果

2020 ~ 2035 年，东营市沼泽、河口水域、水库的变化较为类似，在趋势延续和经济建设情景下面积略有减少，湿地保护情景下面积逐渐增加，而和谐发展情景下基本维持不变或小幅上升（图 5-22）。其中，经济建设情景下的减少率分别为 59.86%、34.29% 和 26.96%，湿地保护情景下的增加率分别为 16.27%、2.55% 和 3.78%。此外，趋势延续情景中湖泊、浅海水域和养殖池的增长较为明显，增长率分别为 37.90%、2.64% 和 20.08%。经济建设情景下湿地类型全部呈现下降趋势，除沼泽外，河流、滩地、养殖池面积的减少也十分显著，减少率分别为 34.30%、32.84% 和 26.96%。湿地保护情景下湖泊和养殖池的面积有大幅度增长，增长率分别为 73.69% 和 19.94%。而和谐发展情景下，仅有河流和养殖池出现了较为突出的变化，其中 2020 ~ 2035 年河流的减少率为 10.33%，养殖池的增长率为 8.62%。

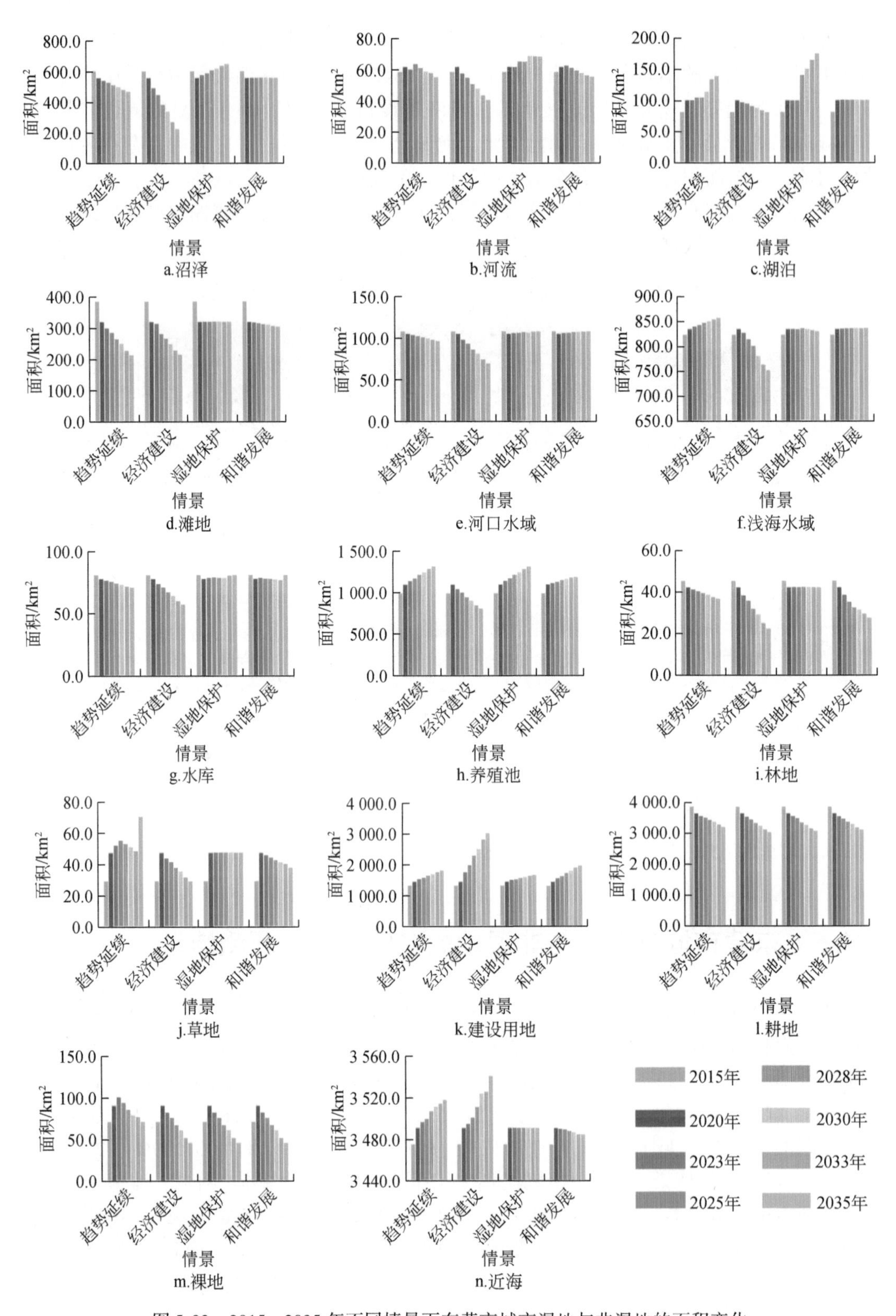

图 5-22 2015～2035 年不同情景下东营市城市湿地与非湿地的面积变化

非湿地中，耕地和裸地的变化较为一致，均呈现出了持续下降的趋势，到 2035 年四种情景中耕地的减少率分别为 12.10%、16.81%、15.60% 和 14.60%。林地在湿地保护情景下基本保持不变，但经济建设和和谐发展情景下下降比较迅速，2035 年其下降率分别为 47.63% 和 34.95%。除趋势延续情景外，草地和林地的变化比较类似，在经济建设和和谐发展情景下均有大幅下降，湿地保护情景保持不变，但趋势延续情景却增长了 48.77%。建设用地在四种情景中的变化差别较大，到 2035 年四种情景下其面积分别达 1791.88km^2、2997.78km^2、1661.35km^2 和 1967.04km^2，增长率分别为 24.47%、108.23%、15.40% 和 36.64%，尤其是经济建设情景下扩张程度已超过一倍。从图中看，近海在四种情景下的发展也各有不同，但这些变化是非常微小的，其中经济建设情景下增加了 1.42%，而和谐发展情景下则减少了 0.18%。

东营市湿地面积占比非常大，城市外围由北向东分布着十分广泛的养殖池、沼泽、滩地和浅海水域。趋势延续情景中主要的变化集中在建设用地、养殖池、耕地、滩地等类型中，耕地的减少基本是由于建设用地和养殖池的增加（图 5-23）。其中，建设用地的扩张区主要位于当前城区建设用地的外围，包括东营区、垦利区、河口区、广饶县等区域，而养殖池的扩张区则基本在沿海地区。此外，滩地面积有少许缩小，主要位于北部以及东部的黄河三角洲。在经济建设情景中建设用地的增长是十分巨大的，分布在城市中的各个区域内，甚至是沿海地区的养殖池、沼泽、滩地、浅海水域均有被不同程度的侵占。而在湿地保护情景下，建设用地的扩张就不太显著，但城区及沿海区域增加了许多湖泊和养殖池斑块，当然更多是通过耕地转移而来的，另外黄河三角洲附近的耕地也有部分转移为沼泽。和谐发展情景中各个湿地与非湿地类型的变化较为平稳，该情景下 2035 年的整体分布格局基本同 2020 年一致，其中比较突出的变化是建设用地的扩张以及养殖池的增加。

东营市的典型区选在了垦利区靠近海边的养殖池分布区，这里城市湿地与非湿地类型分布较为复杂，养殖池、耕地和建设用地交错分布。从 2035 年的模拟预测结果来看，趋势延续、湿地保护和和谐发展情景下养殖池的增长十分显著，湿地保护情景中湖泊也有明显扩张（图 5-24）。趋势延续和和谐发展情景下略有不同的是沼泽的变化，后者的结果中沼泽基本保持了 2020 年的分布，但前者结果中沼泽可能出现部分减少，主要转移为建设用地或其他湿地类型。此外，和谐发展情景中水库面积出现了小幅的增加，出现在了原本是养殖池的位置。经济建设情景的结果与其他情景大有不同，区域内大部分区域均已转化为建设用地，侵占了原本的耕地和养殖池，仅有部分湖泊、水库和养殖池还存在。

5.4.6 哈尔滨市城市湿地与非湿地的多情景模拟预测结果

2015～2020 年哈尔滨市沼泽出现了非常明显的增长，使得 2020～2035 年趋势延续和湿地保护情景下沼泽的增长较为一致，甚至前者的增长率超过了后者，增长率分别为 39.98% 和 24.31%，经济建设情景下沼泽减少了 51.05%，和谐发展情景基本保持不变（图 5-25）。湖泊和养殖池的面积在趋势延续情景下也有一定增长，增长率分别为 18.58% 和 75.01%。所有湿地类型在经济建设情景中均有不同程度的减少，包含沼泽在内，六种

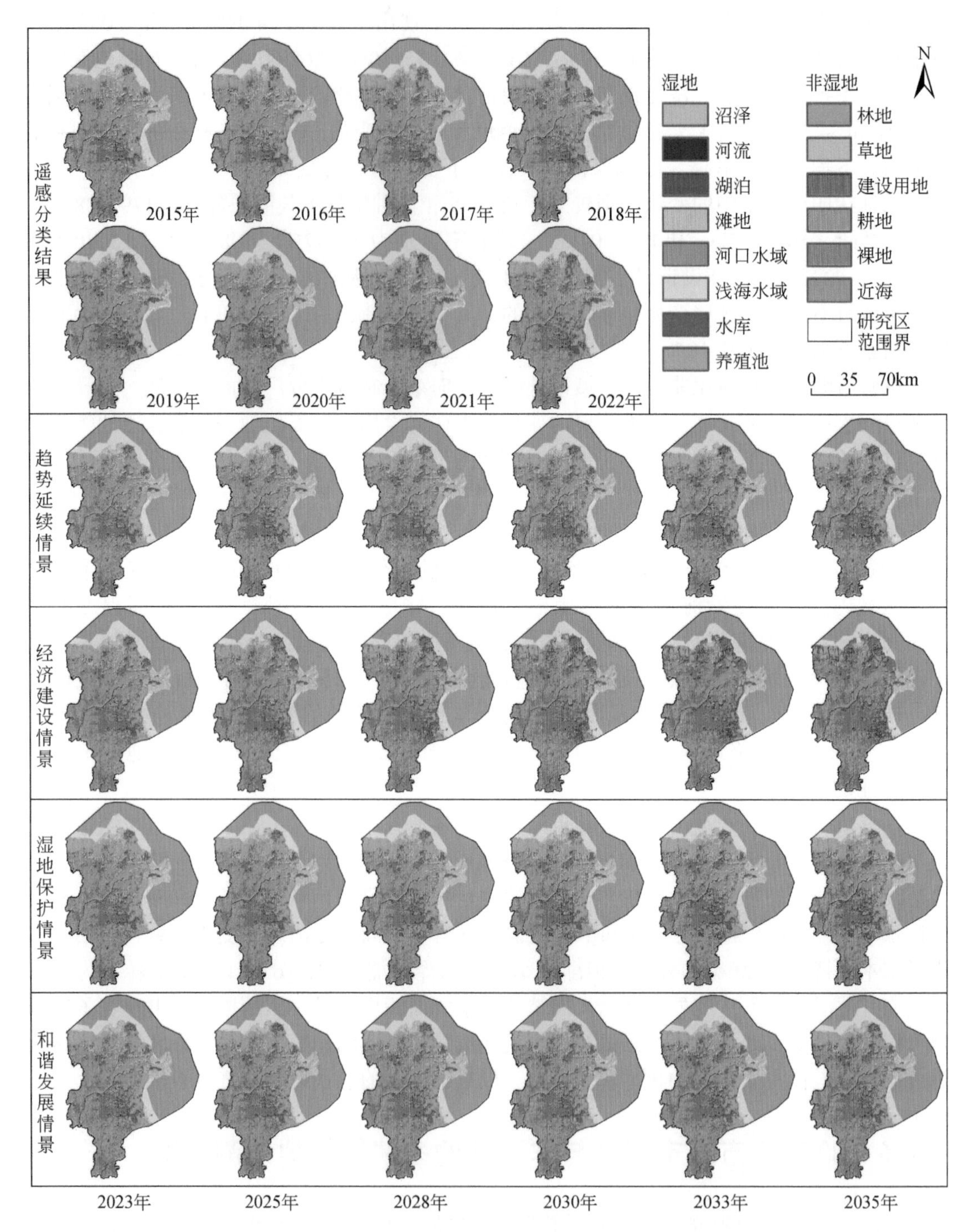

图 5-23　2015～2035 年东营市多情景下城市湿地与非湿地的模拟预测结果

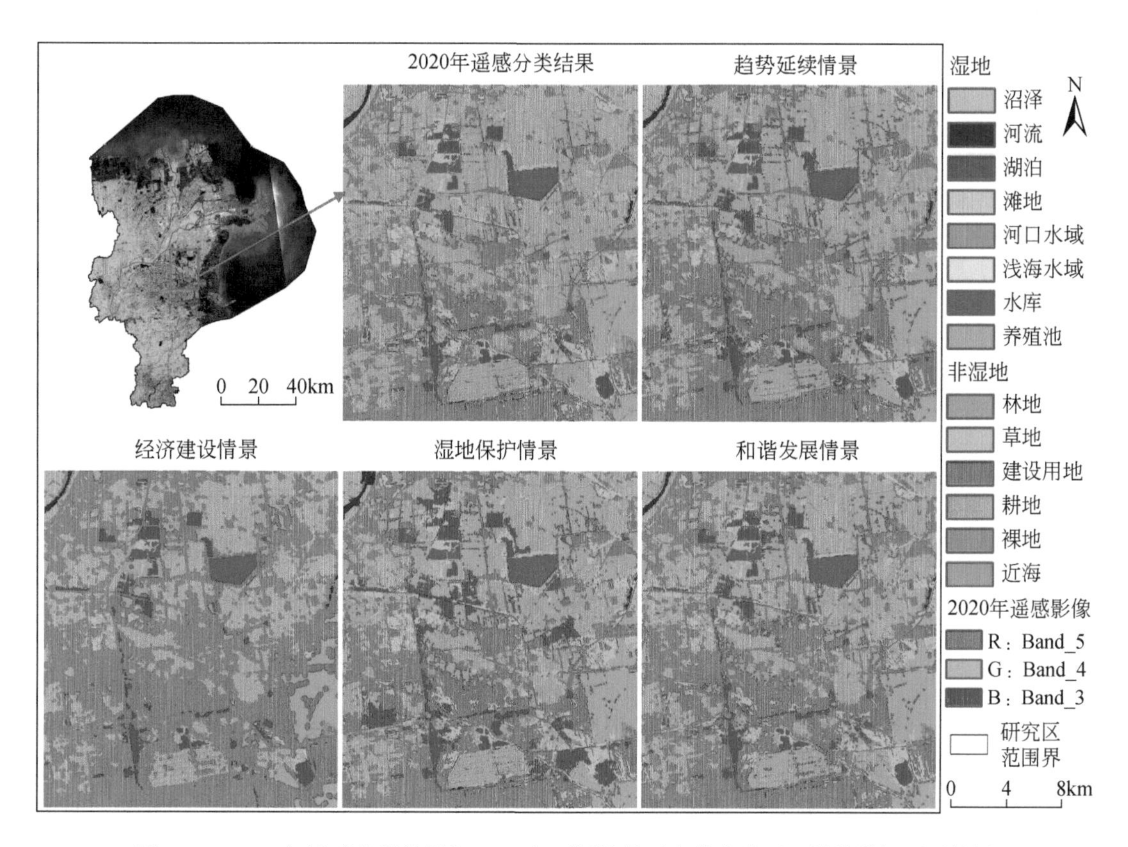

图 5-24　2020 年遥感分类结果与 2035 年不同情景下东营市典型区域的模拟预测结果

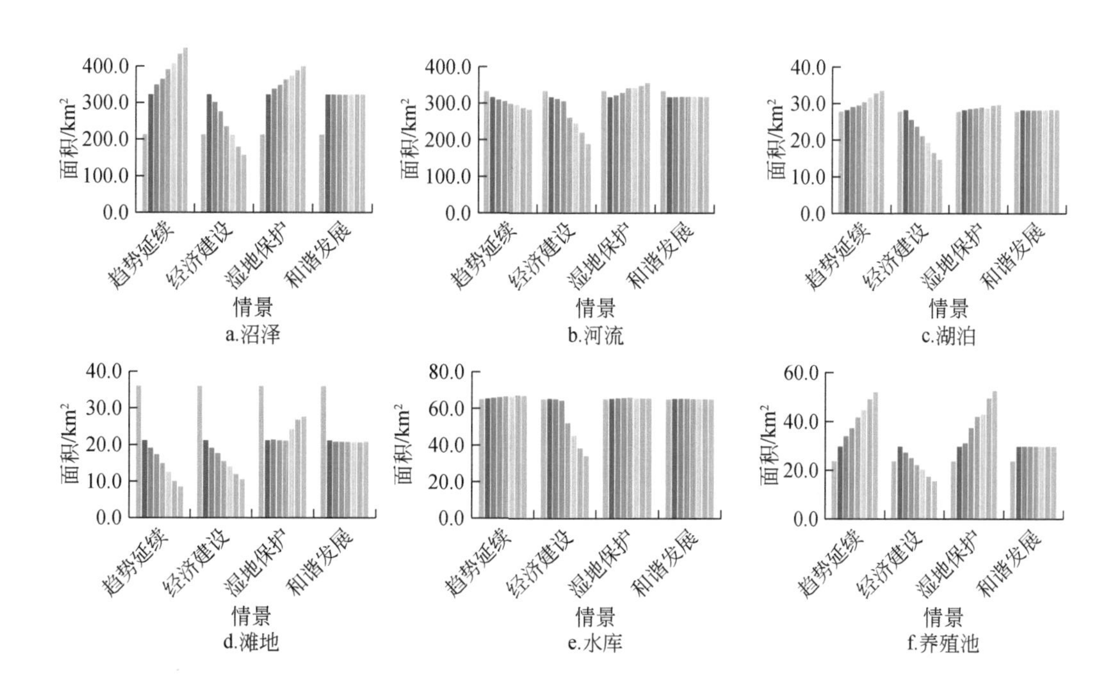

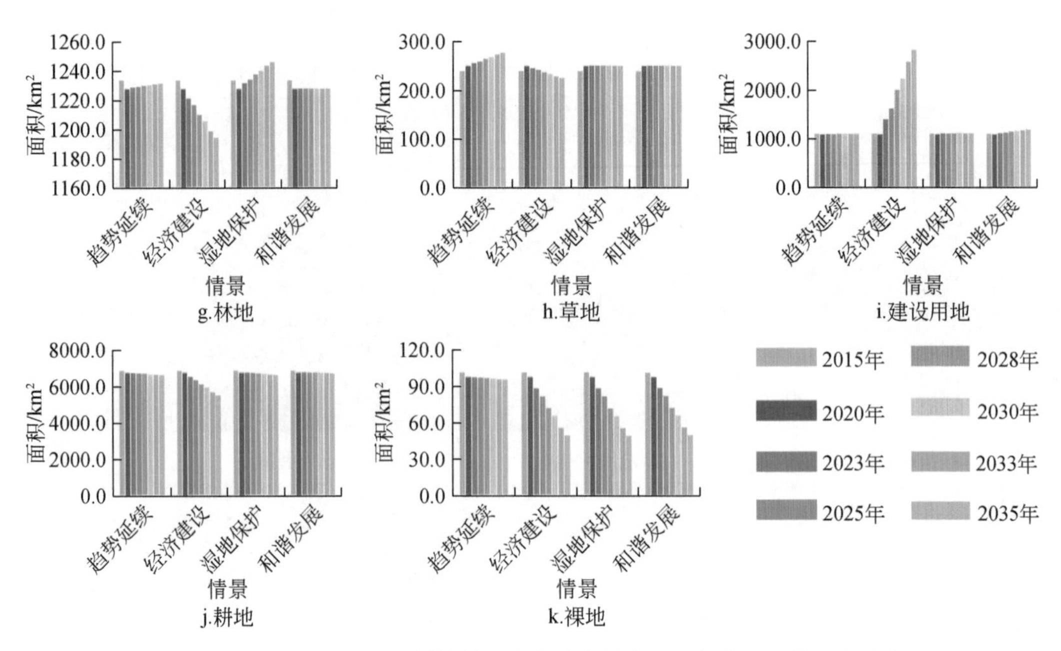

图 5-25　2015 ~ 2035 年不同情景下哈尔滨市城市湿地与非湿地的面积变化

湿地类型的减少率均超过了 40%。与之相反，所有湿地类型在湿地保护情景下均有不同程度的增加，除沼泽外，比较显著的类型有滩地和养殖池，增长率分别为 31.00% 和 76.79%。此外，哈尔滨市在和谐发展情景中所有的湿地类型基本都维持了 2020 年的面积，未发生明显的增加或减少。

非湿地中，和谐发展情景下林地和草地的发展基本与湿地一致，未见有大幅度的变化。林地面积在趋势延续和湿地保护情景中均有小幅增长，增长率分别为 0.28% 和 1.47%，而在经济建设情景中则有 2.75% 的减少。草地在湿地保护情景中没有变化，但在趋势延续和经济建设情景中各有 10.00% 左右的增加与减少。各个情景的差别主要集中在建设用地，由于哈尔滨市是唯一在 2015 ~ 2020 年出现建设用地减少的城市，因此在本研究的模拟预测结果中，2035 年趋势延续、湿地保护和和谐发展情景中建设用地的最终面积分别为 1092.21km²、1101.73km²、1179.54km²，增长率分别为 0.81%、1.68% 和 8.87%。但在不受约束的经济建设情景下，2035 年建设用地的面积达 2815.56km²，增长率达 159.86%。而耕地在此情景下减少得最多，减少率达 18.74%，其他情景中耕地的减少率均小于 3.00%。

从空间上看，哈尔滨市分布着大面积的耕地，牡丹江自东北向西南横穿整个城市，河流南部主要为沼泽，另外建设用地主要分布在江南。在趋势延续情景中，沼泽维持了 2015 ~ 2020 年较高的增长率，出现了大范围的扩张，主要分布在松花江西南部和呼兰河附近。另外，养殖池的面积也有大幅度增长，主要分布在松花江两岸。经济建设情景中，建设用地的增长是十分巨大的，沿着原本的城区以及村镇不断向外扩张。除此之外，所有的城市湿地均出现了大幅减少，并转移为建设用地和耕地两种类型。相比于趋势延续情景，湿地保护情景下湿地的恢复不再集中于沼泽一种类型，而是河流、湖泊、养殖池等类型均有不同程度的增长，基本都分布在松花江及其支流附近。此外，在东部区域，还有少许耕地恢复为林地。和谐发展情景下，湿地和生态用地均没有明显变化，变化主要集中在建设用地的增长和耕地、裸地的减少，主要分布在城区中心及周围。

哈尔滨市的典型区位于松花江流域上，且主要是沼泽分布区，区域内包含多种城市湿地与非湿地类型，信息十分复杂（图 5-26）。从细节上看，趋势延续情景由于沼泽的大范围增加，所以对周围耕地、河流、草地、湖泊等类型均有或多或少的侵占，最终形成了大片的沼泽区。除沼泽外，区域内草地也有小面积恢复，主要覆盖了周围的耕地和裸地。在经济建设情景中，由于建设用地无节制地增长，致使耕地减少、沼泽破碎、河流断裂，并且原本独立的村镇逐渐连接到一起，形成了大片的建设用地区。湿地保护和和谐发展情景下则基本保持了 2020 年区域内的空间分布状态，虽然湿地保护情景中各个湿地类型也存

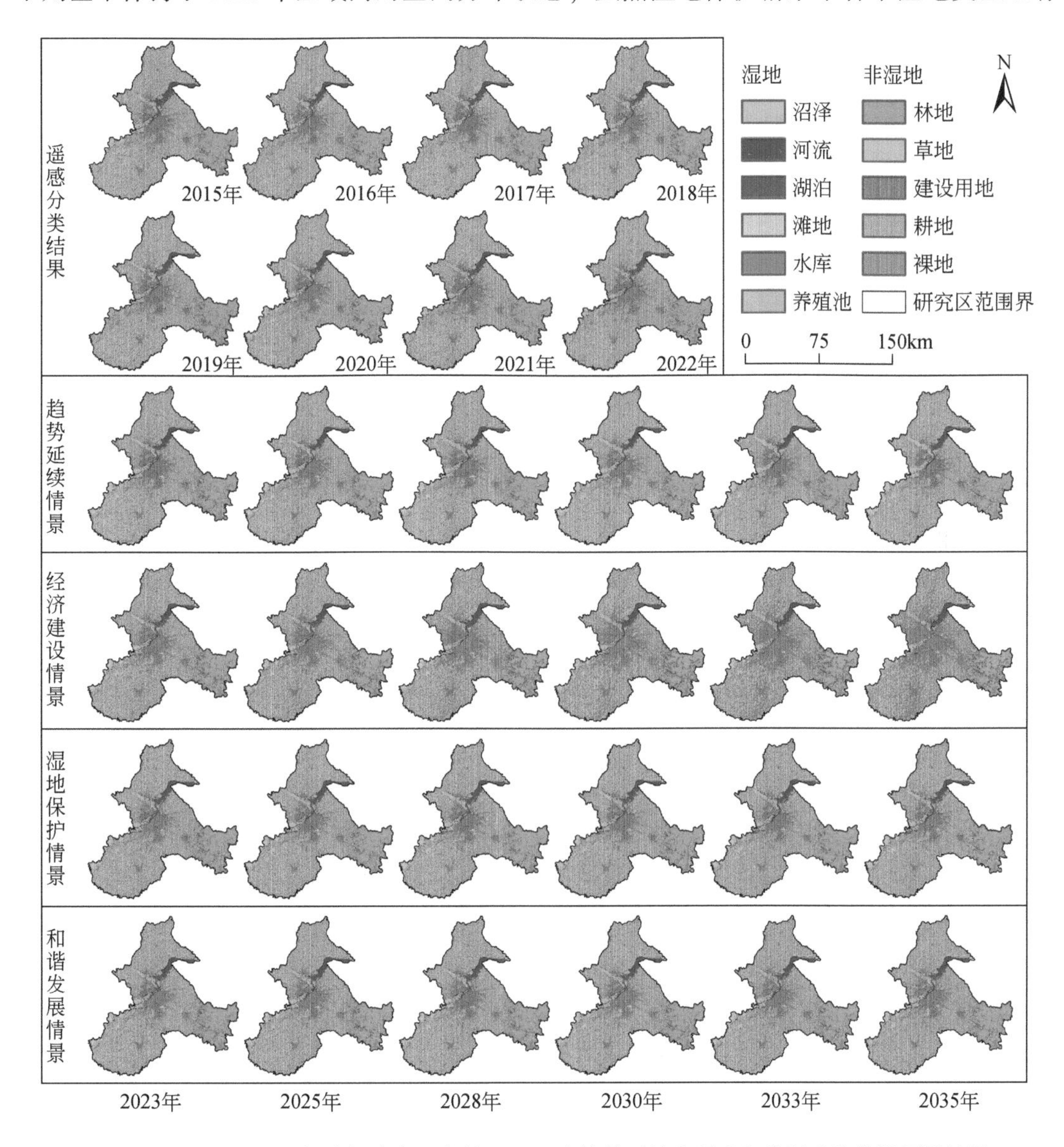

图 5-26　2015 ~ 2035 年哈尔滨市（市辖 9 区）多情景下城市湿地与非湿地的模拟预测结果

在些许恢复，并占用了原本的耕地，但其变化仍在合理范围内。和谐发展情景是几个情景中变化最小的，其中河流和建设用地有向外扩张的趋势（图 5-27）。

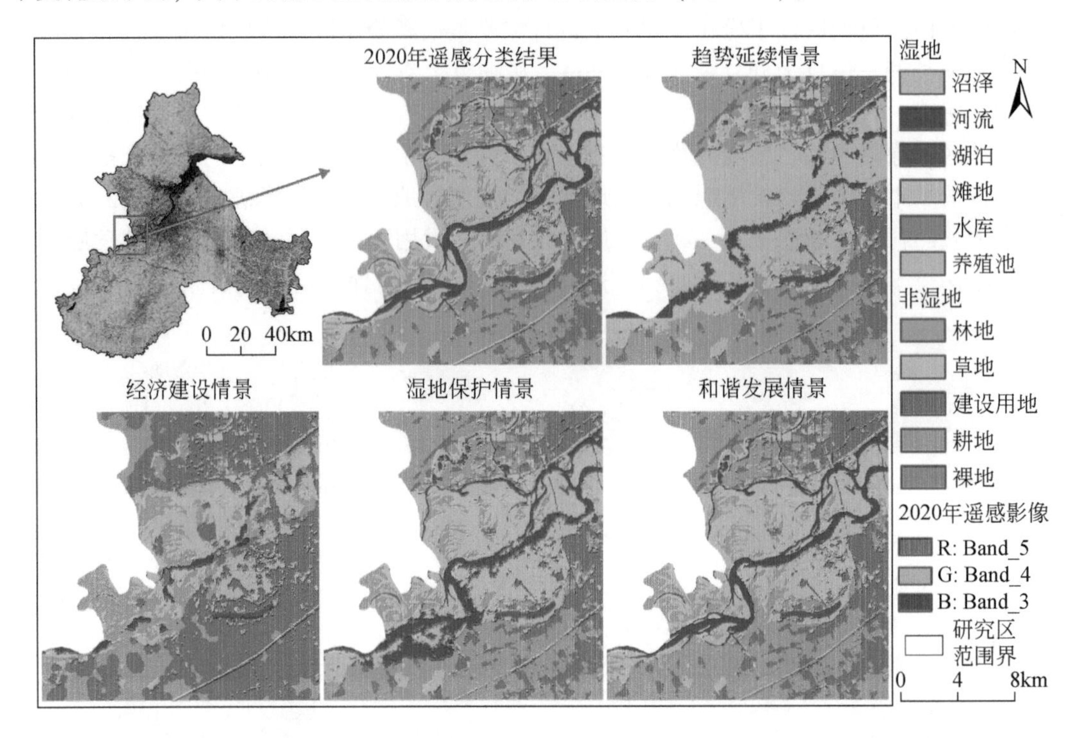

图 5-27　2020 年遥感分类结果与 2035 年不同情景下哈尔滨市（市辖 9 区）典型区域的模拟预测结果

第 6 章　城市湿地的生态系统服务评估

城市湿地是湿地中较特殊的一种，其提供的生态系统服务也不同于其他湿地。从当前的研究中可以发现，目前关于城市湿地生态系统服务评估的研究远不及湿地大类，尤其是针对未来的模拟。本章节将基于前一章节的湿地模拟结果，结合 CMIP6 气候情景数据与其他多种土壤地形数据，面向 6 个湿地城市，开展城市湿地生态系统服务的评估研究（图 6-1）。首先，使用 InVEST 模型、洪水调蓄评价模型等方法，开展各个城市多情景下水源涵养、水质净化、洪水调蓄、碳储量等 4 个湿地生态系统服务的评价；而后，分析 6 个城市 4 种湿地生态系统服务的多情景变化，探究其未来变化规律；最后，进行综合分析。

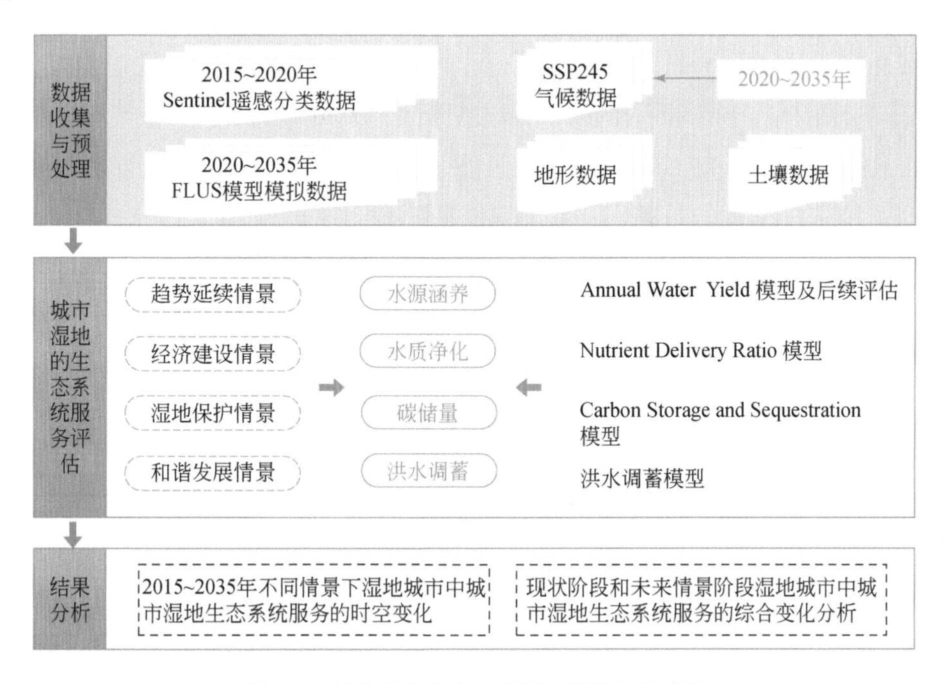

图 6-1　城市湿地生态系统服务评估的路线图

6.1　城市湿地生态系统服务评估数据

本章节使用的数据包含遥感分类产品、模拟预测数据、气候、地形等多种类型，所有数据用作城市湿地的生态系统服务评估（表 6-1）。

(1) 遥感分类产品与模拟预测数据

遥感分类产品，即湿地城市土地及精细湿地分类产品由北京师范大学生态水文遥感与城市湿地评估研究团队生产，即前文研究结果，分辨率为10m。多情景模拟预测数据为第5章的模拟预测结果，分辨率同样为10m，包含四种未来变化情景。整体研究时段为2015～2035年，共包含8个时间点，分别为2015年、2020年、2023年、2025年、2028年、2030年、2033年和2035年。

(2) 气候数据

本章包含过去和未来两个时段，在多种生态系统服务的评估中需要用到降水量、气温和蒸散发数据。2015～2020年历史时期中，降水量和气温数据来自中国科学院地理科学与资源研究所，分辨率为1000m，蒸散发数据来源于NASA的MOD16A3产品，分辨率为500m。2020～2035年未来时期中，降水量、气温与蒸散发数据均来源于国家科技基础条件平台—国家地球系统科学数据中心，分辨率为1000m。该数据包含IPCC的三种SSP情景，每种情景下又使用了三个全球气候模式（GCMs），时间跨度从2021年到2100年（Peng et al.，2019）。

(3) 地形与土壤数据

地形和土壤类型、质地数据与第5章一致。土壤深度产品来源于Shangguan等（2013）生产的中国土壤数据集，分辨率为1000m。这些数据主要用于多种生态系统服务评估。

表6-1 研究数据的具体信息及来源

数据类别	数据名称	时间	分辨率	来源
遥感数据及产品	湿地城市土地及精细湿地分类产品	2015～2022年	10m	北京师范大学生态水文遥感与城市湿地评估研究团队
	多情景模拟预测数据	2023～2035年	10m	—
气候数据	中国气象要素月度空间插值数据集：降水	2015～2020年	1000m	中国科学院地理科学与资源研究所
	中国气象要素月度空间插值数据集：温度	2015～2020年	1000m	中国科学院地理科学与资源研究所
	蒸散发（MOD16A3）	2015～2020年	500m	美国航空航天局（NASA）
	2021～2100年中国1km分辨率多情景多模式逐月平均气温数据集	2023～2035年	1000m	国家科技基础条件平台—国家地球系统科学数据中心
	2021～2100年中国1km分辨率多情景多模式逐月平均降水数据集	2023～2035年	1000m	国家科技基础条件平台—国家地球系统科学数据中心
	2021～2100年中国1km多情景逐月潜在蒸散发数据集	2023～2035年	1000m	国家科技基础条件平台—国家地球系统科学数据中心
地形数据	SRTM数字高程模型（DEM）	—	90m	美国航空航天局（NASA）

续表

数据类别	数据名称	时间	分辨率	来源
土壤数据	中国土壤类型空间分布数据	—	1000m	中国科学院地理科学与资源研究所
	中国土壤质地空间分布数据-砂粒、粉粒、粘粒、有机质含量	—	1000m	中国科学院地理科学与资源研究所
	The Soil Database of China for Land Surface Modeling-土壤深度	—	1000m	Shangguan 等（2013）

6.2 城市湿地生态系统服务评估方法

《中华人民共和国湿地保护法》提到湿地要“发挥涵养水源、调节气候、改善环境、维护生物多样性等多种生态功能”，城市湿地则要发挥“雨洪调蓄、净化水质、休闲游憩、科普教育等功能”。而由于数据及功能的可获取性和可计算性，本研究选取了其中的水源涵养、水质净化、洪水调蓄三个生态系统服务进行评估。此外，本研究的研究区域涉及沿海城市，这些区域中丰富的湿地资源成为了全球碳循环中重要的碳汇之地（Donato et al.，2011），因此本研究还选取了碳储量来开展未来的研究。

6.2.1 CMIP6 气候情景

生态系统服务的计算中涉及温度、降水量、潜在蒸散发等多个气候因素，而开展未来的评估研究，更需要未来模拟的气候数据。国际耦合模式比较计划（CMIP）于 1995 年发起，其目的在于对全球耦合气候模式的性能进行比较分析，至今已组织了六次比较计划（周天军等，2019）。CMIP6 在这二十多年中发展出了最多的模型、提供最大的模拟数据集。为探究未来气候的不同变化，政府间气候变化专门委员会（IPCC）先后提出了典型浓度路径（RCPs）情景和共享社会经济路径（SSPs）情景。而在 CMIP6 中，RCPs 与 SSPs 重新组合，形成了新的情景，如 SSP119、SSP245、SSP370、SSP585 等。其中，SSP245 代表了中度社会脆弱、中度缓解压力和中度辐射强迫组合的情景，常被用于 CMIP6 的参考（姜彤等，2020；Yao et al.，2023）。在此情景下，基本是延续了当前社会经济发展的方式与速度。而在本研究中，除经济建设情景和湿地保护情景外，趋势延续情景与和谐发展情景更加符合 SSP245 的理念，同时为了更好地探究城市湿地与非湿地变化对湿地生态系统服务造成的影响，本研究将气候数据的情景统一选择为 SSP245。

CMIP6 中包含了多种全球气候模式（GCMs），本研究应用的降水量与温度数据中包含了其中的三种模式，分别为 EC-Earth3、GFDL-ESM4、MRI-ESM2-0。根据 Wang 等（2022e）和 Yang 等（2021b）对多种 GCMs 在中国的精度评估与比较分析，发现 CMIP6 较 CMIP5 能够更好地再现气候的年际变化。另外，在温度的模拟中 CESM2-WACCM、GFDL-ESM4、MPI-ESMI-2-HR 等模式更优，在降水量的模拟中 EC-Earth3、EC-Earth3-Veg、MRI-ESM2-0 等模式更优。基于此，本研究在温度和降水量的数据中分别选取了 GFDL-

ESM4 和 EC-Earth3 两种模式。

6.2.2 水源涵养计算方法与参数设置

计算湿地的水源涵养量需先得到产水量，而后进行下一步修正。本研究使用 InVEST 模型中 Annual Water Yield 模块评估产水量，其原理是 Budyko 的水热耦合平衡，通过每个网格单元的降水量减去实际蒸散发计算而来的，该结果可用于表征水源供给服务。实际蒸散量包括植被蒸散量和地表蒸散量，因此产水量容易受到降水、植被类型、土地利用、土壤等因素的影响。核心公式如下：

$$Y(x)=\left(1-\frac{\mathrm{AET}(x)}{P(x)}\right)\cdot P(x) \tag{6-1}$$

式中，$Y(x)$ 代表栅格单元 x 的产水量（mm）；$\mathrm{AET}(x)$ 和 $P(x)$ 分别代表栅格单元 x 的年实际蒸散量和年降水量（Sharp et al.，2015）。其中，$\mathrm{AET}(x)/P(x)$ 的具体计算方法为：

$$\frac{\mathrm{AET}(x)}{P(x)}=1+\frac{\mathrm{PET}(x)}{P(x)}-\left(1+\left(\frac{\mathrm{PET}(x)}{P(x)}\right)^{\omega}\right)^{1/\omega} \tag{6-2}$$

$$\mathrm{PET}(x)=K_c(l_x)\times \mathrm{ET}_0(x) \tag{6-3}$$

$$\omega(x)=\frac{Z\times \mathrm{AWC}(x)}{P(x)}-1.25 \tag{6-4}$$

式中，$\mathrm{PET}(x)$ 代表栅格单元 x 的潜在蒸散量（mm）；$\omega(x)$ 代表栅格单元 x 的自然气候-土壤的非物理参数；$K_c(l_x)$ 为不同城市湿地与非湿地的植物蒸散系数；$\mathrm{ET}_0(x)$ 为栅格单元 x 的参考作物蒸散量；Z 为经验常数。$\mathrm{AWC}(x)$ 代表栅格单元 x 的土壤有效含水量，由植被有效含水量和土壤最大根系埋藏深度及植物根系深度的最小值确定，具体公式如下：

$$\mathrm{AWC}(x)=\mathrm{Min}(\text{Max soil dept},\text{Root dept})\cdot \mathrm{PAWC} \tag{6-5}$$

$$\begin{aligned}\mathrm{PAWC}=&54.509-0.132\times \mathrm{Sand}-0.003\times \mathrm{Sand}^2-0.055\times \mathrm{Silt}-0.006\times \mathrm{Silt}^2-0.738\times \mathrm{Clay}\\&+0.007\times \mathrm{Clay}^2-2.688\times C+0.501\times C^2\end{aligned} \tag{6-6}$$

式中，PAWC 为植被有效含水量；Sand、Silt、Clay 和 C 分别代表土壤中砂粒、粉粒、黏粒和有机质的含量（Yang et al.，2019）。

在 Annual Water Yield 模块的计算中，输入的参数包括降水量、参考作物蒸散量、土壤深度、植物有效含水量、土地利用、流域边界、生物-物理参数表以及参数 Z。其中，降水量、蒸散量、土壤深度已通过各类数据网站获得，植物有效含水量由上述公式计算而来，土地利用数据包含遥感分类结果和模拟结果两部分，流域边界使用 ArcGIS 的水文分析工具计算，生物-物理参数表如表 6-2 所示，其中的数值根据前人的研究获得（Guo et al.，2021b；Pei et al.，2022；Zhang et al.，2022b；Liang et al.，2021b；程一凡，2019）。参数 Z 为经验常数，又称季节常数，能够表征区域内的降水和其他水文特征。本研究收集了之前包含本研究区的相关研究，并按照研究中对 Z 的设定，确定不同研究区的 Z 值（Zhang et al.，2023b；韩念龙等，2021；杨洁等，2020；于媛，2021）。

表 6-2　产水量模型中的生物-物理参数

lucode	LULC_ desc	LULC_ veg	Root_ depth	Kc	流速系数
1	沼泽	1	300	1. 1	900
2	河流	0	1000	1	2012
3	湖泊	0	1000	1	2012
4	滩地	0	200	1	2012
5	河口水域	0	1000	1	2012
6	浅海水域	0	1000	1	2012
7	河渠	0	1000	0	2012
8	水库	0	1000	1	2012
9	养殖池	0	1000	1	2012

水源涵养是在产水量结果的基础上修正而来的，其核心在于通过不同湿地与非湿地类型的流速系数、土壤饱和导水率及地形系数来减去地表径流的影响，最终获得研究区域内实际的水源涵养量（满吉成，2023）。具体公式如下：

$$\text{Retention}=\text{Min}\left(1,\frac{249}{\text{Velocity}}\right)\cdot\text{Min}\left(1,\frac{0.9\cdot\text{TI}}{3}\right)\cdot\text{Min}\left(1,\frac{K_{\text{sat}}}{300}\right)\cdot Y \quad (6\text{-}7)$$

式中，Retention 为水源涵养量；Velocity、TI 和 K_{sat} 分别为流速系数、地形指数和土壤饱和导水率；Y 为产水量。其中，Velocity 根据前人研究设定，沼泽与滩地设定为 900，其他湿地类型设定为 2012（傅斌等，2013），具体信息见表 6-2。TI 和 K_{sat} 的计算公式如下：

$$\text{TI}=\log\left(\frac{\text{Water pixel count}}{\text{Soil dept}\cdot\text{Percent slope}}\right) \quad (6\text{-}8)$$

$$K_{\text{sat}}=0.056\times\text{Clay}+0.016\times\text{Silt}+0.231\times C-0.693 \quad (6\text{-}9)$$

TI 的计算公式中，Water pixel count、Soil dept、Percent slope 分别代表流域中的栅格数量、土壤深度和百分比斜率，其中土壤深度数据已获取，其他两个参量通过 ArcGIS 计算得到。K_{sat} 的计算公式中 Clay、Silt 和 C 分别代表土壤中黏粒、粉粒和有机质的含量（Qin and Chen，2023）。

6.2.3　水质净化计算方法与参数设置

水质净化是城市湿地中非常重要的调节功能，InVEST 模型中 Nutrient Delivery Ratio 模块可以通过使用简单的质量平衡方法来了解大量营养物质在空间中的运动，它通过湿地中总氮（N）和总磷（P）的输出量来表示区域水质净化的情况，输出量越大，说明湿地污染越严重，水质净化服务的能力越弱（陈泽怡等，2022）。具体计算公式如下：

$$\text{Nexport}_x=\text{load}_x\times\text{NDR}_x \quad (6\text{-}10)$$

式中，Nexport_x 代表栅格单元 x 上营养物 N 和 P 的输出量；load_x 代表栅格单元 x 校正后的养分负荷量；NDR_x 则代表栅格单元 x 中氮的养分输送率（Bi et al.，2023）。

在 Nutrient Delivery Ratio 模块的计算中，输入的参数包括 DEM、土地利用、营养径流替代物（一般用降水量表征）、流域边界及生物-物理参数表，另外还有四个参数需要设置，分别为流量累积阈值、Borselli K 参数、地下临界长度及地下最大滞留效率。流量累积阈值直接影响到水文连通性的确定和营养物的输出结果，这里统一设置为 1000。Borselli K 参数主要用于确定水文连通性和养分输送率之间的关系，默认设置为 2。后两个参数是氮气计算中的必填项，参考 InVEST 模型用户手册中的说明，地下临界长度与栅格大小保持一致，设置为 30，地下最大滞留效率则设定为 0.8。生物-物理参数表如表 6-3 所示，是参照前人的研究综合确定的（Bi et al.，2023；吴一帆等，2020；Huang et al.，2023；Han et al.，2021；王宇等，2023）。

表 6-3　水质净化模型中的生物-物理参数

lucode	LULC_desc	load_n	eff_n	load_p	eff_p	crit_len
1	沼泽	10	0.6	0.2	0.8	150
2	河流	15	0.05	0.36	0.05	30
3	湖泊	15	0.05	0.36	0.05	30
4	滩地	15	0.05	0.36	0.05	30
5	河口水域	15	0.05	0.36	0.05	30
6	浅海水域	15	0.05	0.36	0.05	30
7	河渠	15	0.05	0.36	0.05	30
8	水库	15	0.05	0.36	0.05	30
9	养殖池	15	0.05	0.36	0.05	30

6.2.4　碳储量计算方法与参数设置

碳储量是全球碳循环中非常关键的环节，它在调节全球气候、减缓温室效应中起到了至关重要的作用。2020 年，我国提出了“双碳”目标，即到 2030 年实现碳达峰，到 2060 年实现碳中和。在此背景下，探究湿地城市碳储量的未来变化是具有重大意义的。本研究利用 InVEST 模型中 Carbon Storage and Sequestration 模块来开展评估，该模块计算的碳储量包含四个部分，分别为地上碳储量、地下碳储量、土壤碳储量和死亡有机质碳储量，具体计算公式如下：

$$C = A \times (D_{above} + D_{below} + D_{soil} + D_{dead}) \tag{6-11}$$

式中，C 为总碳储量（t）；D_{above}、D_{below}、D_{soil} 和 D_{dead} 分别为地上、地下、土壤和死亡有机质的碳密度；A 代表面积（Deng et al.，2022）。

然而由于各地区实际的碳密度较难获取，且容易受到气候的影响，因此需要利用同年的温度和降水量来修正当年不同城市的碳密度。首先，本研究收集了中国陆地生态系统的碳密度数据集，并统计出地上、地下与土壤的平均碳密度（表 6-4）（徐丽等，2010）。而后，利用以下公式来对其进行修正（Alam et al.，2013）：

$$D_{sp} = 3.3968 \times \mathrm{AP} + 3996.1 \tag{6-12}$$

$$D_{bp}=6.798\times e^{0.0054\times AP} \tag{6-13}$$

$$D_{bt}=28\times AT+398 \tag{6-14}$$

式中，D_{sp}、D_{bp}和 D_{bt}分别代表了通过降水量和温度计算的土壤碳密度和生物量碳密度，其中 D_{sp}用于修正土壤碳密度，D_{bp}和 D_{bt}均用来修正地上和地下碳密度。AP 和 AT 分别为年降水量和年平均温度。分别计算出特定年份中全国和各个城市的 D_{sp}、D_{bp}和 D_{bt}，而后开展以下计算：

$$T_s=\frac{D^i_{sp}}{D^I_{sp}} \tag{6-15}$$

$$T_b=T_{bp}\times T_{bt}=\frac{D^i_{bp}}{D^I_{bp}}\times\frac{D^i_{bt}}{D^I_{bt}} \tag{6-16}$$

式中，D^i 和 D^I 分别代表湿地城市 i 和全国的土壤与生物量碳密度；T_s 和 T_b 分别为土壤和生物量碳密度的修正系数。全国平均碳密度值如表 6-4 所示，使用 T_s 和 T_b 乘以表中的数值，得到不同年份、不同城市、不同湿地类型的碳密度（任玺锦等，2021）。死亡有机质碳密度这里不做设置，均为 0。

表 6-4　碳储量模型中的碳密度参数

lucode	LULC_ desc	D_ above	D_ below	D_ soil	D_ dead
1	沼泽	0. 74	2. 43	24. 78	0
2	河流	0. 3	0	0	0
3	湖泊	0. 3	0	0	0
4	滩地	0. 74	2. 43	24. 78	0
5	河口水域	0. 3	0	0	0
6	浅海水域	0. 3	0	0	0
7	河渠	0. 3	0	0	0
8	水库	0. 3	0	0	0
9	养殖池	0. 3	0	0	0

6.2.5　洪水调蓄计算方法与参数设置

湿地在洪水调蓄中发挥着重要的作用，可以通过调节河流径流量来削减洪峰、降低洪水造成的危害。由于本研究包含的城市湿地类型较为丰富，而不同湿地类型对洪水的调节能力是不同的（赵欣胜等，2016）。因此，首先计算不同湿地类型的洪水调蓄能力，最终的总和即为研究结果。

1）沼泽、滩地的土壤中包含非常特殊的水文物理性质，因此其具有较强的蓄水能力。但由于其实际能够调蓄的洪水量是难以计算的，因此这里将其再蓄水深度设置为 1m，该值与面积的乘积即为可调蓄水量。

2）河流、河口水域及河渠均能够储蓄一定的洪水，因此使用调水防洪深度与面积的乘积进行计算，调水防洪深度为历史最高水位与平均水位之差（梁芳源等，2023）。本研究通过查找，在《常熟市城市防洪规划》、《海南省南渡江海口市河道采砂规划（修编）》、黄河利津水文站等文件与站点数据中收集了各个城市主要河流的最高水位与平均水位。最后算得银川市、常德市、海口市、常熟市、东营市、哈尔滨市调水防洪深度分别为1.38m、2.37m、2.48m、2.51m、2.09m和2.28m。

3）湖泊是最重要的蓄水湿地类型之一，它能够有效地削减并滞后洪峰。由于各个湖泊的水位与可调蓄水量数据难以获得，本研究引入了饶恩明等（2014）构建的中国湖泊洪水调蓄功能评价模型。该研究中将全国湖泊划分为东部平原、蒙新高原、云贵高原、青藏高原、东北平原与山区5个湖区，而本研究的研究区中除哈尔滨市在东北平原与山区外，其他五个城市均分布在东部平原，下方列出了不同区域中湖泊洪水调蓄的计算公式。养殖池一般水深超过1.5m，在洪水调蓄中与湖泊湿地类似，因此这里同样采用下方公式计算。

$$\text{东部平原湖区:} \ln(W_i) = 1.128 \times \ln(A_i) + 4.924 \tag{6-17}$$

$$\text{东北平原与山区湖区:} \ln(W_i) = 0.866 \times \ln(A_i) + 5.808 \tag{6-18}$$

式中，W_i 代表第 i 个湖泊或养殖池的可调蓄水量（m^3），A_i 代表湖泊或养殖池的面积。

4）水库在建造之初就肩负着防洪蓄水的功能，并且是按照一定重现期的洪水进行设计和调度的（马翔等，2023）。本研究获取了高德地图中水库POI数据，并在各个省、市的公开数据网站中获取了各个水库的总库容量，引入饶恩明等（2014）构建的全国水库洪水调蓄功能评价模型，计算水库的可调蓄水量。

$$C_f^i = 0.35 \times C_t^i \tag{6-19}$$

式中，C_f^i 和 C_t^i 分别表征了第 i 个水库的可调蓄水量和总库容。

6.3 城市湿地生态系统服务的多情景变化

6.3.1 银川市城市湿地生态系统服务的多情景变化

6.3.1.1 水源涵养

图6-2展示了2015～2035年银川市产水总量和水源涵养总量，结果表明产水总量和水源涵养总量的整体变化趋势是一致的，但产水总量多于水源涵养总量，这也证实了InVEST模型在评估产水量中忽略了植被和土壤对于降水的截留作用，经过修正后的产水量才是真正的水源涵养量。另外，除土地利用变化对其会产生一定的影响外，产水量和水源涵养更易受到气候变化的影响，尤其是降水量。因此，各年份之间的变化可能会有比较大的起伏，其他城市也是如此。

2015～2035年，银川市产水量和水源涵养服务的变化呈现波动态势，而且不同情景下的差别十分巨大。2015～2020年产水总量和水源涵养总量略有减少，2020年后经济建设情景下的产水量和水源涵养量呈现先增加后减少的趋势，而其他三种情景则呈现出波动上升的趋势。2035年，经济建设情景下的产水量总量和水源涵养总量降到了研究时段内的最低值，分别为 4.02×10^{4}mm 和 8.48×10^{3}mm，分别较 2020 年减少了 93.97% 和 93.02%。趋势延续、湿地保护和和谐发展情景在 2028 年、2033 年和 2035 年的水源涵养服务较高，但只有湿地保护情景在 2033 年的结果超过了 2015 年。2035 年，其他三种情景下的产水总量分别为 5.97×10^{5} mm、8.98×10^{5} mm 和 7.73×10^{5} mm，分别较 2020 变化了 -10.48%、34.65% 和 15.87，而水源涵养总量分别为 1.09×10^{5}mm、1.74×10^{5}mm 和 1.44×10^{5}mm，分别较 2020 年变化了 -10.51%、42.91% 和 18.62%，总量的结果均小于 2015 年的 8.90×10^{5}mm 和 1.89×10^{5}mm。

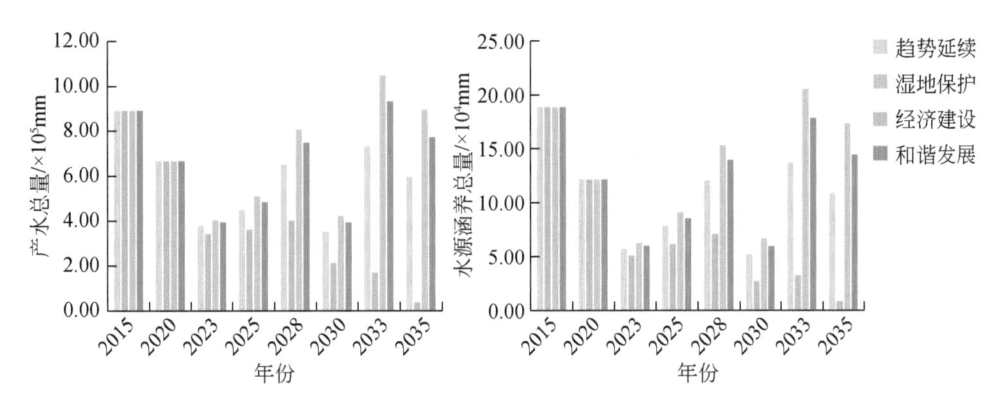

图 6-2　2015～2035 年不同情景下银川市产水总量与水源涵养总量

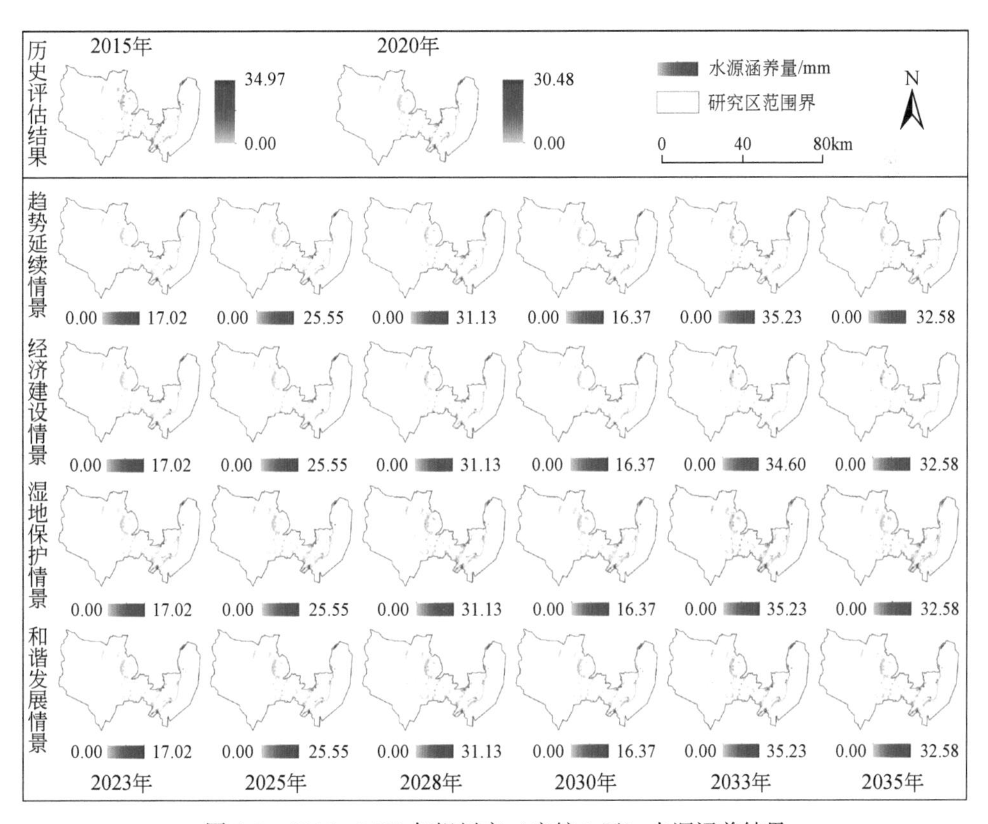

图 6-3　2015～2035 年银川市（市辖 3 区）水源涵养结果

由于本节研究的生态系统服务以水源涵养为主，且产水量和水源涵养的结果较为接近，因此这里仅展示了水源涵养的空间图（图 6-3）。从空间上看，银川市大部分湿地分布在金凤区和兴庆区，其中水源涵养的高值区基本分布在兴庆区内，且主要位于黄河流域附近。趋势延续情景下，位于兴庆区内水源涵养量较高的区域有些许减少，主要位于区域北部和中部地区。但兴庆区与金凤区中水源涵养的低值区有小部分恢复。经济建设情景中，黄河流域沿岸的水源涵养高值区逐渐减少，到 2035 年仅有北部小片区域还存在，而金凤区和西夏区内却出现了小面积的高值区，但整体的退化依旧十分严重的。湿地保护情景下恢复的主要是水源涵养的低值区，主要集中在金凤区和兴庆区，黄河流域沿岸的高值区增加并不显著，且基本集中在中部和南部。和谐发展情景的变化幅度比较小，其水源涵养服务在 2020 年的基础上有小幅度的恢复，其中在兴庆区南部增加了小面积的高值区。

6.3.1.2 水质净化

根据水质净化服务的评估原理，最终计算结果中总氮和总磷的量值越大，说明区域内净化服务越差。然而由于不同情景下湿地的面积不同，会导致总氮和总磷随着面积增大而增大，无法对比出合理的结果。因此，这里使用总氮或总磷与湿地总面积的比值来分析年份与情景的变化，即每平方千米湿地中氮与磷的输出量。

2015 ~ 2035 年，除 2030 年以外，银川市水质净化服务整体呈现上升趋势，说明银川市水质净化服务在未来可能有退化趋势。从不同情景来看，经济建设情景的结果远高于其他情景，尤其在 2035 年达到了研究时段的最大值（图 6-4）。该年份中，四种情景下氮的平均输出量分别为 230.36t/km^2、286.36t/km^2、229.53t/km^2 和 216.55t/km^2，分别较 2020 年增加了 7.39%、33.50%、7.01% 和 0.96%，磷的平均输出量分别为 4.89t/km^2、6.67t/km^2、4.82t/km^2 和 4.47t/km^2，分别较 2020 年增长了 10.31%、50.37%、8.67% 和 0.91%。其中，和谐发展的结果是最低的，其次为湿地保护情景，这与和谐发展情景中沼泽、滩地两种湿地类型占比较高相关。

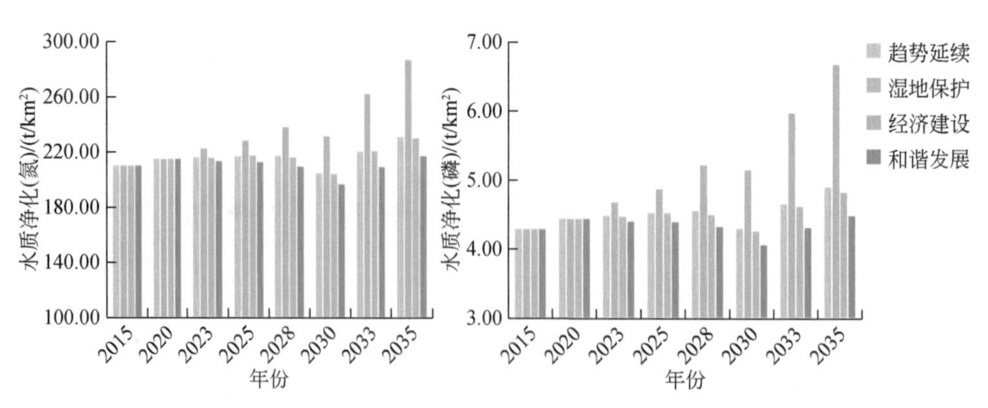

图 6-4　2015 ~ 2035 年不同情景下银川市每平方千米氮与磷的输出量

根据模拟运算结果，银川市主要有两条河流流向，一条与黄河重合，主要向东部分流，另一条位于西侧并逐渐向城市西侧分流。依据上述结果，在银川市水质净化的空间分布中，氮输出量较高的区域主要位于黄河流域及两侧，并且由北向南逐渐增多，而其他区域的氮输出量均处于低值区（图 6-5）。从不同情景来看，趋势延续情景中黄河及其两岸并未发生明显变化，但金凤区以及兴庆区西部中氮输出量有小幅增加。经济建设情景下，湿地面积较大的区域变化不显著，如兴庆区的黄河以及金凤区的阅海国家湿地公园。但其他小面积湿地则在该情景下逐渐退化并消失，进而影响到了水质净化服务。湿地保护情景下，随着湿地面积的不断增加，区域内低值区与高值区均有不同面积的增长，主要位于兴庆区和金凤区，这些变化导致了氮的总输出量变大，但也同样提升了水质净化服务。和谐发展情景下，水质净化的空间分布较 2020 年相比未发生明显变化，但金凤区和西夏区内有小部分湿地中氮输出量有小幅增加。

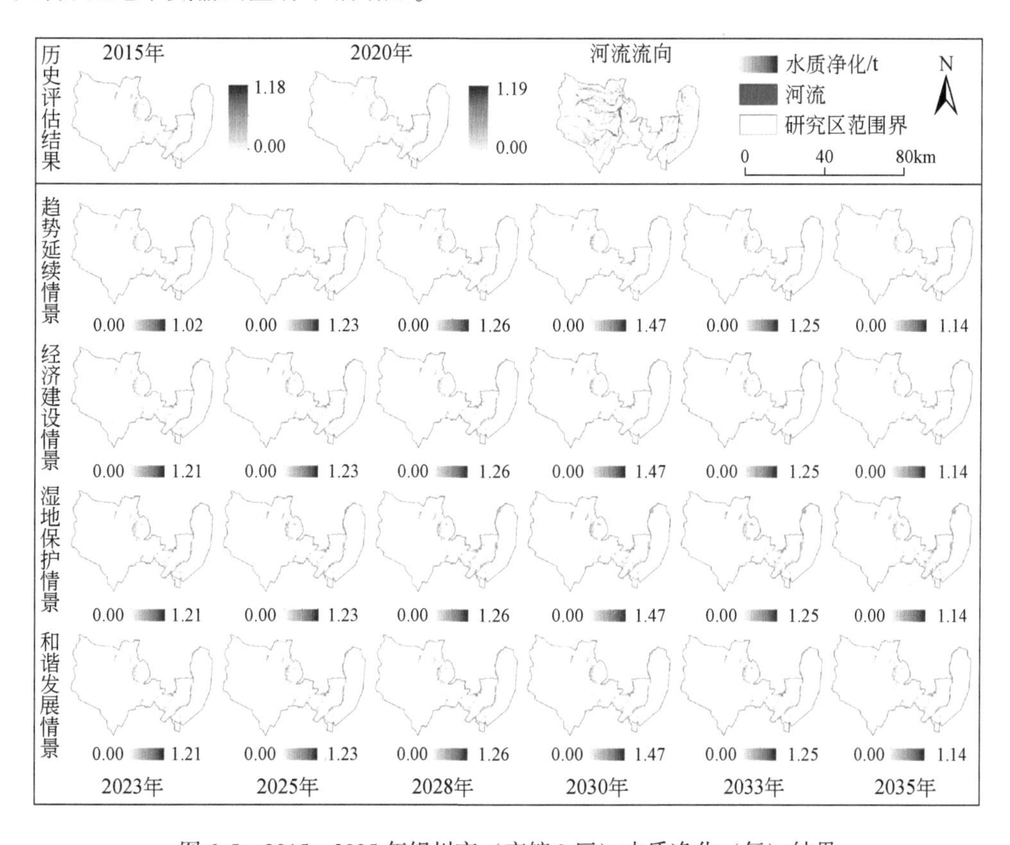

图 6-5　2015 ~ 2035 年银川市（市辖 3 区）水质净化（氮）结果

磷输出的空间分布与氮的情况十分类似，高输出区主要分布在黄河流域及两岸，以及金凤区中阅海国家湿地公园的两侧（图 6-6）。2015 ~ 2035 年，趋势延续情景下的变化主要位于西夏区和金凤区，区域内磷输出的高值区有增加趋势。而经济建设情景下，西夏区、金凤区和兴庆区内磷输出的低值区逐渐减少，但高值区的变化却不明显，这也最终致使了磷元素的平均输出量远高于其他情景。湿地保护情景下，随着湿地的增加，磷输出的高值区有明显扩大，且在兴庆区尤为明显，特别是黄河的东侧。反观和谐发展情景，在对磷的净化中未发生太大的变化，因此其结果也基本与 2020 年持平。

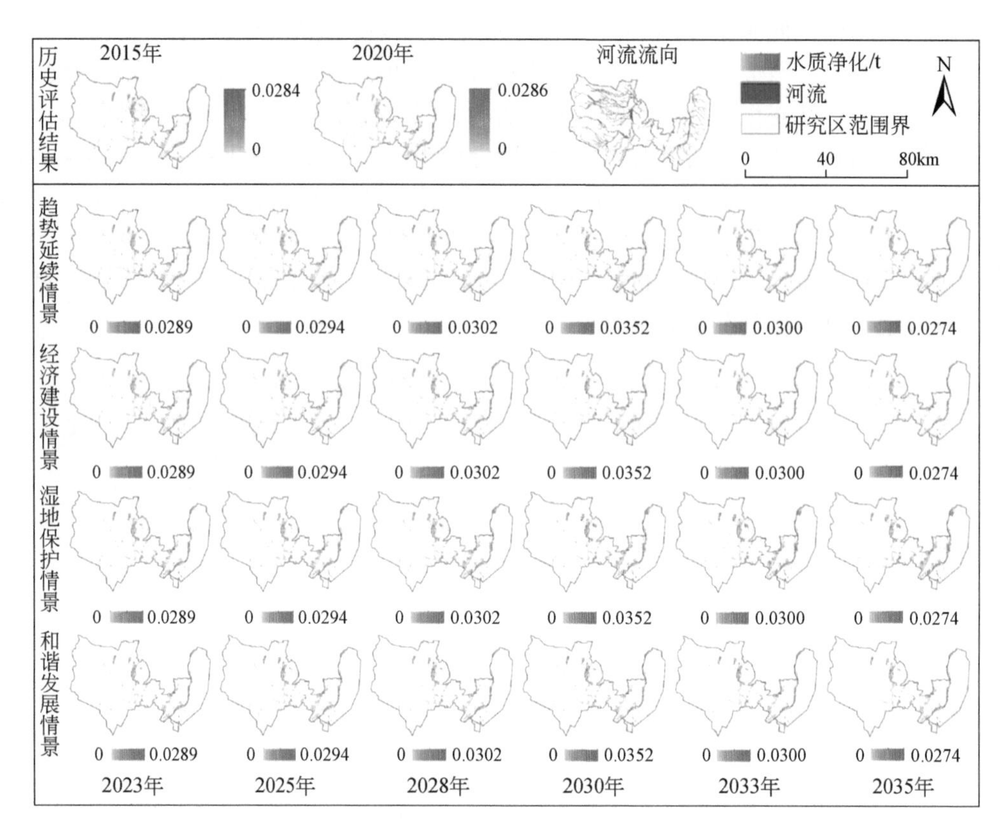

图 6-6　2015～2035 年银川市（市辖 3 区）水质净化（磷）结果

6.3.1.3　碳储量

2015～2035 年，不同情景下碳储量的变化各有不同，其中趋势延续和经济建设情景下碳储量总量可能出现减少趋势，而湿地保护和和谐发展情景则有不同程度的增加（图 6-7）。趋势延续情景呈现出了波动减少的趋势，但经济建设情景下的碳储量则是直线下降的，2035 年两个情景均达到了研究时段内的最低值，分别为 55 211.5t 和 73 106.1t，分别较 2020 年减少了 16.51% 和 74.24%。湿地保护和和谐发展情景中碳储量则均呈现出了波动上升的变化趋势，并在 2033 年达到研究时段内的最高值，而后在 2035 年略有下降。2035 年，湿地保护和和谐发展情景下湿地的碳储量总量分别为 84 605.7t 和 73 106.1t，分别较 2020 年增加了 27.94% 和 10.55%。

从空间上看，银川市碳储量的高值区在各个区均有分布，比较聚集的区域包括黄河沿岸、兴庆区和金凤区的中部（图 6-8）。2015～2035 年，趋势延续情景下的变化区域是比较分散的，更多的是一些细碎的斑块，基本分布在 2020 年湿地区域的周围。经济建设情景下碳储量的减少是十分显著的，尤其是位于黄河沿岸、城市中心区域的高值区，到 2035 年已基本消失，仅有的高值区位于兴庆区南部和阅海国家湿地公园中。湿地保护情景下虽然有不少的湿地逐渐恢复，但区域内碳储量高值区的增加并不明显，反而扩张是养殖池、湖泊等碳汇的低值区，甚至有高值区转为低值区的情况发生。和谐发展情景的变化并不大，而且其中碳储量高值区十分稳定，兴庆区内还有小面积的低值区不断增加。

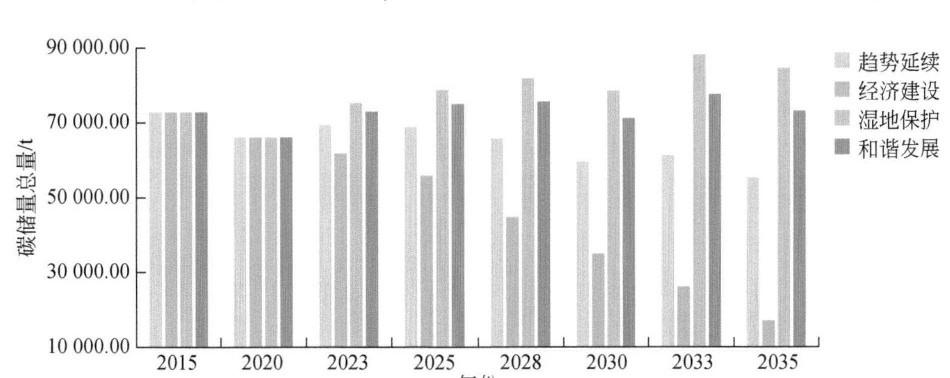

图 6-7　2015～2035 年不同情景下银川市碳储量总量

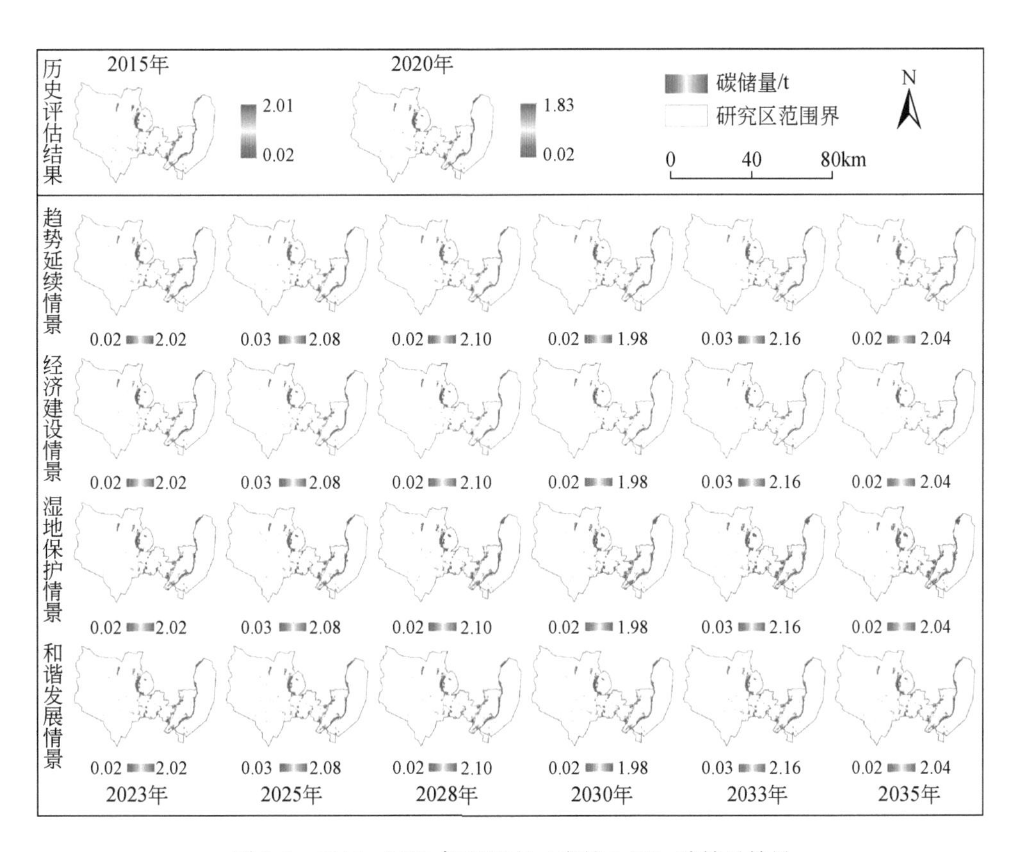

图 6-8　2015～2035 年银川市（市辖 3 区）碳储量结果

6.3.1.4　洪水调蓄

2015～2035 年，趋势延续和和谐发展情景下洪水调蓄功能较为稳定，与 2020 年相比略有减少，而经济建设情景和湿地保护情景的减少和增加趋势则比较显著（图 6-9）。2015

年和2020年银川市可调蓄水量分别为30.06亿m^3和28.55亿m^3，减少了5.02%。到2035年，四种情景下的可调蓄水量分别为27.35亿m^3、24.33亿m^3、41.27亿m^3和27.56亿m^3，分别较2020年变化了-4.20%、-14.78%、44.55%和-3.47%。趋势延续和和谐发展情景的结果十分接近，和谐发展情景略高一些，但可调蓄水量最大的情景仍为湿地保护情景。

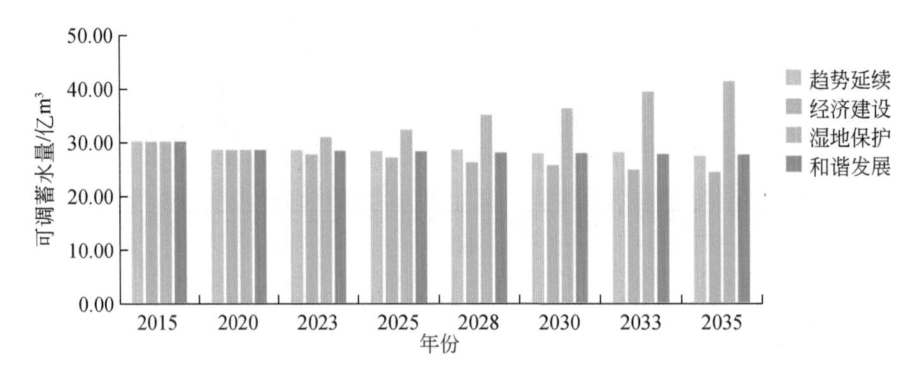

图6-9　2015~2035年不同情景下银川市可调蓄水量

从空间上看，银川市大部分湿地的洪水调蓄服务偏低，高值区主要位于西夏区和金凤区，其中阅海国家湿地公园的可调蓄水量是最大的（图6-10）。2015~2035年，趋势延续情景下阅海国家湿地公园的面积有小幅增加，这也导致区域内可调蓄水量的增加。但其他

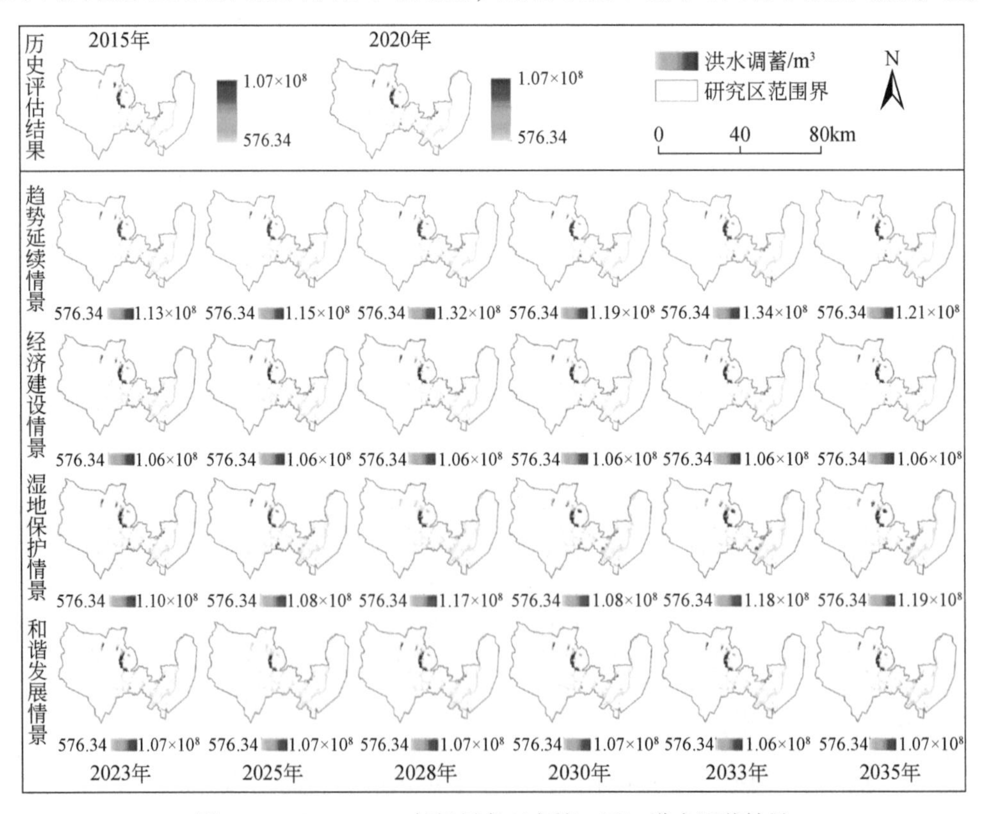

图6-10　2015~2035年银川市（市辖3区）洪水调蓄结果

区域受到其他湿地与非湿地类型变化的干扰，多数湿地的洪水调蓄服务均有不同程度的下降。经济建设情景下该服务下降得更为显著，尤其是金凤区和兴庆区内湖泊、水库与养殖池，甚至是阅海国家湿地公园的可调蓄水量也有一定减少。这期间，湿地保护情景下洪水调蓄功能的恢复是十分明显的，尤其是原本的低值区逐渐增长为高值区，增加了大量的可调蓄水量。和谐发展情景在空间分布上基本未发生变化，该情景下湿地十分稳定，并持续提供着洪水调蓄服务。

6.3.2 常德市城市湿地生态系统服务的多情景变化

6.3.2.1 水源涵养

2015～2020 年，常德市的产水总量和水源涵养总量有上升趋势，大约增长了 13.27% 和 12.01%，但自 2020 年之后这两个服务便出现了波动变化（图 6-11）。2020 年已是研究时段内的最高值，仅在 2030 年湿地保护情景下产水总量和水源涵养总量接近过该值。而后的时间内两个服务持续下降，最终在 2035 年达到了研究时段内的最低值。2035 年，四种情景下的产水总量分别为 4.19×10^8 mm、3.34×10^8 mm、5.04×10^8 mm 和 4.15×10^8 mm，分别较 2020 年减少了 57.68%、66.26%、49.09% 和 58.08%；水源涵养总量分别为 3.97×10^7 mm、3.20×10^7 mm、4.65×10^7 mm 和 3.82×10^7 mm，分别较 2020 年减少了 52.17%、61.45%、43.98% 和 53.98%。

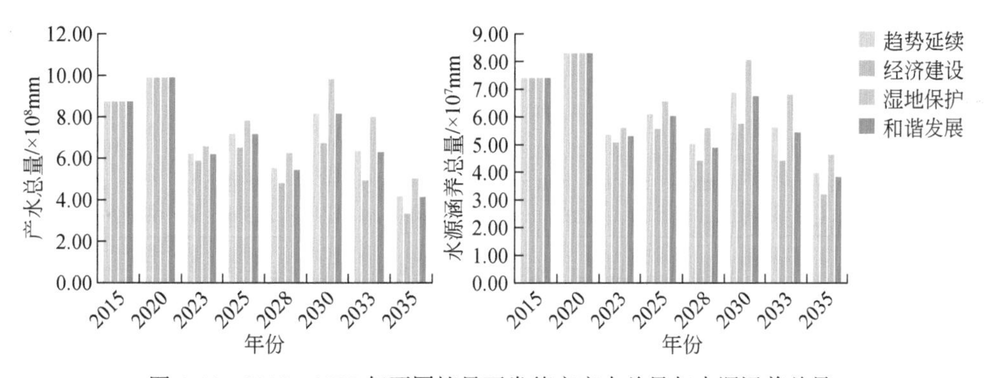

图 6-11 2015～2035 年不同情景下常德市产水总量与水源涵养总量

从空间上看，湿地主要分布在城市中部和东部，而水源涵养的高值区主要位于沅江和澧水两条流域及附近区域内（图 6-12）。2015～2035 年，趋势延续情景下整体的水源涵养服务均有下降，但常德市主要河流提供的产水量和水源涵养量仍然高于其他区域。在经济建设情景中，石门县、临澧县、桃源县等湿地分布较少的区域中湿地退化十分明显，基本已无法再提供水源涵养服务。而沅江和澧水流域周边的湿地也有被大量侵占的现象，最终导致仅河流的干流继续提供产水量和水源涵养服务。湿地保护情景下，安乡县、津市市、鼎城区及汉寿县中有大量湿地恢复，但其提供的水源涵养均属于低值区，而主要河流即高值区的面积虽然也有扩大，但比例较小。和谐发展情景下湿地的恢复主要位于鼎城区和汉寿县，且基本为水源涵养服务的低值区，高值区基本保持了 2020 年的空间分布状态。

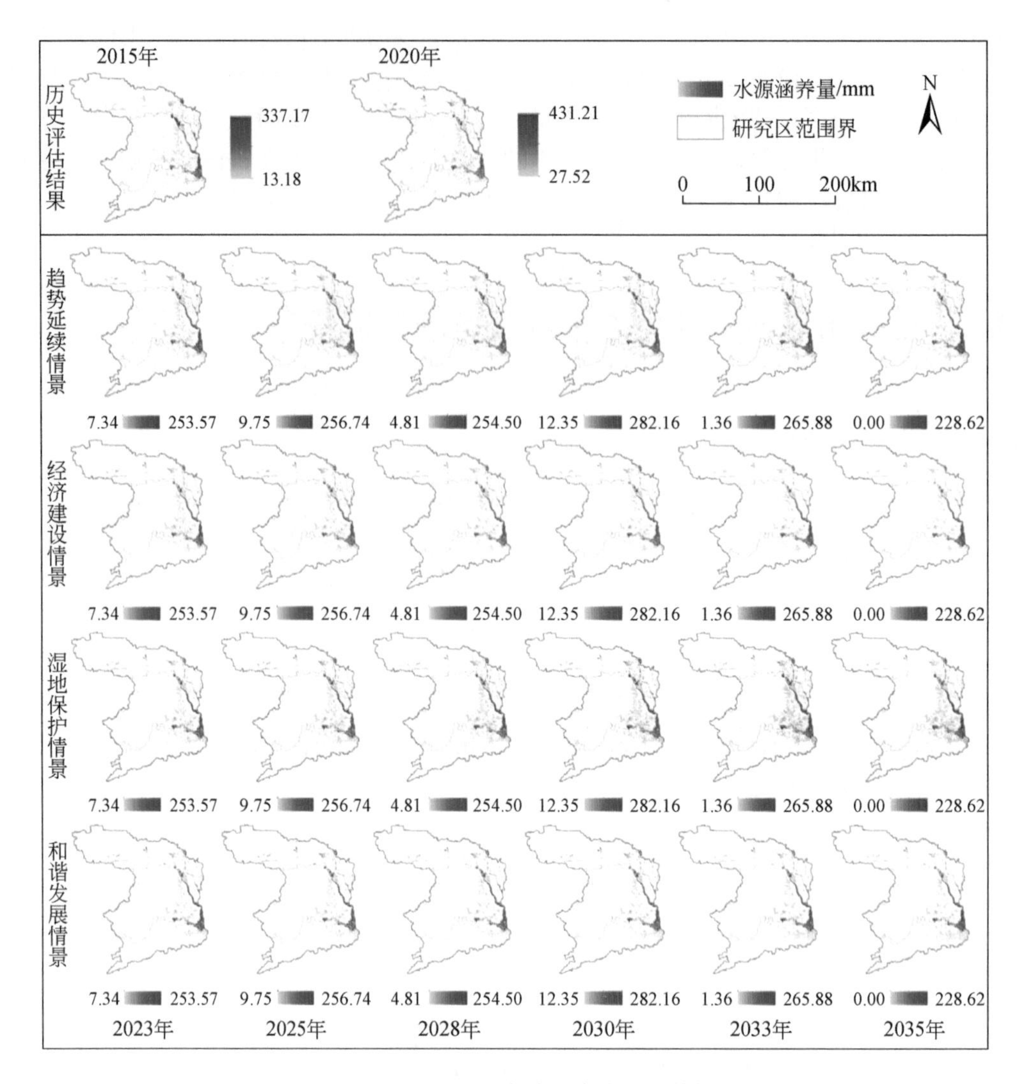

图 6-12　2015 ~ 2035 年常德市水源涵养结果

6.3.2.2　水质净化

2015 ~ 2035 年，常德市每平方千米氮和磷的平均输出量呈现出了先减小后增加的变化趋势，这表明在过去的时间里城市内水质净化服务有一定增强，但在未来可能出现逐渐退化的情况（图 6-13）。氮输出量的最高值出现在 2033 年，该年中四个情景下的结果分别为 276.17t/km²、318.18t/km²、263.76t/km² 和 251.64t/km²，而后在 2035 年又分别减少至 265.69t/km²、301.82t/km²、252.81t/km² 和 243.48t/km²。磷输出量的最高值同样出现在 2033 年，而后除经济建设情景外，其他情景 2035 年的结果也略有下降，但经济建设情景中磷的平均输出量仍然保持在最高值。2035 年，四种情景下磷的平均输出量分别为 5.54t/km²、5.75t/km²、5.47t/km² 和 5.46t/km²，较 2020 年分别增长了 9.47%、13.64%、8.02% 和 7.93%。

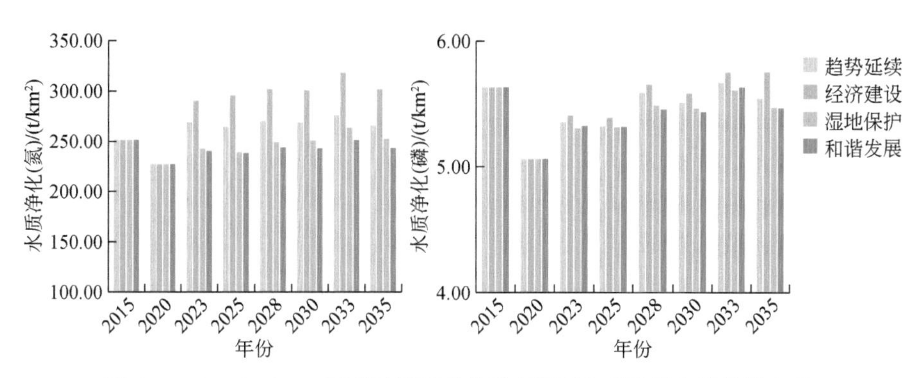

图 6-13　2015～2035 年不同情景下常德市每平方千米氮与磷的输出量

根据模型计算的河流流向，基本与实际情况中沅江、澧水以及其他河流的分布较为重合，而且也体现了常德市纵横交错的水网分布。从空间上看，常德市氮输出的分布呈现出了由东到西逐渐累积的过程，在石门县和桃源县的河流、湖泊与水库中可以见到较为明显的氮输出高值区（图 6-14）。2015～2035 年，趋势延续情景的变化主要位于城市东部的湿

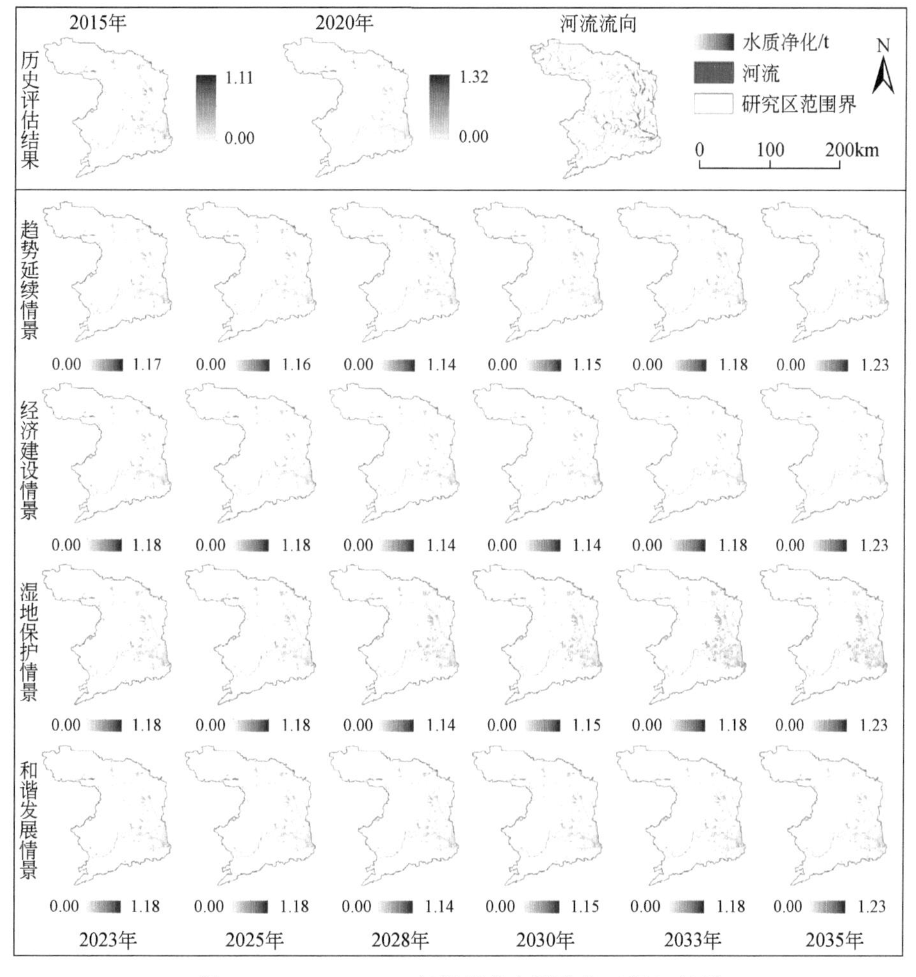

图 6-14　2015～2035 年常德市水质净化（氮）结果

地聚集区，氮的输出随着湿地类型的转移而略有升高。经济建设情景下，随着湿地的减少，氮输出的高值区和低值区均有不同程度的减少，但也导致了未发生转变的高值区内增加了更多的输出。在湿地保护情景中，随着湿地面积的增加，致使可提供水质净化服务的湿地变多，但也导致了更多的氮输出，主要的变化区位于鼎城区、汉寿县等地。和谐发展情景在上述两个区域内同样有较多的湿地恢复，也导致了这些区域内总氮量的增加，但却使得北部区域的氮输出量减少。

磷的结果与氮非常接近，磷输出的高值区同样位于石门县、澧县、桃源县等地（图 6-15）。而从不同情景来看，趋势延续情景中主要变化区位于东部的津市市、鼎城区和汉寿县，湿地高输出区逐渐扩张，导致了整体磷输出量的增加。在经济建设情景下，一些磷输出量较小的细碎斑块逐渐减小或消失，然而高值区的湿地并未有明显退化，一系列因素致使了总磷的增加。湿地保护情景也出现了趋势延续情景的情况，磷输出的高值区不断向外扩张，再加上低值区小斑块的不断增加，致使该情景下磷输出量也较 2020 年有了

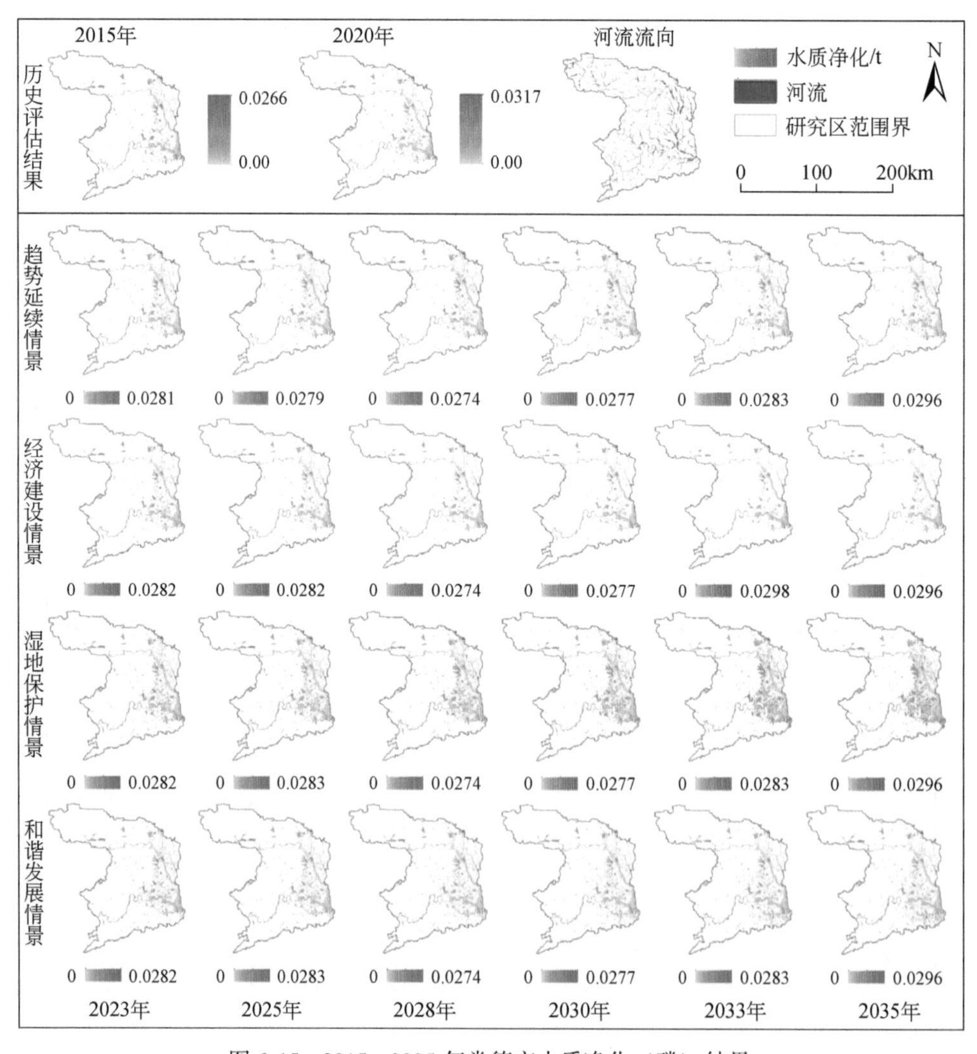

图 6-15　2015 ~ 2035 年常德市水质净化（磷）结果

明显上升。和谐发展情景下湿地的变化主要位于汉寿县南部，根据河流流向，这里属于最终的累积区域，因此恢复的湿地中可能会出现较高的磷输出量，影响最终的总磷结果。

6.3.2.3 碳储量

2015～2035年，常德市碳储量总量呈现出先增加后波动减少的趋势，其中也包含了湿地保护情景（图6-16）。2020年的碳储量总量为研究时段内的最高值，达到了1.77×10^6t。2035年四个情景下湿地的碳储量总量分别为1.51×10^6t、1.25×10^6t、1.66×10^6t和1.39×10^6t，分别较2020减少了14.34%、29.34%、5.90%和21.06%。经济建设情景下减少的最多，其次为和谐发展情景和趋势延续情景。湿地保护情景下湿地面积增加但碳储量却减少的原因可能与沼泽、滩地湿地类型的减少以及气候等因素相关。

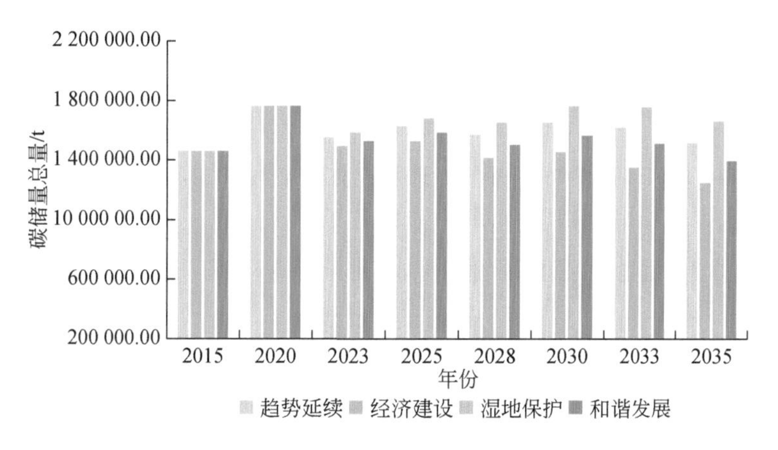

图6-16 2015～2035年不同情景下常德市碳储量总量

从空间上看，常德市碳储量的高值区主要位于沅江和澧水两条河流以及部分水库、湖泊周边（图6-17）。2015～2035年，趋势延续情景下碳储量的变化区主要位于沅江和澧水两条河流上，尤其是常德市东部的西洞庭湖内有明显增加。经济建设情景下碳储量的减少区主要为低值区，尤其是一些小区域的湿地斑块极易被侵占，这些区域也无法再提供碳储量服务，进而致使碳储量减少。与该情景相反的是湿地保护情景，该情景下增加的湿地区基本为水体类湿地，而这些湿地中碳汇服务并不强，反而影响到沼泽、滩地这些碳储量的高值区，因此，碳储量总量也有少量减少。同样的情况也发生在和谐发展情景下，该情景下增加的湿地类型以养殖池为主，无法提供更多的碳储量，因此结果同样低于2020年。

6.3.2.4 洪水调蓄

2015～2035年，除经济建设情景外，其他情景下的洪水调蓄服务均有不同程度的增加（图6-18）。2015年和2020年常德市的可调蓄水量基本持平，两年的结果分别为593.18亿m^3和605.94亿m^3，而后在不同情景下发生了不同的变化。到2035年，四种情景下的可调蓄水量分别为608.05亿m^3、348.45亿m^3、1282.44亿m^3和698.40亿m^3，分别较2020年变化了0.35%、-42.49%、111.641%和15.26%。湿地保护情景下增长的最明显，其次为和谐发展情景，而趋势延续情景与2020年的结果十分接近。

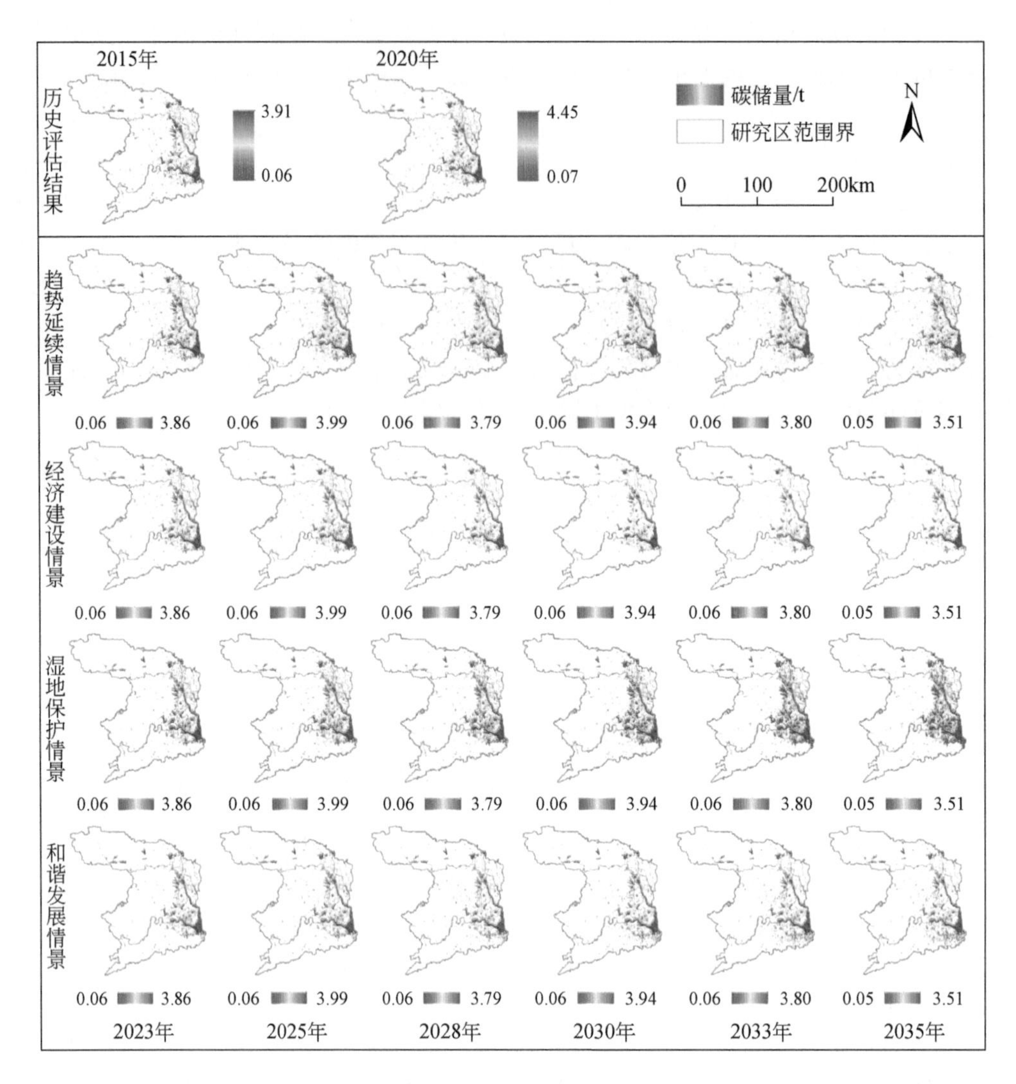

图 6-17 2015～2035 年常德市碳储量结果

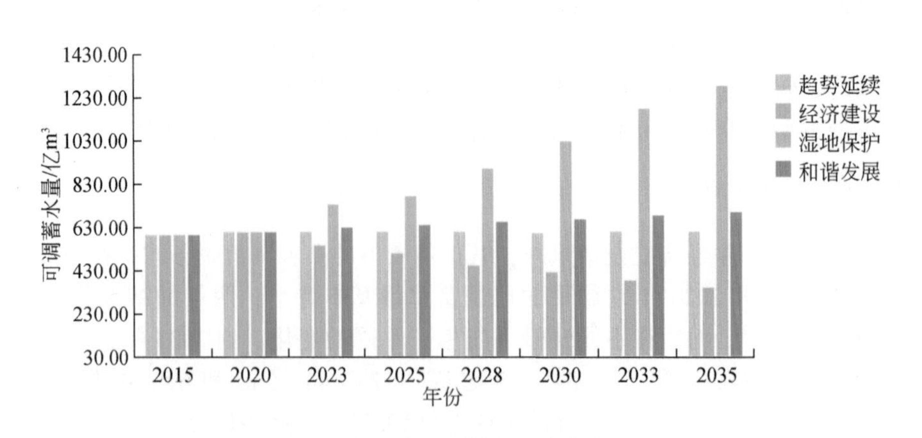

图 6-18 2015～2035 年不同情景下常德市可调蓄水量

从空间上看，常德市洪水调蓄服务较高的区域主要在汉寿县的西洞庭湖区、津市市的毛里湖、石门县的仙阳湖等区域内（图 6-19）。2015 ~ 2035 年，趋势延续情景中各区域的可调蓄水量没有发生太大改变，但由于西洞庭湖内水体的减少，致使其中的可调蓄水量降低，在数据分级时提升了其他湖泊的等级。经济建设情景下，随着湿地面积的减少，可调蓄水量的低值区不断消失，有些大型湖泊也随着退化与破碎无法继续提供更高的洪水调蓄服务，如石门县的仙阳湖。湿地保护情景下，汉寿县、津市市、鼎城区和武陵区内湖泊、养殖池等湿地类型有大面积的扩张，进而提升了区域内的可调蓄水量，外加低值区也在不断增加，最终致使该情景下洪水调蓄服务有明显的提升。此外，和谐发展情景下可调蓄水量的增加主要归功于养殖池的扩张，以及西洞庭湖周围湖泊的扩张。

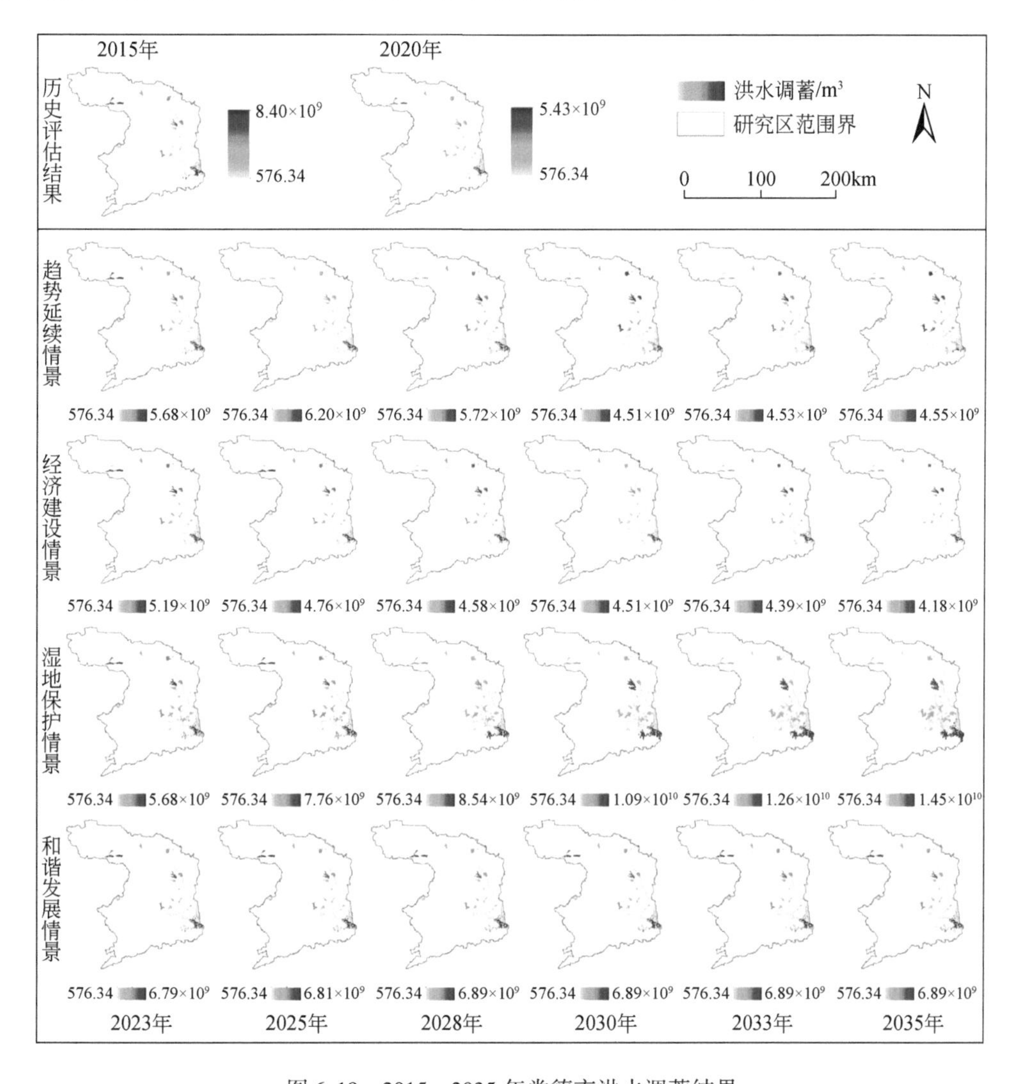

图 6-19　2015 ~ 2035 年常德市洪水调蓄结果

6.3.3 海口市城市湿地生态系统服务的多情景变化

6.3.3.1 水源涵养

2015 ~ 2035 年，海口市产水总量与水源涵养总量均呈现出先增加后减少再增加的趋势，并在 2035 年再次减少（图 6-20）。2015 年和 2020 年，海口市湿地的产水总量分别为 9.64×10^7 mm 和 1.25×10^8 mm，而水源涵养总量分别为 1.11×10^7 mm 和 1.35×10^7 mm。2025 年为研究时段内的最低值，2033 年为最高值，该年份中四种情景下的水源涵养总量分别为 1.65×10^7 mm、1.17×10^7 mm、2.18×10^7 mm 和 1.83×10^7 mm。2035 年海口市部分情景下的产水总量和水源涵养总量较 2020 年有所减少，其中四个情景下产水总量的变化率分别为 2.24%、-20.32%、12.48% 和 -7.36%，水源涵养总量的变化率分别为 2.00%、-18.81%、11.85% 和 -3.04%。这表明，2020 ~ 2035 年经济建设和和谐发展情景下水源涵养量略有减少，而趋势延续和湿地保护情景则有不同程度的增加。

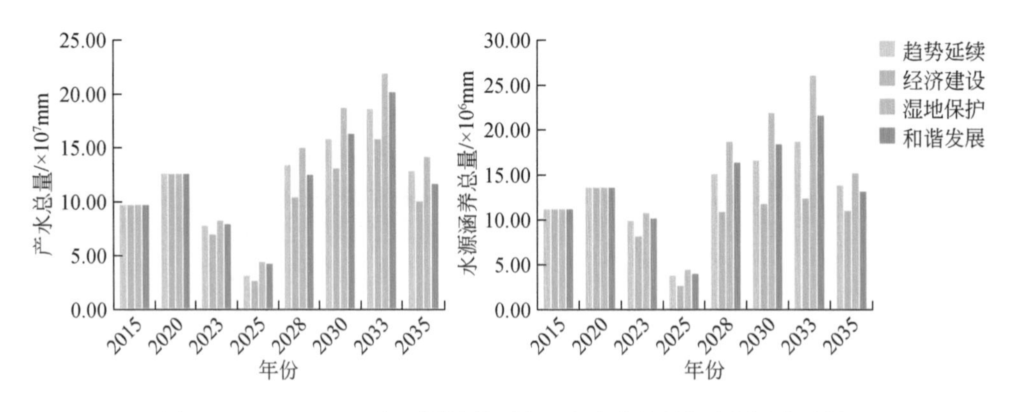

图 6-20 2015 ~ 2035 年不同情景下海口市产水总量与水源涵养总量

从空间上看，水源涵养较高的区域分布在美兰区的东寨港红树林附近，另外在美兰区南部、龙华区南部、秀英区的中部也有小范围的分布，而像浅海水域、河口水域、河流、养殖池等湿地类型中提供的水源涵养服务并不多（图 6-21）。趋势延续情景下，河口水域、河流，以及南部的湖泊、水库中的水源涵养量有减少趋势，而且原本分布在美兰区和龙华区的高水源涵养区也有少许的下降，这与湿地面积的增减相关。而在经济建设情景下这种调节服务下降的趋势更加明显，除美兰区的沿海地区中还分布着少量的高水源涵养区外，秀英区、龙华区甚至琼山区中已基本消失，仅剩下了一些水源涵养的低值区。湿地保护情景下，海口市各个区内的水源涵养服务均有恢复，较为明显的是美兰区中出现了非常多的高水源涵养区，而在北部城市建成区内也有少量的增加。和谐发展情景下各年中水源涵养的空间评估结果基本与 2020 年接近，但受到当年气候的影响，2035 年整体的水源涵养量略低于 2020 年。

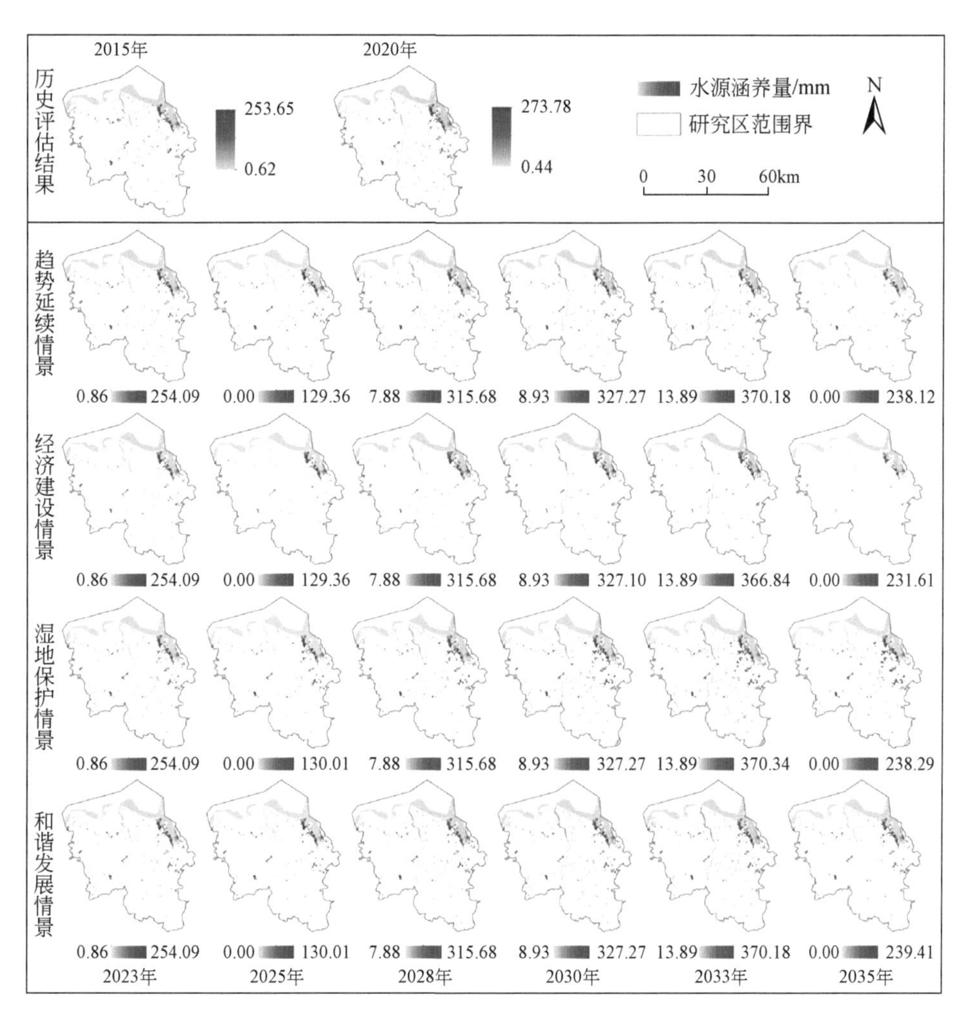

图 6-21　2015 ~ 2035 年海口市水源涵养结果

6. 3. 3. 2　水质净化

2015 ~ 2035 年，海口市水质净化服务呈现出先下降后上升的变化趋势，也说明区域内湿地的净化服务也呈现出了先提升后退化的过程（图 6-22）。2025 年，四种情景下氮的平均输出量分别为 335. 20t/km^2、337. 33t/km^2、335. 80t/km^2 和 336. 77t/km^2，磷的平均输出量则分别为 7. 67t/km^2、7. 77t/km^2、7. 65t/km^2 和 7. 68t/km^2，经济建设情景下的输出量是最大的，而且在磷的结果中更加显著。到 2035 年，四种情景下氮的输出量较 2020 年分别增长了 1. 31%、4. 10%、1. 28% 和 1. 45%，而磷的输出量分别增长了 0. 99%、6. 56%、0. 78% 和 1. 34%。但除了经济建设情景外，其他情景下氮和磷的输出量均低于 2015 年的结果。

模型运算中输出了海口市的河流流向，主要包含三条流域，中间一条由北部至南部贯穿整个城市，这一条河流与实际城市中南渡江基本重合，另外两条则分布在城市的西侧和东侧。与其他城市的结果类似，氮输出量也沿着河流流向逐渐增加，且河流两侧的输出量是最大的，尤其是城市中部的南渡江流域（图 6-23）。此外，琼山区南部的湖泊、水库中

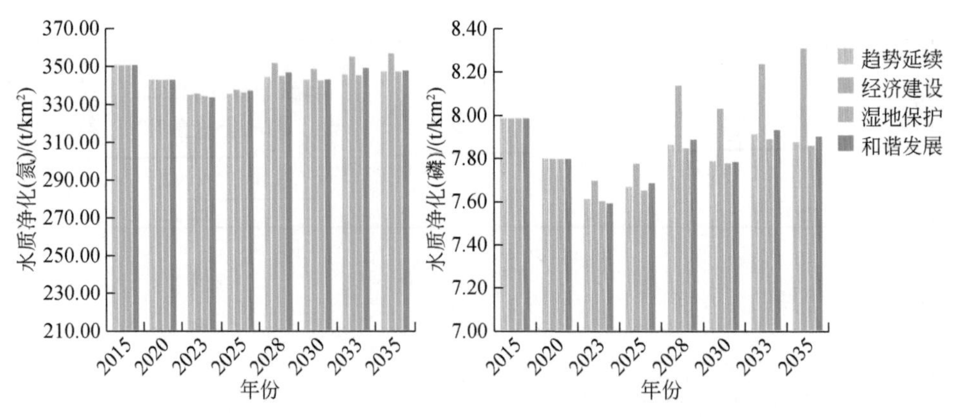

图 6-22　2015 ~ 2035 年不同情景下海口市每平方千米氮与磷的输出量

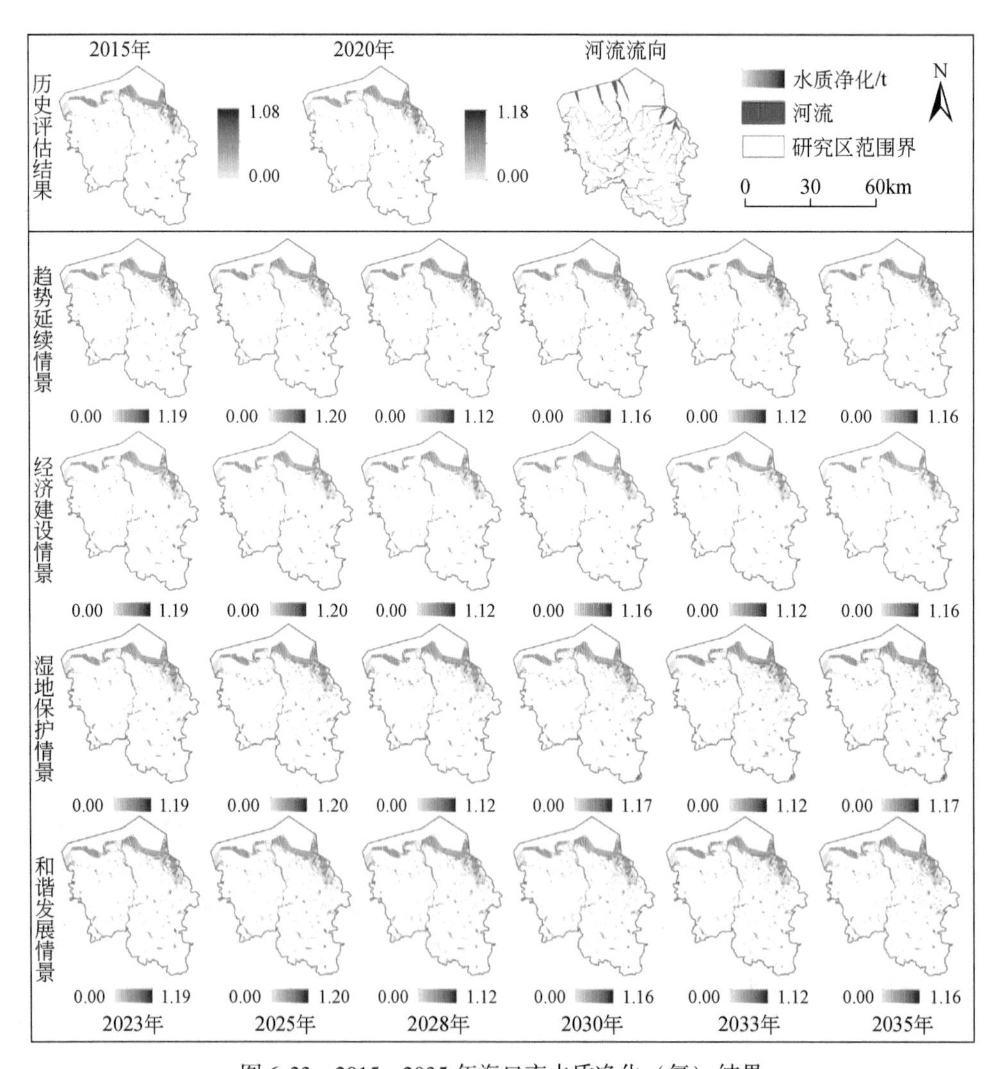

图 6-23　2015 ~ 2035 年海口市水质净化（氮）结果

也出现了较大的氮输出量。在未来的发展中，趋势延续情景的变化主要集中在琼山区，原本氮输出量较高的区域略有缩小，但美兰区中增加了小部分高输出区。在经济建设情景中，随着湿地面积的缩小，各个区中氮输出也有所减少，但却出现了原本高输出区中输出量持续增加的结果，这可能是由于湿地的减少，致使同等量值的排放物进入了更小的区域，最终难以净化。而在湿地保护情景下，一方面湿地的增加使得氮的平均输出量有所减少，但也出现了更多的高输出区，如琼山区的南部、秀英区和龙华区的北部。此外，和谐发展情景下的变化主要集中在美兰区，区域内出现了一些小面积的高输出区，最终导致了氮平均输出量的增加。

湿地对于磷元素的净化结果与氮元素的比较类似，不仅在变化趋势上，也在空间分布中（图 6-24）。磷输出量较高的区域位于南渡江流域两岸、秀英区南部以及琼山区的湖泊与水库中。此外，美兰区东部和北部的浅海水域中也出现了大面积的高输出区。从不同情

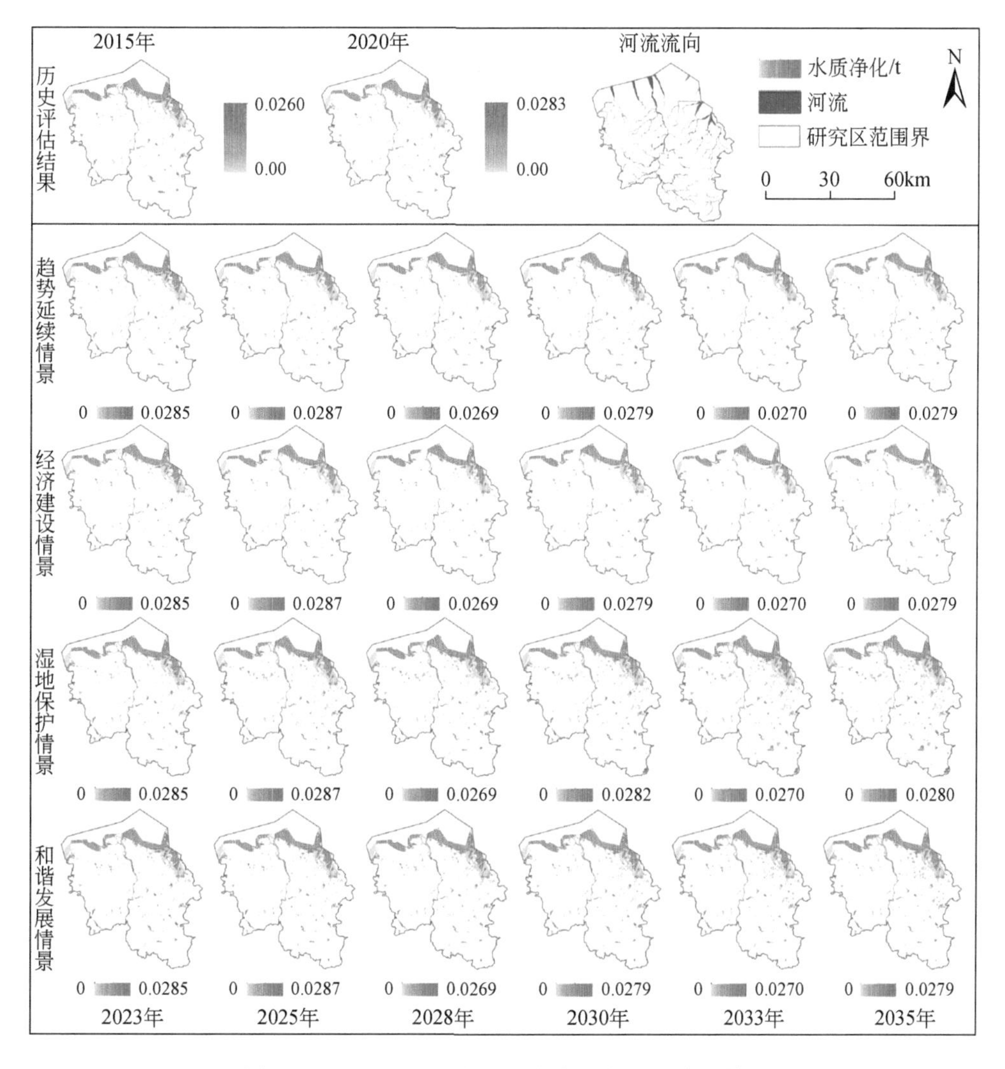

图 6-24　2015～2035 年海口市水质净化（磷）结果

景来看，趋势延续情景中的变化区主要位于美兰区的沿海区域和秀英区的南部，其中沿海地区高输出区逐渐减少，但秀英区南部的高输出区面积略有扩大。经济建设情景中有少部分浅海水域中的高输出区面积减小，但龙华区及南渡江流域两岸的磷输出量有小幅增加。湿地保护情景中，随着湿地面积的增加，水质净化服务有一定提升，但也有部分高输出区的扩张，主要位于美兰区和琼山区。

6.3.3.3 碳储量

2015～2035年，受气候因素的影响，海口市碳储量整体呈现增加的趋势，其中2025年和2035年略有下降（图6-25）。2025年碳储量为研究时段内的最低值，四种情景的总量分别为254 361.00t、191 431.00t、277 542.00t和247 395.00t。2033年，除经济建设情景外，其他情景的碳储量总量均为研究时段内的最高值，四种情景的结果分别为367 385.00t、230 316.00t、422 238.00t和349 125.00t。2035年的碳储量总量高于2015年和2020年，但与2028～2033年的结果来看是有明显下降的，该年份中四种情景的总量较2020年分别变化了13.34%、-41.55%、37.61%和4.75%，仅经济建设情景减少。

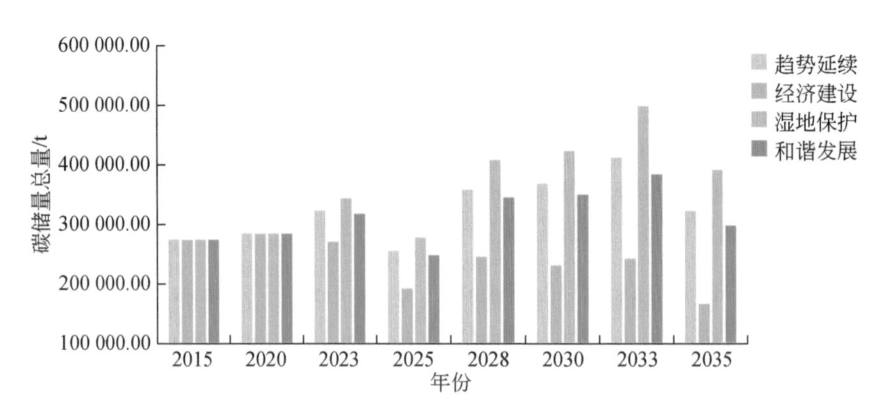

图6-25　2015～2035年不同情景下海口市碳储量总量

海口市湿地面积较为广泛，且包含了较多的沼泽和滩地，因此碳储量总量比较大。从空间上看，碳储量较多的地方主要位于东北部的入海口，另外美兰区南部、龙华区南部和东部也存在着小范围的碳储量高值区（图6-26）。而浅海区域及市区内的河流、湖泊和水库等湿地类型中碳储量较小。从不同情景来看，趋势延续情景下碳储量的高值区在美兰区东部的入海口处，并有小幅的扩大趋势，但在其他区域未见大范围变化。经济建设情景下，入海口处的碳储量高值区有少量减少，而美兰区南部、秀英区和龙华区中碳储量高值区已基本消失，而由河流、湖泊、水库供给的碳储量低值区在该情景下也有明显减少。湿地保护情景下碳储量的增加尤为明显，这些增长分布在美兰区的全区、琼山区的南部以及北部城区周围。和谐发展情景下碳储量的增加也十分明显，与湿地保护情景不同的是，该情景下增长的多为碳储量低值区，且基本位于美兰区。

6.3.3.4 洪水调蓄

2015～2035年，不同情景下海口市的洪水调蓄服务呈现出了不同的变化，其中趋势延

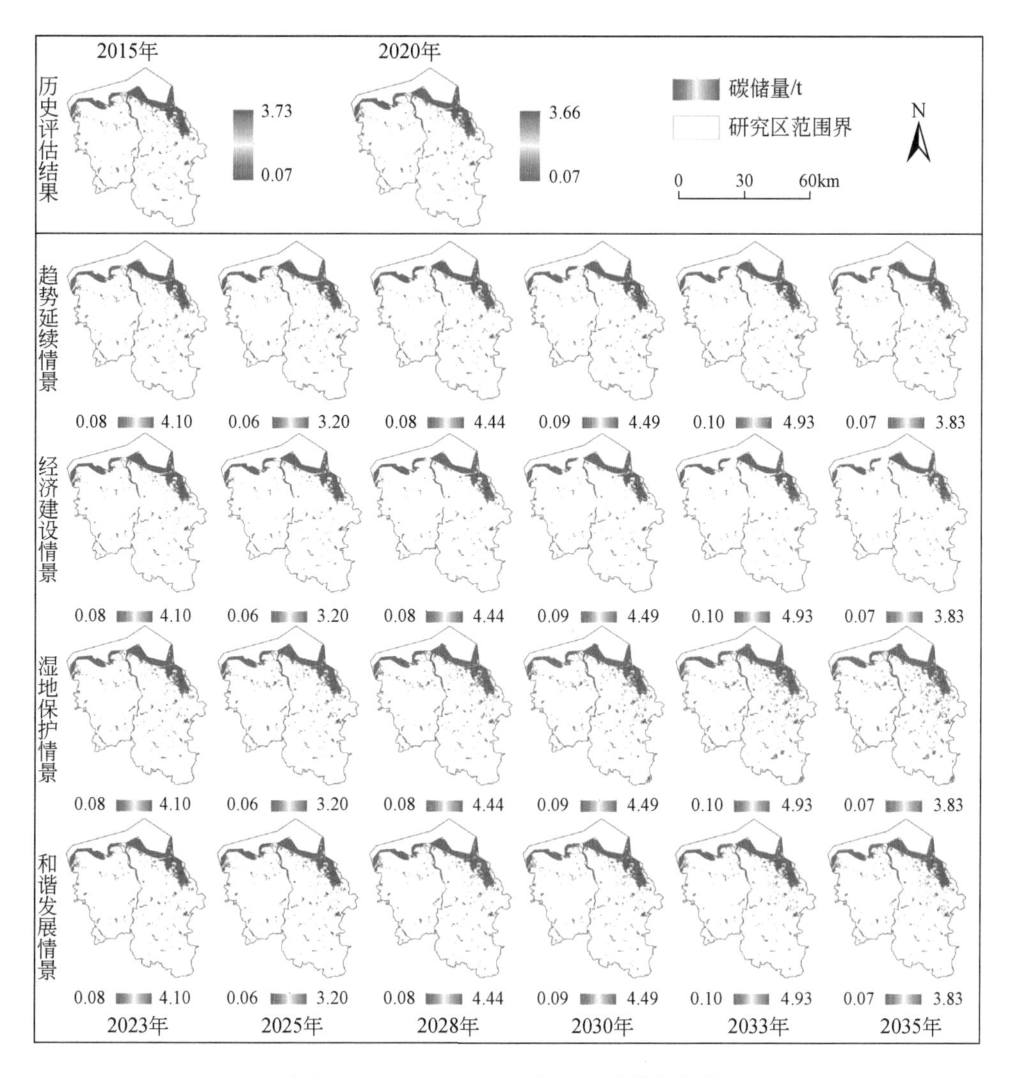

图 6-26　2015～2035 年海口市碳储量结果

续和经济建设情景的可调蓄水量不断减少，而湿地保护和和谐发展情景的可调蓄水量则是先减少后增加（图 6-27）。2015 年和 2020 年海口市湿地中的可调蓄水量分别为 521.90 亿 m^3 和 457.19 亿 m^3。而到了 2035 年，四种情景下的可调蓄水量分别为 350.49 亿 m^3、333.39 亿 m^3、653.76 亿 m^3 和 524.72 亿 m^3，变化率分别为 -23.34%、-27.08%、43.00% 和 14.77%，其中湿地保护情景增加得最为显著。

从空间分布上看，能够提供更多洪水调蓄服务的湿地类型以养殖池、水库、湖泊为主，其中可调蓄水量最大的几个区域均位于美兰区，另外琼山区内也分布着许多的高值区（图 6-28）。从不同情景来看，趋势延续情景下大部分湿地中的可调蓄水量未出现太大变化，主要的减少出现在美兰区中三个可调蓄水量最大的湿地中，由于其面积的减少和结构的破碎，湿地内的可调蓄水量也在不断下降。同样的变化也出现在经济建设情景中，该情景下的减少更加明显，分布在秀英区、美兰区的许多低值区直接消失。与此相反的是湿地保护情景和和谐发展情景，前者可调蓄水量的增加分布在各个区域内，尤其是美兰区和琼山区；而和谐发展情景下的增加区则基本位于美兰区，且多为小面积的沼泽、滩地等低值区，虽然单个湿地区域提供的可调蓄水量并不多，但整体的增加是十分显著的。

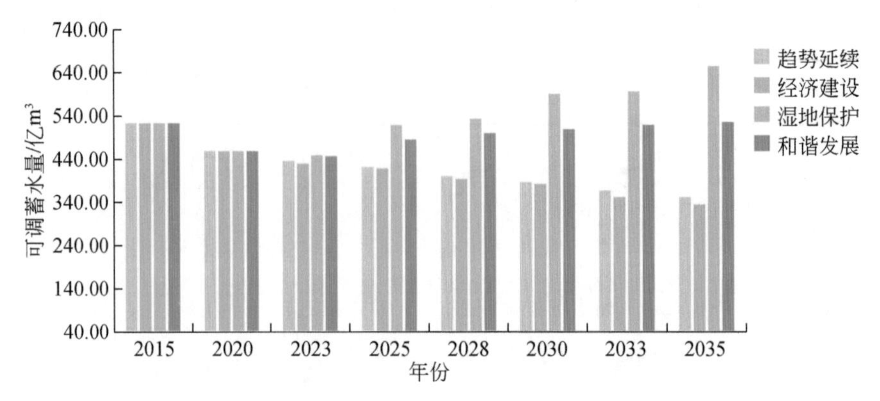

图 6-27　2015 ~ 2035 年不同情景下海口市可调蓄水量

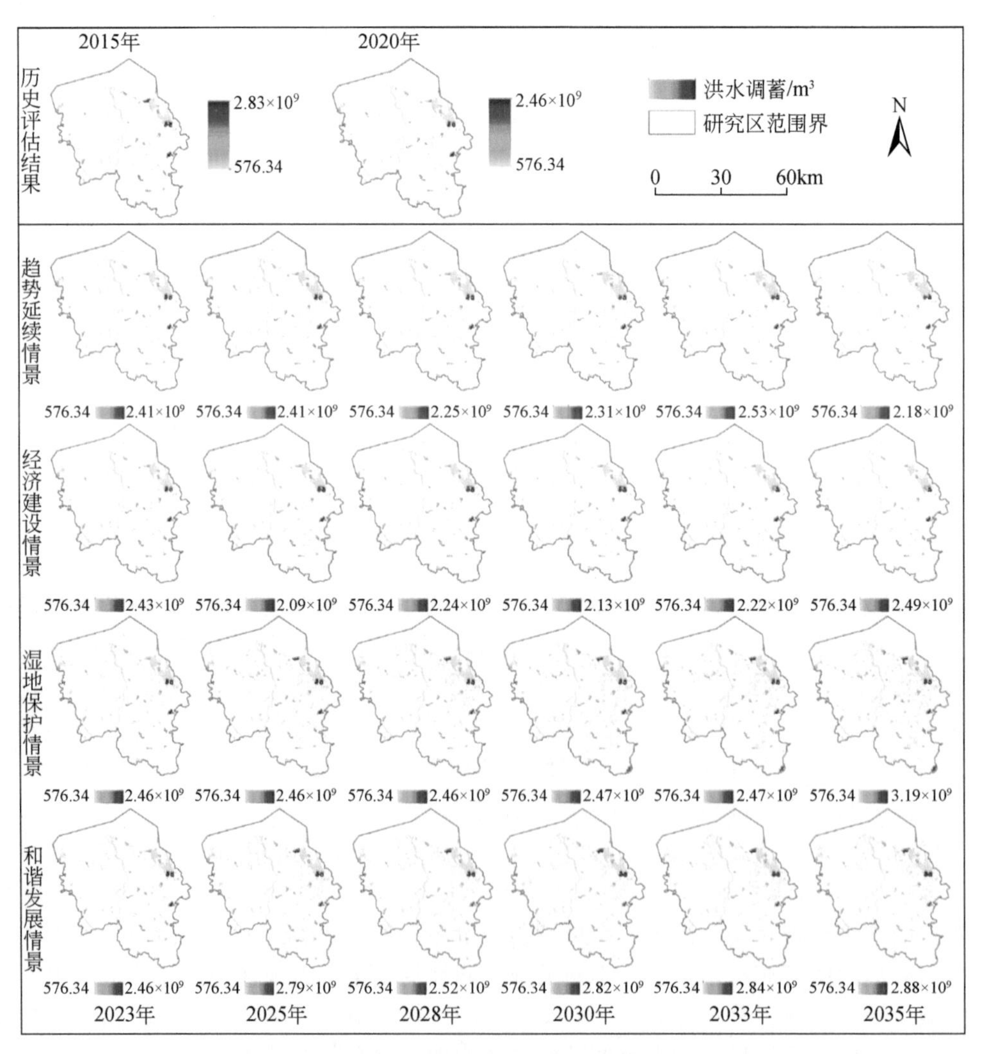

图 6-28　2015 ~ 2035 年海口市洪水调蓄空间分布

6.3.4 常熟市城市湿地生态系统服务的多情景变化

6.3.4.1 水源涵养

2015 ~2020 年，常熟市的产水总量和水源涵养总量分别增加了 28.96% 和 29.44%，而后 2020 ~2035 年，二者均呈现出了先下降后波动上升的趋势（图 6-29）。两个生态系统服务结果的最大值出现在 2020 年，产水总量和水源涵养总量分别为 2.36×10^8mm 和 1.24×10^7mm，最低值出现在 2028 年，且每种情景下均是如此。在未来不同情景下，湿地保护情景下的产水总量和水源涵养总量是最大的，其次分别是趋势延续、和谐发展和经济建设情景。2035 年，湿地保护情景下两个总量分别较 2020 年减少了 18.22% 和 16.94%，而经济建设情景下则分别减少了 29.66% 和 30.81%。可以发现，产水总量和水源涵养总量不仅变化趋势一致，其变化幅度也十分接近。

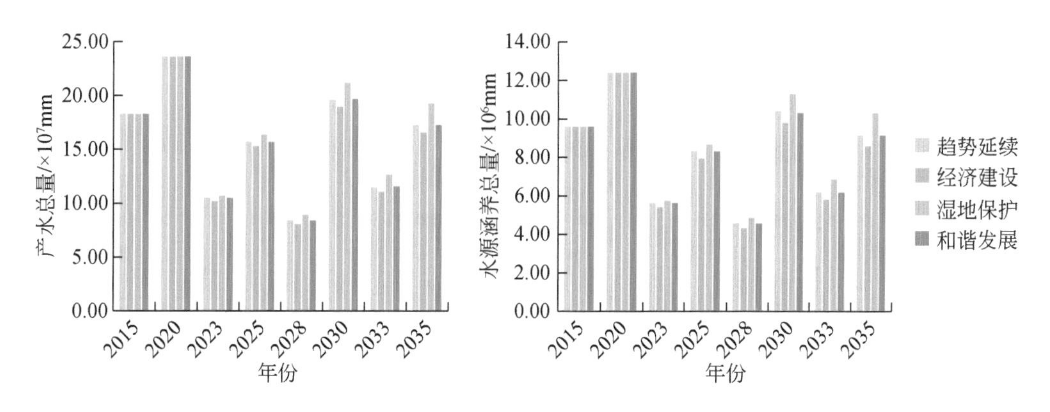

图 6-29 2015 ~2035 年不同情景下常熟市产水总量与水源涵养总量

从空间上看，虽然各年份中水源涵养量各有不同，但空间分布状态并未发生太大变化（图 6-30）。整体来看，常熟市内大部分湿地中的水源涵养量并不高，并呈现出由北至南水源涵养量逐渐降低的空间分布趋势，分布在河流、湖泊、养殖池周围的沼泽和滩地的水源涵养量更高，尤其是城市北部、长江流域附近的沼泽与滩地。区域内河渠、尚湖以及中部的养殖池也具有较高的水源涵养能力，而南部养殖池内的水源涵养量偏低。在不同情景下中，虽然总量不同，但其空间分布没有太大区别。只是由于湿地在湿地保护情景下面积更大，因此能够提供的服务更多。而就常熟市自身的特点来讲，其市域面积较小，湿地面积占比比较稳定，虽然经济建设情景下湿地面积减少，但仍存在的湿地也可以正常提供重要的生态系统服务。

6.3.4.2 水质净化

2015 ~2035 年，常熟市氮与磷的平均输出量均呈现出先减少后增加的趋势（图6-31）。2020 年为时间段的最小值，氮与磷的平均输出量分别为 225.21t/km^2 和 5.13t/km^2，2035 年达到了最高值。这样的变化趋势表征了常熟市湿地的水质净化服务在未来可能出现逐渐退化的状态，而且经济建设情景下是最差的。2035 年，四种情景下氮的平均输出量较 2020 年分别增加了 2.65%、3.07%、2.75% 和 1.29%，而磷的平均输出量则分别增加了 3.20%、5.27%、2.10% 和 1.31%，磷的变化幅度略大于氮。和谐发展情景下氮与磷的输出量是最低的，这可能与其湿地类型未发生较大变化相关。湿地保护情景下水体类湿地面积逐渐扩大，与这些湿地类型相比，沼泽和滩地在水质净化中可能发挥了更大的效用，但随着河流、湖泊等开放水体面积的增大，覆盖了沼泽或滩地，反而降低了水质净化服务的供给。

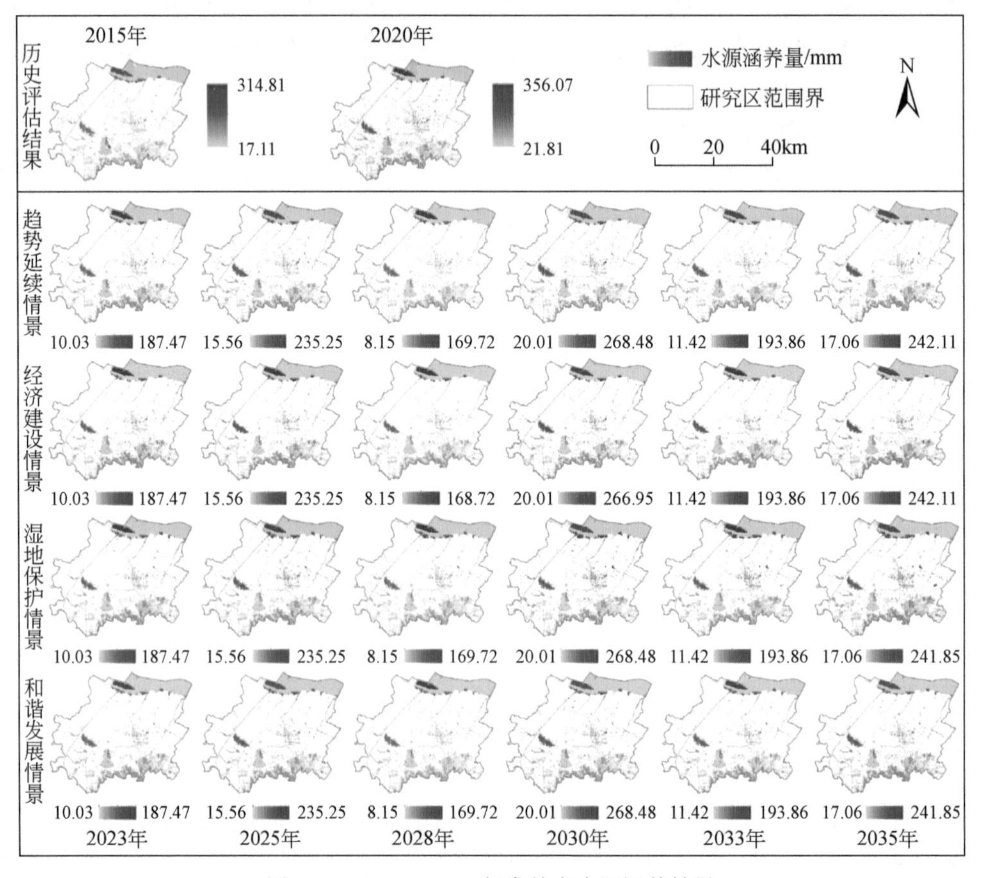

图 6-30　2015 ~ 2035 年常熟市水源涵养结果

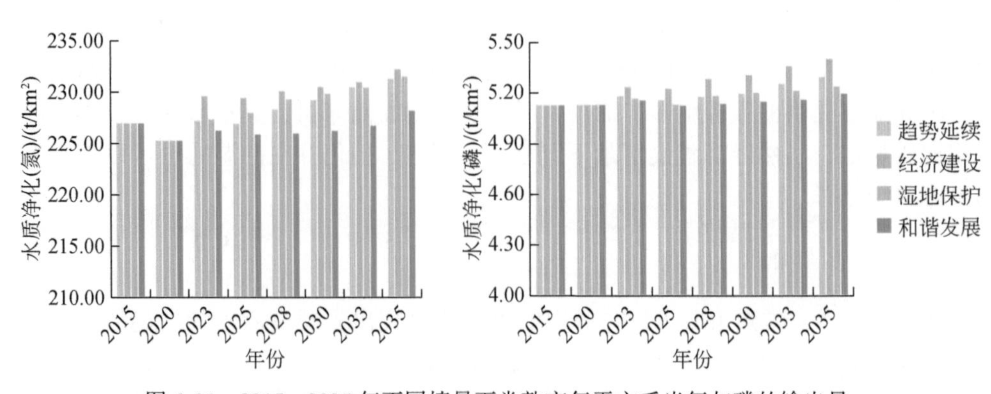

图 6-31　2015 ~ 2035 年不同情景下常熟市每平方千米氮与磷的输出量

水质净化的空间评估结果受到 DEM 的影响，与模型中计算得到的河流流向十分相关，因此其空间分布与其他生态系统服务的结果较为不同。InVEST 模型计算出的常熟市河流流向主要是由东北部流向西南部，并在中部出现分支分别流向西部和南部。因此，从图 6-32中的空间分布结果可知，市域内大部分湿地类型尤其是水体类湿地的水质净化服务并不高，氮输出量随着河流流向不断增加，输出量较高的区域主要聚集在下游，即常熟市西南部的湖泊、南部与中部的养殖池中。此外，在城市北部的长江流域中也有小部分聚集区。而从不同情景的变化中可以看出，氮输出量的不同主要位于河流两侧，以及大面积的湖泊、河流、河渠内部，如尚湖、昆承湖、望虞河等地。

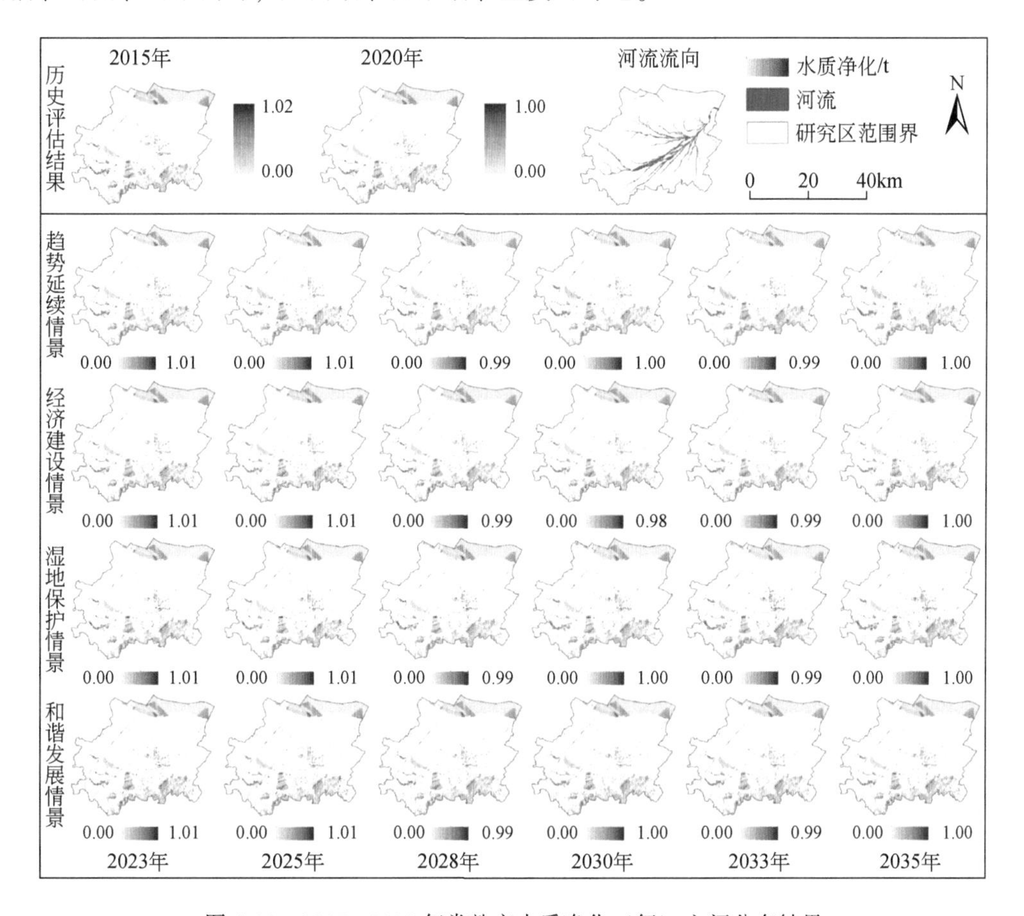

图 6-32　2015～2035 年常熟市水质净化（氮）空间分布结果

磷输出的空间分布与氮输出的基本一致，也与河流流向的分布相关。根据模型演算的结果，磷输出量随着河流流向自东北向西南递增，且河流两侧输出量更高，其余地区随距离河流距离的不断增大而减少（图 6-33）。整体上，沼泽、滩地等湿地的磷输出量不高，而高输出量的地区主要位于湖泊、河流内部及两侧。略有不同的是，磷在河流两侧的输出量高于氮，而且北部长江、西南部的南湖湿地公园以及南部的部分养殖池内磷输出量更显著地高于其他地区。不同情景中，磷输出量的不同主要集中在湿地增加或减少的区域。

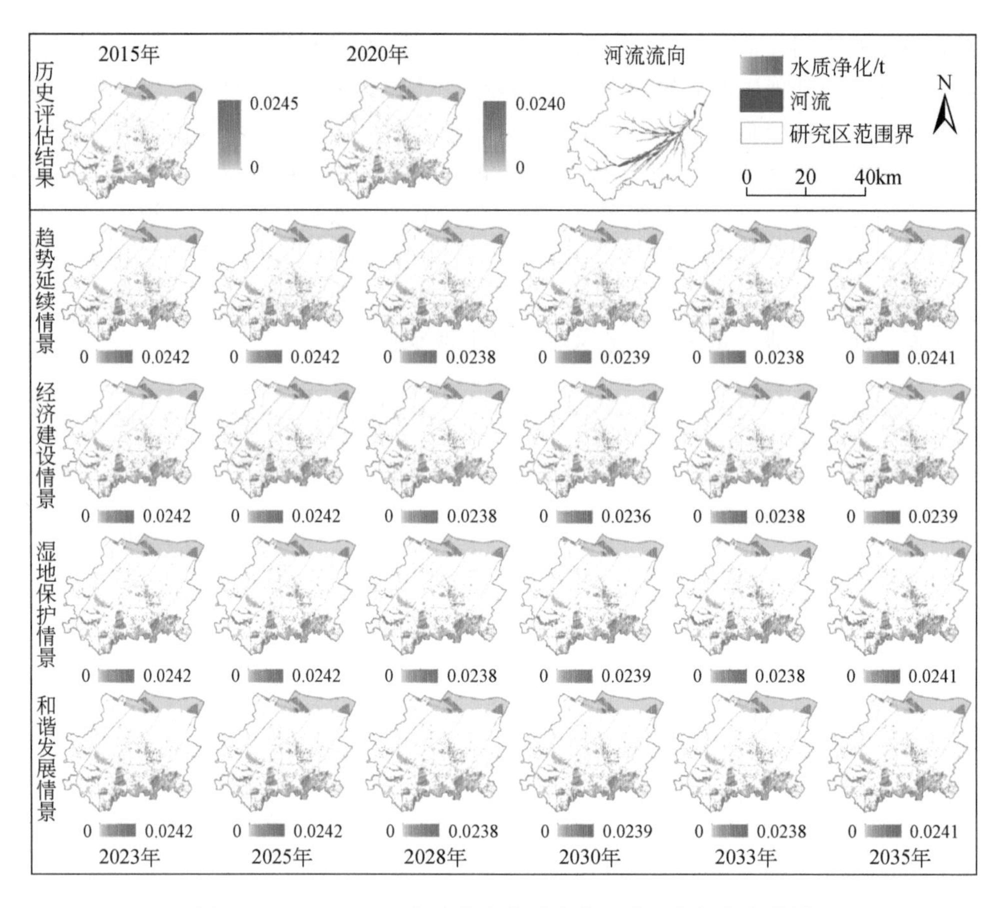

图 6-33　2015～2035 年常熟市水质净化（磷）空间分布结果

6.3.4.3　碳储量

2015～2035 年，常熟市碳储量总量呈现出现波动增加的趋势（图 6-34）。2015 年和 2020 年碳储量基本持平，分别为 72 478.20t 和 73 904.80t。2023 年、2028 年、2033 年碳储量略微减少，但 2025 年、2030 年和 2035 年又有小幅回升，因此呈现出波动的趋势。碳储量总量的最高值出现在 2030 年，四种情景的结果分别为 78 687.10t、74 122.50t、84 576.70t和 76 938.50t，该值除了与湿地面积和类型有关，还与当年的气候相关。2035 年，四种情景下常熟市的碳储量总量较 2020 年分别变化了 1.61%、-5.78%、12.79% 和 -0.29%，经济建设情景的结果有些许减少，湿地保护情景增加最显著。

从碳密度来看，沼泽、滩地和水体类湿地的碳储量有明显的差别，因此在空间结构中，沼泽和滩地内的碳储量更高，这些区域主要分布在北部的长江岸边，以及市区内的尚湖、昆承湖、南湖附近（图 6-35）。趋势延续情景下，2020～2035 年碳储量的变化主要集中在北部河流附近的沼泽与滩地中，以及大型湖泊和城市中部的养殖池中（图 6-35）。经济建设情景下，碳储量的变化更多在建设用地周边，如城市中心的湖泊周围、长江流域的南岸，反而河流中心地带并未有明显退化。湿地保护情景下，水体类湿地面积不断扩大，反而侵占了沼泽或滩地，虽然碳储量总量是在增加，但可能会造成局部地区碳储量的减少。和谐发展情景基本维持了 2020 年碳储量的空间分布，但长江南岸及南部湖泊周围碳储量有些许减少。

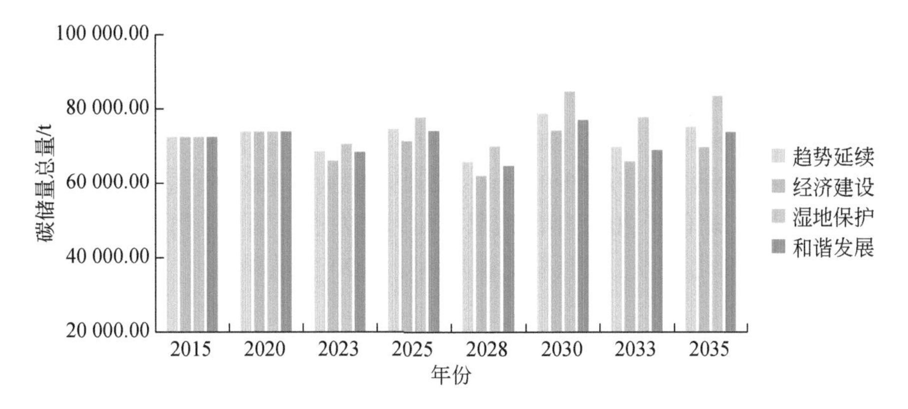

图 6-34　2015～2035 年不同情景下常熟市碳储量

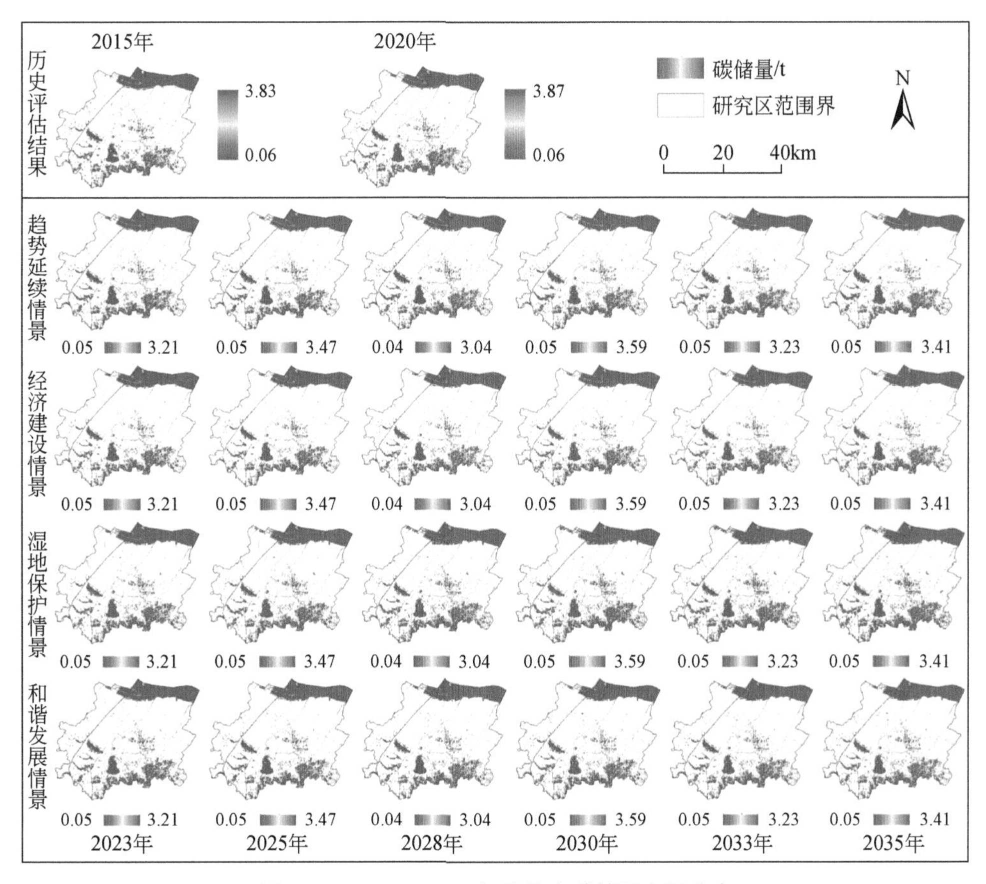

图 6-35　2015～2035 年常熟市碳储量空间分布

6.3.4.4 洪水调蓄

图6-36显示，2015年和2020年，常熟市湿地可调蓄水量分别为109.10亿m^3和110.46亿m^3，而后在趋势延续、湿地保护和和谐发展情景下有一定的增长。2035年，四种情景的可调蓄水量分别为115.99亿m^3、107.89亿m^3、142.45亿m^3和114.05亿m^3，分别较2020年变化了5.01%、-2.33%、28.96%和3.25%。其中，经济建设情景在整个时段中呈现出了先减少后增加再减少的趋势，2028年的可调需水量是该情景下的最高值，达到了107.94亿m^3，略低于2020年的结果。而和谐发展情景下的可调蓄水量却发生了先增加后减少再增加的变化趋势，但其总量也均高于2020年结果。

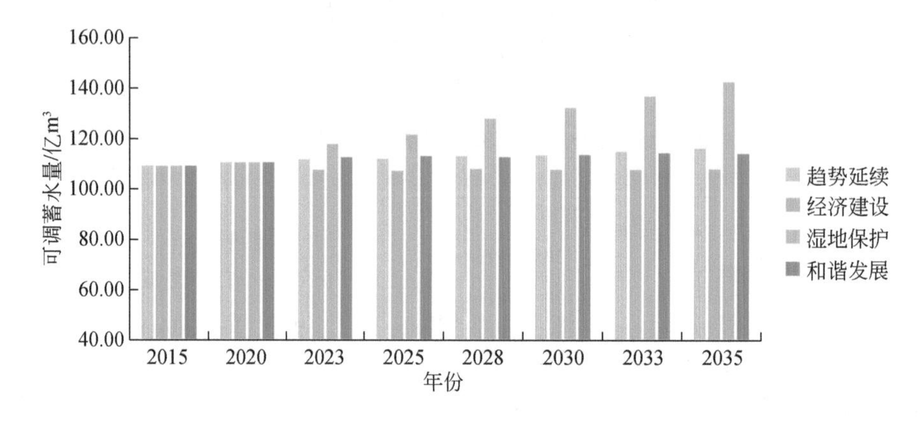

图6-36 2015~2035年不同情景下常熟市可调蓄水量

由于洪水调蓄基本是根据湿地面积或水库容量计算得到的，这里并不是逐个像元斑块的结果，而是不同湿地斑块的整体结果。从空间结果来看，提供更多洪水调蓄服务的湿地类型主要分布在常熟市的南部，昆承湖和南部的小片区养殖池的可调蓄水量最大，其次还有尚湖、南湖和南部其他区域的养殖池（图6-37）。相比来看，河流提供的洪水调蓄服务低于湖泊和养殖池，因此北部区域整体的可调蓄水量小于南部。不同情景以及不同年份下的可调蓄水量的最大值略有差别，另外，随着湿地保护情景下养殖池面积的不断扩大，南部地区中可调蓄水量增加十分明显。

6.3.5 东营市城市湿地生态系统服务的多情景变化

6.3.5.1 水源涵养

2015~2035年，东营市产水量与水源涵养服务呈现阶段性上升的趋势，2015~2020年、2023~2030年、2033~2035年均有较为明显的增长，但受气候等因素的影响，2023年和2033年湿地提供的服务并不高。研究时段内的最低值出现在2023年，该年份下四个情景的产水总量分别为1.11×10^8mm、1.03×10^8mm、1.16×10^8mm和1.13×10^8mm，水源涵养总量分别为1.62×10^7mm、1.50×10^7mm、1.70×10^7mm和1.66×10^7mm，而研究时段内的最高值则出现在 2030 年，四个情景下水源涵养总量分别为 6.19×10^7 mm、4.10×10^7 mm、7.53×10^7 mm 和 6.89×10^7 mm（图 6-38）。2035 年的产水总量和水源涵养总量低于 2030 年，该年份下各个情景的产水总量分别较 2020 年变化了 26.37%、-18.49%、63.36%和 47.60%，水源涵养总量分别变化了 15.87%、-34.62%、51.68%和 35.34%。

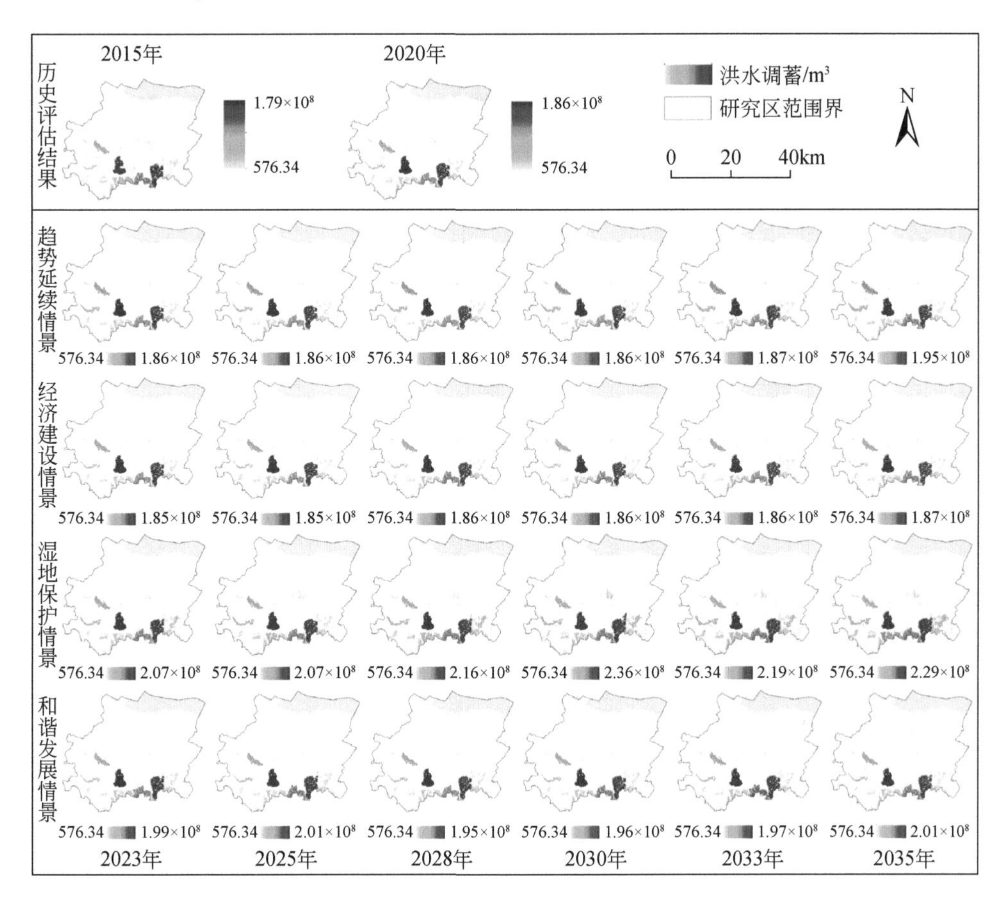

图 6-37　2015～2035 年常熟市洪水调蓄空间分布

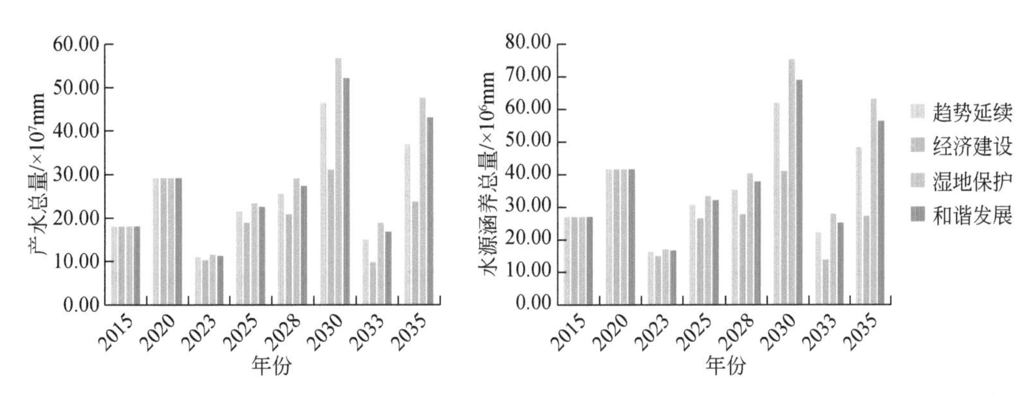

图 6-38　2015～2035 年不同情景下东营市产水总量与水源涵养总量

东营市湿地面积非常大，也提供了更多的水源涵养服务。从空间上看，湿地主要沿着海岸线分布，水源涵养高值区分布在黄河三角洲附近，城市北部、东南部以及养殖池、水库和湖泊周边也分布着一些高值区（图 6-39）。从不同情景来看，趋势延续情景下沿海附近的浅海水域、养殖池中水源涵养量有小幅提升，但城市周边及养殖池附近的高涵养区可能出现减少趋势。类似的结果也出现在经济建设情景下，该情景下仅有黄河入海口处还留存了部分高水源涵养区，城市其他区域内随着湿地的减少与退化，大部分区域已无法提供水源涵养服务。湿地保护情景下湿地面积不断扩大，水源涵养的高值区也在不断增多，除黄河入海口附近，比较明显的增加区还包括北部的沿海地区、垦利区和东营区的内部。和谐发展情景下水源涵养的高值区增加较为显著，其分布基本同湿地保护情景类似，只是扩张的幅度较小。

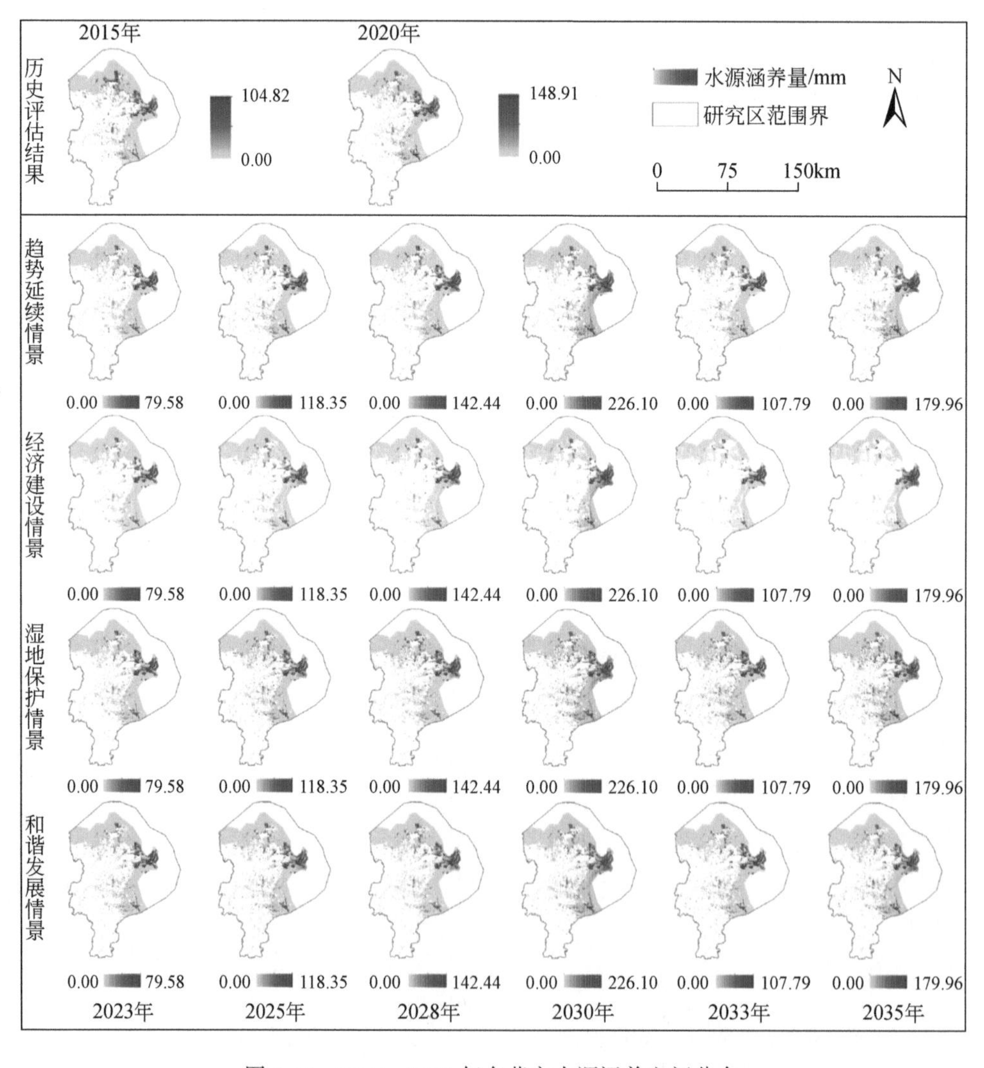

图 6-39　2015～2035 年东营市水源涵养空间分布

6.3.5.2 水质净化

2015～2035 年，不同情景下水质净化服务的变化略有不同，趋势延续和经济建设情景呈现出波动上升的趋势，而湿地保护与和谐发展情景则出现了波动下降的变化，这表明前两种情景下水质净化服务逐渐下降，而后两种情景下的水质净化服务在不断提升（图 6-40）。趋势延续和经济建设情景中，2023 年达到了研究时段的最低值，而 2033 年达到了最高值。2033 年两种情景下氮的平均输出量分别为 307.91t/km^2 和 313.65t/km^2，较 2020 年增长了 1.23% 和 3.12%，而磷的平均输出量为 6.85t/km^2 和 7.27t/km^2，较 2020 年分别增长了 1.83% 和 9.95%。在湿地保护和和谐发展情景中，2023～2035 年氮和磷的平均输出量均小于 2015 和 2020 年，并在 2035 年达到了最低值。其中，两种情景中氮的平均输出量为 290.89t/km^2 和 286.89t/km^2，分别较 2020 年减少了 4.36% 和 5.68%，磷的平均输出量分别为 6.23t/km^2 和 6.18t/km^2，分别较 2020 年减少了 5.32% 和 6.03%。和谐发展情景的结果优于湿地保护情景，这可能是由于和谐发展情景下保留或增长了更多的沼泽或滩地，这类湿地能够提供更多水质净化服务。

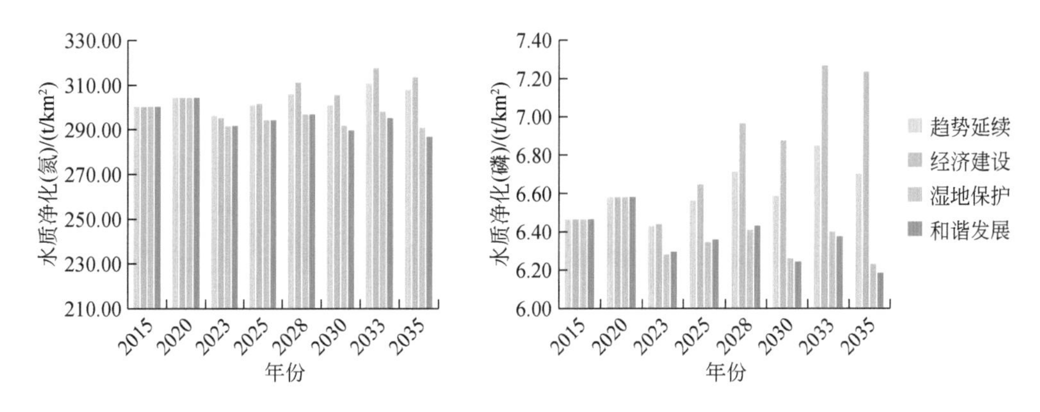

图 6-40　2015～2035 年不同情景下东营市每平方千米氮与磷的输出量

根据模型计算的结果，除海域外，市区内主要的河流流向均是由海洋向内陆逐渐延伸，因此，氮的输出量随着河流流向聚集在下游，高值区主要分布在城市的西侧与南侧（图 6-41）。此外，靠近浅海水域的滩地、沼泽、养殖池中也出现了大面积的氮输出区，分布在河口区、垦利区与东营区。从不同情景来看，趋势延续情景下靠近海域的部分湿地区有少量减少，且原本的高值区也有小幅下降的趋势。根据前面研究的统计结果，经济建设情景下氮输出量呈现上升趋势，但该情景下湿地面积的减少也是十分剧烈的。而从空间上看，该情景下减少的区域主要为氮输出量的低值区，保留下了大部分的高值区，才导致了总量增加的结果。湿地保护情景下，随着湿地面积的不断扩大，氮输出量的高值区与低值区均有增加，尤其分布在河口区、垦利区和东营区。和谐发展情景的变化与湿地保护情景比较接近，虽然增加了不少的氮输出区，但整体的输出量有明显减少。

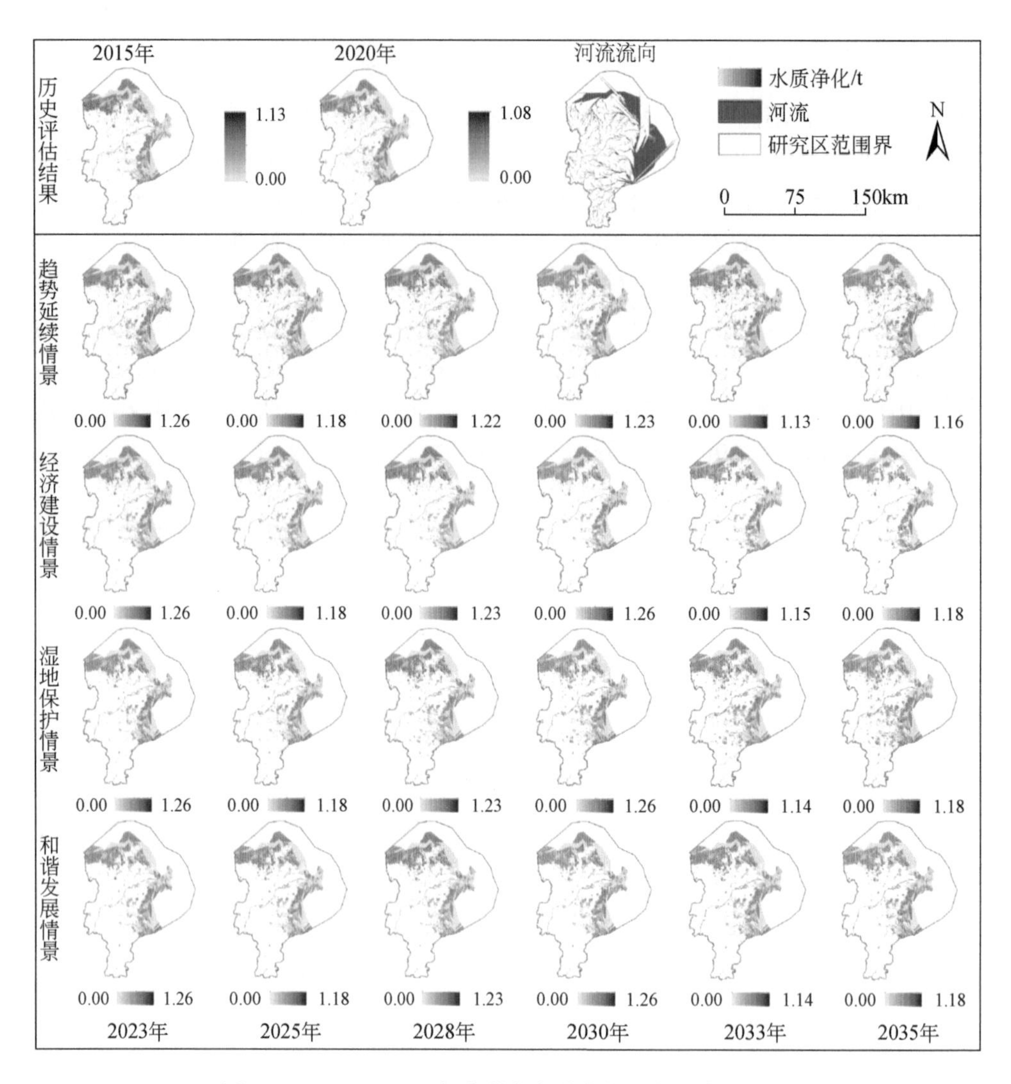

图 6-41　2015～2035 年东营市水质净化（氮）空间分布

磷输出的空间分布与氮输出基本一致，高值区主要分布在沿海地带（图 6-42）。2020 年后，趋势延续情景中的变化主要在城市与海洋的交界处以及黄河三角洲附近，城市内部的变化是极小的。经济建设情景的发展过程也出现了低值区不断减少、高值区仍然存在的现象，内陆中能够提供水质净化服务的湿地已基本消失。湿地保护情景下水质净化服务呈现出由沿海向内陆逐渐扩大的空间变化趋势，磷输出量的高值区与低值区均有不同程度的增加，主要集中在河口区、垦利区和东营区。和谐发展情景与湿地保护情景基本类似，磷输出量的增长区集中在了垦利区。

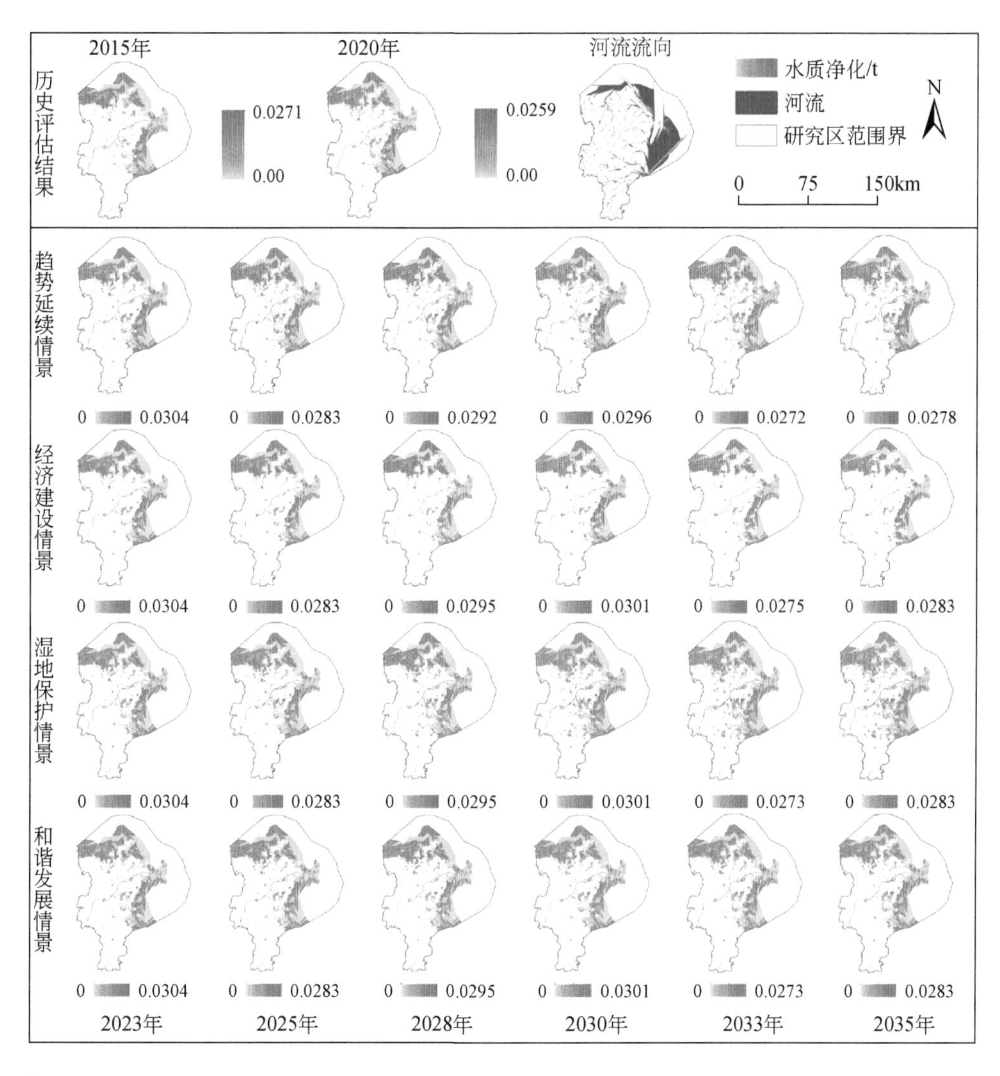

图 6-42　2015～2035 年东营市水质净化（磷）空间分布

6.3.5.3　碳储量

2015～2035 年，东营市不同情景下碳储量总量的变化各有不同（图 6-43）。趋势延续情景下碳储量呈现出先减少后增加再减少的过程，2033 年为研究时段的最低值，2035 年有小幅回升，当年的碳储量总量为 2 444 560.00t 低于 2020 年的 2 599 000.00t。经济建设情景下碳储量基本呈现出持续下降的趋势，2035 年碳储量总量为 1 579 870.00t，较 2015 年减少了 43.71%。湿地保护和和谐发展情景自 2023 年开始持续增长，2033 年有小幅下滑，但 2035 年又有所恢复，到 2035 年两种情景下的碳储量总量分别为 3 420 740.00t 和 3 047 520.00t。

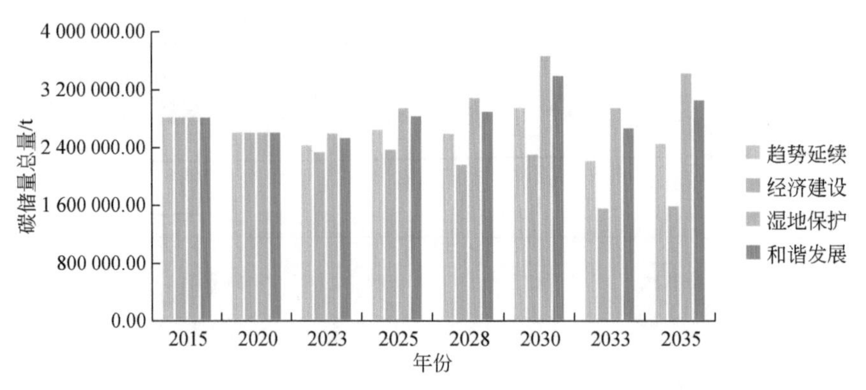

图 6-43　2015 ~ 2035 年不同情景下东营市碳储量

从空间上看，碳储量的高值区主要集中在黄河三角洲，以及浅海水域与内陆的过渡区，这里分布着许多的沼泽与滩地，也是碳汇的主要地区（图 6-44）。2015 ~ 2035 年，各

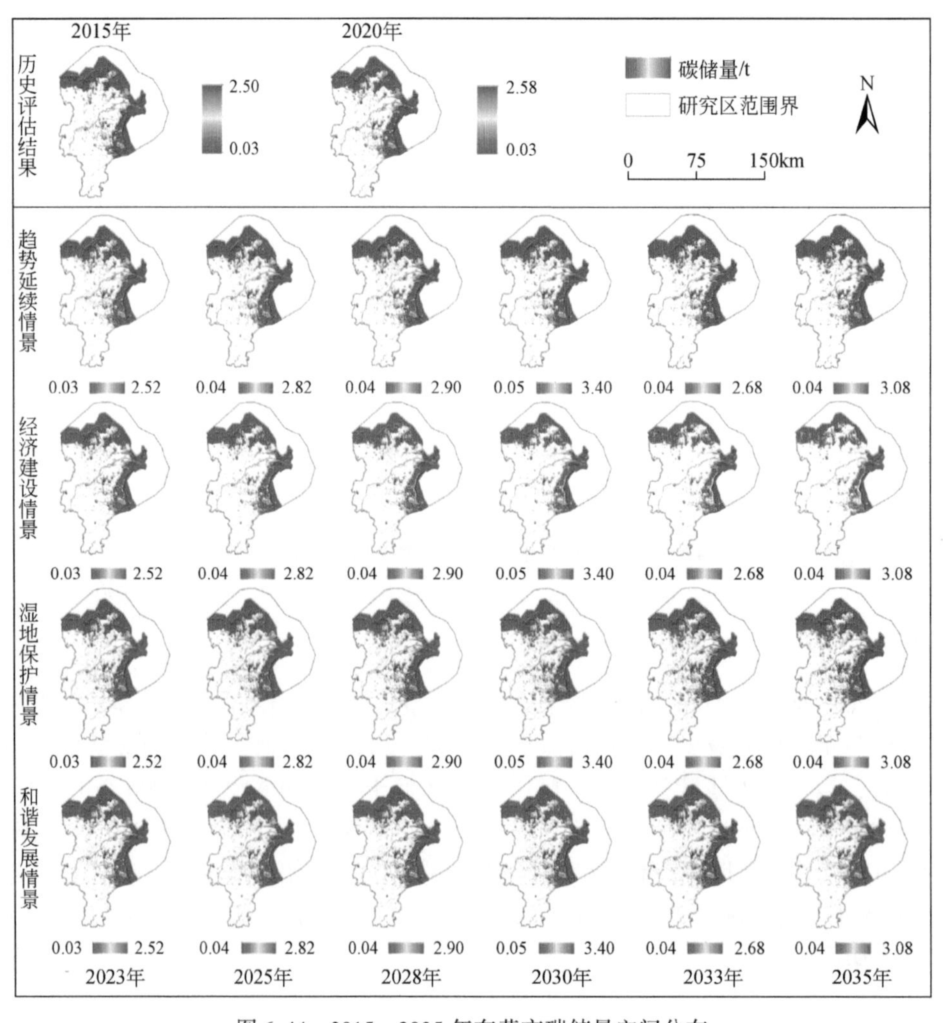

图 6-44　2015 ~ 2035 年东营市碳储量空间分布

个情景的变化与湿地的增加与减少息息相关。趋势延续情景中，碳储量高值区有减少的可能，主要分布在黄河三角洲及沿海地区，需要特别注意的是黄河三角洲，可能性更大。该现象在经济建设情景下体现得更为明显，内陆地区已基本没有高值区，仅有养殖池等湿地类型的碳储量低值区有所留存，但黄河三角洲附近依旧有大面积的碳储量高值区分布。湿地保护和和谐发展情景下，河口区、垦利区和东营区增加了大面积的湿地，其中碳储量低值区增加得更多，反而高值区的扩张并不明显。

6. 3. 5. 4 洪水调蓄

2015 ~ 2035 年，除经济建设情景外，其他情景下的洪水调蓄服务均呈现出持续增长的趋势（图 6-45）。2015 年为研究时段内的最低值，所有湿地的可调蓄水量为 1361. 27 亿 m^3。2035 年，趋势延续、湿地保护和和谐发展情景下洪水调蓄服务均达到了最大值，当年的可调蓄水量分别为 1835. 64 亿 m^3、2050. 17 亿 m^3、1748. 92 亿 m^3，分别较 2020 年增加了 18. 04%、31. 84% 和 12. 46%，而经济建设情景减少了 19. 21%。趋势延续情景高于和谐发展情景，由于该情景下发展了较多的养殖池和湖泊，这也是洪水调蓄服务中非常关键的湿地类型。

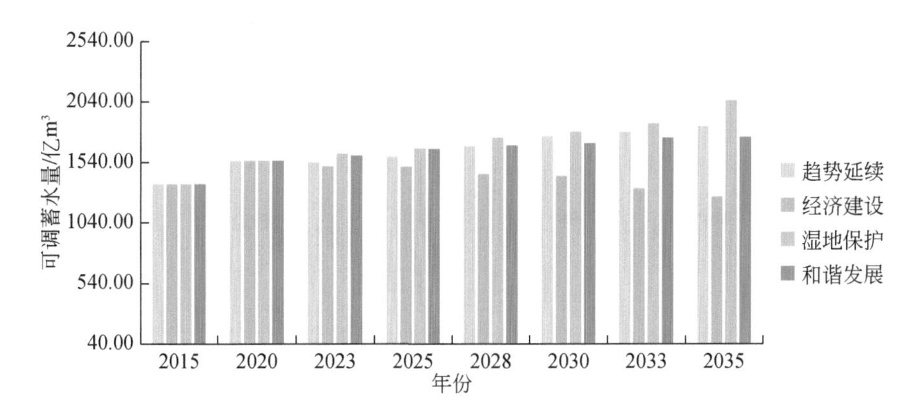

图 6-45　2015 ~ 2035 年不同情景下东营市可调蓄水量

从空间上看，由于东营市包含大量的养殖池区域，因此沿海地区的养殖池贡献了更多的洪水调蓄服务（图 6-46）。趋势延续情景中养殖池有十分明显的增长，主要位于河口区、垦利区和东营区，也致使这些养殖池内的可调蓄水量大幅增加。经济建设情景下，减少的湿地类型不仅有沼泽、滩地，养殖池的面积也不断缩小且破碎化严重，进而导致其无法供给更多的洪水调蓄服务。在湿地保护情景的空间分布中，虽然看起来可调蓄水量的高值区有少量减少，但其根本原因在于高值区内可调蓄水量大幅增加致使在数据分级时不同湿地区域的差别变大，而本质上其他区域的洪水调蓄服务也在不断增加。相比于趋势延续和湿地保护情景，和谐发展情景下湿地的可调蓄水量虽有增加，但并不明显，主要的增长区位于河口区和垦利区。

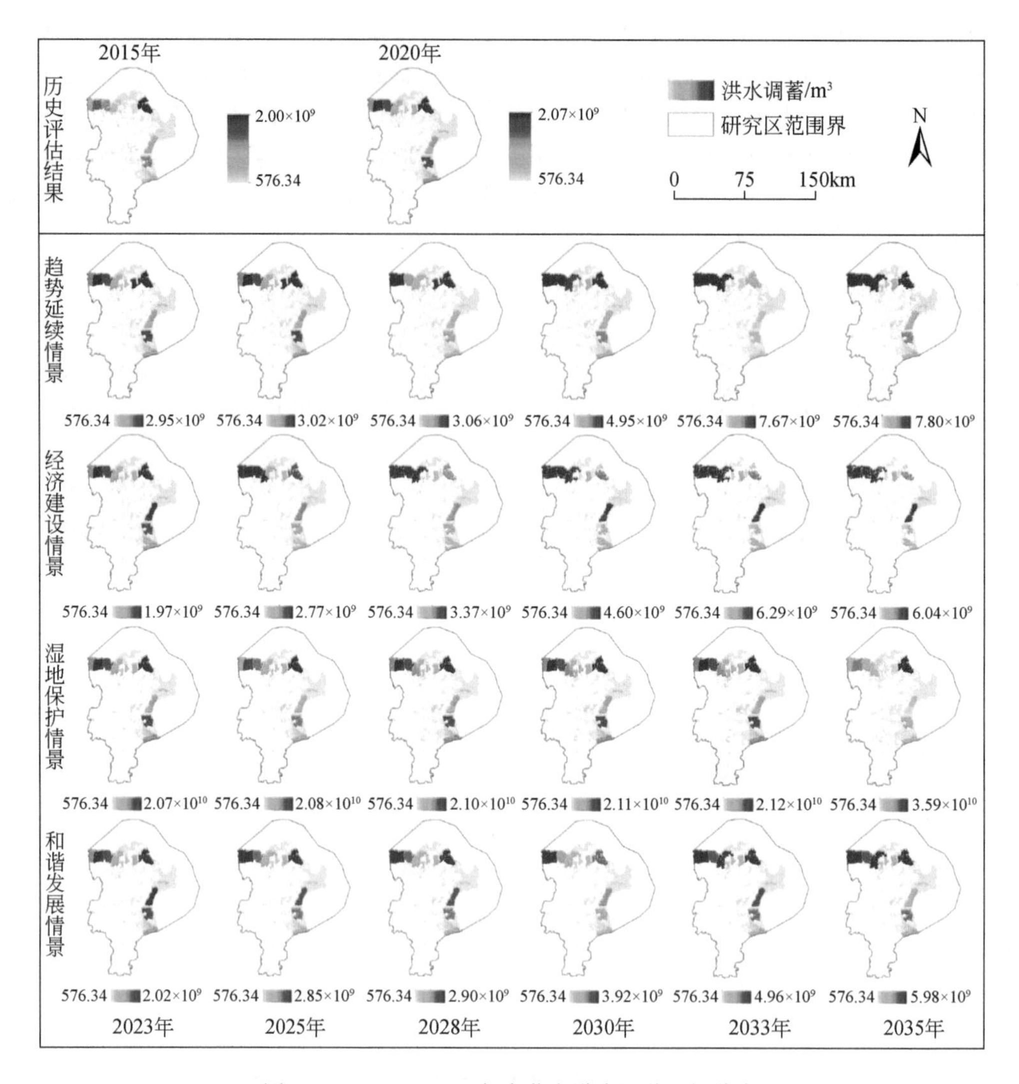

图 6-46　2015 ~ 2035 年东营市洪水调蓄空间分布

6.3.6　哈尔滨市城市湿地生态系统服务的多情景变化

6.3.6.1　水源涵养

2015 ~ 2035 年，哈尔滨市产水量和水源涵养量呈现出阶段性增加的趋势。2015 ~ 2020 年为第一阶段的增长，产水总量和水源涵养总量分别增长了 47.18% 和 48.72%（图 6-47）。2020 ~ 2023 年出现了第一次下降，而后 2023 ~ 2030 年持续增加，经济建设和和谐发展情景在 2028 年达到了研究时段内的最高值，其中经济建设情景下产水总量和水源涵养总量分别为 6.29×10^7 mm 和 1.12×10^7 mm，和谐发展情景下两个结果分别为 8.57×10^7 mm 和 1.54×10^7 mm。2033 年，所有情景均出现了低值，而后除经济建设情景以外的三个情景又在 2035 年重新回升，在 2035 年趋势延续和湿地保护情景均达到了研究时段内的最大值。其中，趋势延续情景下产水总量和水源涵养总量分别为 1.14×10^8mm 和 2.03×10^7mm，分别较 2020 年增长了 21.41% 和 6.50%，而湿地保护情景下两个结果分别为 1.00×10^8mm 和 1.81×10^7mm，分别较 2020 年增长了 16.67% 和 4.02%。

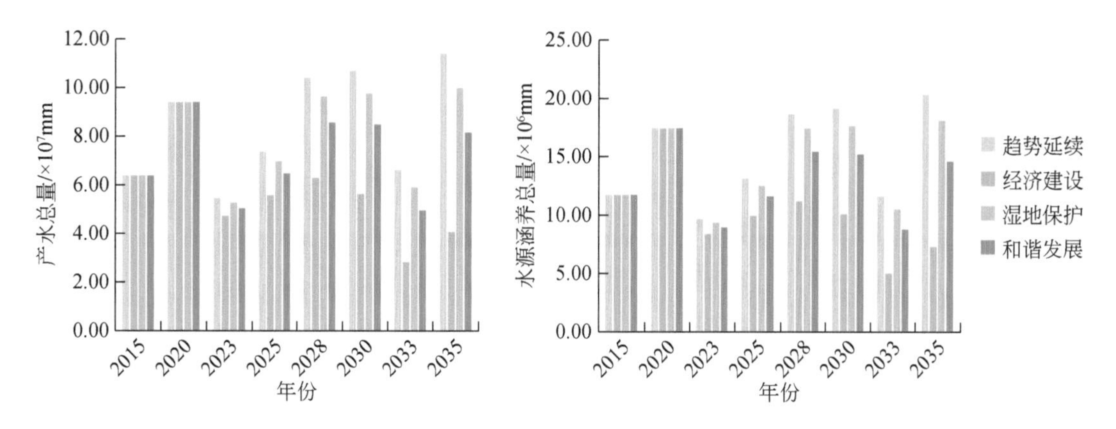

图 6-47　2015 ~ 2035 年不同情景下哈尔滨市产水总量与水源涵养总量

从空间上看，哈尔滨市的湿地基本集中在松花江、呼兰河、阿什河、阿城区的西泉眼水库以及其他细小的河流与养殖池中，水源涵养量更高的区域主要位于松花江和呼兰河（图 6-48）。2015 ~ 2020 年，哈尔滨市沼泽面积增加得十分迅猛，而这一变化在趋势延续情景下继续发生。2020 ~ 2035 年，趋势延续情景下沼泽面积持续增加，并导致其水源涵养量不断上升，主要变化区位于呼兰河流域，以及松花江流域的西南部地区。经济建设情景下湿地大量减少，并致使水源涵养服务无法正常提供，高值区明显减少，仅剩呼兰河和松花江还保留部分湿地区域，而像阿什河等小型流域已基本消失。湿地保护情景下湿地类型均有不同程度的增加，这也推动了水源涵养服务的增加。而和谐发展情景下该服务的空间分布基本与 2020 年保持一致，变化更多是由气候因素所导致的。

6.3.6.2　水质净化

2015 ~ 2020 年，哈尔滨市氮和磷的平均输出量有所增加，增加率分别为 12.57% 和 4.04%，但后续发展中不同情景的变化有所差别（图 6-49）。2020 ~ 2035 年，趋势延续情景在氮输出的变化呈现出波动上升的趋势，但在磷输出的变化中呈现波动下降的趋势。2035 年，该情景下氮平均输出量达到了最大值，为 5346.25t/km^2，而磷平均输出量达到了最小值，为 4.44t/km^2。2020 ~ 2035 年氮的输出量在经济建设、湿地保护和和谐发展情景的变化过程均是减少-增加-减少-再增加的过程，且都在 2035 年达到峰值，氮平均输出量分别为 6430.47t/km^2、5467.64t/km^2 和 5269.00t/km^2；而磷的输出量在，经济建设情景呈现出了持续增长的过程，在湿地保护和和谐发展情景的变化过程则是波动下降的，前一种情景在 2033 年达到峰值，而后两种情景在 2035 年达到了最低值，2035 年三个结果分别为 5.63t/km^2、4.56t/km^2 和 4.81t/km^2。结果表明，哈尔滨市在氮元素的净化中有变差的可能，但在磷元素的净化中可能逐渐变优。

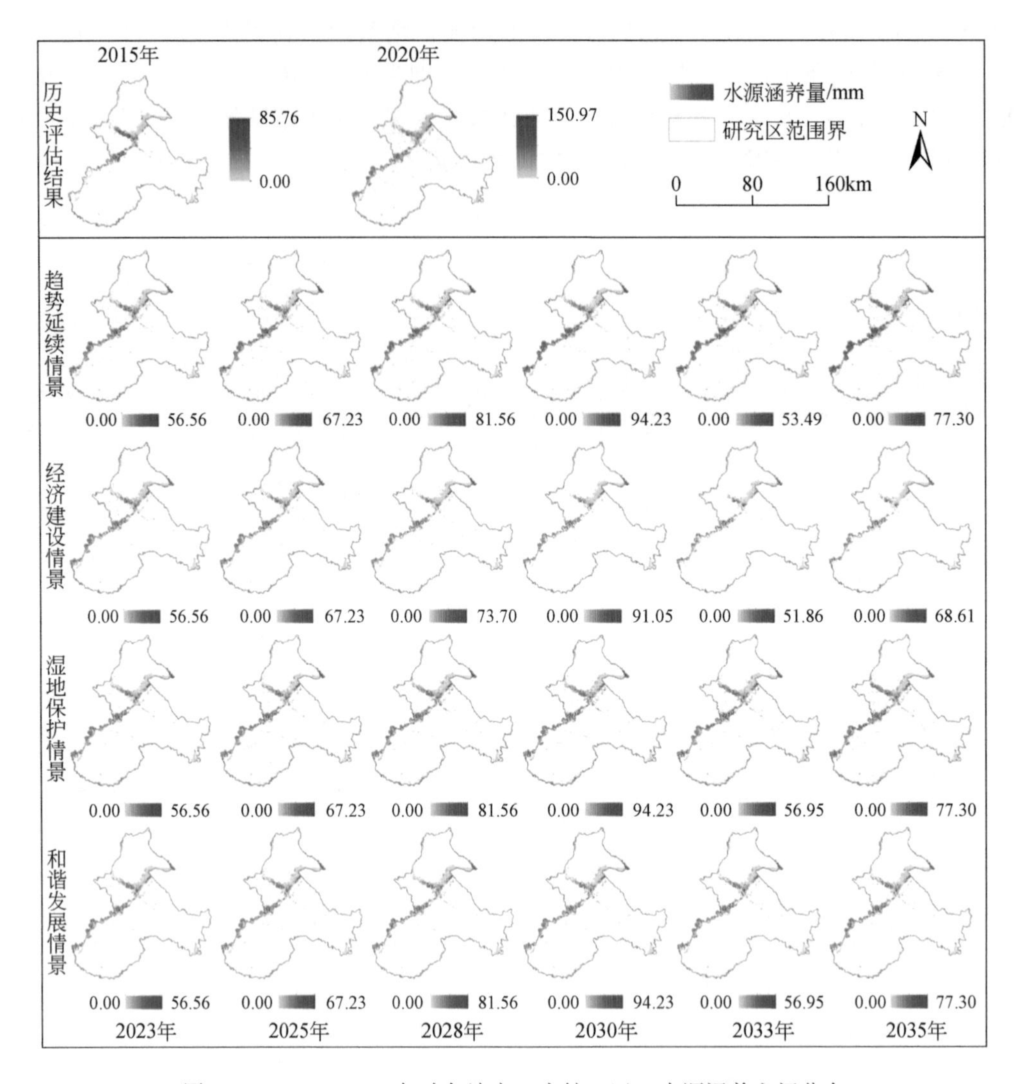

图 6-48　2015～2035 年哈尔滨市（市辖 9 区）水源涵养空间分布

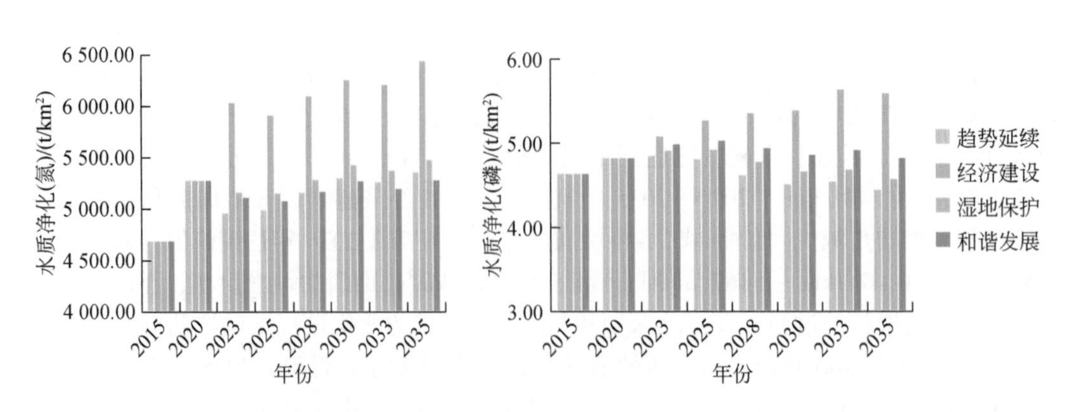

图 6-49　2015～2035 年不同情景下哈尔滨市每平方千米氮与磷的输出量

根据模型计算的河流流向发现，哈尔滨市河流分布较为复杂，但其中松花江、呼兰河等重要河流在结果中有所体现。从空间上看，氮输出量集中在松花江流域的东北部以及阿城区的西泉眼水库附近（图 6-50）。在趋势延续情景中，氮输出量的高值区有少许扩张，主要位于呼兰区和道外区交界处的松花江。经济建设情景下，有较大面积的低值区退化或消失，松花江东北部的高输出区却依旧存在，这也导致了氮平均输出量有明显增加。在湿地保护情景中，虽然湿地面积的增加导致了总氮量增加，尤其是道外区和阿城区比较显著，但大部分区域的平均输出量有所下降。和谐发展情景下湿地面积的变化是极小的，因此空间分布基本和 2020 年保持一致，其平均输出量的减少也许与其他气候因素相关。

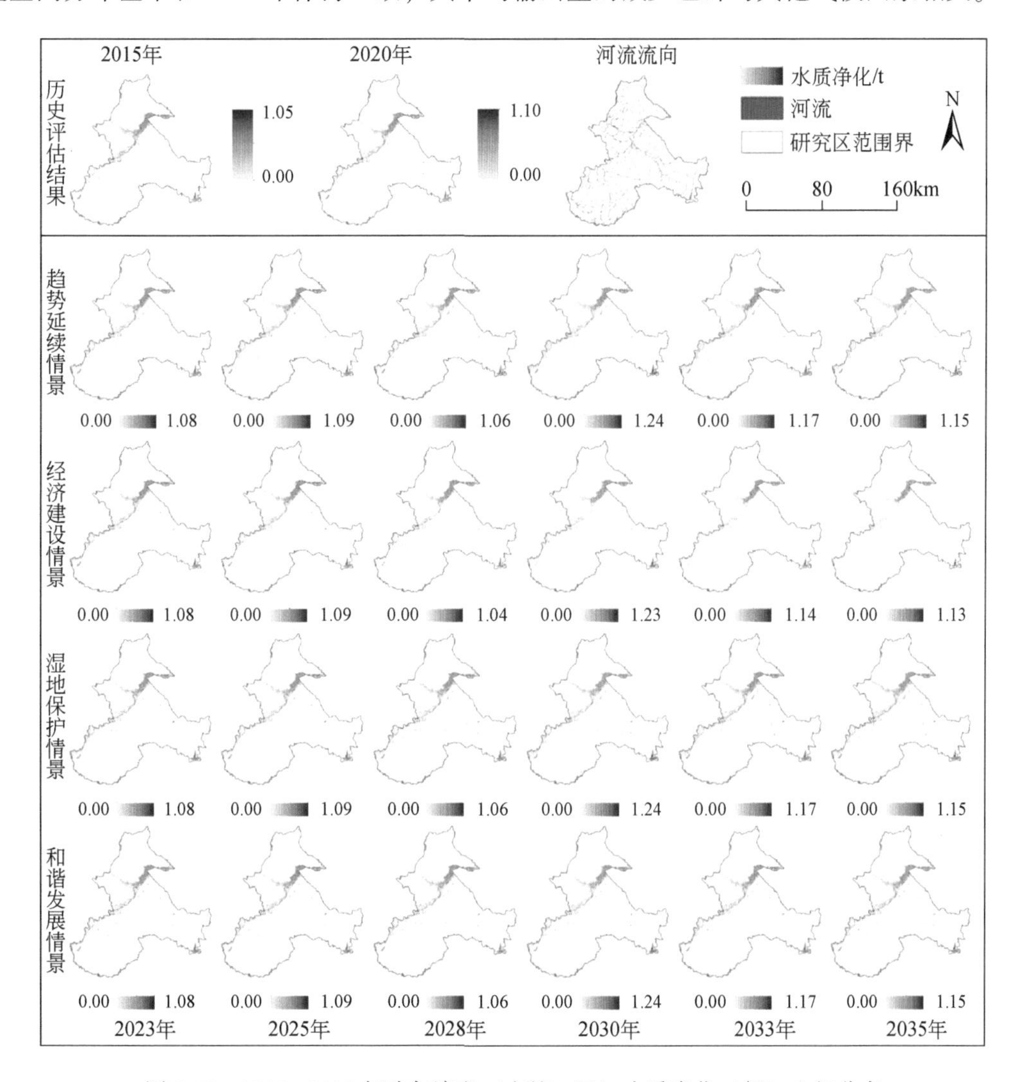

图 6-50　2015～2035 年哈尔滨市（市辖 9 区）水质净化（氮）空间分布

磷输出的空间结果基本与氮一致，高值区主要位于河道两侧、松花江东北部以及阿城区的大型水库中（图 6-51）。2015～2035 年，趋势延续情景下，位于呼兰区和道外区的松花江和呼兰河流域有部分高值区的面积变大，并覆盖了原本的低值区，但其他区域的磷输出量却有小幅下降。经济建设情景下磷输出的高值区随着湿地面积的不断减少，变得更加集中，主要分布在呼兰区、道外区和阿城区，而其他区域的低值区不断减少甚至消失。湿地保护情景下，呼兰河流域增加了许多磷输出的低值区，但松花江东北部以及阿什河增加了一些高值区，另外道外区内许多养殖池附近的高值区也有明显扩张。与氮的结果一致，和谐发展情景中磷输出量的变化也是微乎其微的，更多的变化也可能是气候等因素导致的。

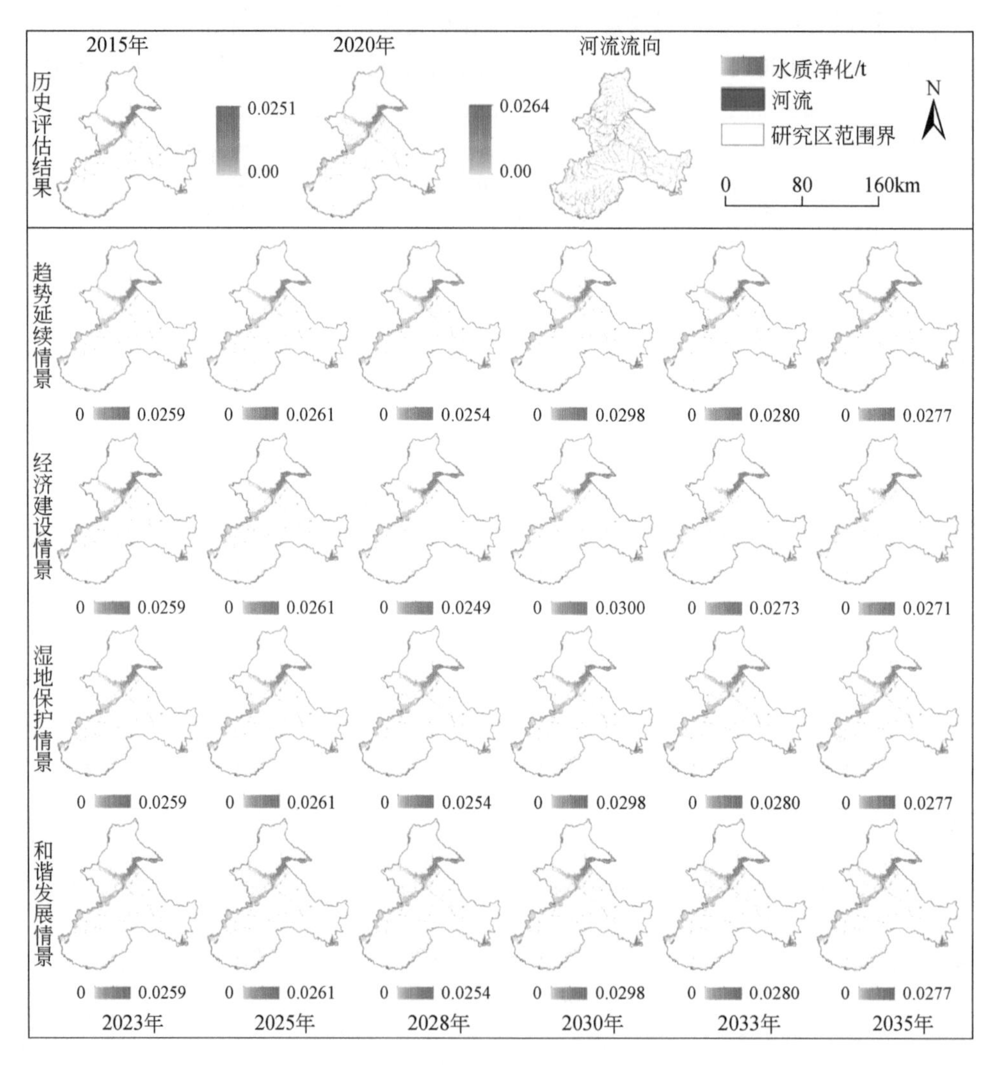

图 6-51　2015 ~ 2035 年哈尔滨市（市辖 9 区）水质净化（磷）空间分布

6.3.6.3　碳储量

2015 ~ 2035 年，趋势延续和湿地保护情景下湿地的碳储量呈现出波动上升的趋势，和谐发展情景虽有波动但基本保持稳定，而经济建设情景下的碳储量则出现了逐渐减少的变化（图 6-52）。2015 ~ 2020 年随着湿地面积增加，哈尔滨市碳储量增加了 47.92%，而后随着情景改变出现了不同的变化。到 2035 年，四种情景下的湿地碳储量总量分别为 1 257 590.00t、462 873.00t、117 4490.00t 和 943 645.00t，分别较 2020 年变化了 25.88%、-53.67%、17.56%和-5.54%。其中，趋势延续情景下的碳储量是最多的，其次是湿地保护情景，经济建设情景和和谐发展情景下碳储量总量均有减少，只是前者减少得更多。

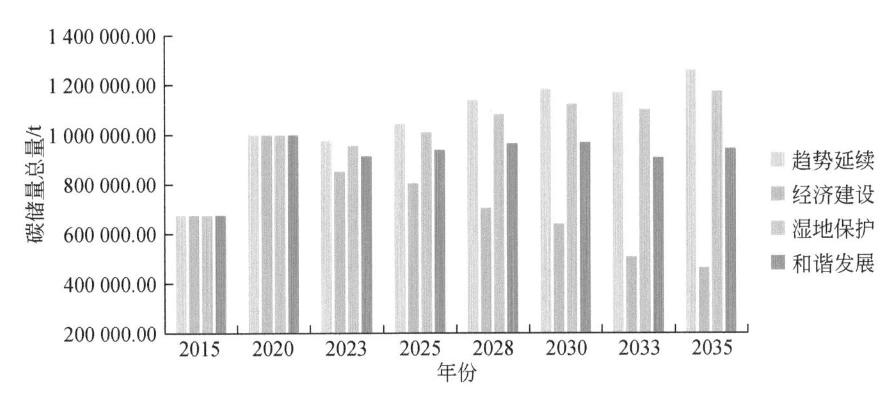

图 6-52　2015 ~ 2035 年不同情景下哈尔滨市碳储量

从空间上看，碳储量的高值区主要分布在松花江和呼兰河的两岸，更聚集的区域主要是松花江的西南部，即分布在松北区、道里区和双城区的部分（图 6-53）。2015 ~ 2035 年，趋势延续情景下碳储量的高值区有大面积增加，除松花江流域的西南部外，位于松北区和呼兰区的呼兰河流域也有非常明显的增加。经济建设情景下，碳储量随着湿地面积的不断减少而减少，到 2035 年呼兰河流域仅呼兰区内有小面积的高值区，松花江流域的高值区消失了一半以上，低值区更是大量减少，最终导致了其碳储量总量的大幅下跌。湿地保护情景下，碳储量的高值区虽有不少的增加，但少于趋势延续情景的结果，同时还有很多低值区的面积也在不断扩大。和谐发展情景在碳储量总量上有小幅减少，但整体的空间分布基本没有变化，只有一些细小斑块发生了低值区和高值区的相互转移。

6.3.6.4　洪水调蓄

2015 ~ 2035 年，哈尔滨市不同情景下洪水调蓄的结果也有不同的变化趋势（图 6-54）。经济建设情景下随着湿地的不断减少，致使可调蓄水量也出现了持续性的下降。而和谐发展情景因其面积比较恒定，能够提供的洪水调蓄服务也基本维持在 2020 年的水平上。略有不同的是趋势延续情景和湿地保护情景，两种情景下可调蓄水量均呈现出了逐渐上升的趋势，但湿地保护情景的可调蓄水量更高。这也是由于趋势延续情景下湿地面积的增加量虽然大于湿地保护情景，但大部分为沼泽，该湿地类型的洪水调蓄服务较弱。到 2035 年，四种情景下的可调蓄水量分别为 86.08 亿 m^3、38.87 亿 m^3、87.64 亿 m^3和 72.37 亿 m^3，分别较 2020 年变化了 18.47%、-46.50%、20.62%和-0.40%。

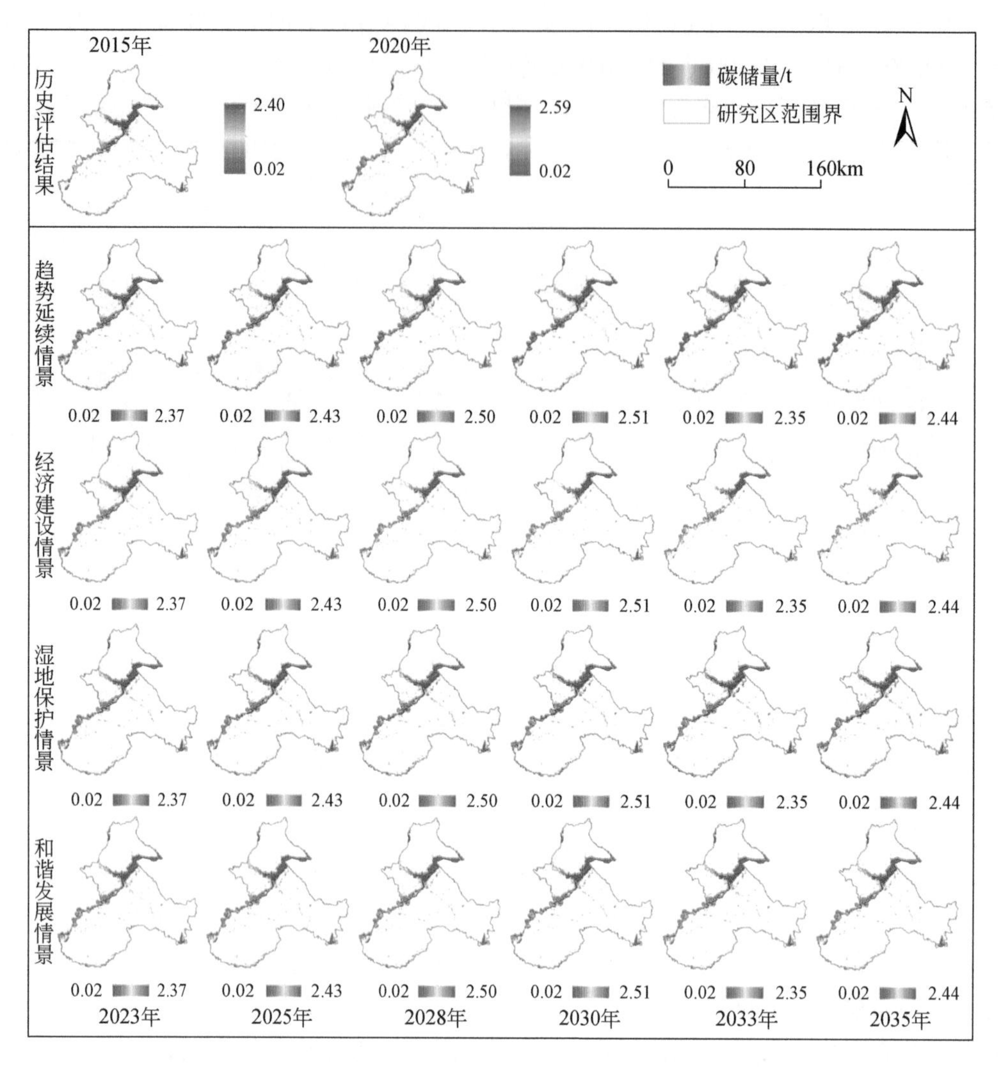

图 6-53　2015～2035 年哈尔滨市（市辖 9 区）碳储量空间分布

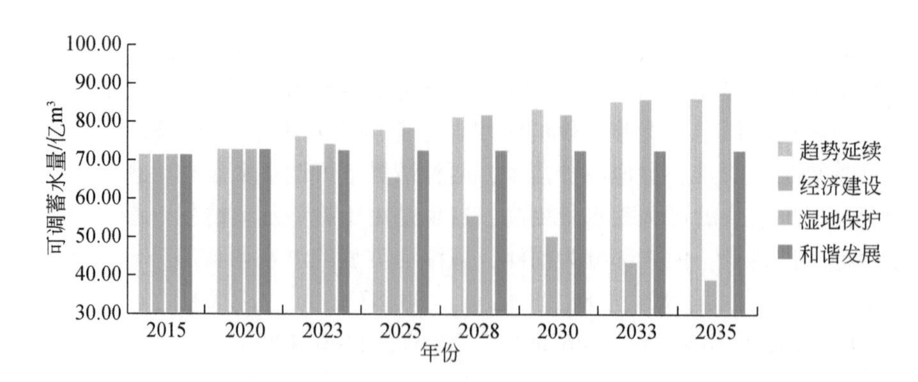

图 6-54　2015～2035 年不同情景下哈尔滨市可调蓄水量

从空间分布来看，松花江流域提供了最多的洪水调蓄服务，其次还有位于阿城区的西泉眼水库、呼兰区的泥河水库及双城区的石人水库（图 6-55）。2015～2035 年，趋势延续情景下随着沼泽、养殖池等湿地类型的不断扩大，位于道外区、松北区、道里区和双城区的湿地洪水调蓄服务也在不断提升。而经济建设情景下，随着湿地面积的不断减少，松花江逐渐退化与破碎，致使其无法提供更多的洪水调蓄服务，仅剩的高值区只有位于阿城区的西泉眼水库，但其面积也在不断地缩小，进而影响其可调蓄水量。湿地保护区情景下，松花江随着面积的不断扩大，也带来了更大的洪水调蓄服务，另外流域附近的养殖池随着不断的扩张也能够承载更多的可调蓄水量。和谐发展情景下洪水调蓄服务的空间分布同样没有发生较大变化，它的可调蓄水量较 2020 年减少，是由于部分养殖池和水库面积减少导致的。

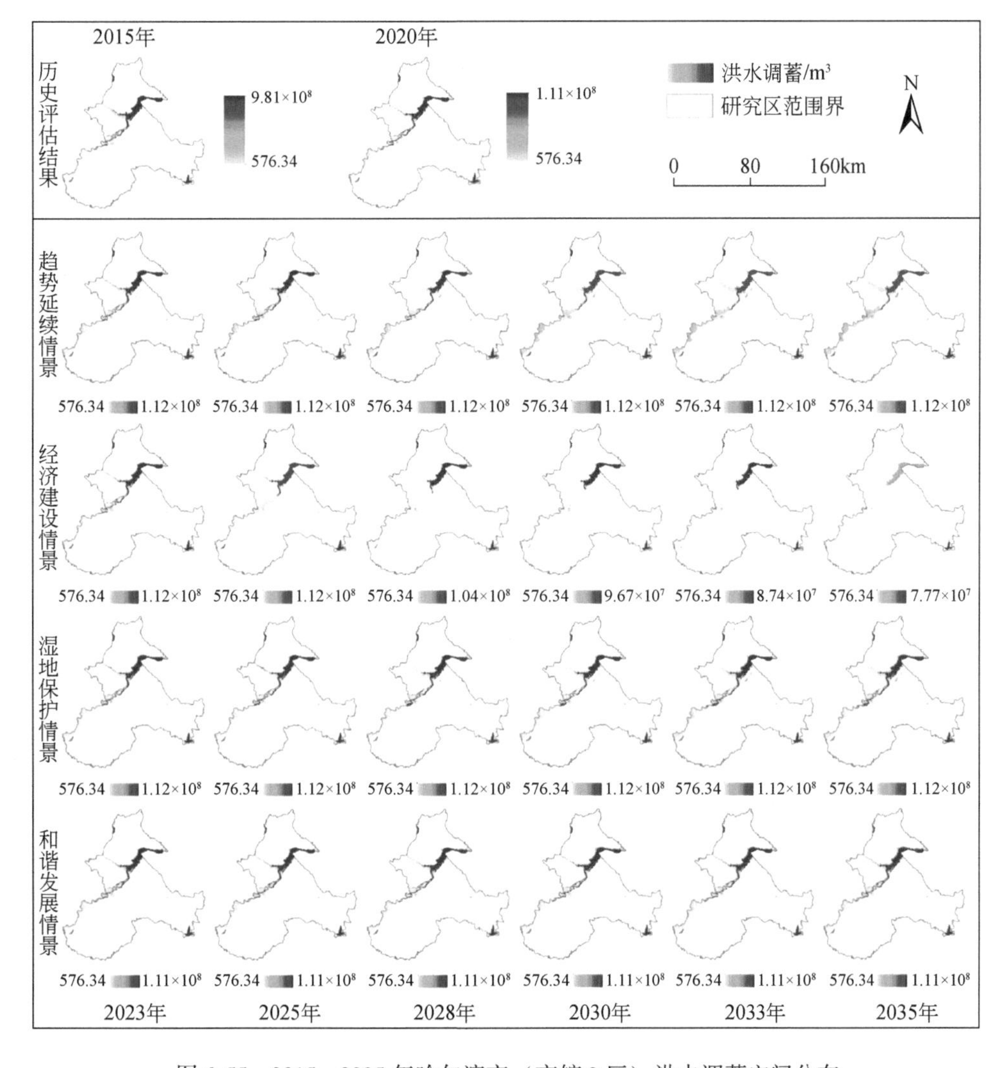

图 6-55　2015～2035 年哈尔滨市（市辖 9 区）洪水调蓄空间分布

6.4 城市湿地生态系统服务的多情景综合分析

本节统计了 2015 ~ 2020 年现状时期和 2020 ~ 2035 年“十四五”远景目标时期中，各个城市中 4 种湿地生态系统服务的变化，并开展综合分析。

6.4.1 现状时期

从不同城市来看，2015 ~ 2020 年，大部分城市中的大部分城市湿地生态系统服务呈现出了上升的趋势，常德市内五种湿地服务均有不同程度的增加，而其他城市略有不同。常熟市和海口市内均有四种湿地生态系统服务有恢复趋势，但前者城市湿地的水质净化(磷) 服务和后者的洪水调蓄服务有波动。哈尔滨市的水质净化服务略有下降，只是它的问题同时出现在对氮和磷元素的净化中，而其他城市湿地生态系统服务均有不同程度的上升。东营市同样需要注意水质净化服务，与哈尔滨市一样，随着水质净化服务的下降，氮和磷元素的输出量可能不断增加。受区域位置和气候因素的影响，银川市的湿地生态系统服务较为波动，还需引起更多关注。

从不同生态系统服务来看，水源涵养是 2015 ~ 2020 年中上升最明显的服务，有五个城市的水源涵养量有增加。其次为碳储量和洪水调蓄，这两个服务在四个城市中有上升趋势，其中共同的城市为常熟市、哈尔滨市和常德市。水质净化是下降最严重的服务，在氮和磷的净化中均是如此，而且磷输出量的增加更严重。由此可见，各个湿地城市在确保湿地面积达标的同时，也要注意到湿地是否还能够提供较高的生态系统服务，尤其针对于自然湿地。

6.4.2 远景目标时期

从不同情景来看，2020 ~ 2035 年，不同情景下城市湿地生态系统服务的变化各不相同(表 6-5)。首先，6 个城市在经济建设情景下湿地均有大幅度的减少，这也导致该情景下大部分湿地已无法提供更多服务。而从表 6-5 中可以看出，评估结果证实了这一论述，所有城市在经济建设情景下的城市生态系统服务均呈现出下降趋势。另外，趋势延续情景是延续了 2015 ~ 2020 年城市湿地与非湿地的变化过程，但并未延续其生态系统服务的评估结果。在该情景下，仅有哈尔滨市有四种生态系统服务呈现出上升的趋势，其他城市基本仅有 1–2 个服务有小幅度恢复，其中洪水调蓄是恢复最多的服务。湿地保护情景是湿地恢复最明显的情景，湿地面积虽然上升了，但其提供的生态系统服务并不一定上升，尤其是水质净化服务，在常熟市、海口市、银川市、哈尔滨市和常德市均有不同程度的下降。和谐发展情景是所有情景中变化幅度最小的，它虽然没有出现大面积的湿地恢复，但其提供的生态系统服务却是稳定且良好的。尤其东营市，该情景与湿地保护情景一样，五种生态系统服务均有提升。

表 6-5　远景目标时期各个城市中湿地生态系统服务的变化

城市	情景	水源涵养	水质净化(氮)	水质净化(磷)	碳储量	洪水调蓄
银川市	趋势延续	▼	▼	▼	▼	▼
	经济建设	▼	▼	▼	▼	▼
	湿地保护	▲	▼	▼	▲	▲
	和谐发展	▲	▼	▼	▲	▼
常德市	趋势延续	▼	▼	▼	▼	▲
	经济建设	▼	▼	▼	▼	▼
	湿地保护	▼	▼	▼	▼	▲
	和谐发展	▼	▼	▼	▼	▲
海口市	趋势延续	▲	▼	▼	▲	▼
	经济建设	▼	▼	▼	▼	▼
	湿地保护	▲	▼	▼	▲	▲
	和谐发展	▼	▼	▼	▲	▲
常熟市	趋势延续	▼	▼	▼	▲	▲
	经济建设	▼	▼	▼	▼	▼
	湿地保护	▼	▼	▼	▲	▲
	和谐发展	▼	▼	▼	▼	▲
东营市	趋势延续	▲	▼	▼	▼	▲
	经济建设	▼	▼	▼	▼	▼
	湿地保护	▲	▲	▲	▲	▲
	和谐发展	▲	▲	▲	▲	▲
哈尔滨市	趋势延续	▲	▼	▲	▲	▲
	经济建设	▼	▼	▼	▼	▼
	湿地保护	▲	▼	▲	▲	▲
	和谐发展	▼	▼	▼	▼	▼

▲、▼分别代表生态系统服务上升与下降

从不同服务来看，2020～2035 年，洪水调蓄服务是所有服务中提升最明显的，除经济建设情景外，它在趋势延续和和谐发展情景中也有显著的恢复趋势。此外，在部分城市中，水源涵养和碳储量也有一定的上升。其中，水源涵养的恢复主要在海口市、东营市、银川市和哈尔滨市，除湿地保护情景外，在趋势延续和和谐发展情景中也有出现。碳储量的恢复则发生在除常德市以外的五个城市中，除湿地保护情景外，有三个城市的趋势延续和和谐发展情景中也出现了碳储量总量增加的现象。水质净化是五个服务中下降最多的生态系统服务，除东营市和哈尔滨市以外，其他城市在未来的发展中，由于该服务的下降，可能会导致湿地内氮和磷的输出量不断增加，造成严重污染。

第 7 章　城市湿地的可持续评估

城市湿地的可持续利用是各个城市确保“湿地城市”称号继续拥有的核心目标，也是城市生态环境良好发展的重要基础。然而，当前的研究大多是构建多角度指标来量化区域的可持续性，但从土地可持续性出发，识别并探究空间上的退化却鲜有研究。因此，本章基于第 5 章第 6 章的研究结果，通过变化统计与综合分析，得到不同城市、不同情景、不同时间段内城市湿地的可持续性变化。首先，对数据进行处理，并统计出不同时间段内湿地类型与湿地生态系统服务的变化，识别出退化区与恢复区；其次，构建一套城市湿地及其生态系统服务变化的可持续性准则体系，综合计算得到最终的城市湿地可持续性结果；最后，识别出不同城市、不同情景、不同时间段内湿地的可持续区和不可持续区，并进行统计分析（图 7-1）。

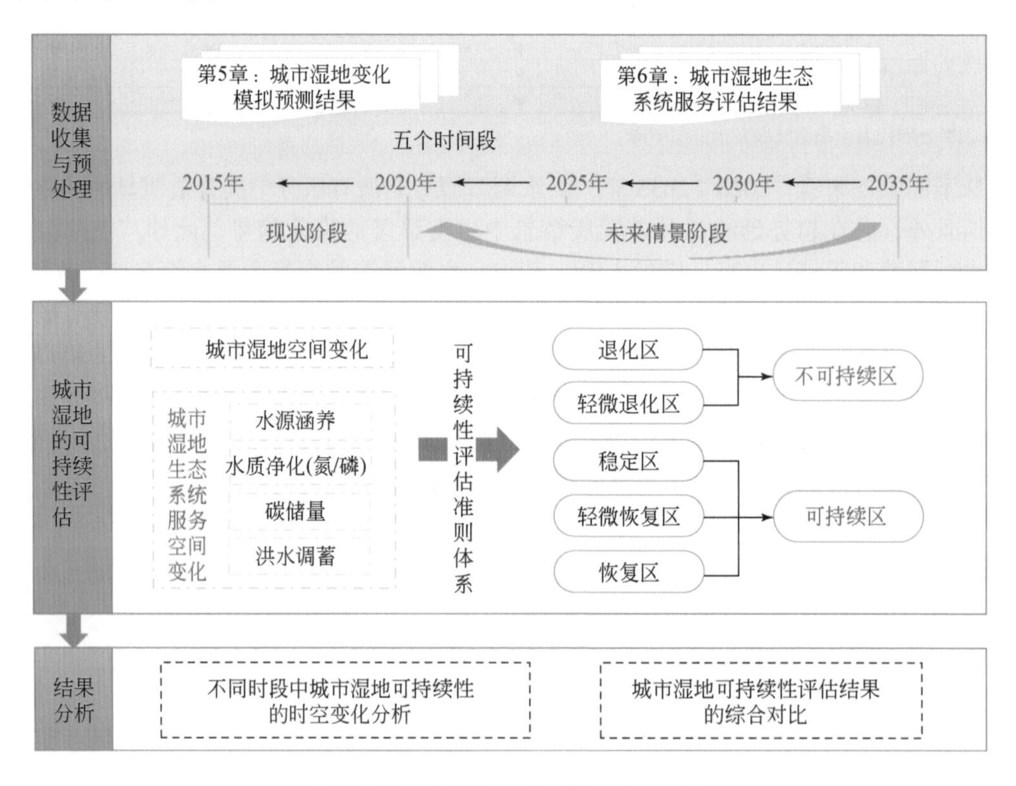

图 7-1　城市湿地可持续评估的路线图

7.1　城市湿地可持续评估方法

根据本研究涉及的时序范围，这里将其分成五个时间段来开展后续研究。首先是 2015 ~ 2020 年的现状阶段和 2020 ~ 2035 年的未来情景阶段，而后再将未来情景阶段划分为 2020 ~ 2025 年、2025 ~ 2030 年、2030 ~ 2035 年、2020 ~ 2035 年四个阶段，后续统计与分析则分别从五个时期开展。

本研究根据城市湿地类型和湿地生态系统服务两个方面，基于第 5 章模拟预测结果和第 6 章生态系统服务评估结果，分别设置了其退化与恢复的条件与程度，从而综合构建了一套可持续性的准则体系（表 7-1）。

1）城市湿地类型。本研究土地利用类型中包含 9 种城市湿地类型，其中沼泽、河流、湖泊、滩地、河口水域和浅海水域为自然湿地，河渠、水库和养殖池为人工湿地。因此，这里设定自然湿地内部的相互转移均为稳定状态，自然湿地转移为人工湿地为退化，而人工湿地转移为自然湿地为恢复。此外，人工湿地中，河渠与水库的相互转移为稳定，河渠、水库转移为养殖池为退化，养殖池转移为河渠和水库为恢复。同时，所有城市湿地类型转移为其他非湿地类型也为退化。

表 7-1　城市湿地类型的退化与恢复准则

		转移类型									
		沼泽	河流	湖泊	滩地	河口水域	浅海水域	河渠	水库	养殖池	其他
现状类型	沼泽	0	0	0	0	0	0	-1	-1	-1	-1
	河流	0	0	0	0	0	0	-1	-1	-1	-1
	湖泊	0	0	0	0	0	0	-1	-1	-1	-1
	滩地	0	0	0	0	0	0	-1	-1	-1	-1
	河口水域	0	0	0	0	0	0	-1	-1	-1	-1
	浅海水域	0	0	0	0	0	0	-1	-1	-1	-1
	河渠	1	1	1	1	1	1	0	0	-1	-1
	水库	1	1	1	1	1	1	0	0	-1	-1
	养殖池	1	1	1	1	1	1	1	1	0	-1
	其他	1	1	1	1	1	1	1	1	1	0

注：0 代表稳定，-1 代表退化，1 代表恢复

2）城市湿地生态系统服务。将城市湿地生态系统服务的评估结果按照自然断点法分类为 5 个等级，而后从斑块尺度计算不同时间段内后一年份与前一年份的等级变化，若变小则为退化，变大则为恢复，不变为稳定。五种生态系统服务分别为水源涵养、水质净化（氮）、水质净化（磷）、碳储量和洪水调蓄，通过等级变化得到不同时间段内各个生态系统服务的变化结果（稳定设置为 1、恢复设置为 2、退化设置为 3）。最后，按照城市湿地生态系统服务的退化与恢复准则，来确定其综合变化结果（表 7-2）。

表 7-2　城市湿地生态系统服务的退化与恢复准则

变化趋势	条件
退化区	退化的生态系统服务≥4 个（13333、23333、33333）
轻微退化区	退化的生态系统服务≥2 个且稳定的生态系统服务≤3 个（11133、11233、11333、12333、22333）
稳定区	稳定的生态系统服务≥4 个（11111、21111、31111）
轻微恢复区	恢复的生态系统服务≥2 个且稳定和退化的生态系统服务≤3 个（11122、11223、11222、12223、22233） 或其他情况（11123、12233）
恢复区	恢复的生态系统服务≥4 个（12222、22222、32222）

注：1 代表稳定，2 代表恢复，3 代表退化

在得到以上结果后，再根据城市湿地及其生态系统服务的可持续性综合计算准则，得出最终的稳定、轻微恢复、恢复、轻微退化、退化区域（表 7-3）。以上处理过程均在 ArcGIS 中进行。

表 7-3　城市湿地及其生态系统服务的可持续综合计算准则

可持续性	条件
可持续	城市湿地=稳定，且城市生态系统服务=稳定/恢复/轻微恢复 城市湿地=恢复，且城市生态系统服务=稳定/恢复/轻微恢复/轻微退化 城市湿地=退化，且城市生态系统服务=恢复
不可持续	城市湿地=稳定，且城市生态系统服务=轻微退化/退化 城市湿地=恢复，且城市生态系统服务=退化 城市湿地=退化，且城市生态系统服务=稳定/轻微恢复/轻微退化/退化

7.2　城市湿地的多情景可持续变化

7.2.1　银川市城市湿地的多情景可持续变化

现状阶段，银川市城市湿地变化的稳定区和恢复区面积占比分别为 77.26% 和 8.20%（图 7-2）。城市湿地生态系统服务中，稳定、轻微恢复、恢复区面积占比分别为 65.62%、4.71% 和 7.13%，另有少许轻微退化区和退化区，多分布于金凤区和兴庆区。在城市湿地可持续性的综合评价结果中，可持续区面积占比为 77.53%，约有 20% 的区域存在不可持续的风险，且不可持续区在城市的各个区县内均有分布，多为养殖池及其周围区域。

趋势延续情景下，2020 ~ 2035 年的整体变化中，稳定区和恢复区面积占比分别为 82.09% 和 2.20%，约 15% 的区域存在退化的风险，且分布在城市的各个区域内（图 7-3）。城市湿地生态系统服务中，稳定区的面积在未来三个时段内逐渐减少，而轻微退化和退化区的总和不断增加。在 2020 ~ 2035 年的整体结果中稳定区、轻微退化和退化区的占比分

别达到了 68.57%、8.11% 和 14.49%，退化区分布非常分散，基本都处于湿地外围。从城市湿地可持续性的综合评估结果来看，2020～2035 年整体变化中可持续区面积占比为 77.35%，约有 20% 的区域存在不可持续的风险，基本与现状时期持平，且空间上没有明显的聚集。

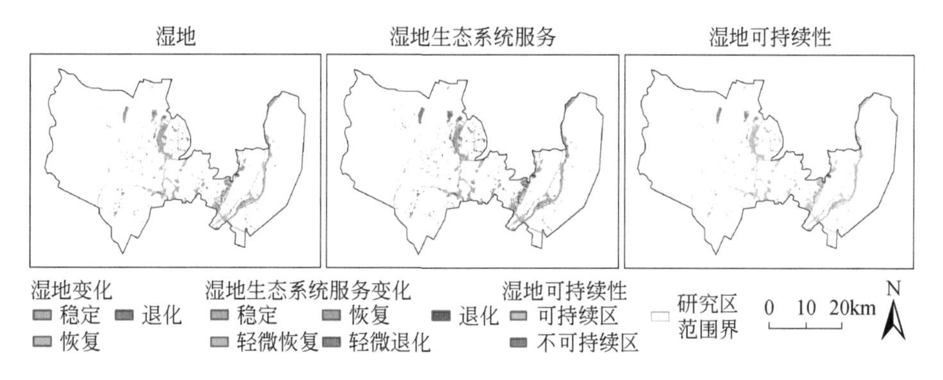

图 7-2　现状阶段银川市（市辖 3 区）城市湿地可持续评估结果

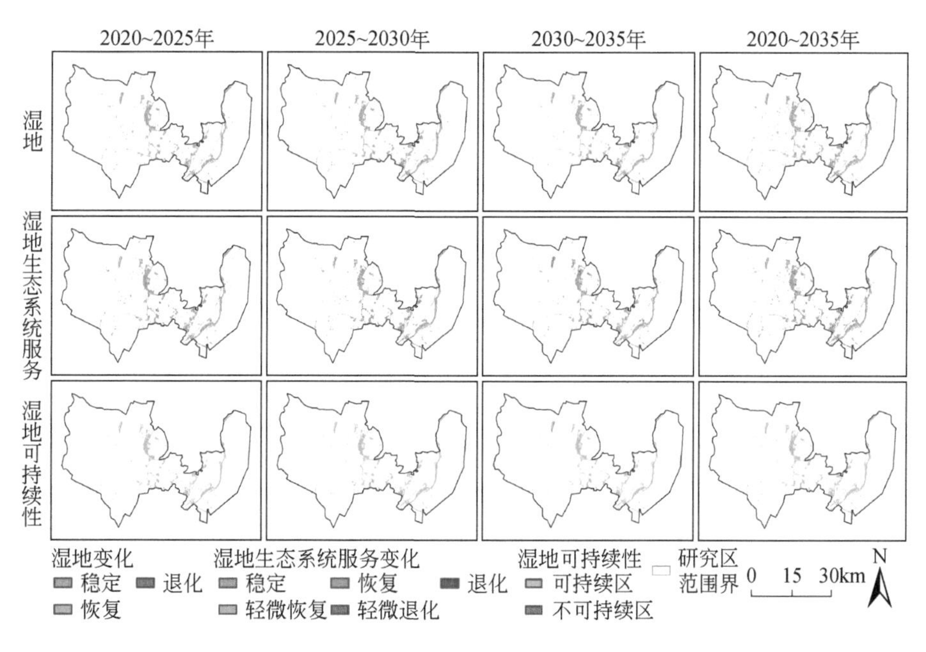

图 7-3　趋势延续情景下银川市（市辖 3 区）城市湿地可持续评估结果

经济建设情景下，2020～2035 年间的三个阶段中城市湿地退化区占比均保持在 10.00% 以上，在 2025～2030 年和 2030～2035 年间甚至超过了 18.00%，而随着退化区不断地累积，在最终的整体结果中稳定区、恢复区与退化区的占比达到了 59.22%、0.68% 和 40.10%（图 7-4）。城市湿地生态系统服务结果中，2020～2025 年发生了巨大的变化，该时间段内的稳定区占比仅有 12.38%，轻微退化和退化区的占比分别为 73.17% 和 8.91%。而后的时间里虽然退化区仍有出现，但占比并不大。在 2020～2035 年整体的变化中，稳定区、轻微退化和退化区的占比分别达到了 37.16%、44.65% 和 13.15%，这表明到 2035 年大部分湿地提供的生态系统服务已严重下降。受此影响，城市湿地可持续性的综合评估结果中可持续区和不可持续的占比分别为 41.64% 和 58.36%，不可持续区多分布在城市中心及黄河流域沿岸。

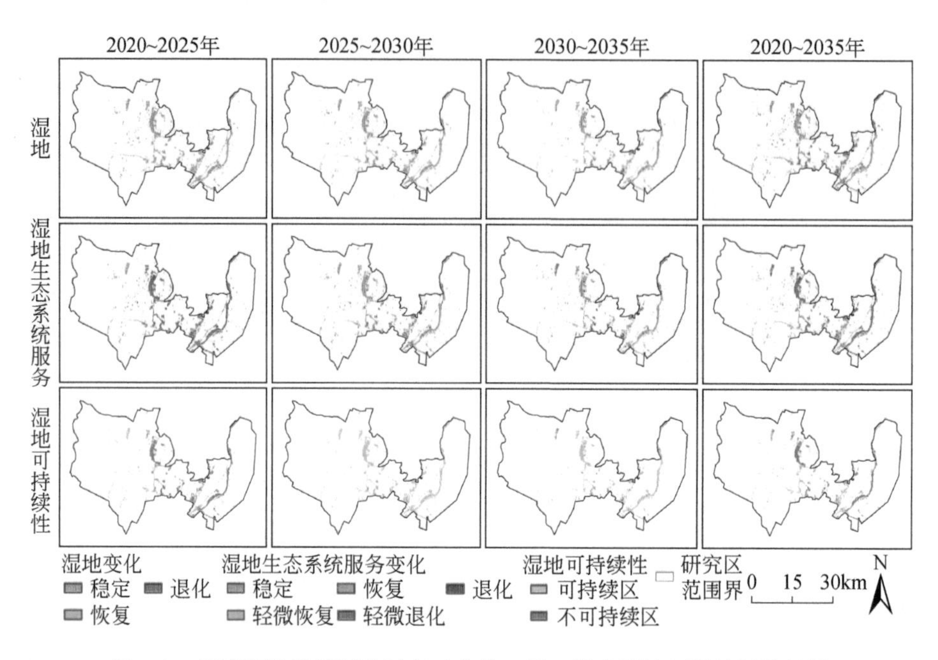

图 7-4 经济建设情景下银川市（市辖 3 区）城市湿地可持续评估结果

湿地保护情景下，城市湿地变化以稳定和恢复为主，其中 2025 ~ 2030 年的恢复幅度最大（图 7-5）。在 2020 ~ 2035 年整体结果中，稳定区、恢复区与退化区的占比分别达到了 74.53%、24.57% 和 0.90%。城市湿地生态系统服务中，三个时段内的变化也基本以稳定、轻微恢复和恢复为主。经过长时间的累积与增加，2020 ~ 2035 年整体的结果中稳定、轻微恢复、轻微退化、恢复和退化区的占比分别为 59.84%、14.21%、1.96%、23.18% 和 0.81%。其中，黄河流域和阅海国家湿地公园较为稳定，相反其他湿地区域中生态系统服务的恢复更加突出。从城市湿地可持续性的综合评估结果来看，2020 ~ 2035 年整体变化中可持续区面积占比为 97.24%，仅有 2.76% 的区域可能有不可持续的问题存在，不可持续区多由破碎的小斑块构成，未见大面积的聚集区。

和谐发展情景下，银川市的城市湿地十分稳定（图 7-6）。2020 ~ 2035 整体变化中稳定区、恢复区与退化区的占比分别达到了 94.88%、1.54% 和 3.58%。城市湿地生态系统服务中，2020 ~ 2025 年间的变化幅度大于其他两个时段，轻微恢复与恢复的总和为 4.39%，而轻微退化与退化的总和为 6.79%。而在 2020 ~ 2035 年整体结果中，稳定、轻微恢复、轻微退化、恢复和退化区的占比分别为 89.79%、2.79%、2.74%、1.38% 和 3.30%。从城市湿地可持续性的综合评估结果来看，2020 ~ 2035 年整体变化中可持续区面积占比为 93.96%，约 6% 的区域存在不可持续的风险，略低于湿地保护情景。

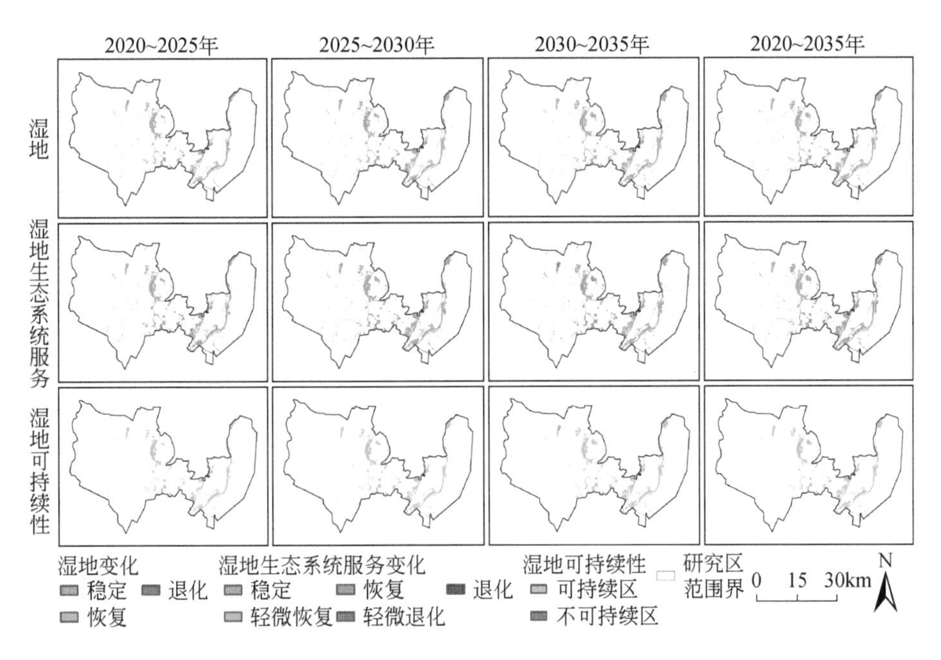

图 7-5　湿地保护情景下银川市（市辖 3 区）城市湿地可持续评估结果

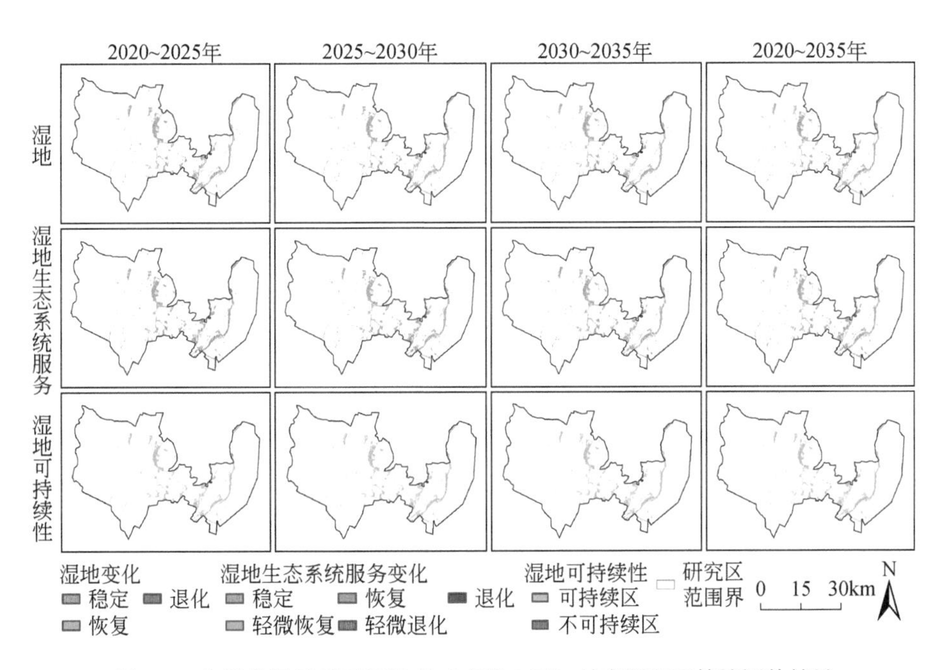

图 7-6　和谐发展情景下银川市（市辖 3 区）城市湿地可持续评估结果

7.2.2　常德市城市湿地的多情景可持续变化

现状时期，常德市城市湿地变化中稳定区和恢复区面积占比分别为 70.86% 和

15.12%，退化区面积小于恢复区（图7-7）。从空间上看，退化区主要位于澧水流域。城市湿地生态系统服务中，稳定、轻微恢复和恢复区面积占比分别为53.01%、5.72%和13.73%，存在部分轻微退化和退化区，集中在西洞庭湖以及沅江和澧水流域中。从城市湿地可持续性的综合评估结果来看，现状阶段可持续区面积占比为70.70%，约30%的区域存在不可持续的风险，主要还是由澧水流域上的湿地退化区和湿地生态系统服务退化区构成。

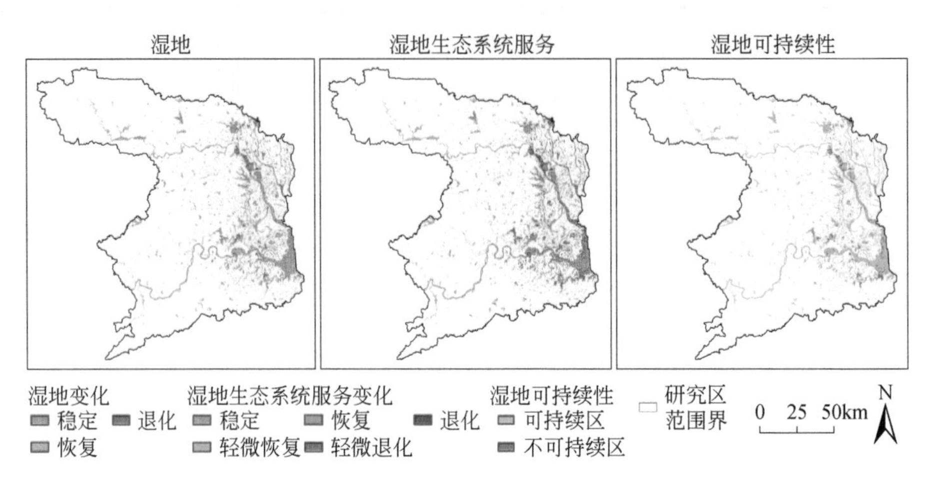

图7-7　现状阶段常德市城市湿地可持续评估结果

趋势延续情景下，常德市城市湿地变化并不显著，三个时段内的稳定区占比均在85.00%以上，在2020～2035年整体结果中稳定区、恢复区与退化区的占比分别为85.57%、7.78%和6.65%，其中退化区主要分布在大型湖泊与水库中（图7-8）。该情景下城市湿地生态系统服务在三个时段的变化也比较稳定，2020～2025年间轻微恢复和恢复区占比的总和为12.09%、轻微退化和退化区的总和为8.38%。而在2020～2035年的整体结果中，这两个总和增长分别为18.93%和8.88%。轻微恢复和恢复区占比更大，主要分布在西洞庭湖、北民湖等区域及周边。从城市湿地可持续性的综合评估结果来看，趋势延续情景下2020～2035年整体结果中可持续区面积占比为88.27%，约11%的区域存在不可持续的风险，其中面积最大的不可持续区为石门县的仙阳湖区，可能与其生态系统服务下降相关。

经济建设情景下，城市湿地变化在空间上比较分散，而且各个时段内除稳定区外，基本没有恢复区，随着退化区的不断累积，2020～2035年整体结果中退化区的占比达到25.02%，恢复区仅为0.24%，退化区多分布在城市中部（图7-9）。在多个研究时段内，仅2025～2030年间澧水流域有小部分城市湿地生态系统服务出现了上升趋势，轻微恢复占比达到了7.17%。2030～2035年间，城市湿地生态系统服务已基本没有恢复区域，该时段内轻微恢复和恢复区的占比仅为0.69%和0.21%。2020～2035年整体结果中稳定、轻微恢复、轻微退化、恢复和退化区占比分别为63.45%、4.73%、6.83%、0.25%和24.74%，退化区主要位于大型湖泊、水库的边缘区域中。从城市湿地可持续性评估结果来看，经济建设情景下整个研究时段的可持续区和不可持续区占比分别为68.40%和31.60%，在仙阳湖和七里湖内有大面积的不可持续区。

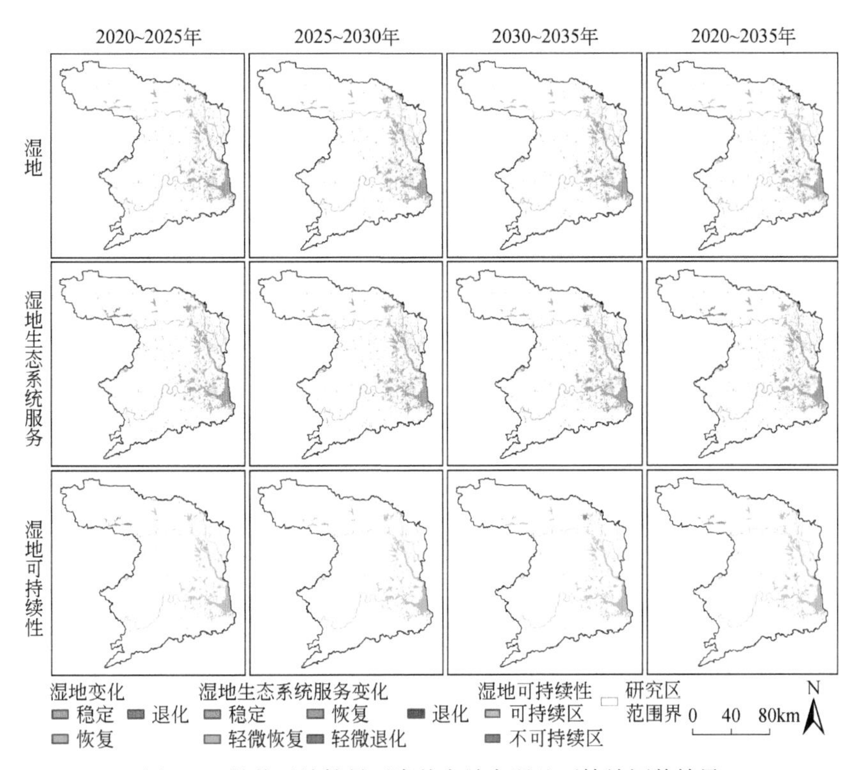

图 7-8 趋势延续情景下常德市城市湿地可持续评估结果

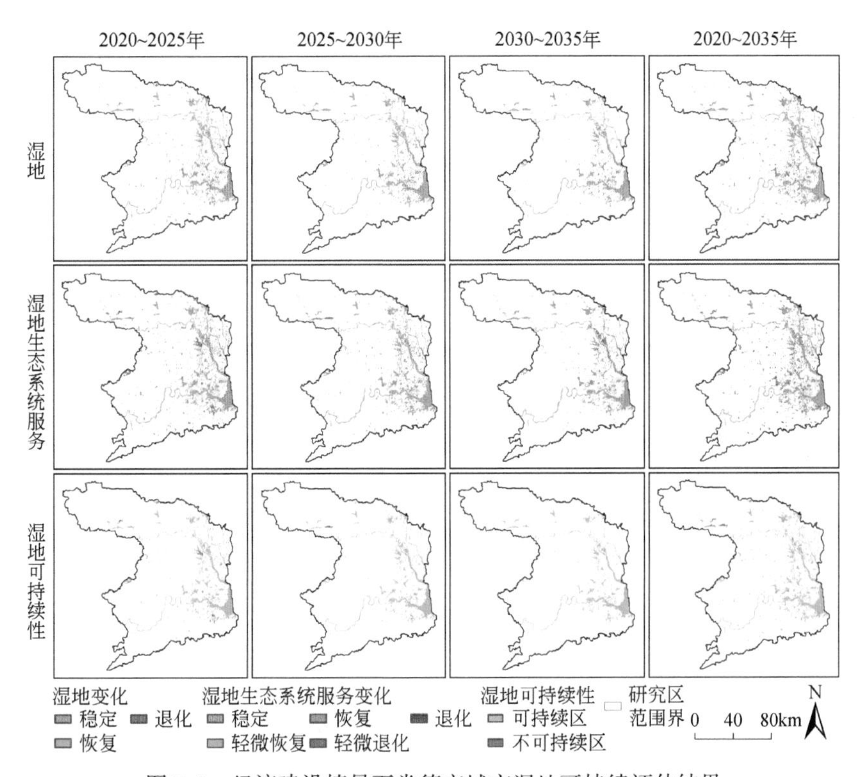

图 7-9 经济建设情景下常德市城市湿地可持续评估结果

湿地保护情景下，三个中间时段内城市湿地变化幅度逐渐增加，在 2020 ~ 2035 年整体结果中稳定区和恢复区占比分别为 64.41% 和 33.21%，湿地恢复十分显著，尤其集中在常德市东侧的平原区（图 7-10）。城市湿地生态系统服务中，三个中间时段内轻微恢复和恢复区占比的总和分别为 21.63%、21.78% 和 20.17%。而随着恢复区面积的不断增大，2020 ~ 2035 年的整体结果中稳定、轻微恢复和恢复区的占比分别为 47.79%、13.21% 和 34.61%，恢复区主要分布在常德市的津市市、鼎城区和汉寿县。从城市湿地可持续性的综合评估结果来看，2020 ~ 2035 年整体结果中可持续区占比为 95.62%，仅有小部分地区存在不可持续的风险，不可持续区的斑块十分分散且面积都非常小。

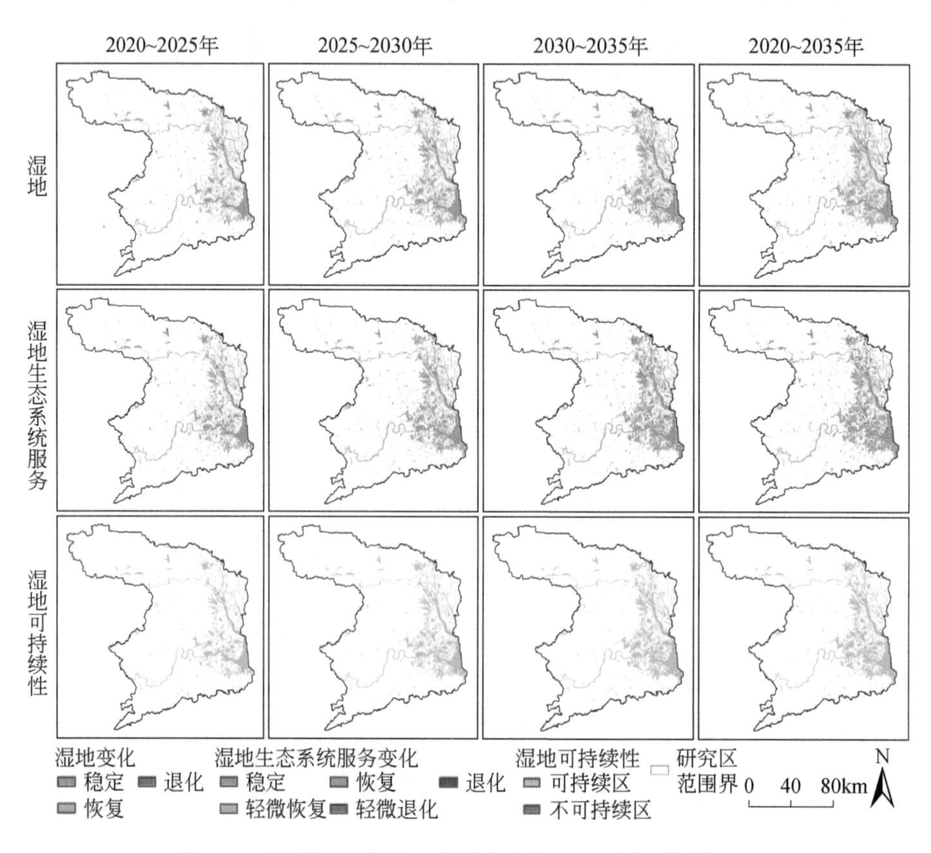

图 7-10　湿地保护情景下常德市城市湿地可持续评估结果

和谐发展情景下，三个中间时段内常德市城市湿地变化幅度并不大，除稳定区外，恢复区的占比更大，在 2020 ~ 2035 年整体结果中稳定区、恢复区与退化区的占比分别为 83.32%、11.73% 和 4.95%，退化区主要集中东北部区域（图 7-11）。城市湿地生态系统服务恢复最显著的区域位于常德市南部的汉寿县，主要是由于养殖池大面积的增加。2020 ~ 2035 年整体结果中稳定、轻微恢复、轻微退化、恢复和退化区占比分别为 69.19%、11.45%、2.81%、11.69% 和 4.85%，轻微退化和退化区主要位于城市北部和东北部。从城市湿地可持续性的综合评估结果来看，和谐发展情景下 2020 ~ 2035 年整体结果中可持续区占比为 92.34%，约 7% 的区域存在不可持续风险，且多集中在澧水流域。

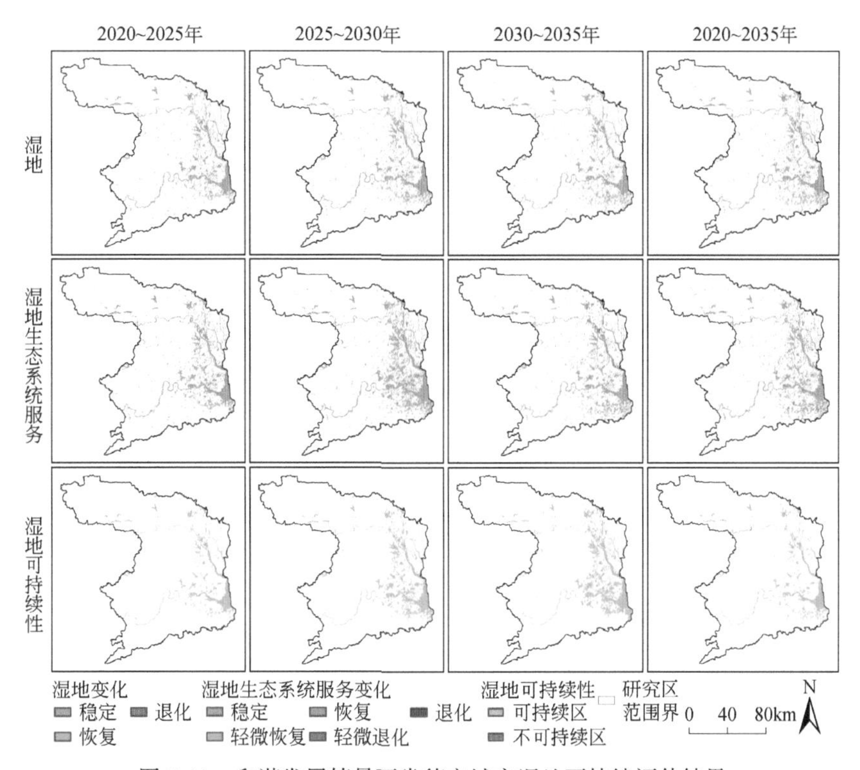

图 7-11 和谐发展情景下常德市城市湿地可持续评估结果

7.2.3 海口市城市湿地的多情景可持续变化

现状阶段中，海口市城市湿地变化的稳定区和恢复区面积占比分别为 89.15% 和 3.79%，小部分地区存在退化风险，主要聚集在美兰区、琼山区以及浅海水域中（图 7-12）。城市湿地生态系统服务变化的稳定区面积占比为 73.29%，轻微恢复和恢复区的面积占比分别为 9.70% 和 2.91%，轻微退化和退化区在浅海水域中有一些分布，这也导致了在城市湿地可持续性的综合评估中，浅海水域中包含了一定的不可持续区。从综合结果来看，城市湿地可持续区面积占比为 84.50%，约有 15% 的区域存在不可持续的风险，除浅海水域外，其他不可持续区在海口市的各个区县中均有分布，但面积较小。

趋势延续情景下，城市湿地在 2020 ~ 2035 年的三个中间时段内大部分面积是稳定的，稳定区的占比维持在 90.00% 左右（图 7-13）。在 2020 ~ 2035 年的整体结果中，稳定区和恢复区面积占比分别为 85.75% 和 2.90%，约 10% 的区域存在退化风险，且在各个区县内均有小范围分布。在城市湿地生态系统服务的结果中，2020 ~ 2025 年和 2025 ~ 2030 年两个时段内的变化更加显著，前一时段内轻微恢复区占比为 10.93%，而后一时段内轻微退化和退化区占比总和为 9.21%。2020 ~ 2035 年整体的结果中，稳定区仅占比 68.02%，而恢复区和退化区占比分别为 10.75% 和 13.33%。从城市湿地可持续性的综合评估结果来看，2020 ~ 2035 年整体结果中可持续区面积占比为 73.21%，约有 26% 的湿地区域存在不可持续的风险，这些区域主要分布在北部的浅海水域中。

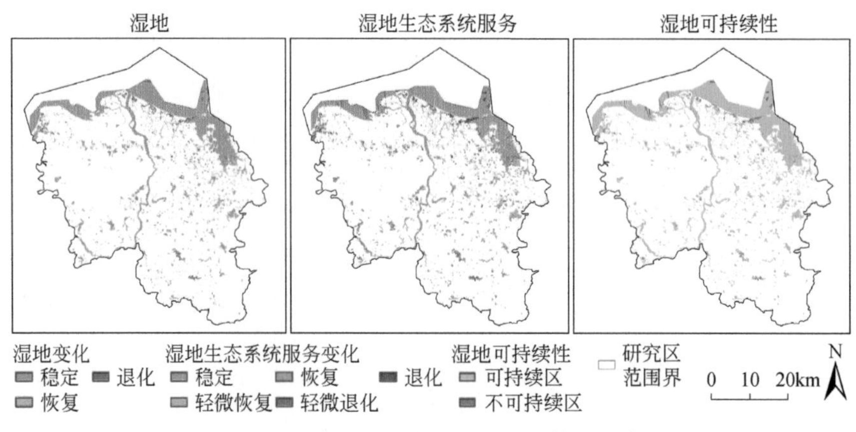

图 7-12　现状阶段海口市城市湿地可持续评估结果

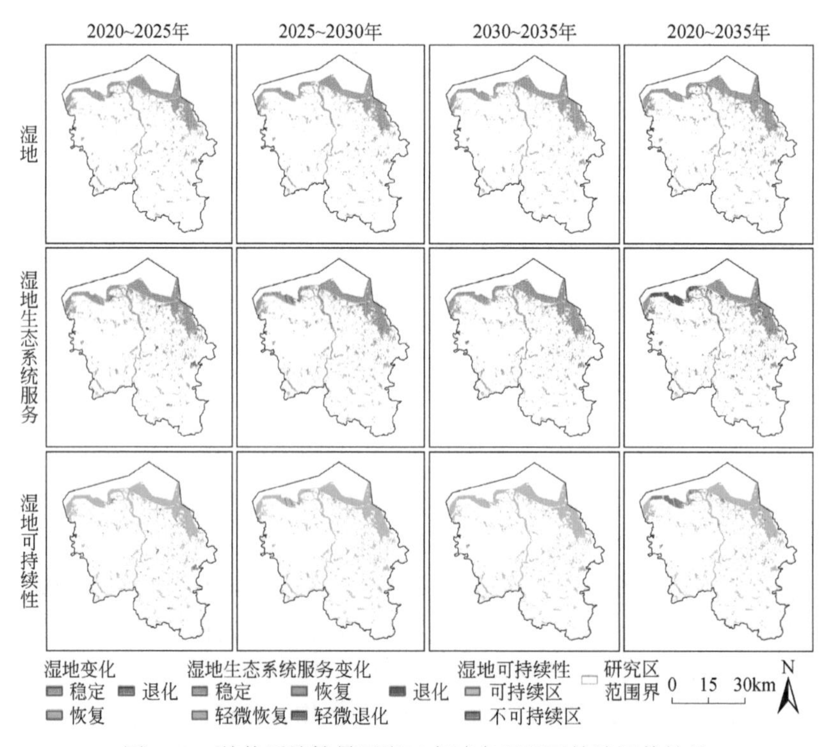

图 7-13　趋势延续情景下海口市城市湿地可持续评估结果

经济建设情景下，各个时段内城市湿地变化的稳定区占比基本在 85.00% 以上，而且退化区在不断地叠加，最终致使 2020～2035 年的整体结果中稳定区、恢复区和退化区的占比分别为 72.83%、1.51% 和 25.66%，其中沿海区域中的退化更聚集（图 7-14）。城市湿地生态系统服务中，该情景与趋势延续情景最大的不同在于北部浅海区域内生态系统服务有恢复的趋势。2020～2035 年的整体结果中稳定、轻微恢复、轻微退化、恢复和退化的占比分别为 54.69%、14.22%、5.46%、1.43% 和 24.20%，退化区占比极高，在空间上主要分布在美兰区及沿海区域。从城市湿地可持续性的综合评估结果来看，2020～2035 年的整体结果中可持续区和不可持续区的占比分别为 65.95% 和 34.05%，浅海水域及大型湖泊、水库周围的不可持续区逐渐增加。

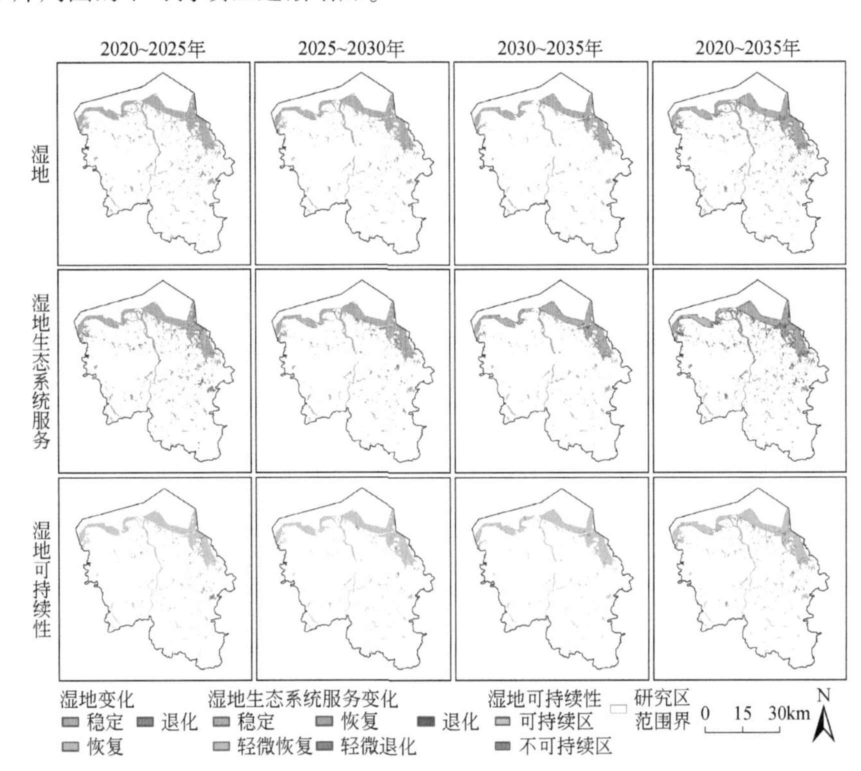

图 7-14　经济建设情景下海口市城市湿地可持续评估结果

湿地保护情景下，不同时段内城市湿地变化的恢复区远大于退化区，2020 ~ 2035 年的整体结果中恢复区面积占比为 17. 47% ，主要位于美兰区和琼山区（图 7-15）。城市湿地生态系统服务中，2020 ~ 2025 年和 2030 ~ 2035 年两个时间段内是有明显恢复的，其中轻微恢复和恢复区的占比总和分别达到了 20. 64% 和 33. 29% ，然而 2020 ~ 2035 年的整体结果中还存在少许轻微退化区，这可能与气候、人类活动等其他因素相关。从城市湿地可持续性的综合评估结果来看，2020 ~ 2035 年整体变化中可持续区面积占比为 92. 09% ，约有 7% 的区域存在不可持续的风险，主要分布在浅海水域周边。

和谐发展情景下，各个时间段内城市湿地变化的幅度小于其他情景，2020 ~ 2035 年的整体结果中稳定区和恢复区面积占比分别为 91. 03% 和 5. 56% ，约有 3% 的区域存在退化风险，主要集中在琼山区（图 7-16）。城市湿地生态系统服务中，各个时段内的变化以轻微恢复和恢复为主，三个时段内两个区域总和的占比分别为 5. 37% 、3. 67% 和 3. 94% 。而经过不断累积，2020 ~ 2035 年的整体结果中轻微恢复和恢复区的面积占比总和达到了 10. 12% ，大于轻微退化和退化区占比的总和，这些恢复的区域主要分布在美兰区及北部的沿海地带。从城市湿地可持续性的综合评估结果来看，在 2020 ~ 2035 年整体的变化中可持续区面积占比为 92. 71% ，约有 7% 的湿地区存在不可持续风险，主要位于琼山区大型水库和湖泊周边。

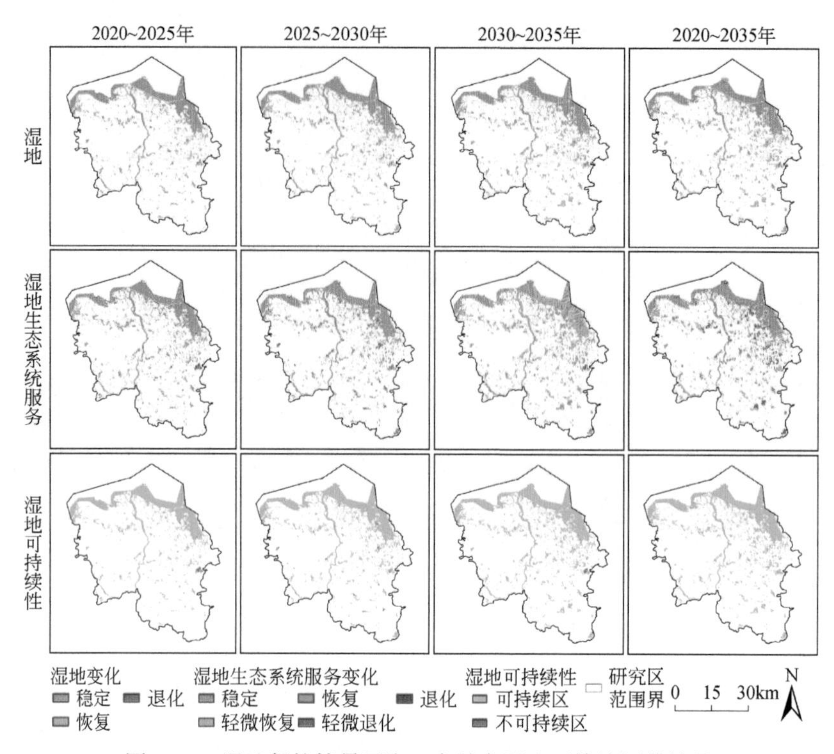

图 7-15　湿地保护情景下海口市城市湿地可持续评估结果

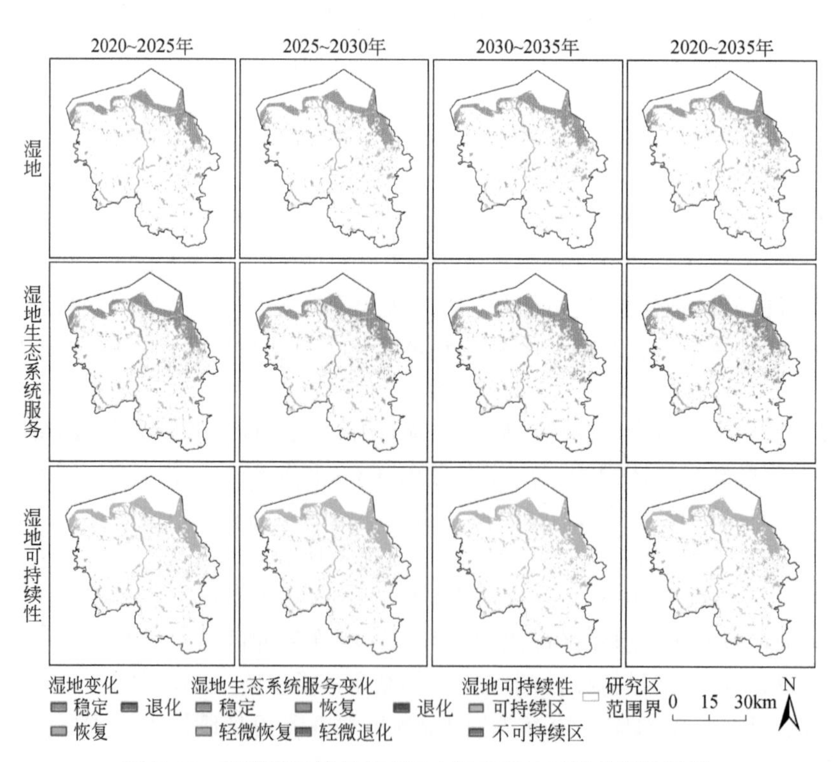

图 7-16　和谐发展情景下海口市城市湿地可持续评估结果

7.2.4 常熟市城市湿地的多情景可持续变化

现状阶段，常熟市城市湿地的稳定区和恢复区面积占比分别为 80.21% 和 10.46%，少部分区域存在退化的风险，该区域在空间上分布十分分散，多在城市的北部和南部，北部退化区主要位于长江流域沿岸，而南部地区则多分布于养殖池周围（图 7-17）。在城市湿地生态系统服务的结果中，稳定区域面积占比达到了 65.62%，轻微恢复和恢复区面积的占比均在 10.00% 左右，变化区域基本分布在南部的湖泊、养殖池中。从城市湿地可持续性的综合评估结果来看，可持续区的面积占比为 83.98%，其他湿地区存在不可持续的可能，其空间分布基本结合了湿地的退化区与湿地生态系统服务的轻微退化与退化区。

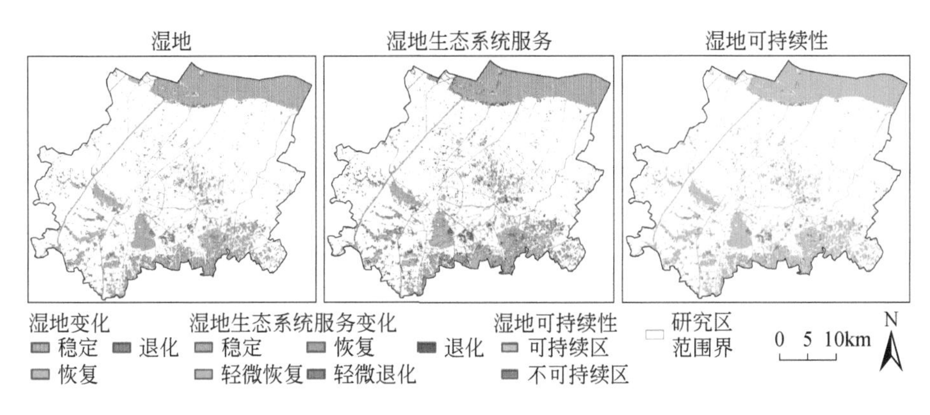

图 7-17 现状阶段常熟市城市湿地可持续评估结果

趋势延续情景下，各个时间段内城市湿地变化非常小，稳定区占比基本在 90.00% 以上，2020～2035 年整体的恢复区与退化区占比分别为 3.51% 和 2.53%（图 7-18）。城市湿地生态系统服务的变化略有不同，四个时间段内稳定区的占比分别为 93.89%、92.06%、85.99% 和 80.30%，2030～2035 年变化比较明显，其中轻微恢复区占到了 5.34%，主要分布在南湖、尚湖附近以及南部的养殖池中，这些区域在 2020～2035 年整个时间段内均有不同程度的恢复，2020～2035 年间轻微恢复区的占比达到了 10.49%，这些重要湖泊在其中有较大比例。从城市湿地可持续性的综合评估结果来看，在 2020～2035 年整体的结果中，可持续区面积占比为 93.31%，约有 6% 的区域存在不可持续的风险，这些区域多位于大型湖泊和养殖池周围。

经济建设情景下，各个时段内稳定区的占比也保持在 90.00% 以上，只是其中退化区的占比大于趋势延续情景的结果（图 7-19）。2020～2025 年退化区占比较大，达到了 4.80%，而在 2020～2035 年整体的变化中，退化区也达到了 5.43%，主要位于大型湖泊和养殖池附近。城市湿地生态系统服务的变化中，2020～2025 年和 2030～2035 年两个时段的退化比较显著，轻微退化和退化区的占比总和分别达到了 9.74% 和 8.54%，且明显分布于尚湖和昆承湖等区域内。从城市湿地可持续性评估结果来看，虽然部分区域在中间时段内发生过退化，但在 2020～2035 年整体的结果中，可持续区和不可持续区的占比分别为 88.17% 和 11.83%，其中不可持续区在城市的各个区域内均有分布，但值得注意的是尚湖和昆承湖周边有明显聚集区。

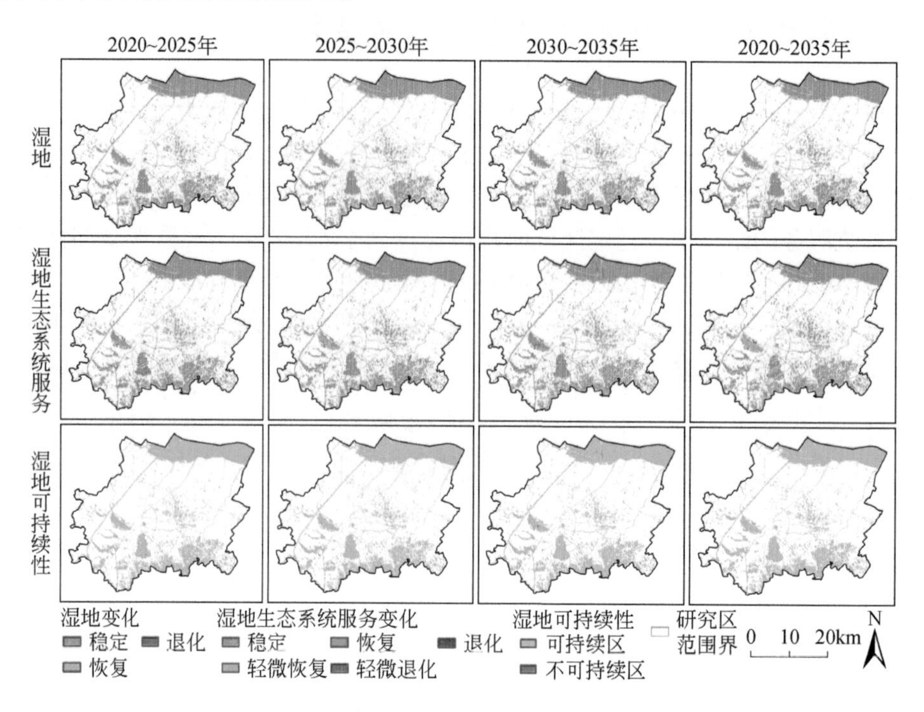

图 7-18　趋势演变情景下常熟市城市湿地可持续评估结果

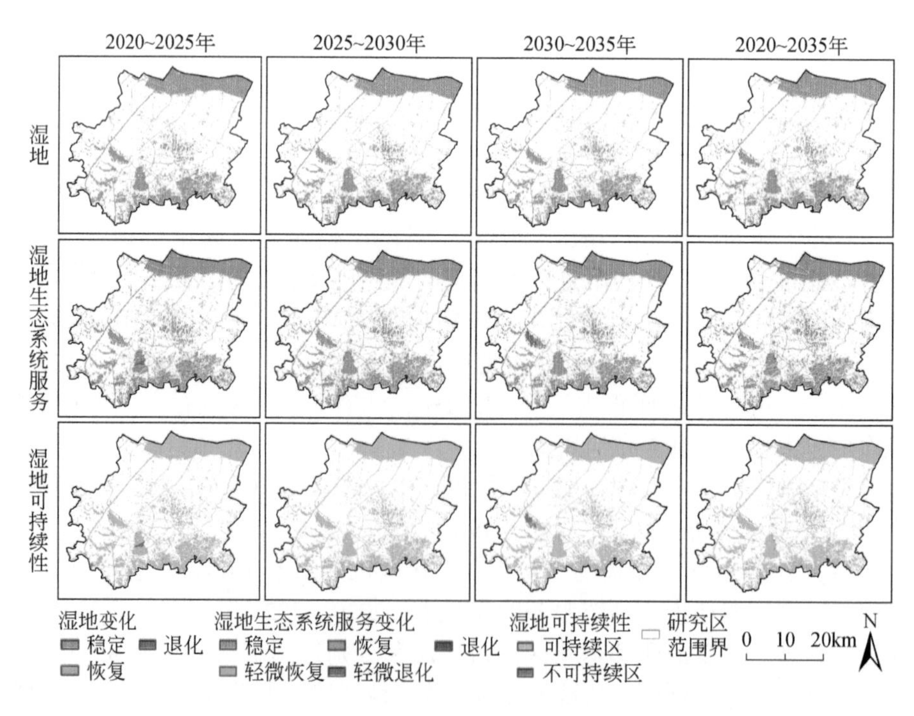

图 7-19　经济建设情景下常熟市城市湿地可持续评估结果

湿地保护情景下，研究时段内城市湿地恢复区的占比多于其他情景，尤其是在 2020 ~ 2035 年整体的变化中，稳定区和恢复区面积占比分别为 87.56% 和 11.88%，仅有 0.56% 的区域存在退化风险（图 7-20）。恢复区在长江流域和南湖湿地公园附近比较集中。但城市湿地生态系统服务的变化略有不同，四个时间段内轻微退化和退化区的占比总和分别为 3.68%、5.19%、4.28% 和 2.00%，部分湿地在中间时段有退化趋势。而 2020 ~ 2035 年整体的变化中，轻微恢复区和恢复区的占比总和为 26.52%，说明整体的变化还是以恢复为主。从城市湿地可持续性的综合评估结果来看，2020 ~ 2035 年整体的变化中，可持续区面积占比为 97.73%，约有 2% 的湿地区域存在不可持续的风险，其中少部分区域位于长江流域，可能与其湿地生态系统服务下降相关。

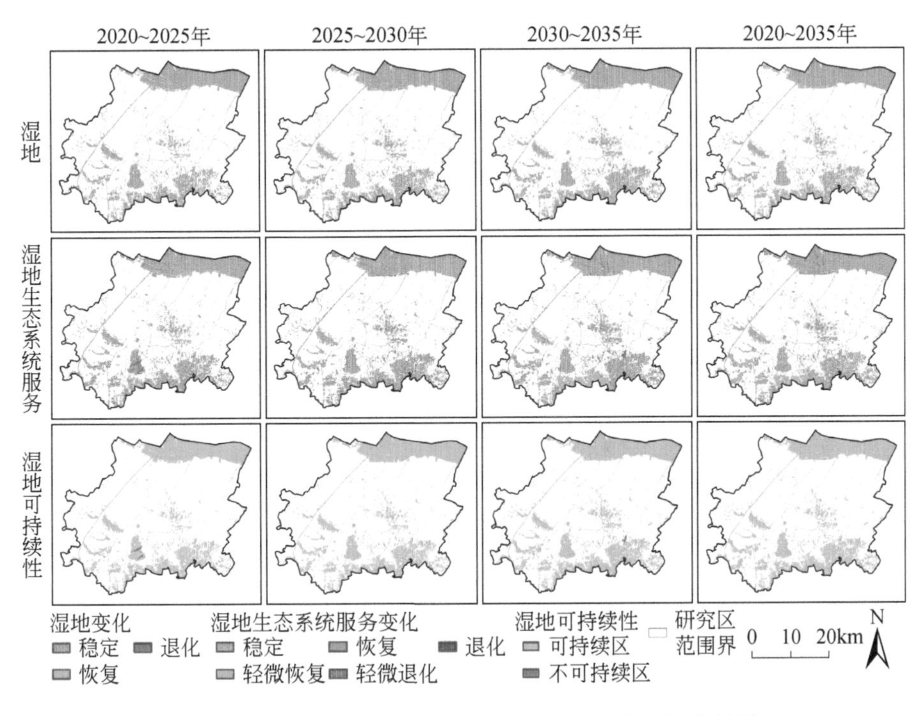

图 7-20 湿地保护情景下常熟市城市湿地可持续评估结果

和谐发展情景下，各个研究时段内城市湿地变化的恢复区与退化区基本持平，2020 ~ 2035 年的整体结果中稳定区、恢复区和退化区的面积占比分别为 94.29%、3.65% 和 2.06%，恢复区略高于退化区（图 7-21）。在城市湿地生态系统服务变化的结果中，2020 ~ 2025 年和 2030 ~ 2035 年两个时段的退化趋势更明显，而 2025 ~ 2030 年恢复区域占比更大。2020 ~ 2035 年整体的结果中，轻微恢复区和恢复区的占比总和为 9.21%，略高于轻微退化和退化区。从城市湿地可持续性评估结果来看，2020 ~ 2035 年整体变化中可持续区面积占比为 93.53%，约 6% 的湿地可能出现不可持续的风险，尤其要注意尚湖周围有小面积聚集。

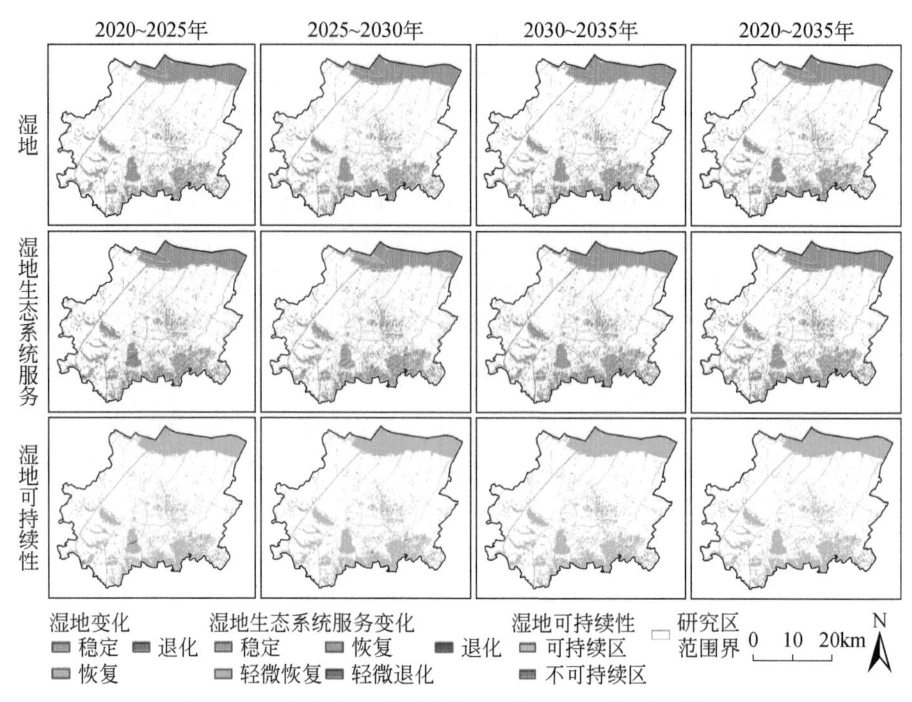

图 7-21　和谐发展情景下常熟市城市湿地可持续评估结果

7.2.5　东营市城市湿地的多情景可持续变化

现状时期，东营市城市湿地变化的稳定区和恢复区面积占比分别为 86.34% 和 6.42%，恢复区主要位于城市内陆区，小部分退化区主要分布在海岸周围（图 7-22）。城市湿地生态系统服务的稳定区面积占比为 74.85%，轻微恢复和恢复区的面积占比分别为 11.35% 和 5.35%。其中，轻微恢复和恢复区主要位于城市内陆地区，而少许轻微退化和退化区则更多地分布在浅海和近海区。从城市湿地可持续性的综合评估结果来看，现状时期中可持续区面积占比为 89.16%，约 10% 的区域存在不可持续的风险，主要是湿地退化区和湿地生态系统服务轻微退化区和退化区的综合结果。

趋势延续情景下，2020～2035 年的整体结果中稳定区和恢复区面积占比分别为 83.76% 和 7.98%，约 8% 的湿地存在退化风险，主要位于沿海地区的养殖池、沼泽与滩地等类型中，而内陆地区则分布着更多的恢复区（图 7-23）。城市湿地生态系统服务中，2020～2025 年和 2025～2030 年的两个时间段内轻微退化和退化区的比例较高，其占比总和分别为 8.45% 和 9.58%。然而三个中间时段的变化都不及 2020～2035 年整体时段的变化，其稳定、轻微恢复、轻微退化、恢复和退化区的占比分别为 70.09%、4.99%、11.35%、7.73% 和 5.84%，浅海水域和黄河三角洲地区可能出现退化问题。从城市湿地可持续性的综合评估结果来看，2020～2035 年整体的变化中可持续区面积占比为 80.92%，约有 19% 的湿地区存在不可持续的风险，未来还需特别关注沿海地区的湿地发展。

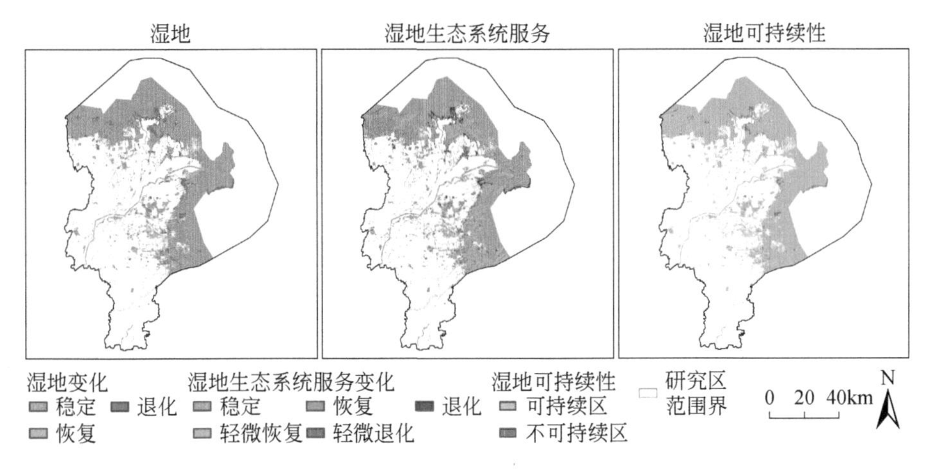

图 7-22　现状阶段东营市城市湿地可持续评估结果

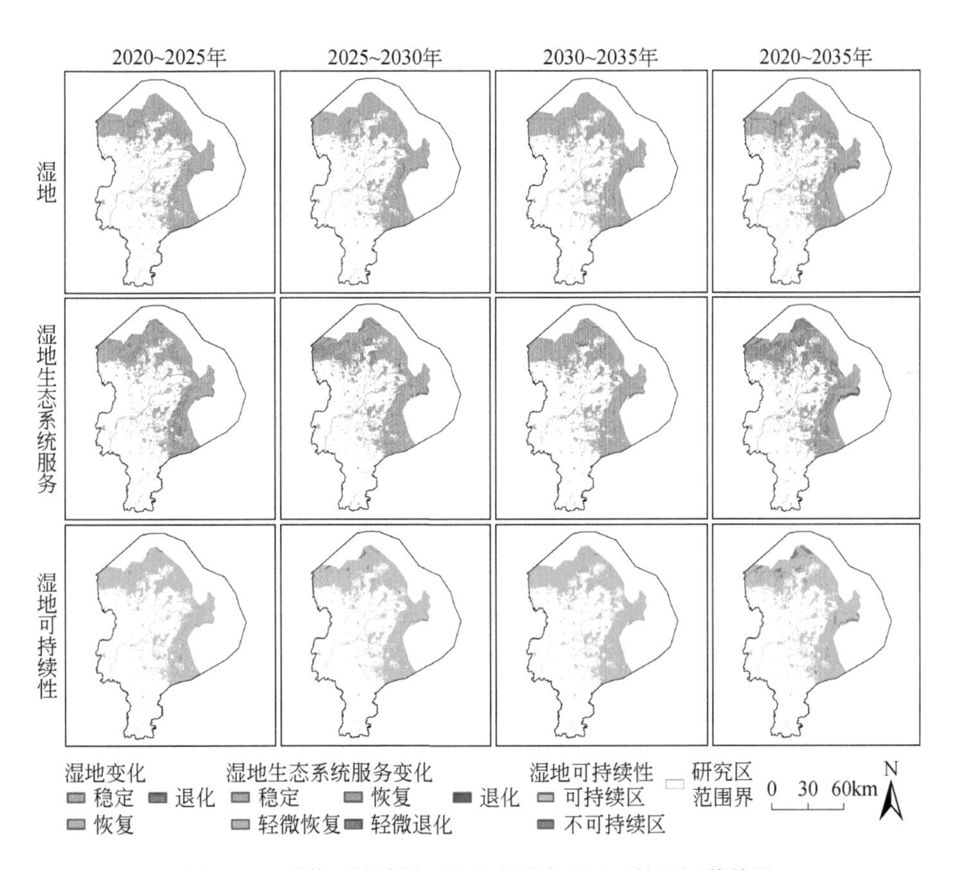

图 7-23　趋势延续情景下东营市城市湿地可持续评估结果

经济建设情景下，三个中间时段内城市湿地退化区的占比均达 10.00% 以上，而最终致使 2020 ~ 2035 年整体的变化中稳定区、恢复区和退化区占比分别为 68.30%、0.55% 和 31.15%，从图 7-24 中也可以直观地看出沿海湿地的退化区分布十分广泛。城市湿地生态系统服务中，2020～2025 年和 2025～2030 年两个时段的退化更加显著，其中轻微退化和退化区的占比总和分别为 19.94% 和 21.17%。从 2020～2035 年整体变化的结果看，该时间段内轻微退化和退化区的占比分别为 29.46% 和 15.14%。从城市湿地可持续性的综合评估结果分析，2020～2035 年的整体结果中可持续区和不可持续区的占比分别为 49.60% 和 50.40%，该情景下的生态系统退化极为严重，尤其集中在养殖池和浅海水域中。

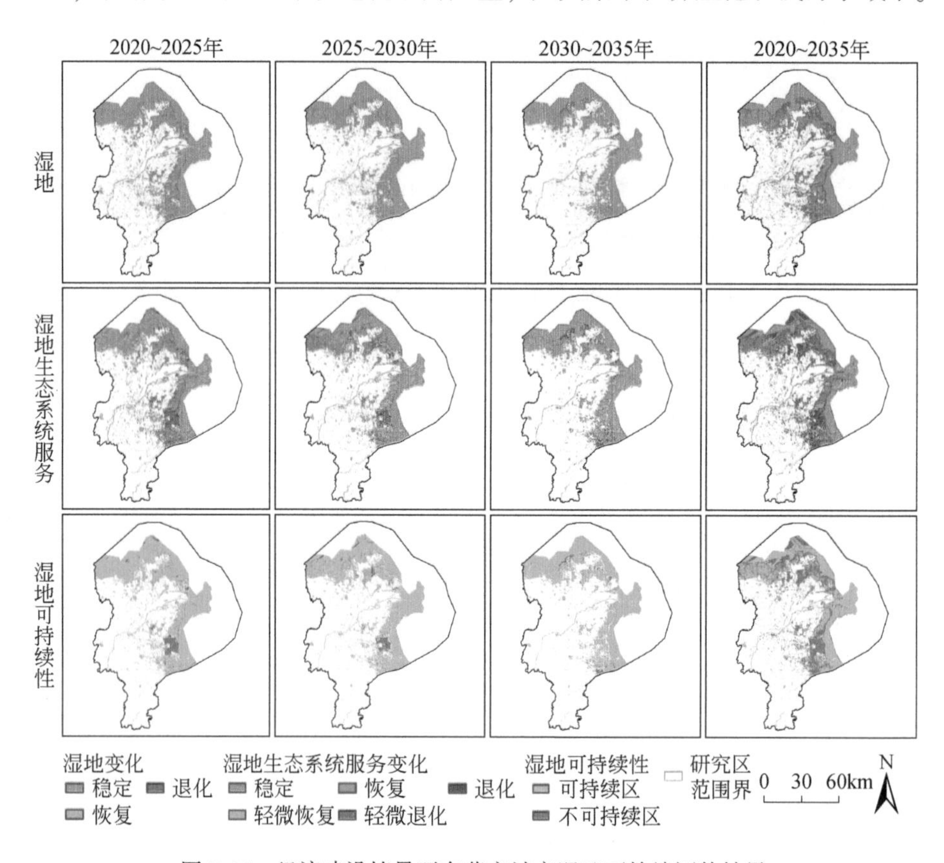

图 7-24　经济建设情景下东营市城市湿地可持续评估结果

湿地保护情景下，不同时段内城市湿地变化比较稳定，且恢复区面积更大（图 7-25）。2020～2035 年整体结果中稳定区、恢复区和退化区的占比分别为 87.46%、11.78% 和 0.76%，退化区主要位于沿海区域，可能是由于自然湿地转为了人工湿地。虽然湿地面积在不断恢复，但其提供的生态系统服务并没有完全恢复。在城市湿地生态系统服务的评估结果中，三个时段内均有不同占比的轻微退化区和退化区出现，其中 2025～2030 年的范围是最大的，两个区域的占比总和达到了 5.09%。而在最终的整体结果中，稳定、轻微恢复、轻微退化、恢复和退化区的占比分别为 75.33%、2.89%、9.83%、11.42% 和 0.53%，退化还是以轻微退化为主。从城市湿地可持续性的综合评估结果来看，2020～2035 年整体的变化中可持续区面积占比为 89.56%，约 10% 的湿地可能出现不可持续的风险，该情景下要特别注意湿地生态系统服务的恢复与提升。

和谐发展情景是所有情景中城市湿地变化最稳定的，2020～2025年和2030～2035年两个时段中稳定区占比均达96.00%以上，而在2020～2035年整体的结果中稳定区和恢复区面积占比分别为92.21%和4.92%，少许退化区可能出现在东营市北部的浅海水域中（图7-26）。该情景下城市湿地生态系统服务的变化与湿地保护情景十分类似，尤其是退化的趋势和分布范围。2020～2035年湿地生态系统服务中稳定、轻微恢复、轻微退化、恢复和退化区的占比分别为83.15%、1.69%、8.22%、4.69%和2.25%，轻微退化区主要分布在沿海湿地。从城市湿地可持续性的综合评估结果来看，2020～2035年整体变化中可持续区面积占比为89.06%，约10%的湿地可能出现不可持续的问题。

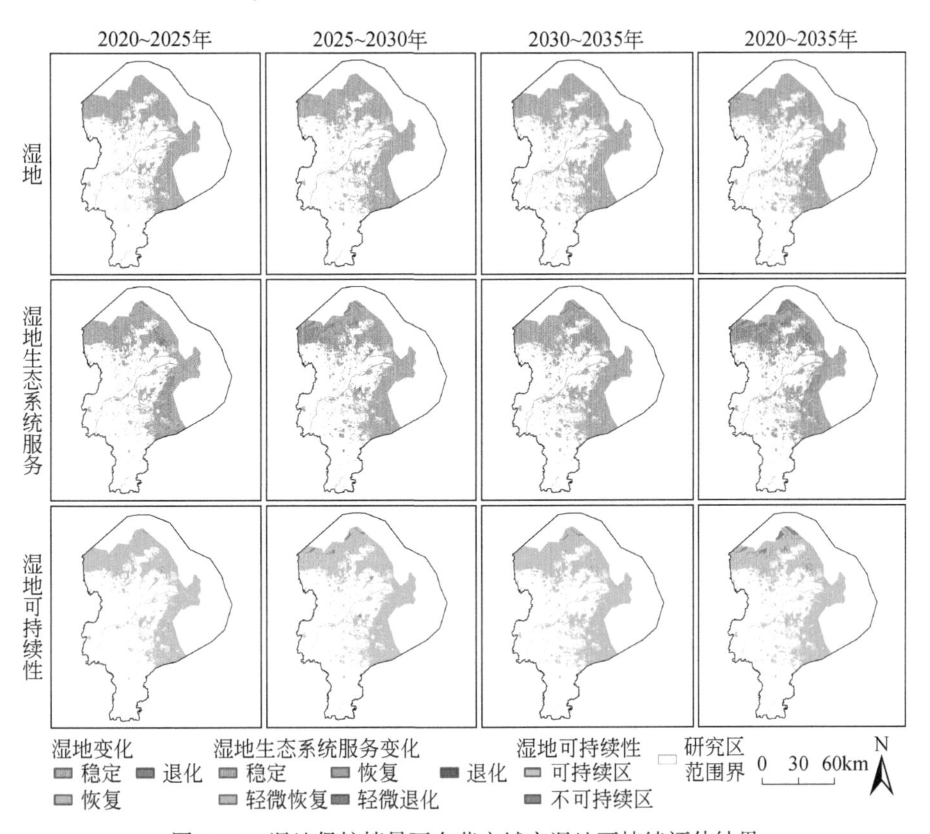

图7-25　湿地保护情景下东营市城市湿地可持续评估结果

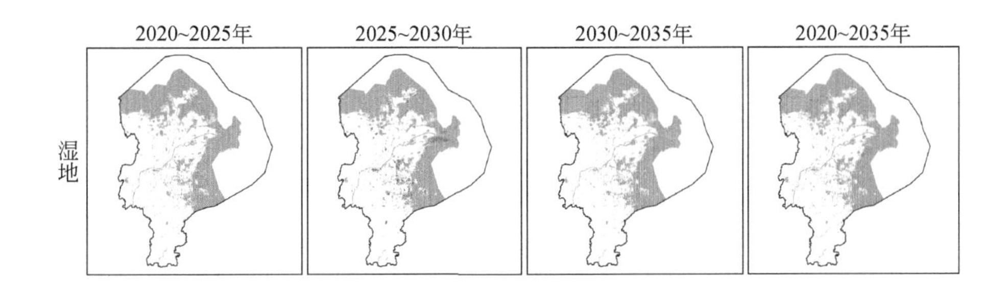

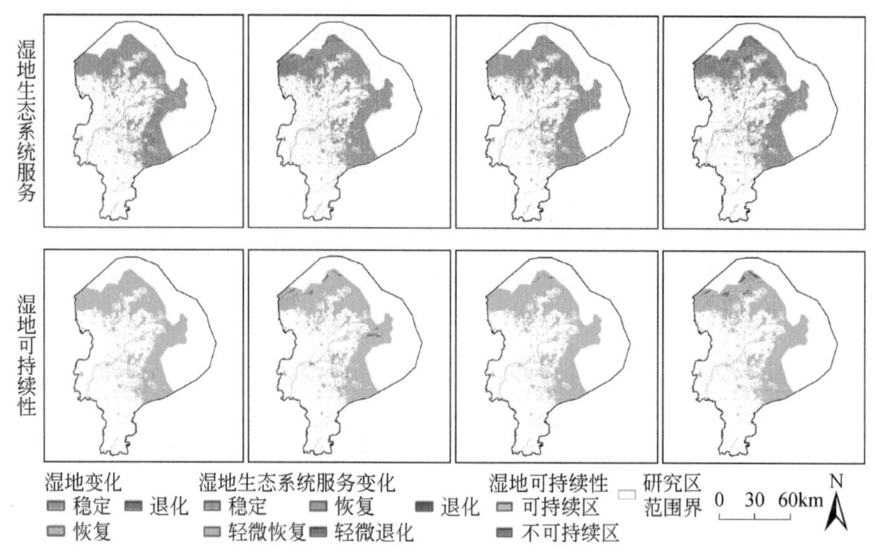

图 7-26　和谐发展情景下东营市城市湿地可持续评估结果

7.2.6　哈尔滨市城市湿地的多情景可持续性变化

现状阶段，哈尔滨市城市湿地的稳定区和恢复区面积占比分别为 69.00% 和 20.46%，恢复区主要位于双城区和道外区，而小部分退化区则多分布在呼兰区和松北区（图 7-27）。城市湿地生态系统服务中，稳定、轻微恢复和恢复区面积占比分别为 57.92%、9.53% 和 6.64%，另有部分轻微退化和退化区主要位于北部的呼兰区和南部的双城区。从城市湿地可持续性的综合评估结果来看，现状阶段的可持续区面积占比为 83.51%，约 16% 的湿地存在不可持续的风险，说明大部分湿地还是稳定或恢复的，只是恢复的湿地类型能够提供的生态系统服务可能有限。

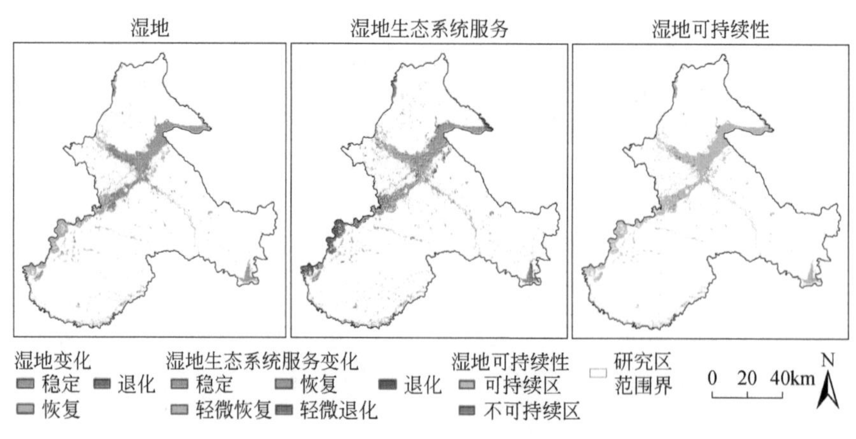

图 7-27　现状阶段哈尔滨市（市辖 9 区）城市湿地可持续评估结果

趋势延续情景下，城市湿地变化保持了现状阶段的恢复趋势，随着恢复区的不断累积，2020～2035 年整体结果中稳定区、恢复区与退化区的占比分别为 78.15%、16.45%

和 5.40%，其中恢复区集中在松北区和双城区中，退化区分布比较分散，未见明显聚集区（图 7-28）。城市湿地生态系统服务中，2025～2030 年间轻微退化区占比达到了 7.17%，主要位于松花江流域内；而 2030～2035 年间轻微恢复和恢复区占比比较大，其总和达到了 13.86%，主要位于呼兰河流域。在 2020～2035 年整体变化中，稳定、轻微恢复、轻微退化、恢复和退化区占比分别达到了 63.50%、8.68%、7.76%、15.74% 和 4.32%。从城市湿地可持续性的综合评估结果来看，2020～2035 年整体结果中可持续区面积占比为 87.11%，约 12% 的湿地存在不可持续的风险，其在松花江和呼兰河中有小面积聚集，可能由于其生态系统服务下降所导致。

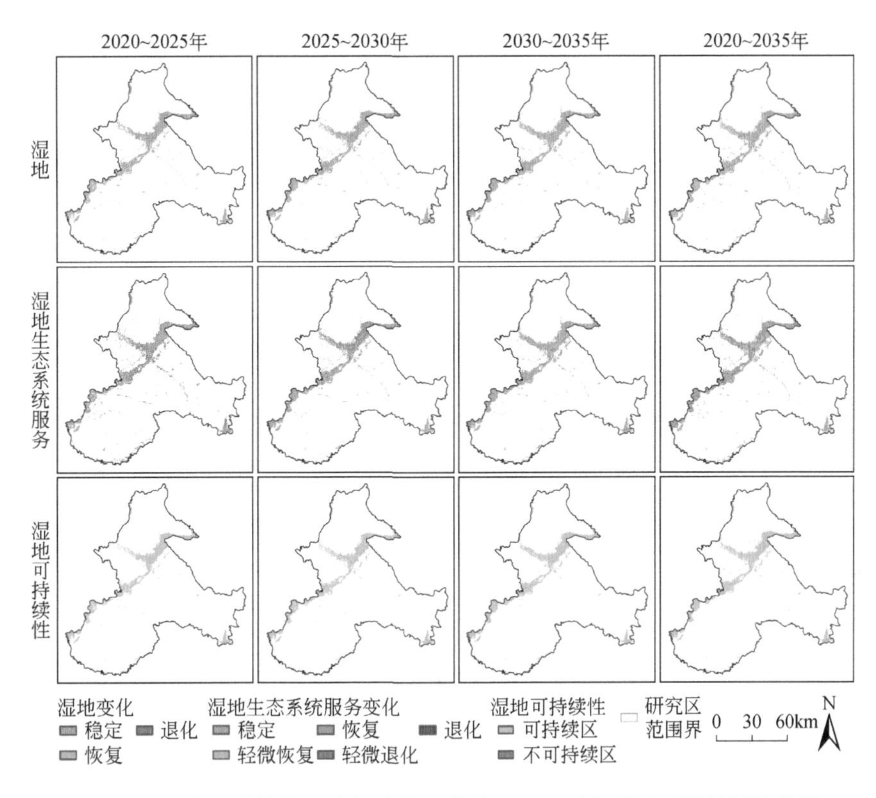

图 7-28　趋势延续情景下哈尔滨市（市辖 9 区）城市湿地可持续评估结果

经济建设情景下，哈尔滨市城市湿地退化十分显著（图 7-29）。2020～2035 年整体结果中稳定区、恢复区与退化区的占比分别为 53.28%、0.22% 和 46.50%，退化区多分布在松花江和呼兰河流域中。2025～2030 年间两条主要河流中的湿地生态系统服务有小幅上升，轻微恢复区占比达到了 14.75%，但在 2030～2035 年间却出现了明显的下降，其中轻微退化和退化区占比分别为 12.15% 和 23.52%。随着湿地的不断退化与消失，2020～2035 年整体结果中稳定、轻微恢复、轻微退化、恢复和退化区占比分别达到了 29.15%、2.45%、23.33%、0.18% 和 44.89%，这表明接近 70% 的城市湿地所提供的生态系统服务有明显下降。从城市湿地可持续性的综合评估结果来看，经济建设情景下 2020～2035 年整体结果中可持续区和不可持续区的占比分别为 31.77% 和 68.23%，不可持续区多分布于大型河流、水库与湖泊中。

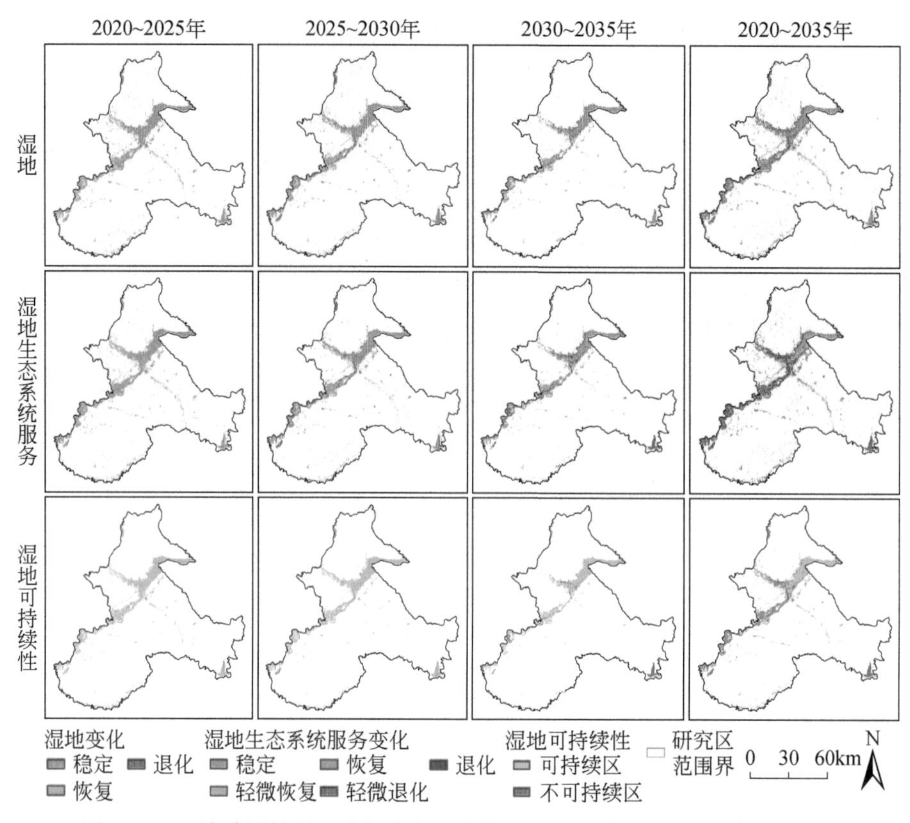

图 7-29 经济建设情景下哈尔滨市（市辖 9 区）城市湿地可持续评估结果

湿地保护情景下，哈尔滨市城市湿地的恢复与退化幅度均小于趋势延续情景，2020 ~ 2035 年整体结果中稳定区、恢复区与退化区的占比分别为 83.81%、16.08% 和 0.11%，恢复区多分布在河流两岸（图 7-30）。城市湿地生态系统服务中，三个中间时段内恢复区与退化区占比基本持平，但随着恢复区的不断扩大，2020 ~ 2035 年整体结果中稳定、轻微恢复、轻微退化、恢复和退化区占比分别达到了 78.76%、4.33%、1.45%、15.36% 和 0.10%，其中轻微恢复和恢复区的空间分布基本与湿地类型的恢复区一致。从城市湿地可持续性的综合评估结果来看，湿地保护情景下 2020 ~ 2035 年整体结果中可持续区面积占比为 98.46%，仅有不到 2% 的湿地可能出现不可持续的问题，优于趋势延续和经济建设情景的结果。

和谐发展情景下，哈尔滨市城市湿地未发生较大变化，多个时段内的稳定区占比均保持在 97.00% 以上，且恢复区与退化区占比基本持平（图 7-31）。2020 ~ 2035 年整体变化中稳定区、恢复区与退化区的占比分别为 98.24%、0.93% 和 0.83%。在该情景下，城市湿地生态系统服务也十分稳定，多个时段内的稳定区占比保持在 90.00% 以上，2020 ~ 2035 年整体结果中稳定、轻微恢复、轻微退化、恢复和退化区占比分别达到了 93.58%、1.64%、3.15%、0.87% 和 0.76%，轻微退化区占比略高一些。从城市湿地可持续性的综合评估结果来看，2020 ~ 2035 年整体结果中可持续区面积占比为 96.08%，约 3% 的湿地存在不可持续的风险，略高于湿地保护情景，在空间上未见到大面积的聚集区。

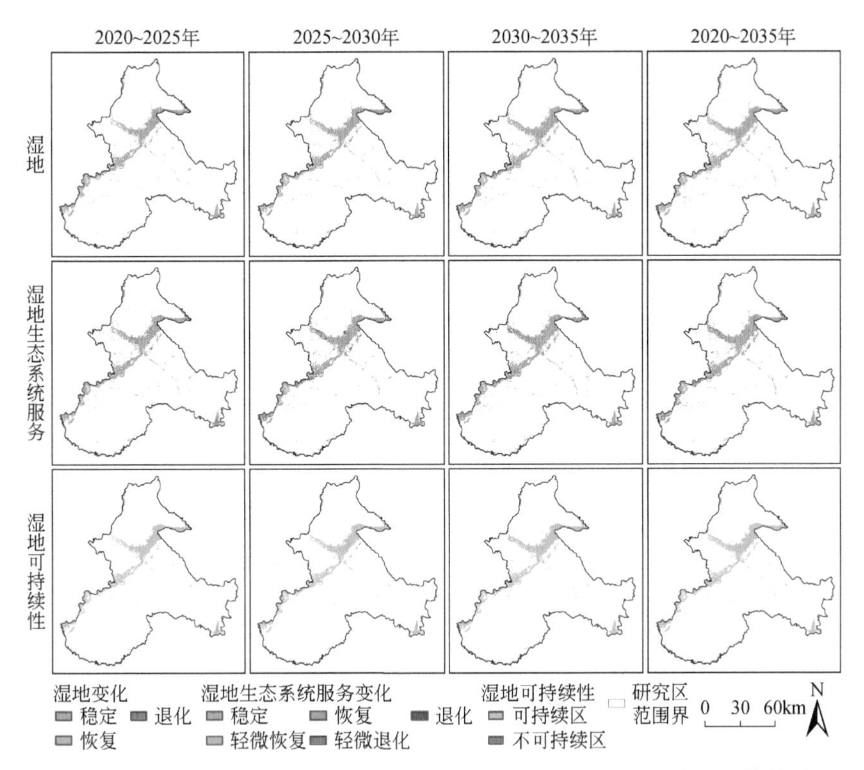

图 7-30 湿地保护情景下哈尔滨市（市辖 9 区）城市湿地可持续评估结果

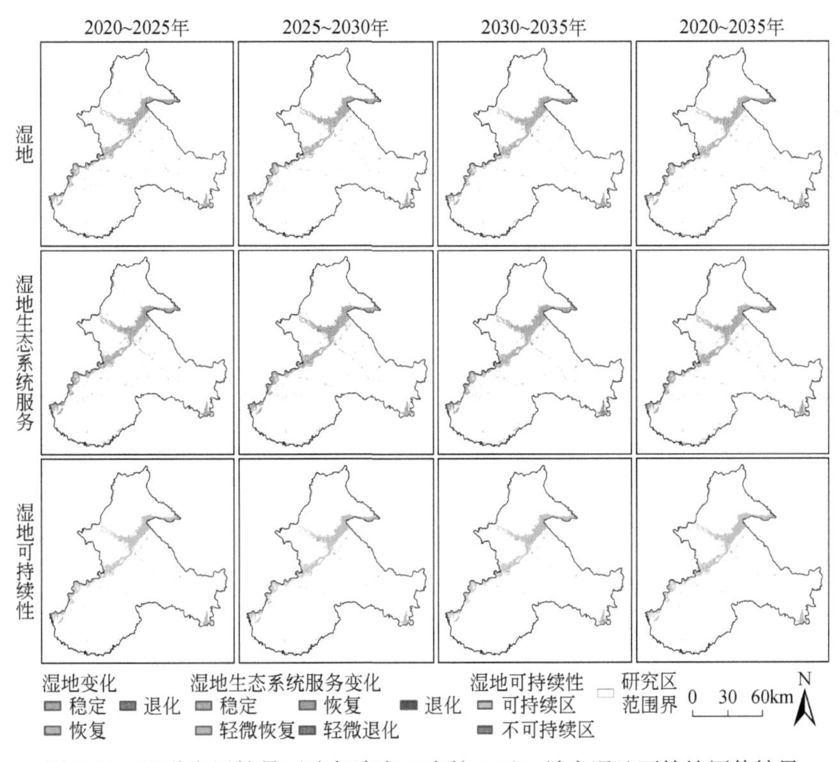

图 7-31 和谐发展情景下哈尔滨市（市辖 9 区）城市湿地可持续评估结果

7.3 城市湿地的多情景可持续综合变化

上文中所有的计算结果皆是城市湿地范围内的占比情况，为进行更详细的分析，本节统计了可持续区与不可持续区在整个城市中的占比情况，并分成两个阶段讨论，分别为2015～2020年的现状阶段和2020～2035年的未来情景阶段；同时，耦合前文中城市湿地面积以及城市湿地生态系统服务的结果，开展综合的分析与讨论（图7-32）。

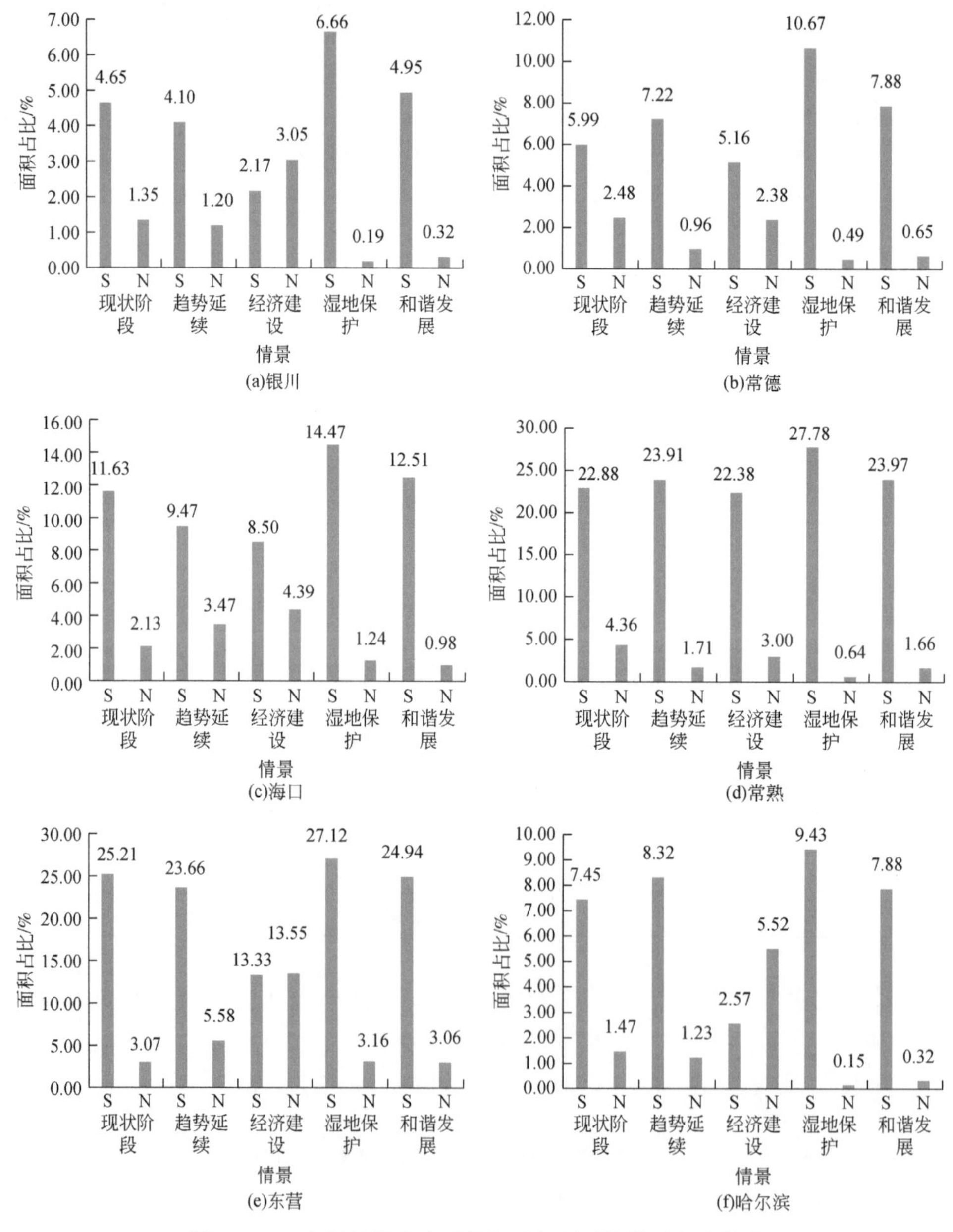

图7-32　6个湿地城市中可持续区与不可持续区占比情况

S代表可持续区，N代表不可持续区

现状阶段中，银川市的可持续区面积占比为 4.65%，不可持续区面积约为 24.29km^2。2020～2035 年，湿地保护情景的可持续区占比大于其他情景，面积约为 119.97km^2，同时不可持续区占比也是最小的，和谐发展情景的结果与其十分接近。银川市未来如按照经济建设情景继续发展，不可持续区将超过可持续区，占比达到 3.05%，面积约为 54.86km^2。

现状阶段中，常德市现城市湿地面积有小幅恢复，五个生态系统服务也呈现出上升的趋势，但部分湿地仍存在不可持续的风险。通过数据的综合对比分析可以发现，不可持续区主要由两部分组成，一部分为农田侵占湿地造成湿地退化，另一部分为水质净化、洪水调蓄等服务下降导致的，其中水质净化服务占比更大。2020～2035 年，湿地保护情景下可持续区占比仍是最大的，达到 10.67%，面积约为 1938.11km^2，另外和谐发展情景下的不可持续区面积与湿地保护情景十分接近。

2015～2020 年，海口市城市湿地的可持续区面积占比为 11.63%，受些许城市湿地生态系统服务小幅下降的影响，约 58.56km^{2}的湿地区存在不可持续的风险。2020～2035 年，湿地保护情景是所有情景中可持续区面积最大的，占比达到 14.47%，面积约为 397.28km^2，其次分别为和谐发展、趋势延续和经济建设。但海口市湿地保护情景下的不可持续区却不是最小的，和谐发展情景下不可持续区占比为 0.98%，小于湿地保护情景的 1.24%。

常熟市城市湿地面积占比较大，可持续区和不可持续区面积占比的总和超过了研究区面积的 20.00% 以上。2015～2020 年，城市湿地面积有小幅增加，但仍有小面积的湿地存在不可持续风险。2020～2035 年，湿地保护情景下的可持续区面积最大，其次分别为和谐发展、趋势延续和经济建设，四种情景的下的可持续占比分别为 27.78%、23.97%、23.91% 和 22.38%。湿地保护情景下不可持续区占比仅有 0.64%，约 8.21km^2，也是所有情景中最小的。

2020～2035 年，东营市在湿地保护情景下的可持续区面积最大，占比为 27.12%，约 3224.24km^2，但和谐发展情景下不可持续区面积最小，占比为 3.06%，约 364.35km^2。此外，未来时段内，若按照经济建设情景发展，不可持续区将超过可持续区，占比达到 13.55%，面积约为 1610.72km^2。而在 2015～2020 年的现状阶段，东营市城市湿地可持续区面积占比为 25.21%，但仍有小部分湿地面临退化风险，占比约为 3%。

2020～2035 年，哈尔滨市在经济建设情景下不可持续区远超可持续区，占比达到了 5.52%，面积约为 561.89km^2。其他情景下，湿地保护和趋势延续情景的可持续区占比比较接近，而和谐发展和湿地保护情景的不可持续区面积相差不大。在现状阶段中，哈尔滨市的城市湿地面积有小幅增加，但其不可持续区面积约为 149.74km^2，这可能与城市湿地生态系统服务下降更为相关。

第8章　城市湿地的未来变化模式对比

当前大多数研究多停留在湿地或城市在不同时期的时空变化，然而对于其变化模式的总结还需进一步提升。尤其是基于湿地城市的背景下，针对未来不同情景的综合分析，探究城市湿地潜在的演变趋势及可持续性发展，也为其他城市创建和申报湿地城市提供重要的参考与借鉴。因此，本章基于第5章、第6章和第7章的结果，对湿地城市不同时段下的城市湿地变化模式进行对比分析。首先，将研究时段依据不同需求进行划分，分别为2020～2025年后评估阶段、2015～2030年SDGs的实施阶段以及2020～2035年远景目标阶段（图8-1）。而后，根据前面章节的研究结果，进行关键指标和结果的统计，并开展城市湿地现状与未来变化模式的总结分析。

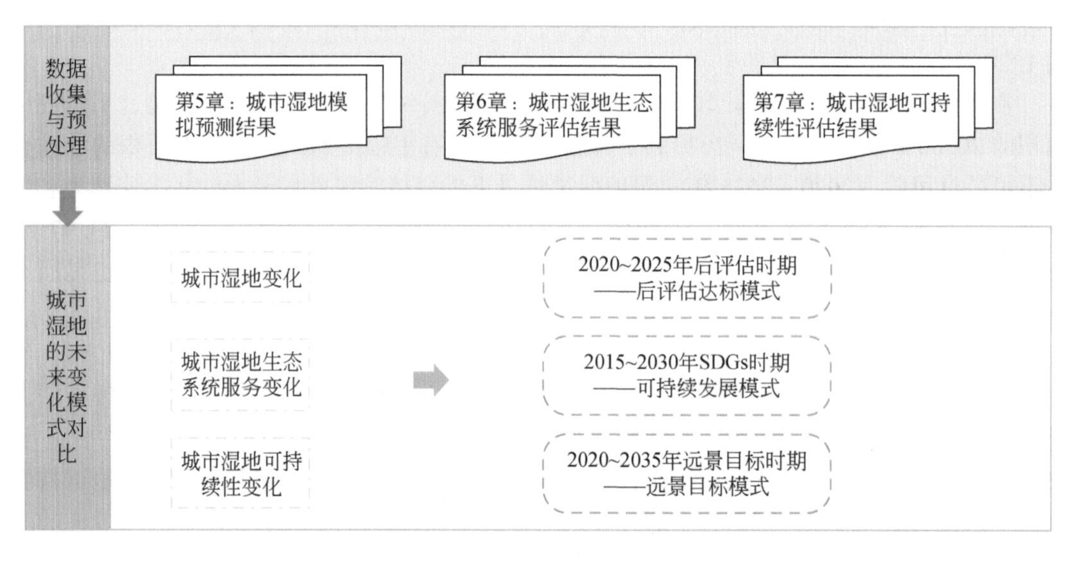

图8-1　城市湿地未来变化模式对比的路线图

8.1　城市湿地未来变化模式的对比方法

由于本研究涉及6个湿地城市、四种模拟情景以及多个研究时段，为方便讨论与分析，这里进行多个时段的划分。首先，湿地城市称号并不是永久性的，颁布称号后的第六年会再次进行评定，以确保这些城市依旧能够达到湿地城市的标准。本研究的研究区为2018年确定的第一批湿地城市，这里选择前后相近的两个年份，即2020年和2025年的变化作为后评估时期的时间节点。其次，支撑本研究的理论之一为可持续发展理论，因此这里加入一个SDGs实施的研究时段，即2015～2030年。最后，情景模拟是贯穿本研究的核心内容，主要的模拟时段为 2020～2035 年，刚好符合我国“十四五”规划的远景目标时间，因此这里也对其进行变化模式总结与对比分析。

不同时段需要达到的目标是不同的，因此使用不同的指标组合来进行模式总结，具体如图 8-2 所示。

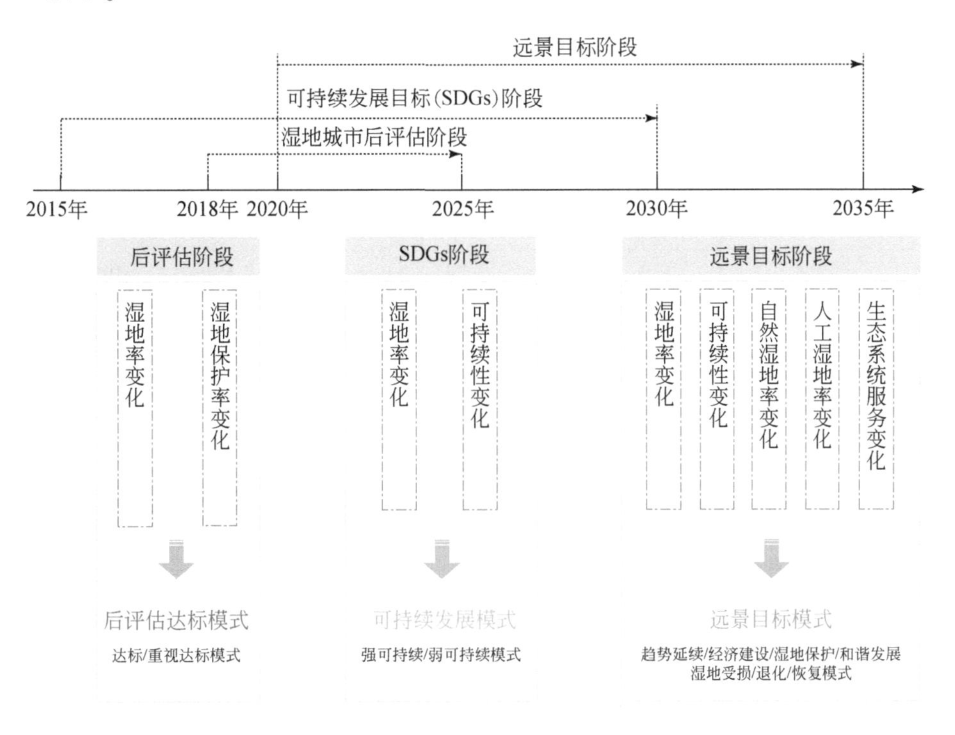

图 8-2　多时段中城市湿地变化模式总结的示意图

其中，湿地率和湿地保护率是湿地城市认证的关键指标，尤其在未来的发展中，不同情景下湿地率和湿地保护率会发生怎样的变化，以及是否还能达到标准，还存有疑问。另外，引入自然湿地率和人工湿地率可以更加细致地探究湿地变化过程，自然湿地率为自然湿地面积除以总面积，人工湿地率为人工湿地面积除以总面积。

8.2　城市湿地未来变化模式的对比分析

8.2.1　2020～2025 年后评估阶段中城市湿地变化模式的对比分析

根据《湿地公约》和《国际湿地城市认证提名暂行办法》的要求，湿地城市至少要满足几点要求：①湿地率达标；②湿地保护率达标；③湿地面积 3 年内不减少。其中，根据地理环境又划分为滨海城市、内陆平原城市和内陆山区城市，不同城市的湿地率标准略有不同。本研究涉及的 6 个城市中，海口市和东营市为滨海城市，银川市、常熟市和哈尔滨市为内陆平原城市，常德市为内陆山区城市。

在2020~2025年的后评估时期中，湿地变化模式包含已达标模式和重视达标模式（表8-1）。若按照湿地率和湿地保护率来看，大部分湿地城市在多种情景下均已达标，但经济建设情景下湿地面积可能出现大幅度减少，这里将其设定为重视达标模式。此外，要求中提到的“湿地面积3年内不减少”些许严格，个别城市在部分情景下也可能出现重视达标模式。因此，在未来的湿地保护修复工作中，仍然需要各部门携手，付出更多的努力，以避免湿地以及已恢复湿地的再次退化与减少。

表8-1 后评估阶段各个湿地城市不同指标的变化以及模式对比

情景	指标	湿地城市					
		银川	常德	海口	常熟	东营	哈尔滨
趋势延续	湿地率	>7%	>4%	>10%	>7%	>10%	>7%
	湿地保护率	>50%	>50%	>50%	>50%	>50%	>50%
	达标模式	已达标	已达标	已达标	已达标	已达标	已达标
经济建设	湿地率	<7%	>4%	>10%	>7%	>10%	>7%
	湿地保护率	>50%	>50%	>50%	>50%	>50%	>50%
	变化模式	重视达标	重视达标	重视达标	重视达标	重视达标	重视达标
湿地保护	湿地率	>7%	>4%	>10%	>7%	>10%	>7%
	湿地保护率	>50%	>50%	>50%	>50%	>50%	>50%
	变化模式	已达标	已达标	已达标	已达标	已达标	已达标
和谐发展	湿地率	>7%	>4%	>10%	>7%	>10%	>7%
	湿地保护率	>50%	>50%	>50%	>50%	>50%	>50%
	变化模式	已达标	已达标	已达标	已达标	已达标	已达标

注：数据均为2025年计算结果

8.2.2 2015~2030年SDGs的实施阶段中城市湿地变化模式的对比分析

在2015~2030年SDGs的实施阶段的湿地变化模式分析中，本研究将其分为强可持续变化模式和弱可持续变化模式，强可持续变化模式中湿地面积不能有减少，同时可持续区的面积要远大于不可持续区。从结果来看（表8-2），6个城市在经济建设情景下均呈现弱可持续变化模式，各个城市的湿地面积均有不同程度的减少，海口市和银川市更为严重。虽然湿地可持续区占比仍大于不可持续区，但除常熟市和东营市外，其他城市的不可持续区均已十分接近可持续区面积。这表明，若2030年后各个城市还保持如此的发展态势，城市环境将逐渐变为不可持续状态。趋势延续和和谐发展情景结果基本一致，常熟市和东营市呈现强可持续变化模式，虽然湿地恢复的面积占比不大，但可持续区占比远大于不可持续区。而海口市、银川市、哈尔滨市和常德市则呈现弱可持续变化模式，一方面湿地恢复不够显著，另一方面可持续区与不可持续区占比差距较小。湿地保护情景下，仅银川市呈现出弱可持续变化模式，城市中可持续区和不可持续区占比分别为5.85%和1.17%，差距较小，且湿地恢复面积较小。

表 8-2　SDGs 阶段各个湿地城市不同指标的变化以及模式对比

情景	指标	湿地城市					
		银川	常德	海口	常熟	东营	哈尔滨
趋势延续	湿地率	-0. 80%	0. 47%	-1. 22%	0. 29%	0. 51%	1. 57%
	可持续区	4. 17%	6. 69%	10. 10%	22. 65%	23. 34%	7. 71%
	不可持续区	1. 81%	1. 84%	2. 88%	4. 84%	5. 45%	1. 83%
	达标模式	弱可持续	弱可持续	弱可持续	强可持续	强可持续	弱可持续
经济建设	湿地率	-1. 62%	-1. 00%	-2. 39%	-0. 42%	-4. 89%	-1. 39%
	可持续区	3. 29%	5. 30%	8. 96%	21. 66%	17. 49%	4. 63%
	不可持续区	2. 58%	2. 36%	3. 72%	5. 77%	9. 62%	3. 41%
	达标模式	弱可持续	弱可持续	弱可持续	弱可持续	弱可持续	弱可持续
湿地保护	湿地率	0. 65%	2. 42%	0. 94%	2. 16%	2. 46%	1. 76%
	可持续区	5. 85%	8. 95%	13. 16%	24. 96%	25. 99%	8. 33%
	不可持续区	1. 17%	1. 26%	1. 33%	3. 90%	3. 82%	1. 28%
	达标模式	弱可持续	强可持续	强可持续	强可持续	强可持续	强可持续
和谐发展	湿地率	-0. 42%	0. 64%	-0. 30%	0. 39%	0. 70%	0. 84%
	可持续区	4. 66%	7. 14%	11. 57%	22. 84%	23. 89%	7. 38%
	不可持续区	1. 36%	1. 62%	1. 71%	4. 59%	4. 47%	1. 46%
	达标模式	弱可持续	弱可持续	弱可持续	强可持续	强可持续	弱可持续

注：数据均为 2015 ~ 2030 年的变化率

8. 2. 3　2020 ~ 2035 年远景目标阶段中城市湿地变化模式的对比分析

远景目标阶段中，结合不同发展情景，各个湿地城市中湿地将呈现不同程度的恢复、受损与退化。与现状阶段一致，恢复指湿地面积有增长，且湿地生态系统服务的增长区大于减少区或基本持平，可持续区大于不可持续区，若湿地面积恢复显著，则设定为明显恢复模式；受损是指湿地面积减少，若湿地面积大幅下降，则设定为严重受损模式；退化是指湿地生态系统服务减少区大于增加区，若出现较大差距，则设定为严重退化模式（表 8-3）。

趋势延续情景下，常熟市、哈尔滨市和常德市呈现出轻微恢复变化模式，具体表现为湿地面积小幅增加，分别增长了 0. 22%、1. 09%、0. 32%，且湿地生态系统服务增加区大于减少区，以及可持续区大于不可持续区。但常德市需要注意的是自然湿地的减少，尤其是湖泊面积。海口市和银川市内由于湿地面积减少，且湿地生态系统服务减少区增加明显，将其判定为轻微受损模式。海口市人工湿地减少得更多，而银川市以自然湿地减少为主。东营市湿地面积有小幅增加，但主要以人工湿地增长为主，进而导致了湿地生态系统服务增加区小于减少区，因此将其划分至轻微退化模式。

经济建设情景下，除常熟市外，其他城市均呈现出严重受损或严重退化的模式。常熟市湿地面积轻微减少，且生态系统服务增长区和减少区基本持平，可持续区又远大于不可持续区，这表明该城市经济建设的快速发展并未对湿地造成过大的伤害，因此将其设定为轻微受损模式。海口市和东营市为滨海湿地城市，也均呈现出严重受损的变化模式。两个城市中湿地明显减少，且湿地生态系统服务减少区占比更大，甚至东营市的不可持续区超过了可持续区，这表明湿地受损极为严重。银川市、哈尔滨市和常德市的湿地面积轻微减少，但湿地生态系统服务减少区占比太大，致使其不可持续区也有明显增加，因此将这三个城市判定为严重退化模式。

湿地保护情景下，大多数城市中呈现了明显恢复的变化模式。常熟市、银川市、哈尔滨市和常德市中湿地生态系统服务的恢复更显著，其中银川市和哈尔滨市以自然湿地恢复为主。东营市人工湿地有明显增加，但生态系统服务减少区仍占有较大比例，也需要特别注意。海口市中虽然湿地率增加 2.13%，但其湿地生态系统服务的减少区大于增加区，因此将其划定为轻微恢复的变化模式。

和谐发展情景下，常熟市、海口市和常德市中湿地率小幅上升，且湿地变化中的可持续区大于不可持续区，生态系统服务增加区大于减少区，因此将其设定为轻微恢复的变化模式。银川市是在该情景下唯一湿地率有减少的城市，且湿地生态系统服务增加区略小于减少区，因而将其判定为轻微受损模式。东营市和哈尔滨市的湿地率虽有增加，但湿地生态系统服务的减少区占比更大，因此将其划定为轻微退化的变化模式。

表 8-3　远景目标阶段各个湿地城市不同指标的变化以及模式对比

情景	指标	湿地城市					
		银川	常德	海口	常熟	东营	哈尔滨
趋势延续	湿地率	-0.67%	0.32%	-1.08%	0.22%	0.53%	1.09%
	自然湿地率	-0.59%	-0.27%	-0.76%	0.40%	-1.89%	1.63%
	人工湿地率	-0.42%	0.85%	-0.80%	-0.04%	2.67%	0.30%
	ES 增加区	8.84%	18.93%	12.74%	14.16%	12.71%	24.42%
	ES 减少区	22.60%	8.88%	19.23%	5.54%	17.20%	12.08%
	可持续区	4.10%	7.22%	9.47%	23.91%	23.66%	8.32%
	不可持续区	1.20%	0.96%	3.47%	1.71%	5.58%	1.23%
	变化模式	轻微受损	轻微恢复	轻微受损	轻微恢复	轻微退化	轻微恢复
经济建设	湿地率	-1.90%	-1.82%	-2.78%	-0.60%	-7.68%	-3.57%
	自然湿地率	-1.60%	-0.82%	-2.30%	-0.10%	-5.66%	-2.34%
	人工湿地率	-0.65%	-0.73%	-0.96%	-0.36%	-1.77%	-0.38%
	ES 增加区	5.04%	4.98%	15.65%	9.49%	6.27%	2.63%
	ES 减少区	57.80%	31.57%	29.66%	9.39%	44.60%	68.22%
	可持续区	2.17%	5.16%	8.50%	22.38%	13.33%	2.57%
	不可持续区	3.05%	2.38%	4.39%	3.00%	13.55%	5.52%
	变化模式	严重退化	严重退化	严重受损	轻微受损	严重受损	严重退化

续表

情景	指标	湿地城市					
		银川	常德	海口	常熟	东营	哈尔滨
湿地保护	湿地率	1.51%	3.37%	2.13%	2.81%	3.28%	1.46%
	自然湿地率	0.81%	1.60%	1.08%	1.17%	0.79%	2.01%
	人工湿地率	0.34%	2.04%	0.58%	1.79%	2.74%	0.29%
	ES 增加区	37.39%	47.83%	14.78%	26.52%	14.31%	19.69%
	ES 减少区	2.77%	4.38%	18.58%	2.00%	10.36%	1.55%
	可持续区	6.66%	10.67%	14.47%	27.78%	27.12%	9.43%
	不可持续区	0.19%	0.49%	1.24%	0.64%	3.16%	0.15%
	变化模式	明显恢复	明显恢复	轻微恢复	明显恢复	明显恢复	明显恢复
和谐发展	湿地率	-0.10%	0.56%	0.27%	0.36%	0.67%	0.01%
	自然湿地率	-0.23%	-0.12%	-0.21%	0.33%	-0.79%	0.79%
	人工湿地率	-0.23%	0.94%	0.00%	0.17%	1.70%	0.06%
	ES 增加区	4.17%	23.14%	10.12%	9.77%	6.37%	2.51%
	ES 减少区	6.04%	7.66%	5.84%	5.52%	10.47%	3.91%
	可持续区	4.95%	7.88%	12.51%	23.97%	24.94%	7.88%
	不可持续区	0.32%	0.65%	0.98%	1.66%	3.06%	0.32%
	变化模式	轻微受损	轻微恢复	轻微恢复	轻微恢复	轻微退化	轻微退化

注：数据均为 2020 ~ 2035 年的变化率，ES 为生态系统服务

第9章　城市湿地的保护修复举措与研究趋势

根据前文研究，本章将重点提出湿地保护修复的举措与建议。首先梳理了近几十年国际与国内已经颁布或实施的湿地保护修复举措，而后展望了湿地及城市湿地、国际湿地城市未来的研究趋势。

9.1　国际/国内湿地保护修复举措

9.1.1　国际湿地保护修复举措

涉及湿地保护的国际组织主要包括湿地国际联盟、联合国教科文组织、联合国环境署、联合国开发计划署、国际湖泊环境委员会、联合国基金会、全球环境基金、世界遗产基金会等，主要开展湿地生态保护、湿地遗产保护及湿地环境教育等，对于全球湿地生态与监测相关保护措施、监测方法和管理框架具有指导作用。国际《湿地公约》考虑湿地具有涵养水源和净化水质等基本生态功能，同时具有巨大的生态价值，期望可以通过全球行动遏制湿地丧失，并确信前瞻卓越的国际行动与各国政策相结合能够确保对湿地进行保护修复。

9.1.1.1　《湿地公约》保护修复举措

《湿地公约》全称为《关于特别是作为水禽栖息地的国际重要湿地公约》，是全球第一个政府间多边环境公约。《湿地公约》由缔约方、缔约方大会、常务委员会、科技评估委员会及湿地公约局/秘书处共同运作，总部设立在瑞士格兰德。自1971年缔结以来，已有172个国家加入《湿地公约》并评选出2455处国际重要湿地、43个国家湿地城市。《湿地公约》经过40多年的发展，通过地方、国家层面及国际合作等行动，推动各缔约方保护和合理利用湿地资源，加快推动全球湿地保护行动，为实现全球湿地可持续发展作出贡献。《湿地公约》历届大会紧紧围绕湿地主题作出了一系列重大举措，引领全球共谋湿地保护事业持续发展（图9-1）。国际《湿地公约》第十四届缔约方（COP14）大会于2022年11在中国武汉和瑞士日内瓦举行，此次大会围绕“珍爱湿地，人与自然和谐共生”主题，习近平主席以视频方式出席国际《湿地公约》第十四届缔约方大会开幕式并致辞，站在构建人类命运共同体的高度，向世界宣告中国生态文明建设、湿地保护修复高质量发展的重大举措，此次大会充分展示了中国湿地保护修复管理的经验和举措，为全球湿地保护修复工作提供了经验范式和参考借鉴。

图 9-1　国际《湿地公约》缔约方大会发展历程

1996 年 10 月国际《湿地公约》常务委员会第 19 次会议决定，从 1997 年起每年 2 月 2 日定为“世界湿地日”，每年都确定一个不同的主题（图 9-2）。世界湿地日确定的目的是重申湿地重要性、现状和面临的挑战，宣传湿地教育、提高人们保护湿地的意识、强调湿地价值；政府机构、民间组织和公民利用这一天采取不同形式不同规模的行动来进行湿地宣传教育，提高公众对湿地价值和效益的认识以及湿地保护意识。2023 年世界湿地日以“湿地恢复”为主题，提出了“三个 7”，分别是 7 种湿地恢复的最佳做法、湿地恢复后带来的 7 个主要好处、在湿地恢复中发挥巨大作用的 7 个关键角色，呼吁每一代人应该采取措施恢复和复原退化的湿地。在湿地仍然受损的情况下，如何进行湿地保护以及重点区域湿地修复是当前研究的重点。

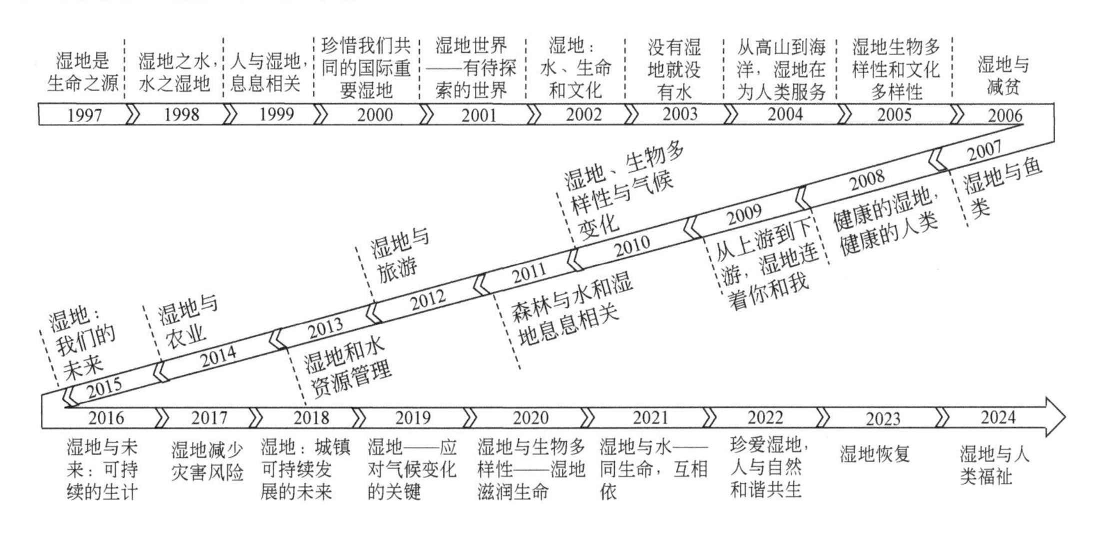

图 9-2　1997～2024 年世界湿地日主题发展历程

9.1.1.2　部分代表国家湿地保护修复举措

面对湿地全球性问题，世界各国在国际议程的综合引导下，结合每个国家实际情况，分别采取了系列湿地保护修复举措，来解决湿地所面临的诸多问题。从湿地面积、湿地资源类型、重要湿地数量、湿地城市数据等方面选取了美国、加拿大、英国、澳大利亚、法国和巴西六个国家展开对比分析（表 9-1）。六个国家的湿地主管部门均与环境相关，澳大利亚是环境与农业合并为农业环境部。各国均在 20 世纪 70 ~ 90 年代颁布了湿地相关法律，并分别建立了湿地开发许可、湿地分级分类保护、湿地补偿银行、湿地公共参与、国家公园与保护区等多种颇有特色的湿地管理制度，形成了湿地保护网络、国家公园体系、地方主导型湿地管理、生物多样性保护等多种形式湿地保护修复体系（吴志刚，2006；陈蓉，2007；玉娟，2008；匡小明和谭新华，2009）。近年来，部分国家针对未来湿地保护修复与可持续发展制定了系列重大工程和计划。美国在国家层面和各州层面提出了《湿地计划规划（2020—2025 年)》，计划目标确立有助于实现广泛行动和更具体的湿地保护活动；加拿大的《2011—2026 年圣劳伦斯行动计划》确定了生物多样性保护、改善水质、可持续利用三个优先问题；法国提出《国家湿地保护计划（2022—2026 年)》，明确了湿地恢复目标和新建国家公园数量，加大湿地保护修复措施力度；巴西在 2018 年提出《湿地保护和可持续利用战略（2018 年)》，设立了国家湿地委员会，提出保护、管理和合理利用环境资源，建议并评估将新地点列入《国际重要湿地名录》。六个国家的系列重大举措、重大工程和法律管理体系对各国湿地保护起到了强有力的保护作用，有效地防止湿地面积减少和湿地功能退化，湿地保护修复重点集中在湿地恢复重建、退化湿地修复、湿地生态功能提升和湿地监管方面。

表 9-1 世界部分国家湿地保护修复举措

项目	美国	加拿大	英国	澳大利亚	法国	巴西
湿地主管部门	环境保护署	环境资源部	环境部	农业环境部	自然与环境保护部	环境部
湿地法律政策	《清洁水法》《湿地转农用法》《沿岸湿地保护法》《洪积平原与湿地保护法》等	《联邦环境影响评价法》《水企业法》《萨斯喀彻温省环境评价法》等	《自然保育法》《野生动物和农村法》《水资源法》《自然环境与偏僻社区法令》等	《国家湿地政策》《环境与生物多样性保护法》等	《国家公园法》《法国环境法典》等	《水体保护法》《环境基本法》《国家保护区战略计划》等
湿地管理制度	湿地开发许可制度、湿地补偿银行制度	湿地分级分类保护区制度、湿地开发许可制度	类型化湿地自然保护区制度、湿地管理协议制度	湿地公共参与制度	自然保护地制度、国家公园制度	湿地开发许可制度、自然保护区制度
保护修复体系	建立湿地保护网络	国家公园体系、野生生物保护	湿地自然保护区网络	地方主导型湿地管理体系	自然保护区、生物多样性保护网络	—
保护修复工程	《湿地计划规划(2020—2025 年)》	《2011—2026 年圣劳伦斯行动计划》	—	—	《国家湿地保护计划（2022—2026 年)》	《巴西湿地保护和可持续利用战略(2018 年)》
保护修复重点	恢复新建、修复退化湿地	退化湿地恢复、湿地植被恢复	控制湿地生态功能退化	自然保护区建设与管理	自然保护区建立	湿地保护和可持续利用

9.1.1.3 湿地可持续发展的国际举措与目标

在 SDGs 的引领下，湿地作为环境要素中的重要组成部分，相关国际组织在保护湿地与推动湿地可持续发展上提出多项战略举措（蒋卫国等，2024）。《湿地公约》是目前湿地保护最重要的组织，第十四届缔约方大会发布的《武汉宣言》《2025—2030 年全球湿地保护战略框架》等文件明确提出从湿地可持续发展层面助力 SDGs 实现。《生物多样性公约》第十五次缔约方大会提出的《昆明—蒙特利尔全球生物多样性框架》《昆明宣言》等文件均承诺推动陆地、淡水与海洋生物多样性的保护与恢复，在 2030 年使生物多样性走上复苏之路。《联合国气候变化框架公约》第二十六次、二十七次、二十八次缔约方大会在明确《巴黎协定》实施细则的前提下逐步推动对应目标实现，尤其是 2023 年 10 月发布的综合报告更是为第二十八次缔约方会议期间的全球盘点提供决策蓝图，从气候变化的角度助力 SDGs。联合国发起的"海洋科学促进可持续发展国际十年（2021—2030）""联合国生态系统恢复十年计划（2021—2030）"等活动与 SDGs 的实现密切相关。全球红树林联盟发布的《红树林恢复最佳实践指南》《2022 年世界红树林状况》报告等，致力于保护全球的红树林湿地。《湿地公约》是支持湿地可持续发展的核心组织，其他组织在生物多样性、气候变化、海洋科学、红树林等方面支持湿地可持续发展，各组织之间相互支持、相互协同，共同推进湿地可持续发展，助力 SDGs 实现（图 9-3）（蒋卫国等，2023）。

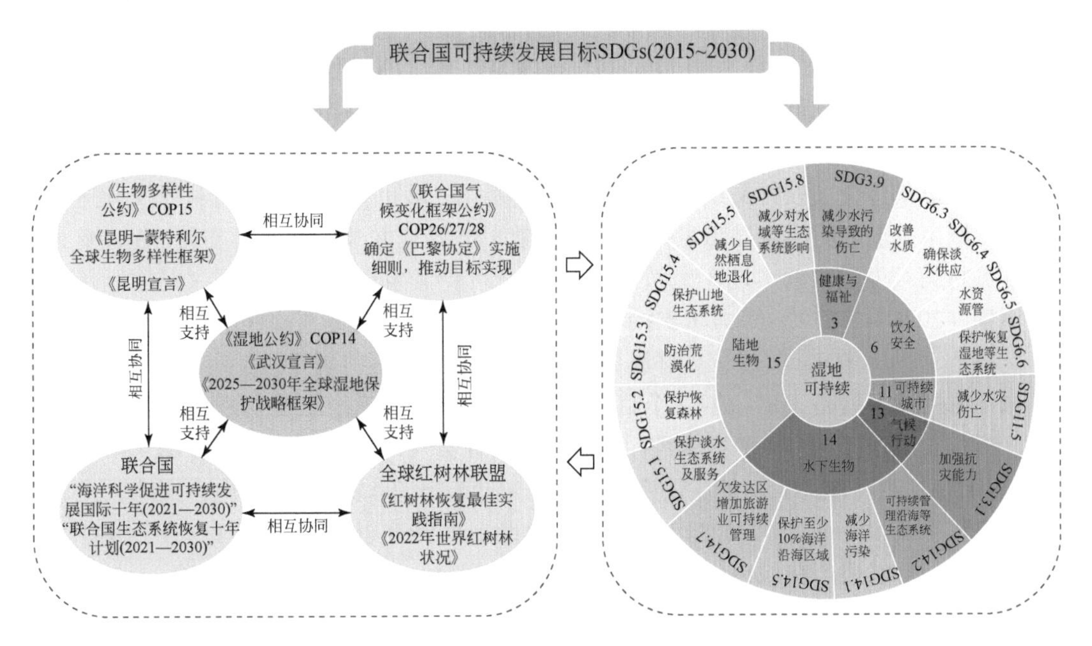

图 9-3 湿地可持续发展相关国际组织及 SDGs 目标

SDGs 是湿地可持续发展最主要的引领与支持，其中 6 个目标中包含的 17 个具体目标与湿地相关。SDG 6.6、SDG 14.2、SDG 15.1、SDG 15.8 与湿地可持续发展密切关联，涵盖了与水资源、海洋、淡水等生态系统相关的湿地保护、管理。这些目标直接反映了湿地可持续发展对实现 SDGs 的重要性。目前已有众多学者开展研究支持这些目标，如水体相关研究支持 SDG 6.6.1（Wang et al.，2022e；Deng et al.，2022），生态系统服务相关研究支持 SDG 15.1、SDG15.3 指标（Peng et al.，2021；Zhang et al.，2023a；Peng et al.，2023）。湿地具有丰富多样的生态功能，对 SDGs 多个目标提供关键性支持。例如，湿地的水质净化功能对实现 SDG 3.9 和 SDG 6.3 至关重要；湿地作为水源提供者，合理管理湿地对实现 SDG 6.4 和 SDG 6.5 具有显著影响；湿地的蓄洪抗灾作用对实现 SDG 11.5 和 SDG 13.1 起到积极作用。沿海及浅海地区作为湿地的重要组分，其可持续发展和保护对实现 SDG 14.1、SDG 14.5、SDG 14.7 有重要支持。湿地作为陆地生态系统的重要组分，其可持续发展对支持陆地生态系统具有显著效果，对实现 SDG 15.2、SDG 15.3、SDG 15.4、SDG 15.5 有重要助力。可以发现，这些可持续发展指标与国际湿地城市的湿地保护相关准则联系密切，因此国际湿地城市的建设与发展不仅是 SDGs 的重要组分，也对促进更多 SDGs 实现有关键作用，同时，也能够协助湿地相关组织的战略举措得到更好地实施与落地。

9.1.1.4 城市可持续发展的国际举措与目标

城市是人类生活的主要场所之一，城市的可持续发展对于实现 SDGs 至关重要。随着 SDGs 的提出，相关国际组织在城市可持续发展方面提出众多战略举措。联合国人居署推出的《新城市议程》对于城市的可持续发展有非常重要的支持作用，该议程综合考虑了《2030 年可持续发展议程》与《巴黎协定》的目标，是一份以行动为导向，促进城市可持续发展的路线图。《新城市议程》包含 175 条内容，其实施规划中针对社会、经济、环境分别设置了规划内容，可以说《新城市议程》的实现意味着城市可持续发展的实现。人居署推出的联合国人居大会同样极大地支持了可持续城市化和人类住区发展。此外，联合国环境署、人口基金会、教科文组织在城市与气候变化、城市化、城市教育科学文化等方面全力支持城市发展，为实现城市可持续作出贡献。世界地方政府联盟为支持 SDGs 落地推出《实施可持续发展目标本地化》。宜可城—地方可持续发展协会发布了《马尔默承诺和战略愿景（2021～2027）》致力于支持全球城市实现可持续发展。这些组织以《新城市议程》为核心，助力 SDGs 实现，更好服务于城市可持续发展。

城市可持续发展是 SDGs 的 17 个目标之一，SDG 11 明确指出要实现可持续的城市和社区。SDG 11 中包含了 10 个具体目标涉及经济、社会及环境的多个方面（图 9-4）。SDG 11.1、SDG 11.2、SDG 11.3 关注住房、交通、城市建设等城市基础设施，保障人类在城市中的基本生活。Ling 等（2023）通过城市建设用地研究以支持 SDG11.3.1。SDG 11.4 说明了文化与自然遗产在城市发展中的重要性。SDG 11.5、SDG 11.6、SDG 11.7 强调了要有安全、绿色的生活环境。此外 SDG 11.a、SDG 11.b、SDG 11.c 对于城市的经济社会环境的积极联系、抵御灾害能力及建筑等进行了补充说明。这些具体目标阐明了经济、社会、环境在城市可持续发展中缺一不可，从这些角度评估 SDG 相关指标对于城市可持续发展有重要支持（Liao et al.，2023）。城市的可持续发展对于实现 SDG 6.b、SDG 12.2、SDG 12.5、SDG 13.b、SDG 15.9 同样有一定的支持。可以发现，这些可持续发展指标与湿地城市的经济、社会发展密切相关，湿地城市的可持续发展是可持续发展目标实现的重要实践，同样可以助力城市相关组织的战略举措更好开展与落实。

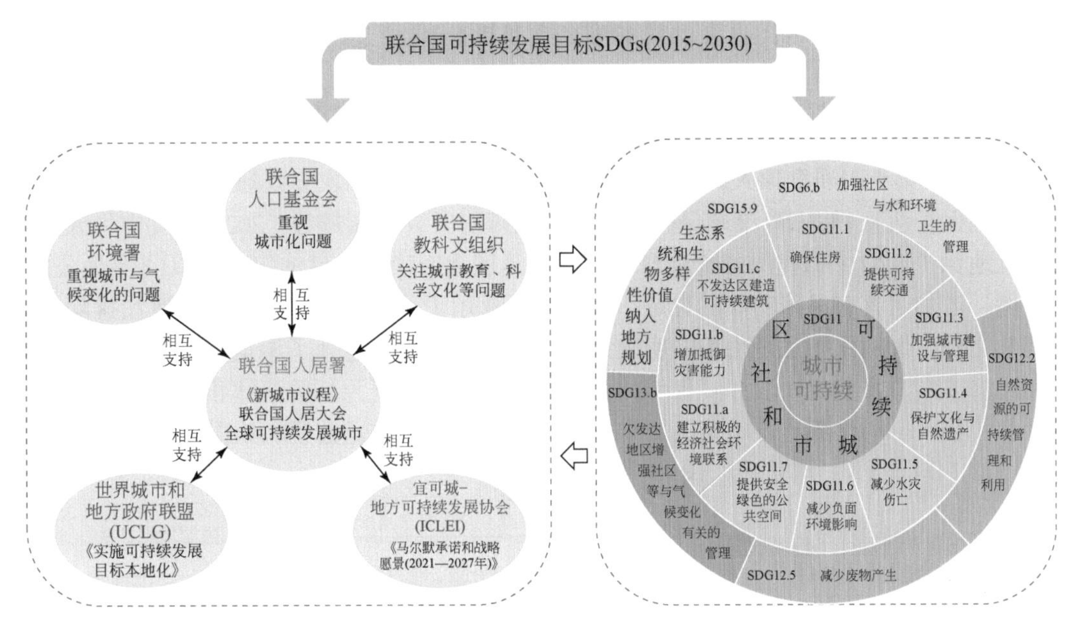

图 9-4　城市可持续发展相关国际组织及 SDGs 目标

9.1.2　国内湿地保护修复举措

我国加入《湿地公约》以来，积极履行公约宗旨和义务，大力推进生态文明建设，加强湿地保护修复，湿地生态状况持续改善（刘毅等，2022），生物多样性日益丰富，形成了“国家战略部署—法律政策建立—工程体系完善”具有中国特色的湿地保护方案和经验。

9.1.2.1　国家战略带来湿地保护修复管理新机遇

湿地保护是习近平生态文明思想重要组成内容，被纳入《中共中央　国务院关于加快推进生态文明建设的意见》和《生态文明体制改革总体方案》。党的二十大报告提出，必须牢固树立和践行绿水青山就是金山银山的理念，站在人与自然和谐共生的高度谋划发展；推行草原森林河流湖泊湿地休养生息，实施好长江十年禁渔，提升生态系统碳汇能力等系列举措。这些国家战略的实施，为湿地保护修复带来新机遇，提出新要求。无论是生态文明建设，还是人与自然和谐共生；无论是创新驱动发展战略，还是美丽中国建设等，均对湿地保护修复提出了大量现实需求和有待解决的科学问题。未来继续贯彻习近平生态文明思想，必须深入湿地保护修复研究，完善湿地科学研究理论框架，创新修复治理技术和应用体系，将湿地保护与其他资源综合系统一体管理结合，为国家战略实施和湿地保护修复提供理论基础和智慧决策，这是未来湿地可以提供决策服务的核心点。

9.1.2.2 法律实施提供湿地保护修复管理新保障

党的十八大以来，我国不断强化湿地保护，国家和省级层面累计建立 97 项湿地相关制度，初步形成了湿地保护法律制度体系，开启全面保护湿地新阶段（图 9-5）。2021 年 12 月 24 日，第十三届全国人民代表大会常务委员会第三十二次会议通过了《中华人民共和国湿地保护法》，标志着湿地保护步入法治化新阶段（王瑞卿等，2022）。《中华人民共和国湿地保护法》依据我国国情和湿地保护修复理念明确了湿地的定义，以《湿地公约》为主体，增加了具有显著功能的界定，将水田以及用于养殖的人工的水域和滩涂排除在湿地范畴之外。湿地保护法是生态文明建设的重要体现，主要包括了湿地资源管理、保护与利用、修复、监督检查、法律责任等方面，与现有的自然资源相关法律相比较，具体突出湿地保护修复、科学界定湿地定义、全面设计制度系统、加重监管和处罚力度等特点。

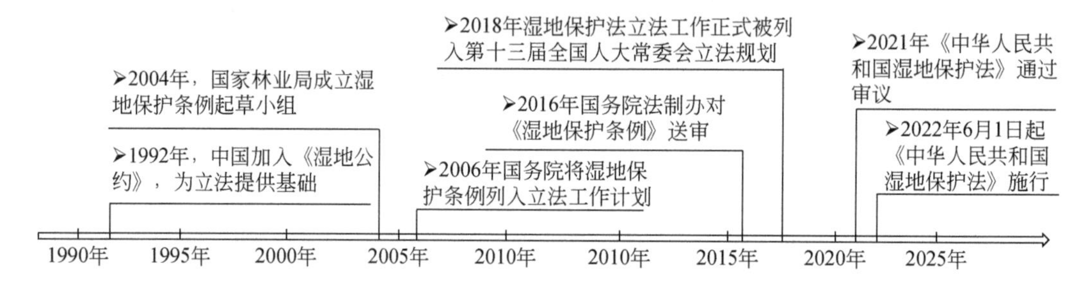

图 9-5　1992 ~ 2022 年中国湿地保护法的立法历程

未来在湿地保护体系构建方面，要完善以《中华人民共和国湿地保护法》为根本核心的法律法规制度体系，制定地方各级的湿地保护法律法规，逐步建立部门协作、分级管理、系统修复、综合整治的湿地保护管理网络，为湿地保护发展提供系统的安全保障。未来在湿地保护具体实施方面，需要利用物联网、深度学习、人工智能等新技术对破坏湿地等现象形成监管新突破，同时新技术也为湿地资源研究带来新的内容和方法，为湿地资源数字化保护修复与智慧管理提供技术支撑。未来要从国家法律层面规定和编制对湿地长期保护的规划，结合我国基本国情，将国际组织的重要举措、优秀制度和先进经验纳入到我国的湿地法律和保护政策中，以期通过法律法规充分发挥我国湿地保护系统作用，确保我国湿地保护事业长期有序开展，这是我国湿地保护修复可以持久有效的重要保障点。

9.1.2.3 工程规划构建湿地保护修复管理新格局

实施修复保护工程是湿地生态修复的重要举措和关键环节，在修复过程中发现问题并及时调整修复手段和技术，从而提高修复效率。我国以《全国湿地保护工程规划（2002—2030 年）》、《全国重要生态系统保护和修复重大工程总体规划（2021—2035 年）》、《全国湿地保护规划（2022—2030 年）》、《国家水网建设规划纲要》等系列规划为蓝图，强化了湿地保护顶层设计，完成了 4100 多个湿地保护修复工程项目（图 9-6）。依据国土空间规划，国土空间修复和国土空间调控等部门与最新湿地保护规划要求，按照“三区四带”国家生态保护修复格局，优先在 30 个重点区域实施湿地保护修复项目，明确各区域主要问题和主攻方向，组织实施湿地保护修复工程，布局湿地保护修复任务，修复退化湿地和恢复湿地功能（章念生等，2022）。

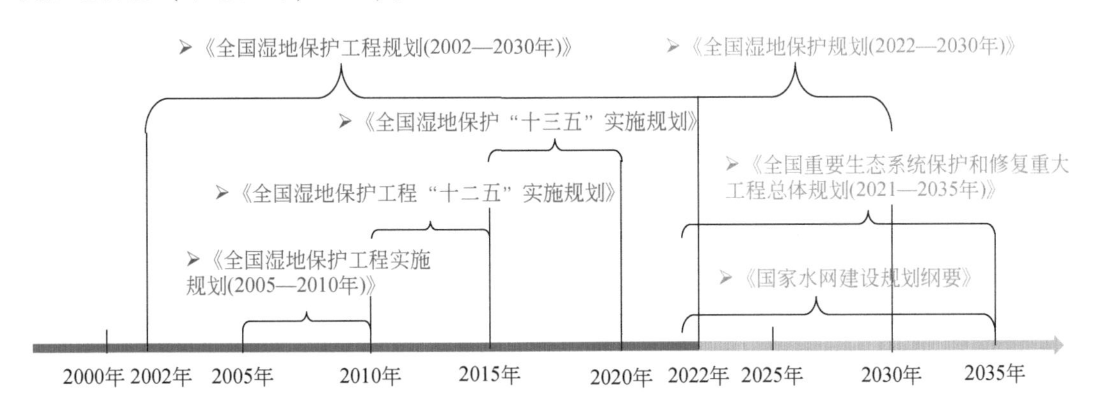

图 9-6　2002 ~ 2035 年中国湿地保护修复工程规划

连续性、衔接式湿地修复保护工程对我国湿地可持续发展具有重要意义。未来需要继续对我国湿地保护修复进行机制和体制创新，扎实有序推进项目工程中的目标任务、重点工作、政策措施等事项，相关部门和科研人员需要从不同视角对工程项目的修复保护实施成效进行评估，并预估工程后湿地修复保护区域是否反弹，及时发现问题、解决问题，形成湿地资源空间新格局。未来在湿地保护修复工程实施中，充分将遥感技术、地理信息技术、导航定位技术、空间建模与情景模拟、大数据与智慧决策等现代技术方法应用到实际工程中，有效解决湿地保护修复的复杂问题，这是可以有效推进湿地修复保护工程的顺利实施和创新发展的技术支撑点。

9.1.2.4　保护成效创造湿地保护修复管理新动力

我国加入《湿地公约》以来，湿地保护经历了摸清家底和夯实基础、抢救性保护、全面保护三个阶段。湿地保护修复力度不断加大，生态状况持续改善，取得了显著的保护修复成效，并在湿地规划与重大工程等方面明确了未来修复目标，贡献中国力量、做出中国承诺、成为世界引领，为未来湿地保护修复提供新动力。

1）我国是全球首个完成三次全国湿地资源调查的国家。根据全国第一次（1984 ~ 1997 年）、第二次（2007 ~ 2009 年）和第三次（2017 ~ 2020 年）国土资源调查报告显示，三次全国调查的湿地面积分别为 5699. 89 万 hm^2、5360. 26 万 hm^2 和 5634. 93 万 hm^2，湿地面积得到有效的恢复。全国分区建立了湿地调查监测野外台站、实时监控和信息管理平台，截至 2021 年，共建立 41 个湿地生态系统观测研究站，分布于 7 个区域。明确了湿地监测评价主体，形成了全国湿地监测网络，通过高新技术实现监测监管一体化，及时发布和应用监测信息。同时，自然资源部在 2020 年发布《自然资源调查监测体系构建总体方案》，指出 2023 年完成自然资源统一调查、评价、监测制度建设，形成一整套完整的自然资源调查监测的法规制度体系、标准体系、技术体系及质量管理体系。

湿地资源本底调查是基础，科技进步也为湿地监测带来了机遇。应利用新技术系统性和综合性地开展湿地资源动态监测、预警等相关研究，提升湿地资源描述时空特征的能力、精度和效率，并且在新技术的支撑下，在湿地资源认知、时空格局、演变过程、驱动机制、效益评价、优化调控等方面形成新理论视角和新研究思路。

2）《中华人民共和国湿地保护法》正式确立了湿地实行分级管理制度，设立国家湿地管理专门机构，地方成立各级湿地管理机构，加快建设以国家公园为主体的自然保护地体系，建立湿地分级管理体系，湿地管理工作将步入快速发展阶段（图 9-7）（雷光春，2022）。我国现有国际重要湿地 82 处，总面积 764.7 万 hm^2；国家重要湿地 29 处，面积 360 万 hm^2；省级重要湿地 1021 处，国家湿地公园 901 处，自然保护地总数达到 2200 多个。我国以国家公园建设为重点，推动湿地自然保护区、湿地公园优化整合，建立湿地保护体系。现有国家公园 5 处，湿地自然保护区 602 处，湿地公园 1693 处（其中国家湿地公园 899 处）。我国湿地分级体系和湿地保护体系的建立有利于实现湿地保护与合理利用，对重要湿地给予了最高层级的保护，对全球湿地分级管理和保护具有借鉴意义。

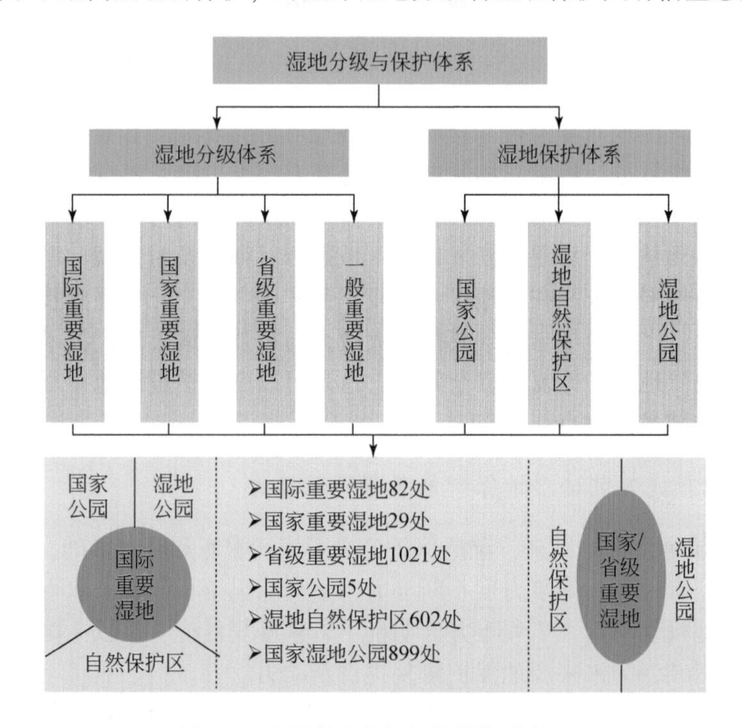

图 9-7　中国湿地分级与保护体系建立

中国湿地分级管理制度和建立保护体系已经走在世界前列。制度设计先行、强化规划引领仍然是必要的，要坚持“国家公园—湿地自然保护区—湿地公园”为主体的湿地保护体系，要实施创新管理模式，建议林业、水利、交通、环保等多个部门合作，解决湿地保护和开发利用过程中出现的问题。需要针对不同级别、不同区域、不同特色采取不同保护措施，开展差异化建设。

3）我国多层级、多方面、多角度全面系统地开展湿地保护修复工作，以国家和地方综合规划引领下，多个规划部署与工程规划中明确指明未来湿地修复保护目标和实现高质量发展的模式路径，为各级政府管理和湿地科研人员引领方向，形成了不竭内生动力。

为更好地指导未来湿地保护修复工作，近 5 年我国制定了未来 15 年湿地保护修复工程规划，主要包括《国家公园空间布局方案》《红树林保护修复专项行动计划（2020—2025 年）》《全国湿地保护规划（2022—2030 年）》《全国重要生态保护和修复重大工程建设规划（2021—2035 年）》《国家水网建设规划纲要》等的规划部署（图 9-8），这与联合国可持续发展目标实现时间吻合。到 2025 年，国家公园统一规范高效的管理体制基本建立；建设一批国家水网骨干工程；营造红树林 9050hm^2，修复现有红树林 9750hm^2；湿地保护率达到 55%，新增国际重要湿地 20 处、国家重要湿地 50 处，国家重要湿地候选区 104 个，组织实施 30 个左右湿地保护修复重点项目。到 2030 年，湿地保护高质量发展格局初步建立，湿地生态系统功能和生物多样性保护明显提高。到 2035 年，基本完成国家公园空间布局建设任务，建成全世界最大的国家公园体系；基本形成国家水网总体格局；湿地保护率提高到 60%，自然海岸线保有率不低于 35%；以国家公园为主体的自然保护地占陆域国土面积 18% 以上，濒危野生动植物及其栖息地得到全面保护。通过大力实施重要生态系统保护和修复重大工程，全面加强生态保护和修复工作，对湿地生态系统保护修复具有重要意义。

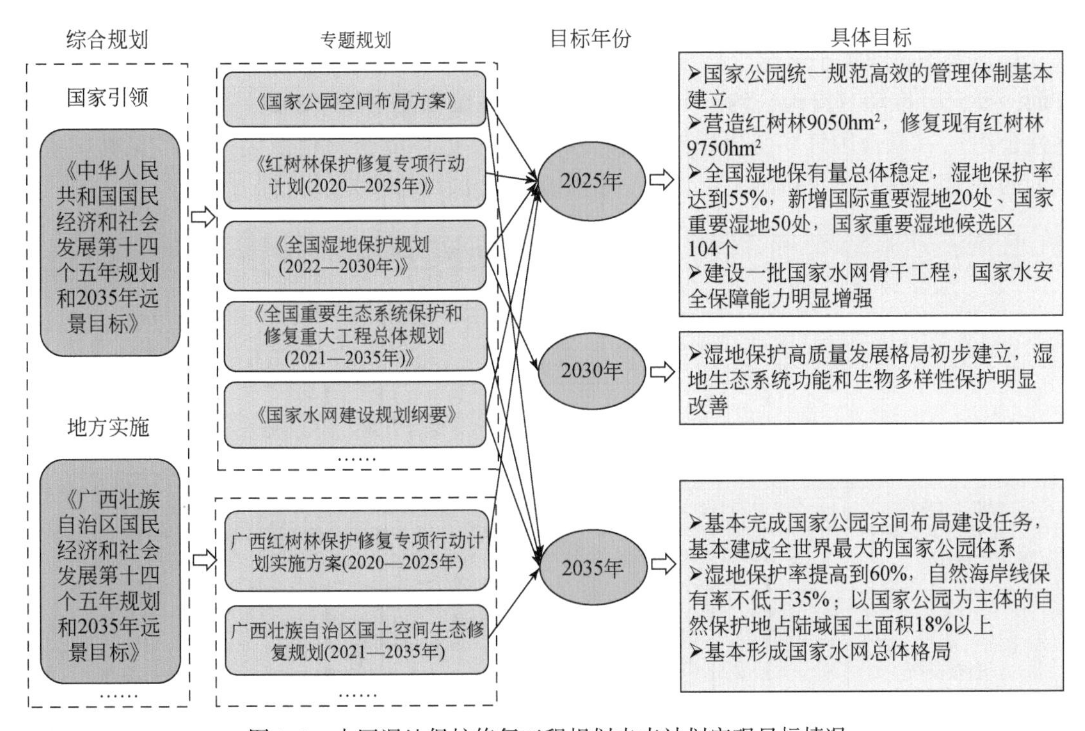

图 9-8　中国湿地保护修复工程规划未来计划实现目标情况

在实施湿地生态修复工程时，应尽量减少工程对自然环境本底破坏，尽可能保留部分修复工程区域原貌，生态修复工程建设完成后，相关部门应当开展长时间尺度的湿地资源动态监测，对工程实施后的不同阶段的修复恢复状态进行系统评估，对不合理不适当的湿地资源利用及时采取措施和手段。依据工程具体目标，未来重点方向应该是国家公园建设、国际重要湿地建设、国家重要湿地建设、国家水网建设、湿地网络建设，保证国家湿地总体稳定。对于濒危红树林区域重点修复，全面营造和修复保护红树林湿地；重点保护野生动植物物种及其栖息地，提升湿地生态系统功能和生物多样性，这是当前研究的新趋势和应用新方向。

9.2 面向湿地保护修复的湿地研究建议

9.2.1 面向国际前沿议程开展湿地可持续发展研究

湿地未来修复保护和合理利用要充分考虑国际前沿议程，充分推动全球多边环境公约协同发展和在全球可持续发展议程的主流化，要考虑《湿地公约》重要方向引领和未来研究重点，这既是强化我国湿地修复保护和资源管理的基础，也是夯实国际环境公约履约和合作的基础。

9.2.1.1 研究视角将充分协同全球各项议程

湿地保护事业关乎全球可持续发展、生态系统恢复、生物多样性和全球气候变化多个方面，要充分推动《湿地公约》与“联合国生态系统恢复十年（2021—2030）”、《生物多样性公约》、《联合国气候变化框架公约》等国际多边环境公约相衔接，共同实现《变革我们的世界：2030 年可持续发展议程》提出的联合国可持续发展目标（图 9-9）。

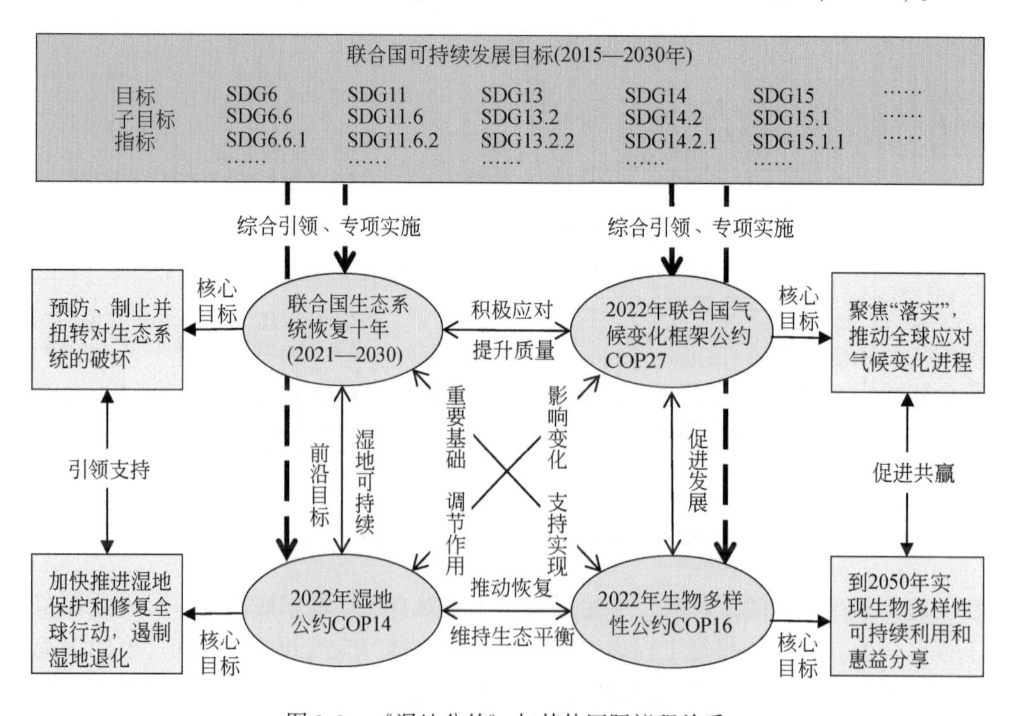

图 9-9 《湿地公约》与其他国际议程关系

“联合国生态系统恢复十年（2021—2030）”旨在扩大退化和破坏生态系统的恢复，以此作为应对气候危机与加强粮食安全、保护水资源和生物多样性的有效措施。生态系统恢复对于实现可持续发展目标至关重要，会影响关于气候变化、粮食安全、水和生物多样性保护等可持续发展目标。生态系统恢复也是国际环境公约的支柱，如湿地、生物多样性和气候变化等联合国公约。《生物多样性公约》所提出的主要目标在湿地保护长期规划、湿地自然保护体系、外来物种入侵、湿地保护宣教等方面均有着密切的联系。2022 年 10 月国际《生物多样性公约》COP15 大会指出，“到 2030 年保护至少 30% 的全球陆地和海洋，恢复退化生态系统区域 30%，外来入侵物种引入减半，高危化学品使用减半，全球食物浪费减半等”。这与《湿地公约》COP14 大会诸多决议相互依托，湿地为生物提供更多更好的栖息场所，推动湿地恢复，生物多样性丰富可以创造更多的生态价值，维持湿地生态系统平衡。《生物多样性公约》和《湿地公约》致力于影响气候变化。2022 年国际《联合国气候变化框架公约》COP27 大会指出要减缓（减少温室气体排放）、适应（适应极端气候）（苑杰，2022）。湿地类型中的泥炭沼泽、红树林等对全球气候变化至关重要，需要对其进行保护修复和可持续管理，从而更好地借助湿地生态系统应对全球气候变化，全球气候变化同样影响湿地空间变化与生态环境质量的提升，因此《湿地公约》履约行动要积极参与到《联合国气候变化框架公约》等国际环境公约履行机制中。我国要依法通过建立保护区、禁止占用破坏、加强修复等手段对泥炭沼泽和红树林加以重点保护，全球也应根据各国国情采取相应系列措施和手段加以保护，为履行《联合国气候变化框架公约》提供湿地资源和强有力的法治保障。无论是保护生物多样性还是应对气候变化，都与湿地生态系统保护修复紧密相关，都是实现联合国可持续发展目标行动的重要组成部分。

在湿地研究中，未来应重点关注以下科学问题：①湿地格局与演化规律研究。以国家发展战略为基础问题导向，结合国际计划，聚焦湿地空间格局、演化过程、内在机理、动力机制，效应评价、量化分析、发展模式、综合管理、政策保障等内容，考虑其他公约、工程规划未来目标，梳理湿地保护修复模式，提出湿地生态系统修复保护优化调控技术，开展目标实施成效评估；提出并牵头湿地相关国际计划研究，早日实现引领国际湿地科学研究的目标。②湿地与气候变化关系协调发展研究。例如，湿地资源环境承载力与恢复修复适宜性评价（湿地“双评价”），湿地空间变化下生物多样性影响程度与优化路径，红树林生态功能提升应对全球气候变化程度，以及气候变化下湿地资源空间治理与生物多样性提升协调发展等。

9.2.1.2 《湿地公约》第十四届缔约方大会引领研究点

《湿地公约》第十四届缔约方大会落实联合国 2030 年可持续发展议程，审议全球湿地发展战略等重大履约事项，实现了《武汉宣言》、《2025—2030 年全球湿地保护战略框架》等多项重要成果（图 9-10）。会议期间共通过 21 项决议，其中中国提议的《设立国际红树林中心》《将湿地保护和修复恢复纳入国家可持续发展战略》《加强小微湿地保护和管理》三项决议获得通过。大会重要决议以湿地保护、修复、合理利用和可持续为核心，以实现遏制和扭转全球湿地丧失为目标，针对保护泥炭地、珊瑚礁、海草床、红树林、可持续湿地城市、小微湿地等生态系统，从聚焦湿地保护和修复在促进可持续发展和应对全球环境挑战方面的作用、全球湿地保护工作者紧密加强技术合作与知识共享、鼓励将符合标准的小微湿地列入《国际重要湿地名录》等方面为湿地发展提供新趋势和新方向。这些决议为未来湿地保护修复、湿地综合管理提供引领性的研究方向，对湿地研究进行了有效补充，为湿地科学研究提出了更为明确的任务和目标，未来应该重点关注以下战略管理与科学问题。

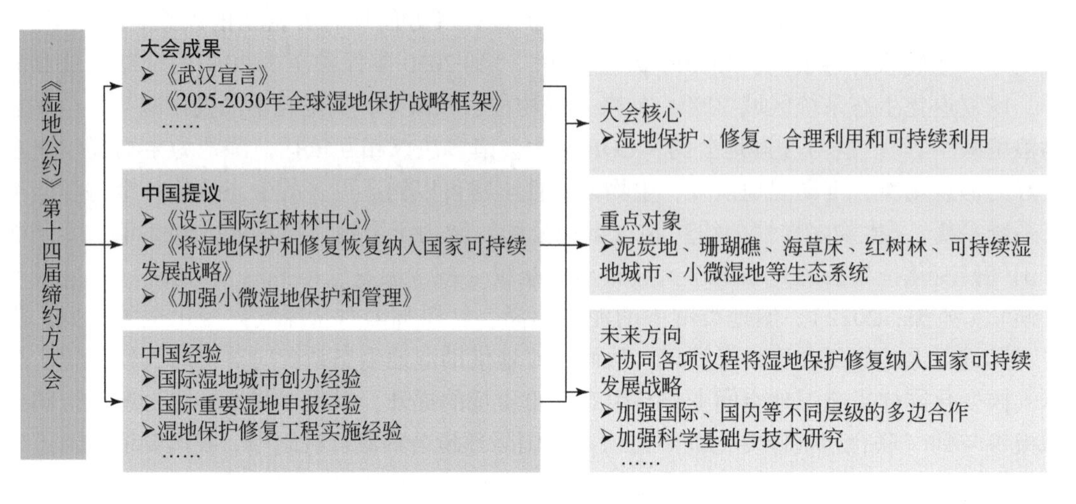

图 9-10　2022 年国际《湿地公约》COP14 大会引领研究点示意图

1）协同各项议程将湿地保护修复纳入国家可持续发展战略。充分认识到湿地提供的生态系统服务的广度（粮食安全、水文和气候调节等），协同各项国际议程，包括在联合国《生物多样性公约》下保护和恢复生物多样性的国家计划，在《联合国气候变化框架公约》下提交的应对气候变化的国家自主贡献等。

2）加强国际、国内等不同层级的多边合作。湿地保护修复将成为多边合作的主流，要将世界各地青年工作者和学者组织起来参与到湿地保护修复中，为推动湿地保护工作提供平台，确保参与湿地保护修复的青年有机会建立合作伙伴关系和职业发展。

3）加强科学基础与技术研究。湿地高质量和可持续发展很大程度上取决于科学基础与技术的应用与创新。应综合集成多种技术方法，将数理统计、空间建模、“3S”技术、情景模拟与决策分析等技术方法应用到湿地资源研究，重视多源异构湿地大数据平台建设，探索湿地资源应对气候变化、生态评估和监测的工具、湿地损失和退化的经济成本、小微湿地的保护和管理、湿地生物多样性退化机制、红树林等脆弱生态系统保护与物种种群发展等科学问题与发展规律，推动蓝碳纳入气候变化规划框架，保护修复沿海湿地生态系统合理利用和可持续发展管理，提高新时代湿地资源的规划决策和发展水平。

9.2.2　面向国家战略需求与地方社会经济开展湿地高质量发展研究

湿地资源未来研究需要以国家战略为引领、以法律为保障、以工程规划为手段、以社会经济发展为目标，最终服务于国家战略与地方社会经济高质量发展。国家各项战略的实施、法律的颁布、工程的建设都为湿地资源研究提供了前进方向和任务要求，包含诸多湿地资源科学问题（图 9-11）。

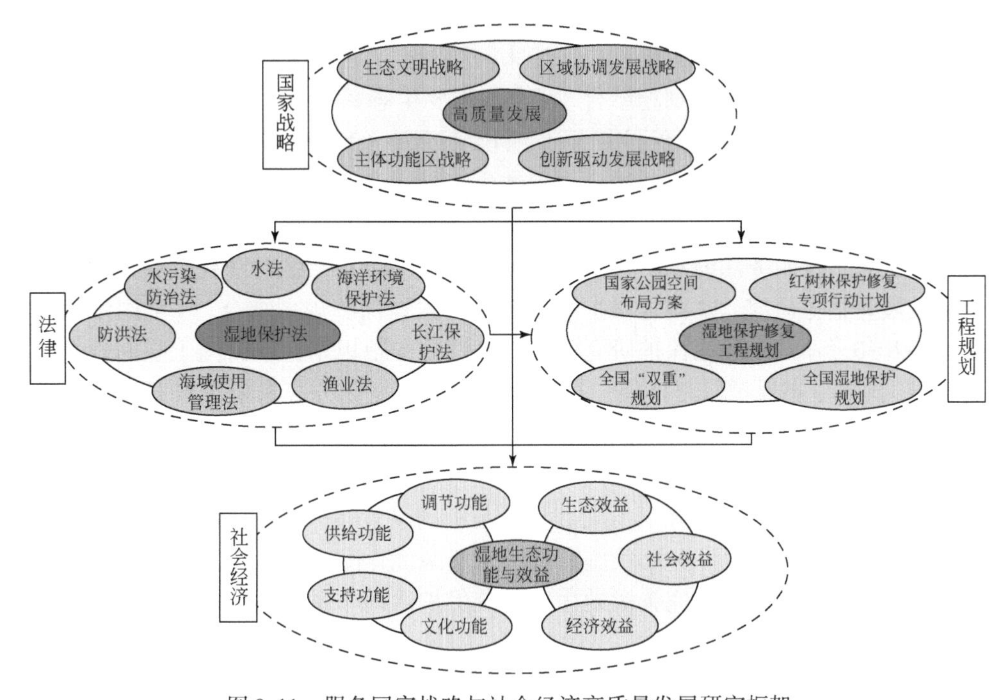

图 9-11　服务国家战略与社会经济高质量发展研究框架

注：全国“双重”规划是《全国重要生态系统保护和修复重大工程总体规划（2021—2035 年）》

9.2.2.1　服务于国家战略与法律实施

湿地修复保护是推动生态文明建设、区域协调发展、主体功能区和创新驱动发展战略的主要组成部分和有效途径。在湿地资源研究中，未来要重点关注国家战略视角下湿地资源保护与可持续利用科学问题，如生态文明建设与湿地资源开发耦合协同发展、主体功能区的湿地资源调查技术监测与安全网络平台构建、创新驱动发展战略人地系统耦合与可持续发展、湿地生态系统服务与低碳发展模式等，基于国家重大战略可以有效防止湿地资源修复保护研究偏离国家发展方向。

湿地保护法是强化湿地保护修复提供法治保障的迫切需要。湿地保护法的实施应该协同国家其他相关法律相互支撑。未来要重点关注以下几个方面：①加强湿地保护法宣传教育。有必要组织各级行业人员、专家学者培训交流，以多形式多角度开展系列普法讲座和政策宣传，明确新要求、新规定、新举措，特别是基层，要推动湿地保护法深入人心。②用好湿地保护法，强化湿地修复保护和科学合理利用。提升湿地修复保护技术、破坏湿地等违法行为监测治理手段，开展符合要求的湿地生态旅游、湿地科普教育。③严格执行湿地保护法，加强湿地违法监管。要严格对湿地进行管理，将湿地保护率作为必要考核指标，对任何群体严格执法，打击破坏湿地违法行为。

9.2.2.2 服务于工程规划与社会经济

湿地修复保护工程规划是针对湿地开发利用和综合整治等作出重大部署，是湿地可持续发展的重要手段。在湿地资源研究中，未来需要重点关注以下方面：①湿地修复研究与全国生态修复重大工程建设规划相结合。《全国重要生态系统保护和修复重大工程总体规划（2021—2035年）》《红树林保护修复专项行动计划（2020—2025年）》是指导湿地修复研究重点专题规划，未来重点开展全国湿地生态结构和功能稳定性评估、全国重大生态工程湿地修复保护成效动态监测与评估、海岸带典型区域重要湿地修复节点与廊道识别、海岸带湿地生态系统服务功能和防灾减灾能力提升技术研发、湿地修复重点技术研发与未来可持续发展评估等研究。②湿地保护研究与全国湿地保护规划结合。《全国湿地保护规划（2022—2030年）》是湿地保护研究极具针对性的专题规划，依据国土空间规划，按照“三区四带”国家生态保护修复格局，布局湿地保护修复任务。未来重点开展湿地生态系统稳定性和整体性保护、湿地与河湖水系连通性提升、滨海湿地生物栖息地修复，滨海湿地生态系统质量提升等研究。③湿地网络功能提升研究与国家水网建设规划相结合。《国家水网建设规划纲要》的未来发展方向和目标与我国湿地保护修复政策规划相互呼应，湿地网络功能提升可以支持水利基础设施布局、水资源优化配置、完善防洪体系等水网建设工作，同时国家水网建设可以完善湿地生态系统保护治理体系，对湿地网络生态功能、水网功能、水质功能等具有提升作用。未来可以重点开展点—线—面湿地网络一体化优化规划、小微湿地修复潜力与景观连通性评估、湿地网络高质量发展评估、水网建设成效评估，以及湿地网络功能提升—水网建设可持续性协同发展调控机制等研究。

湿地生态功能和社会经济效益对国家全局发展、推动产业发展，提升核心竞争力，丰富人类生活具有理论意义和实际应用价值。湿地资源研究需要重点关注以下几个方面：①湿地空间保护与区域社会经济建设协调发展。在新型城镇化背景下，开展区域社会经济对湿地的影响与作用机制、社会经济与湿地生态功能耦合机制及协同发展模式、未来城乡社会经济建设与湿地生态功能耦合发展路径优化等研究。②湿地资源开发与社会经济发展作用效应。未来重点开展湿地资源导向的社会经济发展模式与调节机制、湿地资源开发对社会经济的机制与效益等方面的研究。

9.2.3 面向学科发展与智慧服务开展湿地科技创新研究

面对新时代国家战略需求，针对目前湿地综合研究问题，应以DIKW［数据（data）—信息（information）—知识（knowledge）—智慧（wisdom）］全链条模式引领研究，对自然资源、生态环境的数字化发展和应用进行技术研发、整体谋划和服务评估，推动湿地空间数据、信息、知识的有效共享，形成湿地空间智慧数字化生态，最终实现湿地高质量发展和湿地可持续发展（图9-12）（陈军等，2022）。

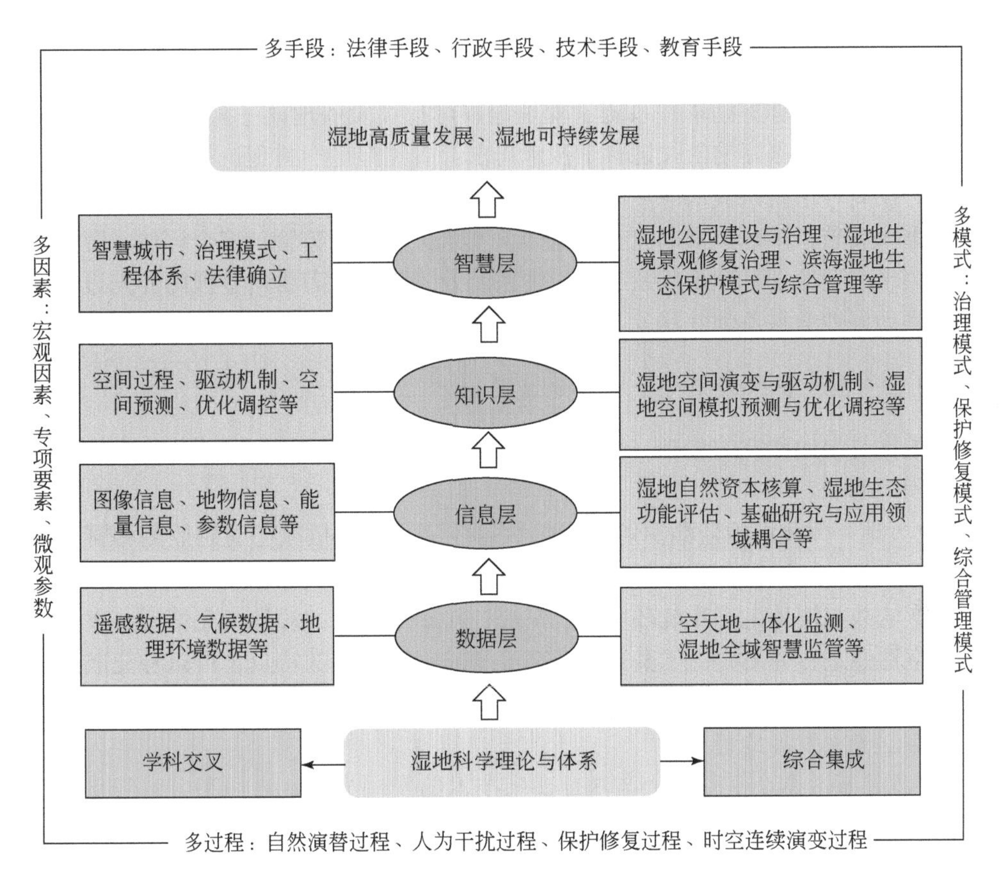

图 9-12　基于 DIKW 全链条模式湿地研究框架

9.2.3.1　湿地学科发展与理论融合创新

新时代的湿地学科日益呈现出数据集成、空间格局、演化过程、驱动机制、模拟预测、调控决策等复杂性、综合性、交叉性的特点。

1）积极推进学科融合，培育学科增长点。湿地科学具有极强的交叉性，未来需要继续深入融合地理学、生态学、环境科学、水文学、水资源学、土壤学、生物学等多学科理论，深入推进学科交叉和综合集成，以整体性、复杂性、典型性入手，破解复杂环境下人-湿地系统耦合模型与模拟，湿地生态过程及环境效应等关键科学问题。目前湿地科学主要包括湿地生态学、湿地资源学、湿地环境学、湿地管理学及湿地工程学等，未来需要继续完善湿地学科知识体系，进一步界定湿地的科学概念及分类体系，明确与湖泊学、河流学等相关学科的区别和联系。未来需要更加重视人才队伍培养，形成“中小学科普培养、本硕博专业培养、师资队伍拔尖培养”的一体化全过程培养链条，需要不断凝练学科方向，加速科技成果转化，提升社会服务能力。例如，由中国科学院和北京师范大学等相关团队发起的中国湿地遥感大会已成功举办 5 届，每届大会针对湿地遥感理论、技术和应用等方面，交流最新研究进展、研讨未来发展方向，促进学术合作，逐步形成湿地学术命运共同体。

2）湿地学科理论融合与创新发展。湿地学科要以地理学理论、湿地生态学理论、生态位理论等为基础，同时要坚持人与自然和谐共生理念，以生态文明建设理论、人地系统地域系统理论、山水林田湖草沙系统工程理论、可持续发展理论等为引导进行理论融合，面向国家重大需求和国际前沿关键科学技术需求，聚焦湿地学科理论研究方向，促进理论创新融合，提高理论科研成果应用和转化，开展具有时代感的理论基础与创新研究，实现理论研究重大突破，不断丰富和完善理论知识体系，为湿地监管、综合评估、智慧服务等提供基础。未来湿地学科理论体系、知识体系、人才队伍等需要借鉴国内外先进经验和方法技术，推动湿地学科蓬勃发展。

9.2.3.2 湿地多源监测与全域智慧监管

多源数据是湿地研究的基础，数据标准不统一、数据分散等问题将导致共享效率低下、数据利用率低。

1）空天地一体化湿地监测。航天遥感数据监测、无人机航空遥感监测和野外站点实地监测等可以为湿地数据获取提供丰富的支持。通过航天遥感数据监测，可以获取研究区大尺度的影响人与湿地生态系统环境变化情况。对于小尺度的湿地变化情况，则可以通过无人机航空遥感进行监测，由于其具有高精度和时间连续性的特点，可以补充航天遥感信息的缺失。野外站点实地监测是协同探索大空间尺度科学问题非常有效的方式，是地理科学和生态科学未来发展的趋势。

2）多源遥感数据全谱段湿地监测。遥感技术的发展为湿地大面积、精细化、快速同步监测、时间序列变化分析提供了支持。以 MODIS、Landsat 等为代表的中低分辨率卫星遥感数据，无法为开展湿地精细分类提取、过程分析和模拟提供准确、全面的湿地动态变化，不足以满足如今湿地的保护和管理。随着国内外高分卫星数据的快速发展，未来结合具有相近空间分辨率的 SPOT5、ALOS1、资源系列卫星、高分系列卫星等多源遥感数据的电磁波信号、全谱段（可见、近红外、短波、中波、长波等），开展多分辨率、多时序、多模态的湿地遥感监测，为湿地水文生态综合评估与监管提供基础。

3）多要素、多尺度、全过程湿地监测。基于遥感数据进行湿地要素提取是湿地资源监测行之有效的方法。未来需要针对不同尺度（区域景观、局地斑块、物种群落、冠层叶片等）、不同因素（宏观因素、专项要素、微观参数等）、不同要素（植被覆盖度、水体指数、泥沙滩地指数等）、不同过程（自然过程、保护修复过程、人为干扰过程、时空连续演变过程等）开展湿地资源不同层次的监测。

4）湿地全域智慧监管。空天地一体化监管可以应用到湿地空间违建违占现象，湿地污染偷排乱放现象；遥感季度巡查、湿地生态环境变化遥感年度详查、湿地生态环境在线监测与地面核查等，可以为泥炭地、珊瑚礁、海草床、红树林等脆弱湿地生态系统，以及城市湿地和小微湿地等特殊生态系统开展覆盖全域、三维立体等数字化基础监管提供支持。

9.2.3.3 湿地水文生态与综合应用评估

通过数据提取图像信息、地物信息、能量信息、参数信息等，对湿地水文生态综合评估是服务国家发展规划和调控的关键。全时间、全方位、全过程湿地水文生态综合评估是湿地科学、水文科学和地理科学的热点趋势。系统化、一体化的综合评估结果也是有关部门智慧决策的重要基础。

1）加强湿地水文生态基础研究。主要针对湿地要素——水、土、生物、植被，开展格局与过程、质量与功能、问题与胁迫、恢复与治理等方面的基础科学研究，加强四者相互影响、相关制约关系定量研究。未来需要重点关注不同湿地类型生态功能研究，明确湿地对生态环境的缓冲作用，为湿地生物多样性、碳汇等功能评估提供基础数据和理论支撑，也是技术研发、规范标准和建立示范的基础。

2）湿地生态水文综合评估。湿地基础研究要与相关部门实际需求相结合，根据有关部门需求可以开展湿地自然资本核算、湿地水文功能评估、湿地水生态健康诊断、湿地水生态风险评价与防范等方面的应用服务。未来需要重点围绕基础科学研究与生态规划、工程治理等实际应用领域相结合，开展技术研发与耦合服务应用评估，为实现“双碳”目标、生物多样性保护、应对气候变化和湿地高质量发展等提供充足的理论基础、数据方法、技术标准和案例示范。

9.2.3.4 湿地空间管控与智慧决策服务

科学研究要与国家战略、社会服务相关联，这是研究的实际意义所在。科学研究的数据信息提取到综合评估和知识生成可以为决策者提供更多的理论参考、技术支持和决策指引。

1）遥感智能提取与湿地空间格局监管。遥感智能提取是湿地研究的基础，未来需要基于多源遥感大数据，建立适用于湿地遥感提取智能方法，展开高精度、高真实、密集型、长时序的湿地信息提取。湿地遥感智能提取结果已应用于湿地空间格局、变化过程、成效评估等相关研究中，可以支持开展湿地空间破坏和保护监测等研究和工作，为湿地监管提供基础数据和信息支持。

2）GIS 智能模拟与湿地空间调控优化。未来湿地保护需要明确规划未来湿地保护修复空间总量、湿地生态空间红线划分与权属管控等。湿地保护修复和合理利用是全球湿地治理的核心目标，要以《中华人民共和国国民经济和社会发展第十四个五年规划和 2035 年远景目标》为综合引领，充分协同联合国可持续发展目标（SDGs）以及其他全球各项议程。根据不同政府层级、不同区域、不同尺度提出湿地保护修复优化调控技术、治理模式应对措施，适应山水林田湖草沙生命共同体管理模式，铸就湿地空间格局推进绿色发展，促成人与自然和谐共生。

3）全时空链综合评估与保护修复智慧决策服务。以地理学革命 4 个阶段——计量革命、新计量革命、GIS 革命与人工智能革命为参照（傅伯杰，2020）、以“湿地空间格局—空间过程—空间预测—空间调控与管理”为主线，对标自然资源部国土空间规划司、国土空间生态修复司、国土空间用途管制司、国家林业和草原局湿地管理司，重建过去 50 年湿地变化过程、认知机理，预测未来 15 年湿地空间格局，防范风险。应重点关注以湿地空间规划评估、湿地空间生态修复评估、湿地空间用途管制评估、湿地高质量和可持续发展评估为主体引领的湿地空间综合评估，解决湿地生态保护与综合管理问题，为湿地保护修复发展和国土空间规划制定及修编提供有效支持和应用研究。为湿地高质量发展、可持续发展与协同治理提供科学依据，不断打造湿地科学研究中国学派和中国范式。

9.3 面向国际湿地城市的城市湿地发展趋势

9.3.1 国际湿地城市智慧决策服务的技术发展趋势

开展国际湿地城市智慧服务技术研究是未来的重要领域。湿地的空间管控与智慧服务应考虑湿地过去监测、未来模拟及综合评估。国际湿地城市拥有丰富的湿地资源与有效的湿地保护修复经验，城市湿地如何监测过去、模拟未来、评估发展是支持湿地管理应用智慧服务的重要内容（图9-13）。过去50年的历史情况，在遥感大数据的支持下可以重建过去认知机理，了解国际湿地城市的时空变化过程，总结城市发展与湿地保护经验；而未来30年的情况，需要通过空间智能模拟技术预测，提前预知和防范湿地退化风险。在重构过去与预测未来的基础上，可以全面认知湿地城市的发展过程与未来趋势，开展城市湿地的综合评估可为湿地管理应用提供智慧服务。随着卫星遥感、大数据、人工智能等创新技术的发展，空天地一体化监测技术、大数据挖掘技术、空间智能模拟预测技术也在不断提升，这些技术对于城市湿地的监测、模拟、评估都有重要支持，未来如何支持城市湿地的智慧服务是技术研究发展趋势（Geng et al., 2023）。针对国际湿地城市的湿地监测、模拟与评估有以下几个发展趋势。

1）城市湿地长时序多源遥感智能精细提取与动态监测技术发展。随着遥感技术的发展与数据的丰富，空间分辨率实现了从Landsat 30m、Sentinel 10m到高分影像米级、亚米级的提高，也极大地提高了遥感手段提取精细准确地表湿地特征的能力，使得空天地一体化监测技术更完善。王晓雅（2023）以中国首批国际湿地城市为例，开展了城市湿地精细遥感提取与动态监测的研究，为城市湿地智能精细提取与动态监测技术研究提供了经验范式，为国际湿地城市的湿地监测、管理、应用服务提供了基础。①城市湿地分类体系构建。城市湿地提取监测的首要关键是城市湿地分类体系的确定，分类体系需考虑城市特征，体现城市湿地的自然属性、社会属性和管理属性。②城市精细湿地智能优化提取。城市湿地处于人类活动区，环境复杂、湿地类型多样，精细湿地类型提取难度大，探索湿地类别更精细、空间分辨率更高的城市精细湿地提取方法是开展城市湿地监测的关键，同时样本、特征、规则等的确定与智能优化也是关注重点。城市精细湿地智能优化提取技术的发展对城市小微湿地的提取监测非常关键。小微湿地由于范围小，在遥感影像上较难识别，但其带来的生态效益是城市发展中不可忽视的一部分。结合亚米级的遥感影像，优化的精细湿地智能提取方法可以很好地解决这个难题，针对小微湿地的智能优化提取将是未来城市湿地研究的重要方向之一。③城市湿地长时序密集智能监测。重建城市湿地的历史变化过程、了解城市湿地的实时动态情况是城市开展湿地管理应用的基础。将多源卫星遥感数据耦合，构建时间序列越长、间隔越短、越密集的城市湿地遥感大数据，精细精准分

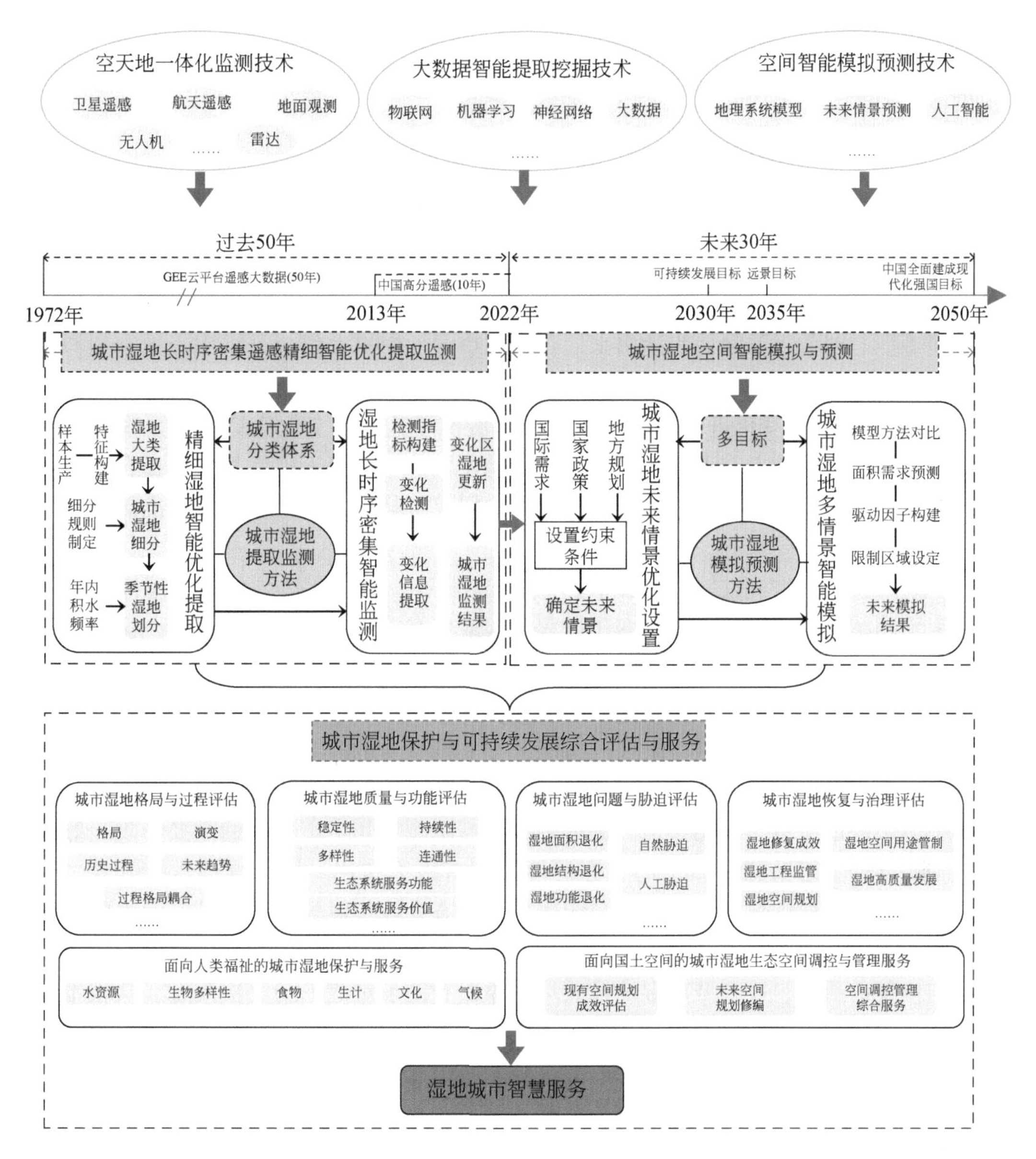

图 9-13　国际湿地城市的湿地智慧决策服务技术研究趋势

析城市与湿地时序变化过程，这是未来研究趋势。基于 Landsat 7/8/9 系列卫星和 Sentinel-1/2 卫星耦合构建长时间序列密集数据对 43 个国际湿地城市开展研究是当前的普遍趋势，利用近 10 年国产高分遥感数据开展国内湿地城市和城市湿地时序变化研究将是未来研究的重点和热点。

2）城市湿地空间智能模拟与未来预测技术发展。城市湿地空间模拟是为了预测未来城市湿地的空间分布格局及变化情况，可为城市湿地空间规划评估、城市湿地空间生态修复评估、城市湿地空间用途管制评估、城市湿地高质量和可持续发展评估提供科学决策依据。随着地理系统相关模型的发展、未来情景更多样以及人工智能等技术的出现与发展，可以更好地为城市湿地空间智能模拟与预测提供支持。荔琢（2024）以中国首批国际湿地城市为例，开展了城市湿地空间模拟与预测研究，为城市湿地空间智能模拟与未来预测技术提供了范式经验，为国际湿地城市未来发展趋势、发展评估提供了基本支持。①城市湿地未来情景优化设置。情景设置是未来模拟的关键，传统情景设置以气候变化、经济发展等为主，而城市湿地的未来情景设置要考虑国际需求、国家政策、地方规划等方面，需要从自然增长、规划发展、湿地保护、气候变化、可持续发展等多方面构建情景模式，厘定和设置不同情景模式的适合条件和约束参数，有效的未来情景是城市湿地空间模拟的关键基础。②城市湿地多情景智能模拟预测。模拟核心是构建合适的人地系统模型，将城市湿地的空间特征与变化过程定量表达出来。目前城市湿地模拟大部分是采用土地利用与土地变化模拟方法，主要采用可直接使用的 CA-Markov、CLUE-S、FLUS、PLUS 等模型，对未来 10 ~ 30 年城市土地变化进行智能模拟预测，城市湿地空间变化模拟预测是未来城市土地空间优化调控研究的方向点。近年来人工智能技术的发展对于模拟技术的提升和改善也是新的机遇，如何将这些技术应用于城市湿地空间模拟与预测中并提高预测准确度是未来研究的迫切需求与重要趋势。

3）城市湿地保护与可持续发展综合评估技术发展。综合评估是以城市湿地的历史过程与未来预测结果为基础，从湿地变化过程、湿地生态功能、湿地退化问题、湿地恢复治理等四个方面开展研究，在此基础上进一步面向人类福祉与国土空间开展综合服务。①城市湿地格局与过程评估。格局与过程是地理学研究中的重点，了解城市湿地的分布格局、变化过程是服务湿地保护与城市发展的基础。评估城市湿地的格局分布与演变、格局与过程的耦合、历史变化过程、未来变化趋势等对城市发展与城市湿地的管理应用有着重要的支持。②城市湿地质量与功能评估。湿地的质量与功能是其生态价值的重要体现，好的湿地质量与多样的生态功能对城市的生态环境改善有极大作用。城市湿地可持续性、稳定性、多样性、连通性评估及湿地生态系统服务、生态系统价值等评估是城市湿地管理应用与可持续发展的必要研究。③城市湿地问题与胁迫评估。了解城市湿地现存问题是城市湿地保护与修复的前提，找到城市湿地被破坏的原因有助于对症下药解决问题，从根本上解决城市湿地存在的问题与受到的胁迫。城市湿地的面积退化、结构退化、功能退化评估，以及自然胁迫与人工胁迫评估，是城市湿地管理应用及可持续发展的重要内容。④城市湿地恢复与治理评估。城市湿地的恢复与治理是城市湿地管理的重点，加强城市湿地的恢复与治理是保护湿地环境与推动城市环境可持续发展的重要手段。目前国家与地方开展了多项湿地恢复工程，有必要针对城市湿地的恢复成效及工程监管情况进行评估，尤其需要加强重点区域湿地生态保护与修复工程的监管评估服务。此外，城市湿地管理应与城市发展结合，评估城市湿地的空间规划、空间用途管制、高质量发展等是城市湿地恢复与治理评估中需重点关注内容。⑤面向人类福祉的城市湿地保护与服务。城市湿地与人类福祉有着密切关系，如何保护、恢复、管理城市湿地以服务于城市的水资源、生物多样性、食物、生计、气候及文化是城市湿地智慧决策服务的重要方向。⑥面向国土空间的城市湿地生态空间调控与管理服务。2023 年 8 月 ~ 2024 年 5 月，国务院先后批复了 27 个省、直辖市、自治区的《国土空间规划（2021—2035 年）》，地方各个城市也出台了相应的国土空间规划（2021—2035 年）。湿地作为重要的生态环境，其保护与修复对于国土空间生态修复战略的推进有着重要支持（彭建等，2020；方莹等，2020）。在城市湿地遥感智能提取与模拟预测数据的支持下，面向国土空间规划可以开展以下三个服务：首先是现有国土空间的规划成效评估，旨在判断现有规划是否合理、规划成效如何；其次是对未来空间规划进行修编，在预测数据获取的前提下了解城市未来发展方向，及时调整规划内容；最后是开展城市空间调控管理综合服务，为城市发展提供合理高效的服务支持。这些服务是未来城市湿地智慧决策服务在国土空间规划方面的重要支持。从城市湿地的过程、生态、问题、管理等不同角度开展评估，并针对人类福祉与国土空间规划服务城市，其核心目的是在保护城市湿地的前提下促进城市湿地可持续发展。如何提升城市湿地综合评估与服务技术，并为城市湿地管理应用提供智慧服务，将是未来城市湿地智慧决策服务技术研究的重点。

9.3.2 国际湿地城市可持续发展的范式发展趋势

国际湿地城市可持续发展范式研究将是国际科学前沿的必然趋势。在国际上，目前众多组织在湿地、城市及可持续发展方面做出前瞻部署。这些组织对全球湿地与城市生态保护措施、监测方法、管理框架和可持续发展具有指导作用：①湿地城市的可持续发展主要受到可持续发展目标与《湿地公约》湿地城市认证的共同引领。可持续发展目标中多个目标与湿地、城市相关，可持续发展目标与湿地城市认证准则有着密切联系。湿地城市认证准则中关于湿地保护、生态系统服务的要求与 SDG 6. 4、SDG 11. 5、SDG 13. 1、SDG 15. 1 的具体目标紧密联系，关于城市湿地修复、管理、规划的要求与 SDG 6. 5、SDG 11. 1、SDG 12. 2、SDG 14. 2 的部分具体目标相关，关于水环境管理及生态系统服务价值的要求与 SDG3. 9、SDG 6. 3、SDG 6. b、SDG 12. 5、SDG 14. 1 等具体目标有直接联系。这两个国际战略的关注重点虽有差别，但其核心内容密切相关，推动经济、社会、环境和谐的目标是一致的，两个国际战略共同引领是国际湿地城市可持续发展的新契机，也为未来提供了新的研究趋势。②其他国际组织对国际湿地城市的可持续发展也有相关支持。世界城市和地方政府联盟（UCLG）、联合国人口基金会、宜可城-地方可持续发展协会（ICLEI）、联合国教科文组织、联合国人居署等从城市发展的角度给予相应支持，《生物多样性公约》、《联合国气候变化框架公约》、国际水协会（IWA）、全球红树林联盟、联合国环境署等从生态环境的角度给予大力支持（图 9-14）。湿地城市的可持续发展将环境、社会与经济综合在一起，并突出了湿地环境这一要素，这是解决未来可持续发展问题的关键。因此，面向国际科学前沿的发展，国际湿地城市可持续发展的范式有以下几个发展趋势。

1）国际湿地城市创建成效与跟踪监测评估的范式发展。目前 43 个国际湿地城市是全球城市湿地保护的榜样，也是开展湿地城市可持续发展研究的重点对象。针对国际湿地城市未来趋势可从三个方面开展：①国际湿地城市的环境、社会、经济现状探究。目前这些城市的环境、社会、经济现状了解不足，缺乏综合对比研究，尤其是与湿地相关的环境现状。未来需要了解这些城市的湿地类型、湿地资源等环境现状，总结创建国际湿地城市的环境要求；了解这些城市的社会、经济发展现状，总结与探索湿地城市可持续发展案例与经验。②国际湿地城市的湿地保护、修复与管理经验总结。了解每个城市的湿地保护方式、湿地修复措施、湿地管理模式，总结形成国际湿地城市湿地保护、修复、管理经验以

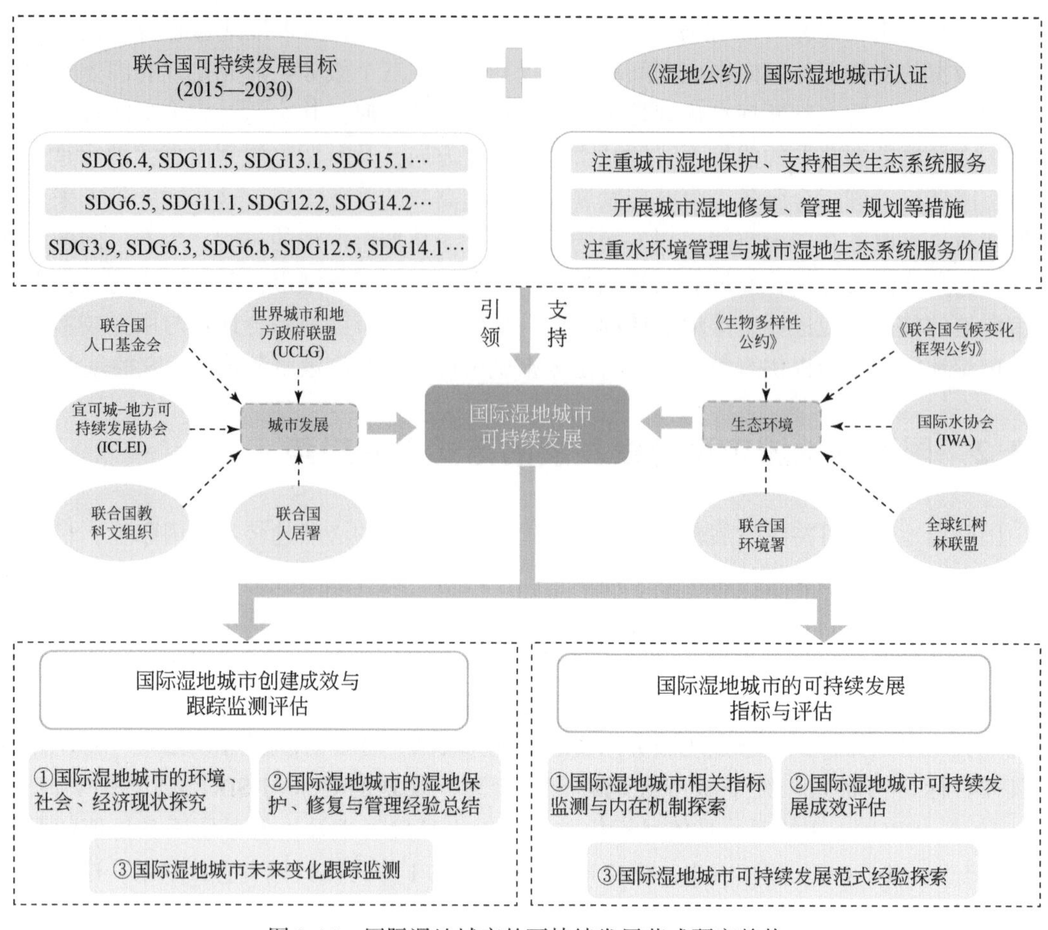

图 9-14　国际湿地城市的可持续发展范式研究趋势

支持未来国际湿地城市创建与可持续发展。③国际湿地城市未来变化跟踪监测。国际湿地城市认证证书有 6 年有效期，之后需重新评估才可确定是否继续保持湿地城市称号。跟踪国际湿地城市的湿地未来发展变化将非常必要，实时监测湿地环境要素，评估城市未来发展状态及是否满足国际湿地城市要求，为持续推动国际湿地城市创建提供技术支持。

2）国际湿地城市的可持续发展指标与评估的范式发展。可持续发展目标与国际湿地城市的结合对于未来解决全球发展问题有极大的帮助，针对国际湿地城市可持续发展的未来研究可从三个方面开展：①国际湿地城市相关指标监测与指标内在机制探索。可持续发展指标是目前可持续发展研究中较为权威的指标体系，而国际湿地城市认证同样涉及多个指标，开展湿地城市相关指标监测非常必要，探索可持续发展指标之间、国际湿地城市认证指标之间及可持续发展与国际湿地城市认证指标之间的内在机制对可持续发展内涵探索及可持续发展核心问题解决很重要。②国际湿地城市可持续发展成效评估。国际湿地城市的可持续发展成效评估是未来研究的重要方向之一，如何构建适用国际湿地城市的可持续发展评价指标体系，如何考虑可持续发展指标的本地化问题，如何综合评价国际湿地城市的可持续性，这些将有助于可持续发展在国际湿地城市实践中落地见效。③国际湿地城市可持续发展范式经验探索。环境问题是可持续发展的难点，国际湿地城市的环境优势可以为解决该问题提供良好的经验与榜样，探究国际湿地城市可持续发展的范式，为城市可持续发展提供先进方案与良好措施。

9.3.3 国际湿地城市高质量发展的实践发展趋势

国际湿地城市高质量发展研究将是国家和地区的迫切需求。建设人与自然和谐共生的现代化，促进城市湿地高质量发展和可持续发展是重要目标。随着全球问题的逐步严峻，如何协调经济发展与环境资源的关系是未来人类发展的关键。我国作为一个经济快速发展的国家，国家尤其重视这个问题，以科学思想与理论指导为引领，出台法律政策与建设规划，落实到城市示范与实践探索，形成完整的解决措施。为了保护生态环境支持高质量发展，国家提出了一系列“生态文明建设”“高质量发展”“美丽中国建设”“人与自然和谐共生”等战略部署，这是城市湿地保护与湿地城市高质量发展的重要思想理论。针对生态、湿地、可持续等方面，出台了相应的法律政策与建设规划举措：《中华人民共和国湿地保护法》《全国湿地保护规划（2022—2030 年）》等是国家湿地保护的最高政策措施，将湿地保护上升到法治层面；《生态文明体制改革总体方案》《全国重要生态系统保护和修复重大工程总体规划》等对生态保护、管理、修复提出了具体方案和工程规划，引领地方的城市示范与实践探索；针对地方城市发展，国家提出了多种示范城市创建和建设试点，如海绵城市建设示范市、水生态文明城市建设试点、生态文明建设示范区命名、可持续发展议程创新示范区建设等（图 9-15）。这些国家战略举措是开展国际湿地城市高质量发展的重要引领与支持。

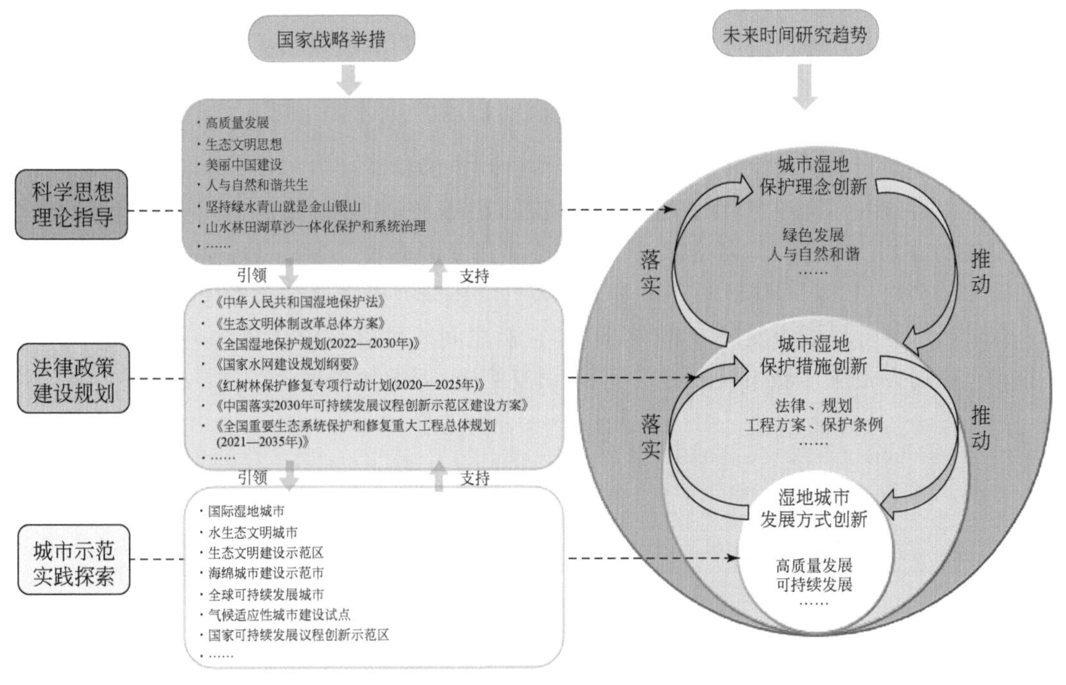

图 9-15 国际湿地城市的高质量发展实践研究趋势

我国湿地保护与城市发展遵循“思想理论–政策规划–示范实践”的策略并取得了较好成效，湿地城市高质量发展的实践趋势未来也可从这三个方面去探索。①城市湿地保护理念的实践。城市建设要注重经济发展与湿地生态环境保护的和谐共进，坚持在保护中发展，在发展中保护，更加自觉地推进绿色发展、循环发展和低碳发展。湿地城市要充分发挥湿地资源禀赋和功能优势，既加强湿地保护修复管理，又提升湿地资源利用和生态服务能力。②城市湿地修复措施的推广。湿地保护修复措施是在湿地保护理念推动下提出的，采用法律、规划、工程方案等为城市湿地管理提供重要支持。2023 年国家发展和改革委员会公布了两批共 90 余项重点区域生态保护与修复专项，其中 8 项工程与湿地保护修复直接相关，如黄河三角洲湿地与生物多样性保护恢复、广西壮族自治区北海滨海湿地生态保护和修复、海南岛南渡江中下游海岸带生态保护和修复、宁夏贺兰山东麓水源涵养和生态治理等项目与湿地城市、重要城市群的湿地保护密切相关。城市湿地保护不仅要考虑城市的经济社会发展情况，也要关注城市及国家相关政策与措施，更要注重城市发展规划。城市湿地保护规划要与城市国土空间规划统一、城市湿地保护修复工程要与生态重大修复工程协同、城市湿地保护法规制定要与城市多个管理部门合作。③湿地城市发展方式的探索。湿地城市发展的实践探索是在湿地保护创新理念与措施的共同推动下实现。湿地城市如何实现高质量发展、可持续发展是实践探索关键点。截至 2023 年，我国已开展多种示范城市建设与创建，已有 60 个海绵城市建设示范市（如银川市、南昌市等），400 多个生态文明建设示范区（如盘锦市、盐城市、常熟市、南昌市的安义县与湾里区、济宁市的微山县与任城区、武汉市黄陂区、合肥市肥西县等），11 个可持续发展示范区（如常德市、桂林市等），100 多个水生态文明城市（如哈尔滨市、合肥市、南昌市、盐城市、武汉市、重庆市梁平区等），福州市 2023 年获得全球可持续发展城市奖。部分城市拥有多个荣誉称号，像南昌市同时拥有海绵城市建设示范市、水生态文明城市及国际湿地城市等称号。这些示范城市的创建为湿地城市发展方式提供了思路与经验，城市湿地为这些示范城市创建发挥了重要的生态和社会功能，将各种示范城市创建与湿地城市对接是未来湿地研究的关键点和结合点。目前，国家正在推动气候适应性城市的建设试点工作，这也是未来湿地城市发展的支持点和结合点。针对国际湿地城市的发展，未来在湿地保护前提下考虑城市高质量发展的方式、内容、具体指标、评估其高质量发展成效是湿地城市高质量发展实践研究的重要趋势之一。国际湿地城市的高质量发展实践研究未来要综合考虑城市湿地保护理念、保护措施、湿地城市发展方式的创新，它们之间既可以是由“理念–措施–方式”逐一推动，也可以是从“城市发展方式–湿地修复措施–湿地保护理念”逐一落实。

参考文献

陈军，陈晋，廖安平，等 . 2014. 全球 30m 地表覆盖遥感制图的总体技术 . 测绘学报，43（6）：551-557.

陈军，武昊，刘万增，等 . 2022. 自然资源时空信息的技术内涵与研究方向 . 测绘学报，51（7）：1130-1140.

陈军，张俊，张委伟，等 . 2016. 地表覆盖遥感产品更新完善的研究动向 . 遥感学报，20（5）：991-1001.

陈利顶，孙然好，刘海莲 . 2013. 城市景观格局演变的生态环境效应研究进展 . 生态学报，33（4）：1042-1050.

陈蓉 . 2007. 湿地保护的国际立法与中国相关法律制度的完善 . 上海：华东政法大学硕士学位论文 .

陈炜，陈利军，陈军，等 . 2017. GlobeLand30 湿地细化分类研究 . 测绘通报，（10）：22-28.

陈逸敏，黎夏 . 2020. 机器学习在城市空间演化模拟中的应用与新趋势 . 武汉大学学报（信息科学版），45（12）：1884-1889.

陈云浩，蒋卫国，赵文吉，等 . 2012. 基于多源信息的北京城市湿地价值评价与功能分区 . 北京：科学出版社 .

陈泽怡，余珮珩，陈奕云，等 . 2022. 汉江流域水源涵养和水质净化服务时空分析 . 生态经济，38（4）：193-200.

程一凡 . 2019. 基于 InVEST 模型的三江源国家公园水源涵养量变化与草地生态补偿研究 . 昆明：云南财经大学硕士学位论文 .

崔保山，杨志峰 . 2006. 湿地学 . 北京：北京师范大学出版社 .

崔丽娟，雷茵茹，张曼胤，等 . 2021. 小微湿地研究综述：定义、类型及生态系统服务 . 生态学报，41（5）：2077-2085.

崔丽娟，张曼胤，何春光 . 2007. 中国湿地分类编码系统研究 . 北京林业大学学报，（3）：87-92.

崔丽娟 . 2018. 湿地：城市可持续发展的未来 . 民主与科学，（1）：48-50.

邓越 . 2021. 长江流域“降水-水体-水储量”的时空变化及关联研究 . 北京：北京师范大学硕士学位论文 .

董鸣 . 2018. 城市湿地生态系统生态学 . 北京：科学出版社 .

方莹，王静，黄隆杨，等 . 2020. 基于生态安全格局的国土空间生态保护修复关键区域诊断与识别——以烟台市为例 . 自然资源学报，35（1）：190-203.

傅斌，徐佩，王玉宽，等 . 2013. 都江堰市水源涵养功能空间格局 . 生态学报，33（3）：789-797.

傅伯杰 . 2020. 联合国可持续发展目标与地理科学的历史任务 . 科技导报，38（13）：19-24.

高星，杨刘婉青，李晨曦，等 . 2021. 模拟多情景下白洋淀流域土地利用变化及生态系统服务价值的空间响应 . 生态学报，41（20）：7974-7988.

龚健 . 2004. 基于系统动力学和多目标规划整合模型的土地利用总体规划研究 . 武汉：武汉大学硕士学位论文 .

关凤峻，刘连和，刘建伟，等，2021. 系统推进自然生态保护和治理能力建设——《全国重要生态系统保护和修复重大工程总体规划（2021～2035 年）》专家笔谈 . 自然资源学报，36（2）：290-299.

郭慧文，严力蛟 . 2016. 城市发展指数和生态足迹在直辖市可持续发展评估中的应用 . 生态学报，36（14）：4288-4297.

郭镕之，宋垚彬，董鸣 . 2022. 城市湿地生态系统文化服务研究进展与展望 . 杭州师范大学学报（自然科学版），21（4）：364-371.

郭秀锐，杨居荣，毛显强 . 2003. 城市生态足迹计算与分析——以广州为例 . 地理研究，22（5）：654-662.

韩念龙，张伟璇，张亦清 . 2021. 基于 InVEST 模型的海南岛产水量的时空变化研究 . 海南大学学报（自然科学版），39（3）：280-287.

黄文嘉 . 2011. 基于变化影像块的遥感数据增量更新方法研究 . 长沙：中南大学硕士学位论文 .

黄志烨，李桂君，李玉龙，等 . 2016. 基于 DPSIR 模型的北京市可持续发展评价 . 城市发展研究，23（9）：20-24.

贾明明 . 2014. 1973～2013 年中国红树林动态变化遥感分析 . 长春：中国科学院研究生院博士学位论文 .

姜彤，吕嫣冉，黄金龙，等 . 2020. CMIP6 模式新情景（SSP-RCP）概述及其在淮河流域的应用 . 气象科技进展，10（5）：102-109.

蒋卫国 . 2003. 基于 RS 和 GIS 的湿地生态系统健康评价——以辽河三角洲盘锦市为例 . 南京：南京师范大学硕士学位论文 .

蒋卫国，王晓雅，荔琢，等 . 2024. 国际湿地城市可持续发展历程与未来研究趋势 . 自然资源学报，39（6）：1241-1261.

蒋卫国，张泽，凌子燕，等 . 2023. 中国湿地保护修复管理经验与未来研究趋势 . 地理学报，78（9）：2223-2240.

蒋晓娟 . 2019. 基于生态文明建设的国土空间优化研究 . 兰州：兰州大学博士学位论文 .

蒋梓杰 . 2021. 基于 Sentinel-1/2 数据的湿地特征优选及类别提取研究 . 北京：北京师范大学硕士学位论文 .

寇欣 . 2022. 岱海湖泊湖滨带湿地生态系统多功能性维持机理研究 . 呼和浩特：内蒙古大学博士学位论文 .

匡小明，谭新华 . 2009. 中美湿地保护立法比较研究 . 中国环保产业，（2）：56-61.

雷光春 . 2022. 中国履行《湿地公约》的成就与展望 . 自然保护地，（3）：1-8.

李春华，江莉佳，曾广 . 2012. 国外城市湿地研究的现状、问题及前瞻 . 中南林业科技大学学报，32（12）：25-30.

李晓东，闫守刚，宋开山 . 2021. 遥感监测东北地区典型湖泊湿地变化的方法研究 . 遥感技术与应用，36（4）：728-741.

李玉，牛路，赵泉华 . 2021. 抚顺矿区 1989～2019 年土地利用/覆盖变化分析 . 测绘科学，46（8）：96-104.

荔琢，侯鹏，蒋卫国，等 . 2023. 土地利用变化对生态系统服务功能的驱动效应研究——以秦岭地区自然保护区为例 . 北京师范大学学报（自然科学版），59（2）：196-205.

荔琢，蒋卫国，王文杰，等 . 2019. 基于生态系统服务价值的京津冀城市群湿地主导服务功能研究 . 自然资源学报，34（8）：1654-1665.

荔琢 . 2024. 基于多情景湿地变化模拟的生态系统服务与可持续性评估研究——以中国首批湿地城市为例 . 北京：北京师范大学博士学位论文 .

联合国人居中心 . 1999. 城市化的世界 . 北京：中国建筑工业出版社 .

梁芳源，李鹏，程维金，等 . 2023. 武汉城市湿地景观格局及生态系统服务功能演变轨迹与驱动机制 . 环境工程，41（1）：105-111.

刘甲红，徐露洁，潘骁骏，等 . 2017. 土地利用/土地覆盖变化情景模拟研究进展 . 杭州师范大学学报（自然科学版），16（5）：551-560.

刘凯，彭力恒，李想，等 . 2019. 基于 Google Earth Engine 的红树林年际变化监测研究 . 地球信息科学学报，21（5）：731-739.

刘令聪，林萍，汪学华，等．2013. 城市湿地特征及其生态恢复．湿地科学与管理，9（1）：54-56.
刘明皓，王耀兴，李东鸿，等．2014. 地理计算智能与城市动态变化及开发强度模拟．北京：科学出版社．
刘晓辉，侯光雷，邹元春，等．2021. 松嫩平原自然保护区土壤储碳与气候调节功能．东北林业大学学报，49（10）：122-126.
刘毅，寇江泽，刘温馨，等．2022-11-07. 共同努力，谱写全球湿地保护新篇章．人民日报，001.
刘英，吴立新，马保东．2013. 基于 TM/ETM+光谱特征空间的土壤湿度遥感监测．中国矿业大学学报，42（2）：296-301.
娄艺涵，张力小，潘骁骏，等．2021. 1984 年以来 8 个时期杭州主城区西部湿地格局研究．湿地科学，19（2）：247-254.
吕金霞，蒋卫国，王文杰，等．2018. 近 30 年来京津冀地区湿地景观变化及其驱动因素．生态学报，38（12）：4492-4503.
马翔，由丽华，廖宁，等．2023. 水库面对可能最大洪水时的应急调度优化研究．中国农村水利水电，（11）：45-51.
马梓文，张明祥．2015. 从《湿地公约》第 12 次缔约方大会看国际湿地保护与管理的发展趋势．湿地科学，13（5）：523-527.
满吉成．2023. 祁连山国家公园水源涵养量时空特征与多情景预测研究．兰州：兰州大学硕士学位论文．
宁中华，龙爽，袁媛，等．2015. 城市湿地与城市生态安全关系初探．东北师大学报（自然科学版），47（1）：158-162.
牛文元．2014. 可持续发展理论内涵的三元素．中国科学院院刊，29（4）：410-415.
牛振国，张海英，王显威，等．2012. 1978～2008 年中国湿地类型变化．科学通报，57（16）：1400-1411.
潘明欣，张力小，胡潭高，等．2022. 城市湿地生态系统服务动态演化及其权衡关系——以杭州西溪湿地为例．北京师范大学学报（自然科学版），58（6）：893-900.
彭建，吕丹娜，董建权，等．2020. 过程耦合与空间集成：国土空间生态修复的景观生态学认知．自然资源学报，35（1）：3-13.
彭凯锋，蒋卫国，侯鹏，等．2024. 结合多源专题数据和目视解译的大区域密集湿地样本数据生产．遥感学报，28（2）：334-345.
彭凯锋．2022. 滨海城市群的湿地遥感分类及未来空间变化模拟：以粤港澳大湾区和广西北部湾为例．北京：北京师范大学博士学位论文．
饶恩明，肖燚，欧阳志云．2014. 中国湖库洪水调蓄功能评价．自然资源学报，29（8）：1356-1365.
任玺锦，裴婷婷，陈英，等．2021. 基于碳密度修正的甘肃省土地利用变化对碳储量的影响．生态科学，40（4）：66-74.
沙林伟．2019. 亚洲中高纬度湖滨湿地变化遥感检测研究．长春：中国科学院大学硕士学位论文．
苏泳松．2022. 广州海珠国家湿地公园水体氮素特征及其环境效应．广州：广州大学硕士学位论文．
孙广友，王海霞，于少鹏．2004. 城市湿地研究进展．地理科学进展，（5）：94-100.
谭铁刚．2016. 酒泉市肃州区湿地保护与合理利用规划的探讨．秦皇岛：燕山大学硕士学位论文．
汤坚，顾长明，周小春．2011. 城市湿地的保护与利用．北京林业大学学报，33（S2）：54-56.
唐华俊，吴文斌，杨鹏，等．2009. 土地利用/土地覆被变化（LUCC）模型研究进展．地理学报，64（4）：456-468.
田庆久，闵祥军，1998. 植被指数研究进展．地球科学进展，（4）：10-16.
王超，石爱业，陈嘉琪．2018. 高分辨率遥感影像变化检测．北京：人民邮电出版社．
王海霞，孙广友，宫辉力，等．2006. 北京市可持续发展战略下的湿地建设策略．干旱区资源与环境，（1）：27-32.

王红娟，姜加虎，黄群．2008. 基于知识的洞庭湖湿地遥感分类方法．长江流域资源与环境，(3)：370-373.
王会，刘明昕，赵亚文，等．2017. 国际湿地城市认证及我国推进的建议．世界林业研究，30 (6)：6-11.
王建华，吕宪国．2007. 城市湿地概念和功能及中国城市湿地保护．生态学杂志，(4)：555-560.
王磊，王羊，蔡运龙．2012. 土地利用变化的 ANN-CA 模拟研究——以西南喀斯特地区猫跳河流域为例．北京大学学报（自然科学版)，48 (1)：116-122.
王琪．2022. 我国湿地保护率 2025 年将达到 55%——《全国湿地保护规划（2022 ~ 2030 年)》印发．国土绿化，(10)：4-5.
王庆．2019. 基于深度学习的遥感影像变化检测方法研究．武汉：武汉大学博士学位论文．
王瑞卿，张明祥，武海涛，等．2022. 从《中华人民共和国湿地保护法》解析湿地定义与分类．湿地科学，20 (3)：404-412.
王晓雅．2023. 城市湿地类型遥感提取方法与变化模式研究——以中国首批湿地城市为例．北京：北京师范大学博士学位论文．
王宇，叶长青，朱丽蓉，等．2023. 东寨港湾区土地利用变化对生态系统服务功能的影响．长江科学院院报，40 (8)：70-76.
温亚利，李小勇，谢屹．2008. 北京城市湿地现状与保护管理对策研究——城市湿地理论初探．北京：中国林业出版社．
吴丰林，周德民，胡金明．2007. 基于景观格局演变的城市湿地景观生态规划途径．长江流域资源与环境，(3)：368-372.
吴海萍，刘彦花．2018. 基于 PSR 模型的区域土地利用可持续水平测度．水土保持通报，38 (1)：270-275.
吴后建，刘世好，曹虹，等．2022. 中国红树林生态修复成效评价标准体系探讨．湿地科学，20 (5)：628-635.
吴一帆，张璇，李冲，等．2020. 生态修复措施对流域生态系统服务功能的提升——以潮河流域为例．生态学报，40 (15)：5168-5178.
吴志刚．2006. 国外湿地保护立法述评．上海政法学院学报，(5)：98-102.
谢高地，鲁春霞，冷允法，等．2003. 青藏高原生态资产的价值评估．自然资源学报，(2)：189-196.
谢高地，张彩霞，张雷明，等．2015. 基于单位面积价值当量因子的生态系统服务价值化方法改进．自然资源学报，30 (8)：1243-1254.
谢高地，甄霖，鲁春霞，等．2008. 一个基于专家知识的生态系统服务价值化方法．自然资源学报，(5)：911-919.
徐涵秋．2005. 利用改进的归一化差异水体指数（MNDWI）提取水体信息的研究．遥感学报，(5)：589-595.
徐丽，何念鹏，于贵瑞．2010. A dataset of carbon density in Chinese terrestrial ecosystems (2010s)．https：//cstr. cn/31253. 11. sciencedb. 603 [2023-10-29]．
徐中民，张志强，程国栋，等．2000. 可持续发展定量研究的几种新方法评介．中国人口·资源与环境，10 (2)：60-64.
许盼盼．2018. 基于高时空分辨率数据的湿地精细分类研究．北京：中国科学院大学硕士学位论文．
学英．2023. 保护生物多样性共建美丽家园——再现《生物多样性公约》第十五次缔约方大会（COP15）第二阶段会议系列进程．环境与生活，(Z1)：18-29.
杨洁，谢保鹏，张德罡．2020. 基于 InVEST 模型的黄河流域产水量时空变化及其对降水和土地利用变化

的响应 . 应用生态学报，31（8）：2731-2739.
杨青，刘耕源 . 2018. 湿地生态系统服务价值能值评估——以珠江三角洲城市群为例 . 环境科学学报，38（11）：4527-4538.
叶成虎 . 1997. 联合国可持续发展指标评述 . 中国人口・资源与环境，7（3）：83-87.
于媛 . 2021. 哈长城市群生态系统服务时空变化研究 . 延吉：延边大学硕士学位论文 .
玉娟 . 2008. 湿地保护立法比较研究 . 北京：中国地质大学硕士学位论文 .
袁敏，肖鹏峰，冯学智，等 . 2015. 基于协同分割的高分辨率遥感图像变化检测 . 南京大学学报（自然科学），51（5）：1039-1048.
苑杰 . 2022.《联合国气候变化框架公约》第 26 届缔约方大会成果 . 国际社会科学杂志（中文版），39（2）：159-172.
曾辉，高启辉，陈雪，等 . 2010. 深圳市 1988～2007 年间湿地景观动态变化及成因分析 . 生态学报，30（10）：2706-2714.
查勇，倪绍祥，杨山 . 2003. 一种利用 TM 图像自动提取城镇用地信息的有效方法 . 遥感学报，（1）：37-40.
张慧，李智，刘光，等 . 2016. 中国城市湿地研究进展 . 湿地科学，14（1）：103-107.
张曼胤，崔丽娟，郭子良，等 . 2017. "湿地城市" 的理念、内涵与展望 . 湿地科学与管理，13（4）：63-66.
张文志，杜梦豪，丁来中，等 . 2023. 非洲 Munyaka 地区铁皮屋顶时空变化规律研究 . 遥感技术与应用，38（3）：729-738.
张晓东，王文波，王庆，等 . 2015. 遥感影像变化检测 . 武汉：武汉大学出版社 .
张晓荣，李爱农，南希，等 . 2020. 基于 FLUS 模型和 SD 模型耦合的中巴经济走廊土地利用变化多情景模拟 . 地球信息科学学报，22（12）：2393-2409.
张中华，赵璐，吕斌 . 2019. 可持续性城市空间规划研究进展及启示 . 城市发展研究，26（07）：67-74.
章念生，邹松，牛瑞飞 . 2022-12-02. 共同推进湿地保护全球行动 . 人民日报，16.
赵景柱，肖寒，吴刚 . 2000. 生态系统服务的物质量与价值量评价方法的比较分析 . 应用生态学报，（2）：290-292.
赵欣胜，崔丽娟，李伟，等 . 2016. 吉林省湿地调蓄洪水功能分析及其价值评估 . 水资源保护，32（4）：27-33，66.
甄佳宁 . 2016. 基于多时相遥感的长春湿地动态变化研究 . 长春：吉林大学硕士学位论文 .
周李磊 . 2020. 长江上游湿地生态系统服务评估及多情景模拟 . 重庆：重庆大学博士学位论文 .
周启鸣 . 2011. 多时相遥感影像变化检测综述 . 地理信息世界，9（2）：28-33.
周天军，邹立维，陈晓龙 . 2019. 第六次国际耦合模式比较计划（CMIP6）评述 . 气候变化研究进展，15（5）：445-456.
周彦汝 . 2020. 基于时间序列光学遥感影像的不透水面变化研究 . 成都：电子科技大学硕士学位论文 .
朱凌，贾涛，石若明 . 2020. 全球地表覆盖产品更新与整合 . 北京：科学出版社 .
Alam S A，Starr M，Clark B J F. 2013. Tree biomass and soil organic carbon densities across the Sudanese woodland savannah：A regional carbon sequestration study. Journal of Arid Environments，89：67-76.
Allen G H，Pavelsky T M. 2018. Global extent of rivers and streams. Science，361（6402）：585-588.
Alonso A，Muñoz-Carpena R，Kaplan D. 2020. Coupling high- resolution field monitoring and MODIS for reconstructing wetland historical hydroperiod at a high temporal frequency. Remote Sensing of Environment，247：111807.
Amler E，Schmidt M，Menz G. 2015. Definitions and mapping of East African wetlands：A review. Remote

Sensing，7（5）：5256-5282.

Arévalo P，Bullock E L，Woodcock C E，et al. 2020. A suite of tools for continuous land change monitoring in Google Earth Engine. Frontiers in Climate，2：576740.

Aselmann I，Crutzen P J. 1989. Global distribution of natural freshwater wetlands and rice paddies，their net primary productivity，seasonality and possible methane emissions. Journal of Atmospheric Chemistry，8（4）：307-358.

Basheer M，Nechifor V，Calzadilla，et al.，2022. Balancing national economic policy outcomes for sustainable development. Nature Communications，13（1）：5041.

Bettencourt L M A，Kaur J. 2011. Evolution and structure of sustainability science. Proceedings of the National Academy of Sciences，108（49）：19540-19545.

Bi Y，Zheng L，Wang Y，et al. 2023. Coupling relationship between urbanization and water-related ecosystem services in China's Yangtze River economic Belt and its socio-ecological driving forces：A county-level perspective. Ecological Indicators，146：109871.

Bian J H，Li A N，Zhang Z J，et al. 2017. Monitoring fractional green vegetation cover dynamics over a seasonally inundated alpine wetland using dense time series HJ-1A/B constellation images and an adaptive endmember selection LSMM model. Remote Sensing of Environment，197：98-114.

Bolton D K，Gray J M，Melaas E K，et al. 2020. Continental-scale land surface phenology from harmonized Landsat 8 and Sentinel-2 imagery. Remote Sensing of Environment，240：111685.

Bontemps S，Bogaert P，Titeux N，et al. 2008. An object-based change detection method accounting for temporal dependences in time series with medium to coarse spatial resolution. Remote Sensing of Environment，112（6）：3181-3191.

Bontemps S，Defourny P，Van Bogaert E，et al. 2011. GLOBCOVE2009：Products description and validation report. ESA Globcover Project led by MEDIAS France POSTEL，33：140-147.

Brinkmann K，Hoffmann E，Buerkert A. 2020. Spatial and temporal dynamics of urban wetlands in an Indian megacity over the past 50 years. Remote Sensing，12（4）：662.

Brown C F，Brumby S P，Guzder-Williams B，et al. 2022. Dynamic World，Near real-time global 10 m land use land cover mapping. Scientific Data，9（1）：251.

Bunting P，Rosenqvist A，Lucas R M，et al. 2018. The global mangrove watch：A new 2010 global baseline of mangrove extent. Remote Sensing，10（10）：1669.

Calderón-Loor M，Hadjikakou M，Bryan B A. 2021. High-resolution wall-to-wall land-cover mapping and land change assessment for Australia from 1985 to 2015. Remote Sensing of Environment，252：112148.

Campbell D A. 2017. An update on the United Nations Millennium Development Goals. Journal of Obstetric，Gynecologic & Neonatal Nursing，46（3）：E48-E55.

Candelaria J L，Sharifi A，Simangan D，et al. 2023. A critical analysis of selected global sustainability assessment frameworks：Toward integrated approaches to peace and sustainability. World Development Perspectives，32：100539.

Cao J J，Leng W C，Liu K，et al. 2018. Object-based mangrove species classification using unmanned aerial vehicle hyperspectral images and digital surface models. Remote Sensing，10（1）：89.

Chen J，Chen J，Liao A P，et al. 2015. Global land cover mapping at 30m resolution：A POK-based operational approach. ISPRS Journal of Photogrammetry and Remote Sensing，103：7-27.

Chen M M，Liu J G. 2015. Historical trends of wetland areas in the agriculture and pasture interlaced zone：A case study of the Huangqihai Lake Basin in northern China. Ecological Modelling，318：168-176.

Costanza R, d'Arge R, de Groot R, et al. 1997. The value of the world's ecosystem services and natural capital. Nature, 387: 253-260.

Degert I, Parikh P, Kabir R. 2016. Sustainability assessment of a slum upgrading intervention in Bangladesh. Cities, 56: 63-73.

Deng Y, Jiang W G, Tang Z H, et al. 2017. Spatio-temporal change of lake water extent in Wuhan Urban Agglomeration Based on landsat images from 1987 to 2015. Remote Sensing, 9 (3): 270.

Deng Y, Jiang W G, Tang Z H, et al. 2019. Long-term changes of open-surface water bodies in the Yangtze River basin based on the Google Earth Engine cloud platform. Remote Sensing, 11 (19): 2213.

Deng Y, Jiang W G, Wu Z, et al. 2022. Assessing and characterizing carbon storage in wetlands of the Guangdong-Hong Kong-Macau Greater Bay Area, China, during 1995-2020. IEEE Journal of Selected Topics in Applied Earth Observations and Remote Sensing, 15: 6110-6120.

Domingo D, Palka G, Hersperger A M. 2021. Effect of zoning plans on urban land-use change: A multi-scenario simulation for supporting sustainable urban growth. Sustainable Cities and Society, 69: 102833.

Donato D C, Kauffman J B, Murdiyarso D, et al. 2011. Mangroves among the most carbon-rich forests in the tropics. Nature Geoscience, 4 (5): 293-297.

Donchyts G, Schellekens J, Winsemius H, et al. 2016. A 30 m resolution surface water mask including estimation of positional and thematic differences using Landsat 8, SRTM and OpenStreetMap: A case study in the Murray-Darling Basin, Australia. Remote Sensing, 8 (5): 386.

Dronova I, Gong P, Wang L, et al. 2015. Mapping dynamic cover types in a large seasonally flooded wetland using extended principal component analysis and object-based classification. Remote Sensing of Environment, 158: 193-206.

Eid A N M, Olatubara C O, Ewemoje T A, et al. 2020. Inland wetland time-series digital change detection based on SAVI and NDWI indecies: Wadi El-Rayan lakes, Egypt. Remote Sensing Applications: Society and Environment, 19: 100347.

Eslami Y, Lezoche M, Panetto H, et al. 2023. An Indicator-based sustainability assessment framework in manufacturing organisations. Journal of Industrial Information Integration, 36: 100516.

Farr T G, Rosen P A, Caro E, et al. 2007. The shuttle radar topography mission. Reviews of Geophysics, 45 (2): 361.

Feyisa G L, Meilby H, Fensholt R, et al. 2014. Automated Water Extraction Index: A new technique for surface water mapping using Landsat imagery. Remote Sensing of Environment, 140: 23-35.

Geng Z P, Jiang W G, Peng K F, et al. 2023. Wetland mapping and landscape analysis for supporting International Wetland Cities: case studies in Nanchang city and Wuhan city. IEEE Journal of Selected Topics in Applied Earth Observations and Remote Sensing, 16: 8858-8870.

Goldberg L, Lagomasino D, Thomas N, et al. 2020. Global declines in human-driven mangrove loss. Global Change Biology, 26 (10): 5844-5855.

Gong P, Liu H, Zhang M N, et al. 2019. Stable classification with limited sample: transferring a 30-m resolution sample set collected in 2015 to mapping 10-m resolution global land cover in 2017. Science Bulletin, 64 (6): 370-373.

Gray J, Song C. 2013. Consistent classification of image time series with automatic adaptive signature generalization. Remote Sensing of Environment, 134: 333-341.

Guo H J, Cai Y P, Yang Z F, et al. 2021. Dynamic simulation of coastal wetlands for Guangdong-Hong Kong-Macao Greater Bay area based on multi-temporal Landsat images and FLUS model. Ecological Indicators,

125：107559.

Guo M M, Li L, Ouyang S, et al. 2021. Identifying and analyzing ecosystem service bundles and their socioecological drivers in the Three Gorges Reservoir Area. Journal of Cleaner Production, 307：127208.

Guo R Z, Lin L, Xu J F, et al. 2023. Spatio-temporal characteristics of cultural ecosystem services and their relations to landscape factors in Hangzhou Xixi National Wetland Park, China. Ecological Indicators, 154：110910.

Han B S, Reidy A, Li A H. 2021. Modeling nutrient release with compiled data in a typical Midwest watershed. Ecological Indicators, 121：107213.

Han X X, Chen X L, Feng L. 2015. Four decades of winter wetland changes in Poyang Lake based on Landsat observations between 1973 and 2013. Remote Sensing of Environment, 156：426-437.

Hansen M, Potapov P V, Moore R, et al. 2013. High-Resolution Global Maps of 21st-Century Forest Cover Change. Science, 342（6160）：850-853.

He J M, Hong L, Shao C K, et al. 2023. Global evaluation of simulated surface shortwave radiation in CMIP6 models. Atmospheric Research, 292：106896.

Hettiarachchi M, Morrison T H, Mcalpine C. 2015. Forty-three years of Ramsar and urban wetlands. Global Environmental Change, 32：57-66.

Hu T G, Liu J H, Zheng G, et al. 2020. Evaluation of historical and future wetland degradation using remote sensing imagery and land use modeling. Land Degradation & Development, 31（1）：65-80.

Hu W M, Li G, Gao Z H, et al. 2020. Assessment of the impact of the Poplar Ecological Retreat Project on water conservation in the Dongting Lake wetland region using the InVEST model. Science of The Total Environment, 733：139423.

Huang C B, Zhao D, Liao Q, et al. 2023. Linking landscape dynamics to the relationship between water purification and soil retention. Ecosystem Services, 59：101498.

Huang R. 2023. SDG-oriented sustainability assessment for Central and Eastern European countries. Environmental and Sustainability Indicators, 19：100268.

Huete A, Didan K, Miura T, et al. 2002. Overview of the radiometric and biophysical performance of the MODIS vegetation indices. Remote Sensing of Environment, 83（1-2）：195-213.

Jacob A. 2017. Mind the gap：Analyzing the impact of data gap in Millennium Development Goals'（MDGs）indicators on the progress toward MDGs. World Development, 93：260-278.

Ji W, Xu X F, Murambadoro D. 2015. Understanding urban wetland dynamics：Cross-scale detection and analysis of remote sensing. International Journal of Remote Sensing, 36（7）：1763-1788.

Jia K, Jiang W G, Li J, et al. 2018. Spectral matching based on discrete particle swarm optimization：A new method for terrestrial water body extraction using multi-temporal Landsat 8 images. Remote Sensing of Environment, 209：1-18.

Jia M, Mao D, Wang Z, et al. 2020. Tracking long-term floodplain wetland changes：A case study in the China side of the Amur River Basin. International Journal of Applied Earth Observation and Geoinformation, 92：102185.

Jia M, Mao D, Wang Z, et al. 2020. Tracking long-term floodplain wetland changes：A case study in the China side of the Amur River Basin. International Journal of Applied Earth Observation and Geoinformation, 92：102185.

Jin H, Huang C, Lang M W, et al. 2017. Monitoring of wetland inundation dynamics in the Delmarva Peninsula using Landsat time-series imagery from 1985 to 2011. Remote Sensing of Environment, 190：26-41.

Jin S, Yang L, Danielson P, et al. 2013. A comprehensive change detection method for updating the National Land Cover Database to circa 2011. Remote Sensing of Environment, 132: 159-175.

Johansson M, Pedersen E, Weisner S, et al. 2019. Assessing cultural ecosystem services as individuals' place-based appraisals. Urban Forestry & Urban Greening, 39: 79-88.

Keiper J B, Walton W E, Foote B A. 2002. Biology and ecology of higher diptera from freshwater wetlands. Annual Review of Entomology, 47: 207-232.

Kent B J, Mast J N. 2005. Wetland change analysis of San Dieguito Lagoon, California, USA: 1928-1994. Wetlands, 25 (3): 780-787.

Kesikoglu M H, Atasever U H, Dadaser-Celik F, et al. 2019. Performance of ANN, SVM and MLH techniques for land use/cover change detection at Sultan Marshes wetland, Turkey. Water Science and Technology, 80 (3): 466-477.

Knorn J, Rabe A, Radeloff V C, et al. 2009. Land cover mapping of large areas using chain classification of neighboring Landsat satellite images. Remote Sensing of Environment, 113 (5): 957-964.

Laborte A G, Maunahan A A, Hijmans R J, 2010. Spectral Signature Generalization and Expansion Can Improve the Accuracy of Satellite Image Classification. PLOS ONE, 5 (5): e10516.

Langan C, Farmer J, Rivington M, et al. 2018. Tropical wetland ecosystem service assessments in East Africa; A review of approaches and challenges. Environmental Modelling & Software, 102: 260-273.

Lehner B, Liermann C R, Revenga C, et al. 2011. High-resolution mapping of the world's reservoirs and dams for sustainable river-flow management. Frontiers in Ecology and the Environment, 9 (9): 494-502.

Li J, Ouyang X, Zhu X. 2021. Land space simulation of urban agglomerations from the perspective of the symbiosis of urban development and ecological protection: A case study of Changsha-Zhuzhou-Xiangtan urban agglomeration. Ecological Indicators, 126: 107669.

Li L, Chen Y, Xu T, et al. 2015. Super-resolution mapping of wetland inundation from remote sensing imagery based on integration of back-propagation neural network and genetic algorithm. Remote Sensing of Environment, 164: 142-154.

Li N, Li L, Lu D, et al. 2019b. Detection of coastal wetland change in China: a case study in Hangzhou Bay. Wetlands Ecology and Management, 27 (1): 103-124.

Li N, Lu D S, Wu M, et al. 2018. Coastal wetland classification with multiseasonal high-spatial resolution satellite imagery. International Journal of Remote Sensing, 39 (23): 8963-8983.

Li X, Fu J, Jiang D, et al. 2022. Land use optimization in Ningbo City with a coupled GA and PLUS model. Journal of Cleaner Production, 375: 134004.

Li X, Yu X, Jiang L, et al. 2014. How important are the wetlands in the middle-lower Yangtze River region: An ecosystem service valuation approach. Ecosystem Services, 10: 54-60.

Li Z, Jiang W G, Hou P, et al. 2023. Changes in the ecosystem service importance of the seven major river basins in China during the implementation of the Millennium development goals (2000-2015) and sustainable development goals (2015-2020). Journal of Cleaner Production, 433: 139787.

Li Z, Jiang W, Wang W, et al. 2019a. Exploring spatial-temporal change and gravity center movement of construction land in the Changsha-Zhuzhou-Xiangtan urban agglomeration. Journal of Geographical Sciences, 29 (08): 1363-1380.

Liang J, Li S, Li X, et al. 2021. Trade-off analyses and optimization of water-related ecosystem services (WRESs) based on land use change in a typical agricultural watershed, southern China. Journal of Cleaner Production, 279: 123851.

Liang X, Guan Q, Clarke K C, et al. 2021. Understanding the drivers of sustainable land expansion using a patch- generating land use simulation (PLUS) model: A case study in Wuhan, China. Computers, Environment and Urban Systems, 85: 101569.

Liao W, Qu Q, Liang S, et al. 2023. Using granular computing to measure the similarity of sustainable development in China: Addressing goals 1, 3, 8, 10 and 15 of the SDGs. Environmental Development, 47: 100886.

Lin W, Xu D, Guo P, et al. 2019. Exploring variations of ecosystem service value in Hangzhou Bay Wetland, Eastern China. Ecosystem Services, 37: 100944.

Ling Z, Jiang W, Lu Y, et al. 2023. Continuous long time series monitoring of urban construction land in supporting the SDG 11. 3. 1: A case study of Nanning, Guangxi, China. Land, 12 (2): 452.

Liu C, Liu G, Yang Q, et al. 2021c. Emergy- based evaluation of world coastal ecosystem services. Water Research, 204: 117656.

Liu J, Xiao B, Jiao J, et al. 2021b. Modeling the response of ecological service value to land use change through deep learning simulation in Lanzhou, China. Science of The Total Environment, 796, 148981.

Liu P, Hu Y, Jia W. 2021d. Land use optimization research based on FLUS model and ecosystem services-setting Jinan City as an example. Urban Climate, 40: 100984.

Liu T, Abd- Elrahman A. 2018. Deep convolutional neural network training enrichment using multi- view object-based analysis of Unmanned Aerial systems imagery for wetlands classification. ISPRS Journal of Photogrammetry and Remote Sensing, 139: 154-170.

Liu T, Yang L, Lunga D. 2021a. Change detection using deep learning approach with object- based image analysis. Remote Sensing of Environment, 256: 112308.

Liu X, Liang X, Li X, et al. 2017. A Future Land Use Simulation Model (FLUS) for simulating multiple land use scenarios by coupling human and natural effects. Landscape and Urban Planning, 168: 94-116.

Ludwig C, Walli A, Schleicher C, et al. 2019. A highly automated algorithm for wetland detection using multi-temporal optical satellite data. Remote Sensing of Environment, 224: 333-351.

Mahdianpari M, Granger J E, Mohammadimanesh F, et al. 2020. Meta- Analysis of wetland classification using remote sensing: A systematic review of a 40-year trend in North America. Remote Sensing, 12 (11): 1882.

Mahdianpari M, Granger J E, Mohammadimanesh F, et al. 2021. Smart solutions for smart cities: Urban wetland mapping using very- high resolution satellite imagery and airborne LiDAR data in the City of St. John's, NL, Canada. Journal of Environmental Management, 280: 111676.

Mahdianpari M, Salehi B, Mohammadimanesh F, et al. 2019. The first wetland inventory map of newfoundland at a spatial resolution of 10m using Sentinel-1 and Sentinel-2 data on the Google Earth Engine cloud computing platform. Remote Sensing, 11 (1): 43.

Mallick S K, Das P, Maity B, et al. 2021. Understanding future urban growth, urban resilience and sustainable development of small cities using prediction- adaptation- resilience (PAR) approach. Sustainable Cities and Society, 74: 103196.

Mao D H, Wang Z M, Du B J, et al. 2020. National wetland mapping in China: A new product resulting from object- based and hierarchical classification of Landsat 8 OLI images. ISPRS Journal of Photogrammetry and Remote Sensing, 164: 11-25.

Mao D H, Wang Z L, Wang Y Q, et al. 2021. Remote observations in China's Ramsar Sites: Wetland dynamics, anthropogenic threats, and implications for sustainable development goals. Journal of Remote Sensing, (1): 319-331.

Mao D H, Wang Z M, Wu J G, et al. 2018. China's wetlands loss to urban expansion. Land Degradation & Development, 29 (8): 2644-2657.

Mathis W, William E R. 1998. Our ecological footprint: Reducing human impact on the earth. British Columbia, Canada: New Social Publishers.

Matthews E, Fung I. 1987. Methane emission from natural wetlands: Global distribution, area, and environmental characteristics of sources. Global Biogeochemical Cycles, 1 (1): 61-86.

Mcfeeters S K. 1996. The use of the Normalized Difference Water Index (NDWI) in the delineation of open water features. International Journal of Remote Sensing, 17 (7): 1425-1432.

Mcowen C J, Weatherdon L V, Van Bochove J W, et al. 2017. A global map of saltmarshes. Biodiversity Data Journal, (5): e11764.

Messager M L, Lehner B, Grill G, et al. 2016. Estimating the volume and age of water stored in global lakes using a geo-statistical approach. Nature Communications, 7 (1): 13603.

Mintah F, Amoako C, Adarkwa K K. 2021. The fate of urban wetlands in Kumasi: An analysis of customary governance and spatio-temporal changes. Land Use Policy, 111 (c): 05787.

Moussiopoulos N, Achillas C, Vlachokostas C, et al. 2010. Environmental, social and economic information management for the evaluation of sustainability in urban areas: A system of indicators for Thessaloniki, Greece. Cities, 27 (5): 377-384.

Murray N J, Phinn S R, Dewitt M, et al. 2019. The global distribution and trajectory of tidal flats. Nature, 565 (7738): 222-225.

Myers S C, Clarkson B R, Reeves P N, et al. 2013. Wetland management in New Zealand: Are current approaches and policies sustaining wetland ecosystems in agricultural landscapes? Ecological Engineering, 56: 107-120.

Nielsen E M, Prince S D, Koeln G T. 2008. Wetland change mapping for the U. S. mid-Atlantic region using an outlier detection technique. Remote Sensing of Environment, 112 (11): 4061-4074.

Niu Z, Zhang H, Wang X, et al. 2012. Mapping wetland changes in China between 1978 and 2008. Chinese Science Bulletin, 57 (22): 2813-2823.

Olofsson P, Foody G M, Herold M, et al. 2014. Good practices for estimating area and assessing accuracy of land change. Remote Sensing of Environment, 148: 42-57.

Palmate S S, Pandey A, Mishra S K. 2017. Modelling spatiotemporal land dynamics for a trans-boundary river basin using integrated Cellular Automata and Markov Chain approach. Applied Geography, 82: 11-23.

Pei H, Liu M, Shen Y, et al. 2022. Quantifying impacts of climate dynamics and land-use changes on water yield service in the agro-pastoral ecotone of northern China. Science of The Total Environment, 809: 151153.

Pekel J F, Cottam A, Gorelick N, et al. 2016. High-resolution mapping of global surface water and its long-term changes. Nature, 540 (7633): 418-422.

Peng K, Jiang W, Deng Y, et al. 2020. Simulating wetland changes under different scenarios based on integrating the random forest and CLUE-S models: A case study of Wuhan Urban Agglomeration. Ecological Indicators, 117: 106671.

Peng K, Jiang W, Ling Z, et al. 2021. Evaluating the potential impacts of land use changes on ecosystem service value under multiple scenarios in support of SDG reporting: a case study of the Wuhan urban agglomeration. Journal of Cleaner Production, 307: 127321.

Peng K, Jiang W, Wang X, et al. 2023. Evaluation of future wetland changes under optimal scenarios and land degradation neutrality analysis in the Guangdong-Hong Kong-Macao Greater Bay Area. Science of The Total Environment, 879: 163111.

Peng S, Ding Y, Liu W, et al. 2019. 1 km monthly temperature and precipitation dataset for China from 1901 to 2017. Earth System Science Data, 11: 1931-1946.

Persson M, Lindberg E, Reese H. 2018. Tree Species Classification with Multi-Temporal Sentinel-2 Data. Remote Sensing, 10 (11): 1794.

Pickens A H, Hansen M C, Hancher M, et al. 2020. Mapping and sampling to characterize global inland water dynamics from 1999 to 2018 with full Landsat time-series. Remote Sensing of Environment, 243: 111792.

Pontius R G. 2000. Quantification error versus location error in comparison of categorical maps. Photogrammetric Engineering & Remote Sensing, 66: 1011-1016.

Pontius R G, Boersma W, Castella J C, et al. 2008. Comparing the input, output, and validation maps for several models of land change. The Annals of Regional Science, 42 (1): 11-37.

Potapov P V, Turubanova S A, Hansen M C, et al. 2012. Quantifying forest cover loss in Democratic Republic of the Congo, 2000-2010, with Landsat ETM+ data. Remote Sensing of Environment, 122: 106-116.

Qin H, Chen Y. 2023. Spatial non-stationarity of water conservation services and landscape patterns in Erhai Lake Basin, China. Ecological Indicators, 146: 109894.

Ralha C G, Abreu C G, Coelho C G C, et al. 2013. A multi-agent model system for land-use change simulation. Environmental Modelling & Software, 42: 30-46.

Rapinel S, Mony C, Lecoq L, et al. 2019. Evaluation of Sentinel-2 time-series for mapping floodplain grassland plant communities. Remote Sensing of Environment, 223: 115-129.

Renzetti S, Dupont D P. 2017. Water Policy and Governance in Canada. New York: Springer International Publishing.

Rong T, Zhang P, Zhu H, et al. 2022. Spatial correlation evolution and prediction scenario of land use carbon emissions in China. Ecological Informatics, 71: 101802.

Santos S A, Takahashi F, Cardoso E L, et al. 2020. An emergy-based approach to assess and valuate ecosystem services of tropical wetland pastures in Brazil. Open Journal of Ecology, 10 (5): 303-319.

Schulz D, Yin H, Tischbein B, et al. 2021. Land use mapping using Sentinel-1 and Sentinel-2 time series in a heterogeneous landscape in Niger, Sahel. ISPRS Journal of Photogrammetry and Remote Sensing, 178: 97-111.

Shangguan W, Dai Y J, Liu B Y, et al. 2013. A China dataset of soil properties for land surface modeling. Journal of Advances in Modeling Earth Systems, 5: 212-224.

Sharp R, Tallis H T, Ricketts T, et al. 2015. InVEST 3. 2. 0 User's Guide. http: //www. naturalcapitalproject. org [2023-10-29].

Shaw S P, Fredine C G. 1956. Wetlands of the United States: their extent and their value to waterfowl and other wildlife. Washington D. C.: U. S. Dept. of the Interior, Fish and Wildlife Service.

Shi L, Xiang X, Zhu W, et al. 2018. Standardization of the Evaluation Index System for Low-Carbon Cities in China: A Case Study of Xiamen. Sustainability, 10 (10): 1-20.

Talukdar S, Singha P, Mahato S, et al. 2020. Land-Use Land-Cover Classification by Machine Learning Classifiers for Satellite Observations—A Review. Remote Sensing, 12 (7): 1135.

Thomas N, Lucas R, Bunting P, et al. 2017. Distribution and drivers of global mangrove forest change, 1996-2010. PloS One, 12 (6): e0179302.

Tucker C J. 1979. Red and photographic infrared linear combinations for monitoring vegetation. Remote Sensing of Environment, 8 (2): 127-150.

Turner B L, Lambin E F, Reenberg A. 2007. The emergence of land change science for global environmental change and sustainability. Proceedings of the national academy of sciences of the United States of America, 104 (52): 20666-20671.

Verburg P H, Soepboer W, Veldkamp A, et al. 2002. Modeling the spatial dynamics of regional land use: The CLUE-S model. Environmental management, 30: 391-405.

Wang C, Jiang W, Deng Y, et al. 2022b. Long time series water extent analysis for SDG 6. 6. 1 based on the GEE platform: A case study of Dongting Lake. IEEE Journal of Selected Topics in Applied Earth Observations and Remote Sensing, 15: 490-503.

Wang H, Guo J, Zhang B, et al. 2021a. Simulating urban land growth by incorporating historical information into a cellular automata model. Landscape and Urban Planning, 214: 104168.

Wang L, Chen C, Xie F, et al. 2021b. Estimation of the value of regional ecosystem services of an archipelago using satellite remote sensing technology: A case study of Zhoushan Archipelago, China. International Journal of Applied Earth Observation and Geoinformation, 105: 102616.

Wang L, Li Y, Li M, et al. 2022e. Projection of precipitation extremes in China's mainland based on the statistical downscaled data from 27 GCMs in CMIP6. Atmospheric Research, 280: 106462.

Wang Q, Li S, Li R. 2019. Evaluating water resource sustainability in Beijing, China: Combining PSR model and matter-element extension method. Journal of Cleaner Production, 206: 171-179.

Wang X, Jiang W, Deng Y, et al. 2023. A contribution of land cover classification results based on Sentinel-1 and 2 to the accreditation of wetland cities. Remote Sensing, 15 (5): 1275.

Wang X, Jiang W, Peng K, et al. 2022c. A framework for fine classification of urban wetlands based on random forest and knowledge rules: Taking the wetland cities of Haikou and Yinchuan as examples. GIScience & Remote Sensing, 59 (1): 2144-2163.

Wang X, Xiao X, Qin Y, et al. 2022d. Improved maps of surface water bodies, large dams, reservoirs, and lakes in China. Earth System Science Data Discussions, 14: 3757-3771.

Wang Y, Ye A, Peng D, et al. 2022a. Spatiotemporal variations in water conservation function of the Tibetan Plateau under climate change based on InVEST model. Journal of Hydrology: Regional Studies, 41: 101064.

Watróbski J, Baczkiewicz A, Ziemba E, et al. 2022. Sustainable cities and communities assessment using the DARIA-TOPSIS method. Sustainable Cities and Society, 83: 103926.

Weise K, Höfer R, Franke J, et al. 2020. Wetland extent tools for SDG 6. 6. 1 reporting from the Satellite-based Wetland Observation Service (SWOS) . Remote Sensing of Environment, 247: 111892.

Wessels K J, Van Den Bergh F, Roy D P, et al. 2016. Rapid Land Cover Map Updates Using Change Detection and Robust Random Forest Classifiers. Remote Sensing, 8 (11): 888.

Xiang H, Wang Z, Mao D, et al. 2020. What did China′s National Wetland Conservation Program Achieve? Observations of changes in land cover and ecosystem services in the Sanjiang Plain. Journal of Environmental Management, 267: 110623.

Xiao J, Song F, Su F, et al. 2023. Exploring the interaction mechanism of natural conditions and human activities on wetland ecosystem services value. Journal of Cleaner Production, 426: 139161.

Xie S, Liu L, Yang J. 2020. Time-Series Model-Adjusted Percentile Features: Improved Percentile Features for Land-Cover Classification Based on Landsat Data. Remote Sensing, 12 (18): 3091.

Xu J, Morris P J, Liu J, et al. 2018. PEATMAP: Refining estimates of global peatland distribution based on a meta-analysis. Catena, 160: 134-140.

Xu P, Herold M, Tsendbazar N E, et al. 2020. Towards a comprehensive and consistent global aquatic land cover characterization framework addressing multiple user needs. Remote Sensing of Environment, 250: 112034.

Xu Q, Yang K, Wang G, et al. 2015. Agent-based modeling and simulations of land-use and land-cover change according to ant colony optimization: A case study of the Erhai Lake Basin, China. Natural Hazards, 75 (1): 95-118.

Xu Z, Chau S N, Chen X, et al. 2020. Assessing progress towards sustainable development over space and time. Nature, 577: 74-78.

Yang D, Liu W, Tang L, et al. 2019. Estimation of water provision service for monsoon catchments of South China: Applicability of the InVEST model. Landscape and Urban Planning, 182: 133-143.

Yang H, Huang J, Liu D. 2020b. Linking climate change and socioeconomic development to urban land use simulation: Analysis of their concurrent effects on carbon storage. Applied Geography, 115: 102135.

Yang L, Wang L, Yu D, et al. 2020a. Four decades of wetland changes in Dongting Lake using Landsat observations during 1978-2018. Journal of Hydrology, 587: 124954.

Yang L, Zhang S, Yin L, et al. 2022. Global occupation of wetland by artificial impervious surface area expansion and its impact on ecosystem service value for 2001 - 2018. Ecological Indicators, 142: 109307.

Yang X, Liu S, Jia C, et al. 2021a. Vulnerability assessment and management planning for the ecological environment in urban wetlands. Journal of Environmental Management, 298: 113540.

Yang X, Qin Q, Yésou H, et al. 2020d. Monthly estimation of the surface water extent in France at a 10-m resolution using Sentinel-2 data. Remote Sensing of Environment, 244: 111803.

Yang X, Zhou B, Xu Y, et al. 2021b. CMIP6 Evaluation and Projection of Temperature and Precipitation over China. Advances in Atmospheric Sciences, 38 (5): 817-830.

Yang Y, Bao W, Liu Y. 2020c. Scenario simulation of land system change in the Beijing-Tianjin-Hebei region. Land Use Policy, 96: 104677.

Yang Y, Xiao P, Feng X, et al. 2017. Accuracy assessment of seven global land cover datasets over China. ISPRS Journal of Photogrammetry and Remote Sensing, 125: 156-173.

Yao Y, Li J, Jiang Y, et al. 2023. Evaluating the response and adaptation of urban stormwater systems to changed rainfall with the CMIP6 projections. Journal of Environmental Management, 347: 119135.

Yu Z, Ciais P, Piao S, et al. 2022. Forest expansion dominates China's land carbon sink since 1980. Nature Communications, 13: 5374.

Zedler J B, Leach M K. 1998. Managing urban wetlands for multiple use: Research, restoration, and recreation. Urban Ecosystems, 2 (4): 189-204.

Zhan J, Zhang F, Chu X, et al. 2019. Ecosystem services assessment based on emergy accounting in Chongming Island, Eastern China. Ecological Indicators, 105: 464-473.

Zhang M, Lin H, Long X, et al. 2021. Analyzing the spatiotemporal pattern and driving factors of wetland vegetation changes using 2000-2019 time-series Landsat data. Science of The Total Environment, 780: 146615.

Zhang Q, Sun X, Ma J, et al. 2022b. Scale effects on the relationships of water-related ecosystem services in Guangdong Province, China. Journal of Hydrology: Regional Studies, 44: 101278.

Zhang T, Hu S, He Y, et al. 2021b. A Fine-Scale Mangrove Map of China Derived from 2-Meter Resolution Satellite Observations and Field Data. ISPRS International Journal of Geo-Information, 10: 92.

Zhang X, Liu L, Chen X, et al. 2021a. GLC_FCS30: Global land-cover product with fine classification system at 30 m using time-series Landsat imagery. Earth System Science Data, 13 (6): 2753-2776.

Zhang X, Liu L, Wang Y, et al. 2018. A SPECLib-based operational classification approach: A preliminary test on China land cover mapping at 30 m. International Journal of Applied Earth Observation and Geoinformation,

71: 83-94.

Zhang X, Tian Y, Dong N, et al. 2023b. The projected futures of water resources vulnerability under climate and socioeconomic change in the Yangtze River Basin, China. Ecological Indicators, 147: 109933.

Zhang Y, Li Y, Lv J, et al. 2021. Scenario simulation of ecological risk based on land use/cover change: A case study of the Jinghe county, China. Ecological Indicators, 31: 108176.

Zhang Z, Jiang W, Peng K, et al. 2023a. Assessment of the impact of wetland changes on carbon storage in coastal urban agglomerations from 1990 to 2035 in support of SDG15. 1. Science of the Total Environment, 877: 162824.

Zhang Z, Xu N, Li Y, et al. 2022a. Sub-continental-scale mapping of tidal wetland composition for East Asia: A novel algorithm integrating satellite tide- level and phenological features. Remote Sensing of Environment, 269: 112799.

Zhao C, Qin C Z. 2020. 10-m-resolution mangrove maps of China derived from multi-source and multi-temporal satellite observations. ISPRS Journal of Photogrammetry and Remote Sensing, 169: 389-405.

Zhou L, Dang X, Sun Q, et al. 2020. Multi-scenario simulation of urban land change in Shanghai by random forest and CA-Markov model. Sustainable Cities and Society, 55: 102045.

Zhu L, Zhu K, Zeng X. 2023. Evolution of landscape pattern and response of ecosystem service value in international wetland cities: A case study of Nanchang City. Ecological Indicators, 155: 110987.

Zhu Z, Woodcock C E, Holden C, et al. 2015. Generating synthetic Landsat images based on all available Landsat data: Predicting Landsat surface reflectance at any given time. Remote Sensing of Environment, 162: 67-83.

Zhu Z, Woodcock C E, Olofsson P. 2012. Continuous monitoring of forest disturbance using all available Landsat imagery. Remote Sensing of Environment, 122: 75-91.

Zhu Z, Woodcock C E. 2014. Automated cloud, cloud shadow, and snow detection in multitemporal Landsat data: An algorithm designed specifically for monitoring land cover change. Remote Sensing of Environment, 152: 217-234.

Zhu Z, Woodcock C E. 2014. Continuous change detection and classification of land cover using all available Landsat data. Remote Sensing of Environment, 144: 152-171.

Zou L, Liu Y, Wang J, et al. 2019. Land use conflict identification and sustainable development scenario simulation on China's southeast coast. Journal of Cleaner Production, 238: 117899.